"十二五"国家重点出版规划项目
雷达与探测前沿技术丛书

雷达电子战系统建模与仿真

Modeling and Simulation of Radar and Electronic Warfare Systems

安红 杨莉 编著

国防工业出版社

·北京·

内容简介

本书理论联系实际，密切结合工程实践，针对雷达、雷达侦察装备和雷达对抗装备，详细阐述雷达电子战系统仿真通常采用的基本方法、建模原理、模型设计和系统构建，并针对雷达电子战系统基于信号/数据流处理过程的各关键环节分析提供了较详细的仿真算法和具体算例。全书共分6章，第1章介绍雷达电子战系统建模仿真的基本概念、基本步骤和典型应用，第2、3、4章分别介绍雷达、雷达侦察装备和雷达对抗装备系统仿真的基本方法、仿真模型建立、仿真系统设计和仿真应用实例，第5章介绍雷达电子战仿真系统构建方法、架构设计和应用实例，第6章介绍雷达对抗效能评估的一般方法、仿真评估技术和应用实例。

本书适合从事雷达电子战领域科研、教学及建模与仿真研究等方面的技术人员阅读，也可作为高等院校相关专业高年级本科生和研究生进行课题研究时的参考用书。

图书在版编目(CIP)数据

雷达电子战系统建模与仿真 / 安红，杨莉编著. —
北京：国防工业出版社，2017.12(2024.10重印)
(雷达与探测前沿技术丛书)
ISBN 978-7-118-11532-1

Ⅰ.①雷… Ⅱ.①安…②杨… Ⅲ.①雷达电子对抗
-系统建模②雷达电子对抗-系统仿真 Ⅳ.①TN974

中国版本图书馆 CIP 数据核字(2018)第 008312 号

※

国防工业出版社出版发行
(北京市海淀区紫竹院南路23号 邮政编码100048)
北京虎彩文化传播有限公司印刷
新华书店经售

*

开本 710×1000 1/16 印张 25¼ 字数 433 千字
2024 年 10 月第 1 版第 3 次印刷 印数 3501—4000 册 定价 108.00 元

(本书如有印装错误，我社负责调换)

国防书店：(010)88540777　　　发行邮购：(010)88540776
发行传真：(010)88540755　　　发行业务：(010)88540717

"雷达与探测前沿技术丛书"
编审委员会

主　　　任	左群声				
常务副主任	王小谟				
副　主　任	吴曼青	陆　军	包养浩	赵伯桥	许西安
顾　　　问	贲　德	郝　跃	何　友	黄培康	毛二可
（按姓氏拼音排序）	王　越	吴一戎	张光义	张履谦	
委　　　员	安　红	曹　晨	陈新亮	代大海	丁建江
（按姓氏拼音排序）	高梅国	高昭昭	葛建军	何子述	洪　一
	胡卫东	江　涛	焦李成	金　林	李　明
	李清亮	李相如	廖桂生	林幼权	刘　华
	刘宏伟	刘泉华	柳晓明	龙　腾	龙伟军
	鲁耀兵	马　林	马林潘	马鹏阁	皮亦鸣
	史　林	孙　俊	万　群	王　伟	王京涛
	王盛利	王文钦	王晓光	卫　军	位寅生
	吴洪江	吴晓芳	邢海鹰	徐忠新	许　稼
	许荣庆	许小剑	杨建宇	尹志盈	郁　涛
	张晓玲	张玉石	张召悦	张中升	赵正平
	郑　恒	周成义	周树道	周智敏	朱秀芹

编辑委员会

主　　　编	王小谟	左群声			
副　主　编	刘　劲	王京涛	王晓光		
委　　　员	崔　云	冯　晨	牛旭东	田秀岩	熊思华
（按姓氏拼音排序）	张冬晔				

总 序

雷达在第二次世界大战中初露头角。战后，美国麻省理工学院辐射实验室集合各方面的专家，总结战争期间的经验，于1950年前后出版了一套雷达丛书，共28个分册，对雷达技术做了全面总结，几乎成为当时雷达设计者的必备读物。我国的雷达研制也从那时开始，经过几十年的发展，到21世纪初，我国雷达技术在很多方面已进入国际先进行列。为总结这一时期的经验，中国电子科技集团公司曾经组织老一代专家撰著了"雷达技术丛书"，全面总结他们的工作经验，给雷达领域的工程技术人员留下了宝贵的知识财富。

电子技术的迅猛发展，促使雷达在内涵、技术和形态上快速更新，应用不断扩展。为了探索雷达领域前沿技术，我们又组织编写了本套"雷达与探测前沿技术丛书"。与以往雷达相关丛书显著不同的是，本套丛书并不完全是作者成熟的经验总结，大部分是专家根据国内外技术发展，对雷达前沿技术的探索性研究。内容主要依托雷达与探测一线专业技术人员的最新研究成果、发明专利、学术论文等，对现代雷达与探测技术的国内外进展、相关理论、工程应用等进行了广泛深入研究和总结，展示近十年来我国在雷达前沿技术方面的研制成果。本套丛书的出版力求能促进从事雷达与探测相关领域研究的科研人员及相关产品的使用人员更好地进行学术探索和创新实践。

本套丛书保持了每一个分册的相对独立性和完整性，重点是对前沿技术的介绍，读者可选择感兴趣的分册阅读。丛书共41个分册，内容包括频率扩展、协同探测、新技术体制、合成孔径雷达、新雷达应用、目标与环境、数字技术、微电子技术八个方面。

（一）雷达频率迅速扩展是近年来表现出的明显趋势，新频段的开发、带宽的剧增使雷达的应用更加广泛。本套丛书遴选的频率扩展内容的著作共4个分册：

（1）《毫米波辐射无源探测技术》分册中没有讨论传统的毫米波雷达技术，而是着重介绍毫米波热辐射效应的无源成像技术。该书特别采用了平方千米阵的技术概念，这一概念在用干涉式阵列基线的测量结果来获得等效大口径阵列效果的孔径综合技术方面具有重要的意义。

(2)《太赫兹雷达》分册是一本较全面介绍太赫兹雷达的著作,主要包括太赫兹雷达系统的基本组成和技术特点、太赫兹雷达目标检测以及微动目标检测技术,同时也讨论了太赫兹雷达成像处理。

(3)《机载远程红外预警雷达系统》分册考虑到红外成像和告警是红外探测的传统应用,但是能否作为全空域远距离的搜索监视雷达,尚有诸多争议。该书主要讨论用监视雷达的概念如何解决红外极窄波束、全空域、远距离和数据率的矛盾,并介绍组成红外监视雷达的工程问题。

(4)《多脉冲激光雷达》分册从实际工程应用角度出发,较详细地阐述了多脉冲激光测距及单光子测距两种体制下的系统组成、工作原理、测距方程、激光目标信号模型、回波信号处理技术及目标探测算法等关键技术,通过对两种远程激光目标探测体制的探讨,力争让读者对基于脉冲测距的激光雷达探测有直观的认识和理解。

(二)传输带宽的急剧提高,赋予雷达协同探测新的使命。协同探测会导致雷达形态和应用发生巨大的变化,是当前雷达研究的热点。本套丛书遴选出协同探测内容的著作共 10 个分册:

(1)《雷达组网技术》分册从雷达组网使用的效能出发,重点讨论点迹融合、资源管控、预案设计、闭环控制、参数调整、建模仿真、试验评估等雷达组网新技术的工程化,是把多传感器统一为系统的开始。

(2)《多传感器分布式信号检测理论与方法》分册主要介绍检测级、位置级(点迹和航迹)、属性级、态势评估与威胁估计五个层次中的检测级融合技术,是雷达组网的基础。该书主要给出各类分布式信号检测的最优化理论和算法,介绍考虑到网络和通信质量时的联合分布式信号检测准则和方法,并研究多输入多输出雷达目标检测的若干优化问题。

(3)《分布孔径雷达》分册所描述的雷达实现了多个单元孔径的射频相参合成,获得等效于大孔径天线雷达的探测性能。该书在概述分布孔径雷达基本原理的基础上,分别从系统设计、波形设计与处理、合成参数估计与控制、稀疏孔径布阵与测角、时频相同步等方面做了较为系统和全面的论述。

(4)《MIMO 雷达》分册所介绍的雷达相对于相控阵雷达,可以同时获得波形分集和空域分集,有更加灵活的信号形式,单元间距不受 $\lambda/2$ 的限制,间距拉开后,可组成各类分布式雷达。该书比较系统地描述多输入多输出(MIMO)雷达。详细分析了波形设计、积累补偿、目标检测、参数估计等关键技术。

（5）《MIMO 雷达参数估计技术》分册更加侧重讨论各类 MIMO 雷达的算法。从 MIMO 雷达的基本知识出发，介绍均匀线阵、非圆信号、快速估计、相干目标、分布式目标，基于高阶累计量的、基于张量的、基于阵列误差的、特殊阵列结构的 MIMO 雷达目标参数估计的算法。

（6）《机载分布式相参射频探测系统》分册介绍的是 MIMO 技术的一种工程应用。该书针对分布式孔径采用正交信号接收相参的体制，分析和描述系统处理架构及性能、运动目标回波信号建模技术，并更加深入地分析和描述实现分布式相参雷达杂波抑制、能量积累、布阵等关键技术的解决方法。

（7）《机会阵雷达》分册介绍的是分布式雷达体制在移动平台上的典型应用。机会阵雷达强调根据平台的外形，天线单元共形随遇而布。该书详尽地描述系统设计、天线波束形成方法和算法、传输同步与单元定位等关键技术，分析了美国海军提出的用于弹道导弹防御和反隐身的机会阵雷达的工程应用问题。

（8）《无源探测定位技术》分册探讨的技术是基于现代雷达对抗的需求应运而生，并在实战应用需求越来越大的背景下快速拓展。随着知识层面上认知能力的提升以及技术层面上带宽和传输能力的增加，无源侦察已从单一的测向技术逐步转向多维定位。该书通过充分利用时间、空间、频移、相移等多维度信息，寻求无源定位的解，对雷达向无源发展有着重要的参考价值。

（9）《多波束凝视雷达》分册介绍的是通过多波束技术提高雷达发射信号能量利用效率以及在空、时、频域中减小处理损失，提高雷达探测性能；同时，运用相位中心凝视方法改进杂波中目标检测概率。分册还涉及短基线雷达如何利用多阵面提高发射信号能量利用效率的方法；针对长基线，阐述了多站雷达发射信号可形成凝视探测网格，提高雷达发射信号能量的使用效率；而合成孔径雷达（SAR）系统应用多波束凝视可降低发射功率，缓解宽幅成像与高分辨之间的矛盾。

（10）《外辐射源雷达》分册重点讨论以电视和广播信号为辐射源的无源雷达。详细描述调频广播模拟电视和各种数字电视的信号，减弱直达波的对消和滤波的技术；同时介绍了利用 GPS（全球定位系统）卫星信号和 GSM/CDMA（两种手机制式）移动电话作为辐射源的探测方法。各种外辐射源雷达，要得到定位参数和形成所需的空域，必须多站协同。

(三) 以新技术为牵引,产生出新的雷达系统概念,这对雷达的发展具有里程碑的意义。本套丛书遴选了涉及新技术体制雷达内容的 6 个分册:

(1)《宽带雷达》分册介绍的雷达打破了经典雷达 5MHz 带宽的极限,同时雷达分辨力的提高带来了高识别率和低杂波的优点。该书详尽地讨论宽带信号的设计、产生和检测方法。特别是对极窄脉冲检测进行有益的探索,为雷达的进一步发展提供了良好的开端。

(2)《数字阵列雷达》分册介绍的雷达是用数字处理的方法来控制空间波束,并能形成同时多波束,比用移相器灵活多变,已得到了广泛应用。该书全面系统地描述数字阵列雷达的系统和各分系统的组成。对总体设计、波束校准和补偿、收/发模块、信号处理等关键技术都进行了详细描述,是一本工程性较强的著作。

(3)《雷达数字波束形成技术》分册更加深入地描述数字阵列雷达中的波束形成技术,给出数字波束形成的理论基础、方法和实现技术。对灵巧干扰抑制、非均匀杂波抑制、波束保形等进行了深入的讨论,是一本理论性较强的专著。

(4)《电磁矢量传感器阵列信号处理》分册讨论在同一空间位置具有三个磁场和三个电场分量的电磁矢量传感器,比传统只用一个分量的标量阵列处理能获得更多的信息,六分量可完备地表征电磁波的极化特性。该书从几何代数、张量等数学基础到阵列分析、综合、参数估计、波束形成、布阵和校正等问题进行详细讨论,为进一步应用奠定了基础。

(5)《认知雷达导论》分册介绍的雷达可根据环境、目标和任务的感知,选择最优化的参数和处理方法。它使得雷达数据处理及反馈从粗犷到精细,彰显了新体制雷达的智能化。

(6)《量子雷达》分册的作者团队搜集了大量的国外资料,经探索和研究,介绍从基本理论到传输、散射、检测、发射、接收的完整内容。量子雷达探测具有极高的灵敏度,更高的信息维度,在反隐身和抗干扰方面优势明显。经典和非经典的量子雷达,很可能走在各种量子技术应用的前列。

(四) 合成孔径雷达(SAR)技术发展较快,已有大量的著作。本套丛书遴选了有一定特点和前景的 5 个分册:

(1)《数字阵列合成孔径雷达》分册系统阐述数字阵列技术在 SAR 中的应用,由于数字阵列天线具有灵活性并能在空间产生同时多波束,雷达采集的同一组回波数据,可处理出不同模式的成像结果,比常规 SAR 具备更多的新能力。该书着重研究基于数字阵列 SAR 的高分辨力宽测绘带 SAR 成像、极化层析 SAR 三维成像和前视 SAR 成像技术三种新能力。

（2）《双基合成孔径雷达》分册介绍的雷达配置灵活，具有隐蔽性好、抗干扰能力强、能够实现前视成像等优点，是 SAR 技术的热点之一。该书较为系统地描述了双基 SAR 理论方法、回波模型、成像算法、运动补偿、同步技术、试验验证等诸多方面，形成了实现技术和试验验证的研究成果。

（3）《三维合成孔径雷达》分册描述曲线合成孔径雷达、层析合成孔径雷达和线阵合成孔径雷达等三维成像技术。重点讨论各种三维成像处理算法，包括距离多普勒、变尺度、后向投影成像、线阵成像、自聚焦成像等算法。最后介绍三维 MIMO-SAR 系统。

（4）《雷达图像解译技术》分册介绍的技术是指从大量的 SAR 图像中提取与挖掘有用的目标信息，实现图像的自动解译。该书描述高分辨 SAR 和极化 SAR 的成像机理及相应的相干斑抑制、噪声抑制、地物分割与分类等技术，并介绍舰船、飞机等目标的 SAR 图像检测方法。

（5）《极化合成孔径雷达图像解译技术》分册对极化合成孔径雷达图像统计建模和参数估计方法及其在目标检测中的应用进行了深入研究。该书研究内容为统计建模和参数估计及其国防科技应用三大部分。

（五）雷达的应用也在扩展和变化，不同的领域对雷达有不同的要求，本套丛书在雷达前沿应用方面遴选了 6 个分册：

（1）《天基预警雷达》分册介绍的雷达不同于星载 SAR，它主要观测陆海空天中的各种运动目标，获取这些目标的位置信息和运动趋势，是难度更大、更为复杂的天基雷达。该书介绍天基预警雷达的星星、星空、MIMO、卫星编队等双/多基地体制。重点描述了轨道覆盖、杂波与目标特性、系统设计、天线设计、接收处理、信号处理技术。

（2）《战略预警雷达信号处理新技术》分册系统地阐述相关信号处理技术的理论和算法，并有仿真和试验数据验证。主要包括反导和飞机目标的分类识别、低截获波形、高速高机动和低速慢机动小目标检测、检测识别一体化、机动目标成像、反投影成像、分布式和多波段雷达的联合检测等新技术。

（3）《空间目标监视和测量雷达技术》分册论述雷达探测空间轨道目标的特色技术。首先涉及空间编目批量目标监视探测技术，包括空间目标监视相控阵雷达技术及空间目标监视伪码连续波雷达信号处理技术。其次涉及空间目标精密测量、增程信号处理和成像技术，包括空间目标雷达精密测量技术、中高轨目标雷达探测技术、空间目标雷达成像技术等。

(4)《平流层预警探测飞艇》分册讲述在海拔约20km的平流层,由于相对风速低、风向稳定,从而适合大型飞艇的长期驻空,定点飞行,并进行空中预警探测,可对半径500km区域内的地面目标进行长时间凝视观察。该书主要介绍预警飞艇的空间环境、总体设计、空气动力、飞行载荷、载荷强度、动力推进、能源与配电以及飞艇雷达等技术,特别介绍了几种飞艇结构载荷一体化的形式。

(5)《现代气象雷达》分册分析了非均匀大气对电磁波的折射、散射、吸收和衰减等气象雷达的基础,重点介绍了常规天气雷达、多普勒天气雷达、双偏振全相参多普勒天气雷达、高空气象探测雷达、风廓线雷达等现代气象雷达,同时还介绍了气象雷达新技术、相控阵天气雷达、双/多基地天气雷达、声波雷达、中频探测雷达、毫米波测云雷达、激光测风雷达。

(6)《空管监视技术》分册阐述了一次雷达、二次雷达、应答机编码分配、S模式、多雷达监视的原理。重点讨论广播式自动相关监视(ADS-B)数据链技术、飞机通信寻址报告系统(ACARS)、多点定位技术(MLAT)、先进场面监视设备(A-SMGCS)、空管多源协同监视技术、低空空域监视技术、空管技术。介绍空管监视技术的发展趋势和民航大国的前瞻性规划。

(六) 目标和环境特性,是雷达设计的基础。该方向的研究对雷达匹配目标和环境的智能设计有重要的参考价值。本套丛书对此专题遴选了4个分册:

(1)《雷达目标散射特性测量与处理新技术》分册全面介绍有关雷达散射截面积(RCS)测量的各个方面,包括RCS的基本概念、测试场地与雷达、低散射目标支架、目标RCS定标、背景提取与抵消、高分辨力RCS诊断成像与图像理解、极化测量与校准、RCS数据的处理等技术,对其他微波测量也具有参考价值。

(2)《雷达地海杂波测量与建模》分册首先介绍国内外地海面环境的分类和特征,给出地海杂波的基本理论,然后介绍测量、定标和建库的方法。该书用较大的篇幅,重点阐述地海杂波特性与建模。杂波是雷达的重要环境,随着地形、地貌、海况、风力等条件而不同。雷达的杂波抑制,正根据实时的变化,从粗犷走向精细的匹配,该书是现代雷达设计师的重要参考文献。

(3)《雷达目标识别理论》分册是一本理论性较强的专著。以特征、规律及知识的识别认知为指引,奠定该书的知识体系。首先介绍雷达目标识别的物理与数学基础,较为详细地阐述雷达目标特征提取与分类识别、知识辅助的雷达目标识别、基于压缩感知的目标识别等技术。

(4)《雷达目标识别原理与实验技术》分册是一本工程性较强的专著。该书主要针对目标特征提取与分类识别的模式,从工程上阐述了目标识别的方法。重点讨论特征提取技术、空中目标识别技术、地面目标识别技术、舰船目标识别及弹道导弹识别技术。

(七)数字技术的发展,使雷达的设计和评估更加方便,该技术涉及雷达系统设计和使用等。本套丛书遴选了3个分册:

(1)《雷达系统建模与仿真》分册所介绍的是现代雷达设计不可缺少的工具和方法。随着雷达的复杂度增加,用数字仿真的方法来检验设计的效果,可收到事半功倍的效果。该书首先介绍最基本的随机数的产生、统计实验、抽样技术等与雷达仿真有关的基本概念和方法,然后给出雷达目标与杂波模型、雷达系统仿真模型和仿真对系统的性能评价。

(2)《雷达标校技术》分册所介绍的内容是实现雷达精度指标的基础。该书重点介绍常规标校、微光电视角度标校、球载BD/GPS(BD为北斗导航简称)标校、射电星角度标校、基于民航机的雷达精度标校、卫星标校、三角交会标校、雷达自动化标校等技术。

(3)《雷达电子战系统建模与仿真》分册以工程实践为取材背景,介绍雷达电子战系统建模的主要方法、仿真模型设计、仿真系统设计和典型仿真应用实例。该书从雷达电子战系统数学建模和仿真系统设计的实用性出发,着重论述雷达电子战系统基于信号/数据流处理的细粒度建模仿真的核心思想和技术实现途径。

(八)微电子的发展使得现代雷达的接收、发射和处理都发生了巨大的变化。本套丛书遴选出涉及微电子技术与雷达关联最紧密的3个分册:

(1)《雷达信号处理芯片技术》分册主要讲述一款自主架构的数字信号处理(DSP)器件,详细介绍该款雷达信号处理器的架构、存储器、寄存器、指令系统、I/O资源以及相应的开发工具、硬件设计,给雷达设计师使用该处理器提供有益的参考。

(2)《雷达收发组件芯片技术》分册以雷达收发组件用芯片套片的形式,系统介绍发射芯片、接收芯片、幅相控制芯片、波速控制驱动器芯片、电源管理芯片的设计和测试技术及与之相关的平台技术、实验技术和应用技术。

(3)《宽禁带半导体高频及微波功率器件与电路》分册的背景是,宽禁带材料可使微波毫米波功率器件的功率密度比Si和GaAs等同类产品高10倍,可产生开关频率更高、关断电压更高的新一代电力电子器件,将对雷达产生更新换代的影响。分册首先介绍第三代半导体的应用和基本知识,然后详细介绍两大类各种器件的原理、类别特征、进展和应用：SiC 器件有功率二极管、MOSFET、JFET、BJT、IBJT、GTO 等；GaN 器件有 HEMT、MMIC、E 模 HEMT、N 极化 HEMT、功率开关器件与微功率变换等。最后展望固态太赫兹、金刚石等新兴材料器件。

  本套丛书是国内众多相关研究领域的大专院校、科研院所专家集体智慧的结晶。具体参与单位包括中国电子科技集团公司、中国航天科工集团公司、中国电子科学研究院、南京电子技术研究所、华东电子工程研究所、北京无线电测量研究所、电子科技大学、西安电子科技大学、国防科技大学、北京理工大学、北京航空航天大学、哈尔滨工业大学、西北工业大学等近 30 家。在此对参与编写及审校工作的各单位专家和领导的大力支持表示衷心感谢。

2017 年 9 月

前　言

以雷达、无线电通信和电子战装备为典型代表的电子信息装备在现代信息化战争中起着举足轻重的作用,极大地提高了作战武器在现代高技术战争中的生存率和杀伤力,因此对电子信息装备在实际战场环境中的系统性能检验和作战效能评估一直是装备论证、装备研制和装备使用部门共同关注的基础性课题。由于电子信息装备的复杂性及其对电磁信号环境的依赖性,以及对作战对象的敏感性,采用传统的数学公式进行静态、定性分析无法满足装备系统性能预测和效能评估的精度要求,而外场试验和实战演练,虽然能满足一定精度的要求,但其昂贵的代价和外场条件限制往往使得采用这类方法进行装备性能和效能的检验变得十分受限。随着计算机技术的飞速发展,特别是近年来电子信息装备快速地向数字化方向演变,为利用数字仿真技术实现对电子信息装备信息处理过程的高逼真度建模创造了条件,也为准确评估电子信息装备在复杂作战背景下的系统性能和作战效能奠定了实现基础。因此,建立各类电子信息装备的信号/数据处理的细粒度仿真模型,并在此基础上构建包含复杂电磁信号环境的电子信息装备对抗仿真系统,为电子信息装备在复杂作战背景下的系统性能检验和作战效能评估提供仿真分析与试验验证手段,以有效支撑电子信息装备的系统论证、性能预测和设备研制。

本书以工程实践为取材背景,结合作者在雷达电子战系统建模与仿真应用研究的多年实践经验,介绍雷达电子战系统建模的主要方法、仿真模型设计、仿真系统设计和典型仿真应用实例,与其他同类书籍不同之处在于,本书从雷达电子战系统数学建模和仿真系统设计的实用性出发,着重论述雷达电子战系统基于信号/数据流处理的细粒度建模仿真的核心思想和技术实现途径。

本书共分6章,第1章讨论雷达电子战系统建模仿真的基本概念,第2、3、4章分别讨论雷达、雷达侦察装备和雷达对抗装备系统仿真的基本方法、仿真模型建立、仿真系统设计和典型仿真应用实例,第5章讨论雷达电子战仿真系统架构设计方法,第6章讨论雷达对抗效能仿真评估技术。

本书的写作由安红研究员牵头,对全书内容进行规划和统筹,并负责第1、5、6章,以及第2、3、4章中的基本方法、仿真系统设计和仿真应用实例等内容的撰写。杨莉高级工程师负责第2、3、4章中的仿真模型等内容的撰写,并负责全书的统稿。本书是电子信息控制重点实验室电子战数字仿真团队多年研究工作的总结,是集体智慧的结晶,这里要感谢高由兵、王春丽、宋悦刚、杨世兴、李其勤、张朔等同事,他们出色的工作丰富了本书的内容。

本书的写作是在杨小牛院士、孟建研究员统一部署下开展的,在本书撰写过程中,得到了电子战资深专家张锡祥院士、胡来招博士、吕连元研究员、俞永福研究员、崔炳福研究员、李垚研究员的热心指导、审阅和帮助,得到了国防工业出版社王晓光编辑以及中国电子科技集团公司第二十九研究所和电子信息控制重点实验室高贤伟、姜道安、何涛、顾杰、华云、何俊岑、刘江、肖开奇、郑坤、汤广富、肖霞的帮助,在此一并表示衷心感谢。

虽然我们在编著本书时做出了不懈努力,但由于水平和经验的限制,书中难免有不足和错误之处,诚挚希望相关领域的专家和读者批评指正。

作　者
2017 年 6 月

目 录

第1章 概论 ·········· 001
1.1 系统仿真的一般概念 ·········· 001
1.2 雷达电子战系统仿真的建模思路 ·········· 003
1.3 雷达电子战系统仿真的基本步骤 ·········· 005
1.4 雷达电子战系统仿真的典型应用 ·········· 008
参考文献 ·········· 014

第2章 雷达系统建模与仿真 ·········· 015
2.1 雷达系统仿真的基本方法 ·········· 015
2.1.1 雷达系统功能级仿真方法 ·········· 016
2.1.2 雷达系统信号级仿真方法 ·········· 022
2.2 雷达系统功能级仿真模型 ·········· 027
2.2.1 雷达探测威力区模型 ·········· 027
2.2.2 雷达动态探测模型 ·········· 032
2.3 雷达系统信号级仿真模型 ·········· 038
2.3.1 雷达组成及工作原理 ·········· 039
2.3.2 雷达信号环境仿真模型 ·········· 040
2.3.3 雷达天线仿真模型 ·········· 051
2.3.4 雷达接收机仿真模型 ·········· 059
2.3.5 雷达信号处理仿真模型 ·········· 065
2.3.6 雷达数据处理仿真模型 ·········· 083
2.3.7 雷达资源调度仿真模型 ·········· 094
2.4 雷达信号级仿真系统设计 ·········· 098
2.4.1 仿真系统功能结构设计 ·········· 098
2.4.2 仿真系统处理流程设计 ·········· 119
2.4.3 仿真系统运行方式设计 ·········· 121
2.4.4 仿真系统数据接口设计 ·········· 123
2.5 雷达信号级仿真应用实例 ·········· 125
2.5.1 三坐标警戒雷达信号级建模及仿真试验分析 ·········· 125

2.5.2　单脉冲雷达导引头信号级建模及仿真试验分析 ………… 129
　参考文献 ………………………………………………………………… 135
第3章　雷达侦察装备的系统建模与仿真 ………………………………… 137
　3.1　雷达侦察装备仿真的基本方法 …………………………………… 137
　3.2　复杂信号环境仿真模型 …………………………………………… 140
　　3.2.1　雷达信号脉冲描述字模型 …………………………………… 140
　　3.2.2　雷达信号中频采样模型 ……………………………………… 141
　　3.2.3　空间链路仿真模型 …………………………………………… 150
　3.3　雷达侦察的系统仿真模型 ………………………………………… 158
　　3.3.1　接收机功能级仿真模型 ……………………………………… 158
　　3.3.2　接收机信号级仿真模型 ……………………………………… 161
　　3.3.3　雷达信号分选模型 …………………………………………… 170
　　3.3.4　雷达信号识别模型 …………………………………………… 171
　3.4　雷达侦察仿真系统设计 …………………………………………… 172
　　3.4.1　仿真系统功能结构设计 ……………………………………… 172
　　3.4.2　仿真系统处理流程设计 ……………………………………… 194
　　3.4.3　仿真系统运行方式设计 ……………………………………… 195
　　3.4.4　仿真系统数据接口设计 ……………………………………… 195
　3.5　雷达侦察仿真应用实例 …………………………………………… 198
　参考文献 ………………………………………………………………… 202
第4章　雷达对抗装备的系统建模与仿真 ………………………………… 203
　4.1　雷达对抗装备仿真的基本方法 …………………………………… 203
　　4.1.1　雷达对抗装备功能级仿真方法 ……………………………… 205
　　4.1.2　雷达对抗装备信号级仿真方法 ……………………………… 209
　4.2　雷达对抗装备信号级仿真模型 …………………………………… 212
　　4.2.1　天线仿真模型 ………………………………………………… 212
　　4.2.2　侦察接收通道仿真模型 ……………………………………… 213
　　4.2.3　干扰样式信号仿真模型 ……………………………………… 213
　　4.2.4　干扰发射通道仿真模型 ……………………………………… 234
　4.3　雷达对抗装备信号级仿真系统设计 ……………………………… 237
　　4.3.1　仿真系统功能结构设计 ……………………………………… 237
　　4.3.2　仿真系统处理流程设计 ……………………………………… 246
　　4.3.3　仿真系统运行方式设计 ……………………………………… 247
　　4.3.4　仿真系统数据接口设计 ……………………………………… 248

4.4 雷达对抗仿真应用实例 ·· 251
　　　　4.4.1 噪声压制干扰仿真试验 ··· 253
　　　　4.4.2 假目标欺骗干扰仿真试验 ······································ 254
　　　　4.4.3 波门拖引欺骗干扰仿真试验 ·································· 255
　　参考文献 ··· 257

第5章 雷达电子战仿真系统架构 258
　　5.1 雷达电子战仿真系统构建方法 ······································· 258
　　5.2 雷达电子战信号级仿真系统架构 ··································· 265
　　　　5.2.1 系统体系结构设计 ·· 267
　　　　5.2.2 系统功能结构设计 ·· 268
　　　　5.2.3 系统组成结构设计 ·· 274
　　　　5.2.4 系统工作流程设计 ·· 282
　　　　5.2.5 系统运行结构设计 ·· 283
　　　　5.2.6 系统接口交互设计 ·· 283
　　5.3 雷达电子战仿真应用实例 ·· 288
　　　　5.3.1 组网雷达对抗仿真试验分析 ·································· 288
　　　　5.3.2 双机闪烁干扰仿真试验分析 ·································· 293
　　参考文献 ··· 301

第6章 雷达对抗效能的仿真评估 302
　　6.1 雷达对抗效能评估的一般方法 ······································· 302
　　　　6.1.1 干扰效果评估的基本概念 ······································ 303
　　　　6.1.2 干扰效果评估的主要方法 ······································ 304
　　　　6.1.3 干扰效果评估的一般准则 ······································ 306
　　6.2 雷达对抗效能的仿真评估技术 ······································· 310
　　　　6.2.1 雷达对抗效能评估指标体系 ·································· 310
　　　　6.2.2 侦察效果评估指标 ·· 311
　　　　6.2.3 干扰效果评估指标 ·· 313
　　　　6.2.4 作战效能评估指标 ·· 319
　　　　6.2.5 雷达对抗效能仿真评估流程 ·································· 319
　　6.3 雷达对抗效能评估应用实例 ·· 323
　　　　6.3.1 协同干扰试验场景 ·· 324
　　　　6.3.2 干扰效能评估指标体系 ··· 325
　　　　6.3.3 多层次模糊评估模型 ··· 326
　　　　6.3.4 干扰效能评估计算过程 ··· 327

  6.3.5 干扰效能评估结果分析 …………………………………… 331
 参考文献 ………………………………………………………………… 332
主要符号表 …………………………………………………………………… 333
缩略语 ……………………………………………………………………… 342

第 1 章 概论

1.1 系统仿真的一般概念[1-3]

系统是指一些具有特定功能的、相互间以一定规律联系着的物体所组成的总体。系统通常具有以下两个重要特性。①整体性。系统是一个整体,它的各部分是不可分割的、缺一不可的。②相关性。系统内部各部分之间以一定规律联系着,它们的特定关系形成了具有特定性能的系统。

系统仿真就是利用模型代替实际系统进行实验研究,以获取所需信息的实验过程、实验方法及理论。通过模型实验,可以了解实际系统在各种内、外因素变化下其性能的变化规律。特别是当在实际系统上进行实验比较危险或者难以实现时,模型实验就成了十分重要,甚至必不可少的手段。例如对航天系统、核反应堆控制系统等,直接做实验往往很危险,而对经济、社会、政治、人口、生态等非工程系统来说,直接实验也是几乎不可能的。

模型是对实际系统的一种抽象的(或形象的)、本质的描述。模型一般分为两类:物理模型和数学模型。物理模型是指根据相似原理,把真实系统按比例放大或缩小制成的模型,这种模型多用于土木建筑、水利工程、船舶、飞机等制造业。例如,古代在建造大的亭台楼阁或宫殿时,工匠们往往先做个模型进行实验,然后再建造真的建筑。从这个意义上讲,系统仿真古已有之。

但现代的系统仿真却是在计算机问世以后才发展起来的,是以系统理论、数学理论、模型理论、信息技术以及仿真应用领域的相关专业技术为基础,以计算机和仿真系统软件为工具,对实际的系统或设想的系统进行动态实验研究的理论和方法。现代系统仿真所涉及的模型主要是数学模型,也有一部分是数学物理混合模型。数学模型是指用数学表达式来描述系统性能的模型,也是系统仿真首先要解决的问题。

根据系统仿真所采用的模型属性,可将系统仿真分为三类。①物理仿真(也称实物仿真),是指以物理模型为基础的仿真,例如现代的飞机风洞试验。②数学仿真(也称数字仿真或计算机仿真),是指以数学模型为基础的仿真,即建立一个系统的可以计算的模型,并把它放在计算机上进行试验的过程,例如对雷达系统目标探测性能的数学仿真。③数学-物理仿真(也称半物理仿真或半实物仿真),是指把物理模型(或实际分系统)和数学模型联合在一起的仿真。例如飞行训练模拟器、复杂电磁信号环境模拟器等。需要注意的是,在后两类仿真中所使用的数学模型通常具有"可以计算"的属性,也就是说能在计算机上运行的模型。由于在许多情况下,数学模型不能直接用于仿真运算,而需要采用一些数值计算方法将它变换成可以运算的模型,例如以常微分方程描述的模型必须用数值积分方法化成迭代算式后才可以在计算机上运行,所以为了区别传统意义上的数学模型,常把这种"可以计算的模型"称为仿真模型。

系统仿真涉及三个要素:实际系统、模型(物理模型、仿真模型)和实验系统(物理效应设备、仿真器或仿真系统)。例如:在飞机的风洞试验中,实际系统是待研究的真实飞机或设计图纸上的飞机,模型是环境气流和制作的模型飞机,试验系统就是风洞;在某型号地面警戒雷达数字仿真实验中,实际系统是该型号雷达装备,模型是雷达所面临的电磁信号环境仿真模型和该型号雷达的目标探测跟踪仿真模型,实验系统是能支持动态仿真实验研究的雷达仿真系统(由仿真系统软件和硬件组成)。

仿真技术在电子信息装备研制中的应用主要分为两大类。一类是半实物仿真,优点是逼真度高,但研制费用巨大;另一类是全数字仿真,虽然逼真度逊于半实物仿真,但具有研制经费低、使用方便灵活等特点,尤其是在装备方案论证和设计阶段,利用数字仿真技术确定设计方案、进行最优设计等是非常有效的。特别是近年来,包括雷达、无线电通信系统和电子战装备在内的现代电子信息装备都在快速地向数字化方向发展,为利用数字仿真技术实现对电子信息装备的高逼真建模创造了条件。例如在雷达系统中,随着计算机运算速度的不断提高,系统控制、信号处理、数据处理、显示等,大部分是用计算机软件(含嵌入式软件)实现的。同样,在电子战装备中,数字化侦察接收机、辐射源信号分选识别处理器、干扰资源的控制管理、数字化干扰源等,都大量采用了计算机技术。因此,利用数字仿真技术在信号/信息处理层次上对雷达系统、电子战装备进行建模仿真,在一定程度上能够满足装备方案设计、系统性能预测和装备效能评估所需要的逼真度要求。

随着计算机软件、硬件技术的飞速发展,数字仿真技术已有了长足的进步,并被广泛应用于军事、民用等各个领域,发挥着越来越重要的作用。鉴于系统仿真的内容非常广泛,所以本书只侧重于探讨数字仿真技术在雷达与雷达对抗领域中的典型应用,主要包括雷达和电子战装备的数字仿真方法、仿真模型建立、仿真系统设计和仿真实验研究等四个方面的内容。书中所涉及的系统仿真内容,除非特别声明,均指数字仿真。

1.2 雷达电子战系统仿真的建模思路

以雷达、无线电通信系统和电子战装备为典型代表的电子信息装备在现代信息化战争中起着举足轻重的作用，极大地提高了常规作战武器在现代高技术战争中的生存能力和杀伤能力，或削弱对方电子设备的作战能力，同时雷达、无线电通信系统和电子战装备等电子信息装备作为现代战争中必不可少的作战力量，始终贯穿于战争的全过程，并进而决定着战争的结局，因此对电子信息装备在实际战场环境中的系统性能检验和作战效能评估一直是装备先期论证部门、装备研制部门和装备使用部门共同关注的基础性课题。

长期以来，对电子信息装备系统性能和作战效能进行检验、评估都是比较困难的，这不仅是因为电子信息装备自身的复杂性，还由于电子信息装备作战效能的发挥与战场电磁环境、作战对象和装备作战应用方式密切相关。以美国为首的西方军事发达国家可以借助局部战争来检验和评估其电子信息装备的系统性能和作战效能，而在和平时期各国对电子信息装备性能的检验与效能的评估则主要依靠外场试验或实战演练。但无论哪种方式都要花费大量的人力、物力和财力，而且存在耗时长、保密性差、易受环境制约等缺点。近年来，随着科学技术的飞速发展，仿真技术已逐渐应用于电子信息装备研制的全过程，并成为装备发展的重要推动力。

开展雷达、电子战装备系统级数字仿真研究的首要问题是对实际系统的抽象建模，即根据实际系统的仿真应用需求，建立能反映实际系统本质属性的仿真模型。首先，仿真模型是对实际系统本质属性的一种抽象描述，是在一定假设条件下对实际系统的简化，所以仿真模型不可能与实际系统完全一样，但必须包含决定实际系统本质属性的那些主要因素，而且仿真模型必须体现出各主要因素之间的关联性及相互关系的逻辑性。其次，模型精度要满足对实际系统进行仿真研究目的的要求，并且与仿真应用需求匹配。模型精度并不是越高越好，模型精度越高通常意味着建模难度越大、模型复杂度越高，同时也导致模型解算工作量的急剧增加以及对计算平台性能的高要求，所以模型精度只要满足研究需求即可。再次，模型结构应当是简明、清晰的，重点突出对实际系统本质属性起决定性作用的主要因素，而对影响实际系统本质属性的次要因素可做适当的简化处理，使模型结构在满足精度要求的前提下尽量简单明了，以便于后续的模型使用和模型软件的编制。最后，建模过程是一个不断迭代优化的过程。一方面实际系统可能非常复杂，于盘根错节中准确定位影响系统本质属性的各种因素往往比较困难，但随着对实际系统认知程度的不断深入，对实际系统中主要因素、次要因素的识别和相互关系的确定会逐渐清晰，所以建模过程是一个动态过程；

另一方面，仿真模型是在一定假设条件下对系统的简化，所以假设条件是否合理、简化程度是否恰当，不仅要在建模过程中不断分析、论证，也需要在模型运行阶段利用仿真数据或真实数据进行确认和校验，从而达到进一步修正模型的目的，所以建模过程也是一个迭代优化的过程。

雷达系统、电子战装备作为典型的信息化武器装备，信息处理是核心，信息处理过程和信息处理的关键节点性能决定了信息化武器装备的本质属性，因此对雷达、电子战装备的建模仿真应关注装备的信息处理过程，通过对装备的系统组成、技术性能、工作流程等进行基于信息处理过程的功能分解，实现对电子信息装备内部信息处理及装备间对抗过程中信息交互的数字映射，这样建立起来的仿真模型往往能够比较全面地反映装备的本质属性。另一方面，雷达系统、电子战装备作为信息化武器装备，其作战效能的发挥不仅与装备系统本身的性能密切相关，还与战场电磁环境、作战对象和装备自身的作战使用息息相关，所以在建立雷达、电子战装备系统模型时，首先要根据装备仿真研究和仿真应用目的，明确装备建模的精度，进而决定装备建模的技术手段和实现途径，也就是说要针对仿真应用需求选择合理的装备模型粒度。

以雷达、电子战装备为例，其典型的仿真应用通常可分为两类：一类是与装备作战行动和作战过程密切相关的装备仿真，仿真研究关注的重点是装备系统的作战能力和由装备平台构成的装备体系对整个作战过程及作战结果的影响程度，这里称为面向作战应用的装备仿真；另一类虽然也将装备置于一个典型的虚拟作战场景中，但仿真研究更侧重于对装备系统功能及性能的检验和评估，这里称为面向系统性能的装备仿真。虽然以上两类仿真应用都涉及对装备及其作战对象的系统建模仿真，也包含了对作战场景及装备作战应用的建模仿真，但由于仿真应用的具体需求不同，所以对装备系统的建模粒度要求也存在着较大的差异性。

在面向作战应用的装备仿真中，某种武器装备可能只是整个作战系统中一个很小的组成部分，为了保证仿真系统可实现性及仿真运行的速度和效率，对这类装备的建模一般采用功能模型，即通过理论分析建立数学模型，或利用实战演练、外场试验获得的试验数据、经验数据等建立装备的解析模型或统计模型，因此这种仿真模型具有高度的抽象性，通常不涉及装备系统内部处理的详细细节。以雷达系统为例，雷达功能仿真的建模基础是雷达距离方程，由于没有涉及复杂的信号产生与处理，所以仿真模型相对比较简单，而且仿真模型解算速度很快，一般都能做到实时或超实时仿真，因此在雷达电子战装备体系对抗作战仿真中得到了广泛应用。

在面向系统性能的装备仿真中，由于仿真研究关注的重点是装备在实际作战或对抗过程中系统性能的变化规律以及装备在作战使用中可能暴露的系统弱点，所以这类仿真通常要求对实际装备进行详细建模，尽可能体现组成装备的各个关键模块性能对整个装备系统性能的影响以及装备系统内部处理和外部信息交互的逻辑性,因此建模的难度较大,建立的仿真模型复杂,模型解算的工作量很大,在全数字仿真系统中难以满足实时性要求,除非特殊处理,否则一般只能实现非实时仿真。

综上所述,根据雷达、电子战装备的典型仿真应用需求,本书将雷达电子战装备的系统建模分为两类:一类是不涉及信号产生及处理详细过程的功能级参数模型,另一类是针对电子信息装备信号及数据处理过程建模的性能级信号模型。

1.3 雷达电子战系统仿真的基本步骤

系统仿真是通过模型试验对实际系统的本质属性、功能及性能进行分析并得出试验结论的研究过程,由此可见系统仿真的研究过程由一系列基本研究步骤组成。对雷达、电子战装备进行系统仿真研究的基本步骤如图 1.1 所示。

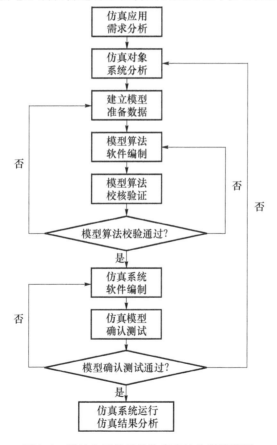

图 1.1 雷达电子战系统仿真实施步骤流程图

1) 仿真应用需求分析

开展雷达电子战系统仿真研究的第一步是进行仿真应用需求分析,目的是针对雷达、电子战装备选择适合的建模方法及匹配的模型粒度。从 1.2 节对雷达电子战系统仿真的建模分析可以看出,不同的仿真应用需求带来了对装备系统建模粒度上的差异性。例如:如果是偏重于雷达电子战作战应用的仿真,则对雷达、电子战装备可采用功能建模方法,建立具有高度抽象性的装备系统级参数模型;如果是基于雷达电子战装备系统性能检验验证或技术方案设计优化的仿真应用,则对雷达、电子战装备可采用信号级建模方法,按照电子信息装备内部信息处理过程及外部信息交互关系,建立装备信号/数据流处理仿真模型。

2) 仿真对象系统分析

开展雷达电子战系统仿真研究的第二步是对仿真对象进行系统分析,目的是通过对实际系统的详细分析,提炼出能反映实际系统本质属性的各种因素及相互关系,为下一步的系统建模奠定理论基础。一般而言,系统建模的粒度越细,则要求对实际系统的分析就越深入、越详细。例如,在建立某型号雷达的信号级仿真模型时,就必须对该型号雷达的系统性能、技战术指标参数、工作流程、工作模式控制策略、信号处理及数据处理算法等都要有充分的了解和掌握。

3) 建立系统模型,准备模型数据

开展雷达电子战系统仿真研究的第三步是根据对仿真对象进行系统分析得到的素材,建立实际系统的仿真模型,并准备好与仿真模型相关的输入、输出及控制数据,以用于后续的模型算法软件校验和模型系统软件测试。实际上在系统建模过程中,对模型数据的收集和分析是不可缺少的重要环节,因为任何一种模型都是在一定假设条件下对实际系统的简化,也是在一定的系统边界条件下对实际系统的组成实体、本质属性和活动关系的映射,而对这种"简化"和"映射"的描述是通过模型结构和模型数据来完成的。在系统模型建立和模型数据准备完毕后,要对模型结构和模型数据进行确认,以保证所建立的仿真模型与所研究的实际系统有合理的对应关系。目前常用的模型确认法是专家评价法,即由熟知实际系统的专家对系统模型的内涵进行分析评价,对系统建模时所做的假设以及模型的相关数据进行合理性检验,所以这个阶段所做的模型确认通常是一个静态的理论分析过程。另外,在这个阶段如果有可能的话,还应该给出评估系统模型有关性能的准则。

4) 模型算法软件编制

系统模型建立过程是一个模型概念设计的过程,所建立的系统模型只是对实际系统本质属性的一种数学意义上的抽象描述以及对实际系统活动进行映射的逻辑运行框架,所以必须将系统模型转化为能在计算机上运行的程序代码,以便通过仿真实验对系统模型进行进一步的校核和验证。由于雷达、电子战装备是典型的信息处理设备,信息处理是其核心,而且设备本身也非常复杂,因此对这类复杂的信息处理设备的系统仿真模型校验首先应立足于对模型中基于信息处理的关键算法性能的校核。模型算法既可以利用通用语言编程,例如 Microsoft Visual C++,也可以采用仿真语言实现,例如 SystemVue、SPW、SIMULINK 等。对于雷达电子战系统功能仿真模型,由于模型算法相对比较简单,建议直接采用 VC++等面向对象的通用软件开发工具编程实现;而对于复杂的信号级仿真模型,则建议先采用面向科学与工程计算的高级语言 Matlab 对模型中的关键信号处理算法进行编程以实现快速验证,然后在仿真系统软件编制阶段再将其转化为实际工程中常用的 VC++等高级编程语言实现。Matlab 软件是美国 Mathworks 公司开发的一种面向科学与工程计算的高级语言,该软件集成了计算、可视化及数学表达式相似的编程环境,编程语句书写简单,表达式的书写如同在稿纸中演算一样,容易为用户所接受,因此 Matlab 语言也被称为演算纸式的科学算法语言。Matlab 语句功能强大,其一条语句往往相当于其他高级语言中的几十条、几百条语句,例如 Matlab 中求解快速傅里叶变换(FFT)问题时仅需几条语句,而采用 C 语言实现时则需要几十条语句,所以大大减轻了算法实现的编程工作量。Matlab 软件提供了 20 多个面向应用问题求解的工具箱函数,其中的信号处理工具箱提供了现代信号处理的大部分经典算法函数,而且随着信号处理技术的发展和新的信号处理算法的诞生,信号处理工具箱的内容也在不断地更新和扩充,因此早在 20 世纪 90 年代中期,Matlab 就已成为国际公认的信号处理领域数值计算和算法开发的标准平台。但 Matlab 是一种解释性语言,运行效率较差,所以工程上一般不直接使用 Matlab 开发的源程序,而是利用 Matlab 完成算法仿真后,再将其转化为其他常用的高级语言程序。

5)模型算法校核、验证

如果模型算法比较简单,则校核与验证过程就比较容易,只要完成模型算法软件的功能测试即可。如果模型算法比较复杂,特别是涉及信号处理中矩阵运算、滤波处理、信号采样、频谱计算等,建议先利用 Matlab 软件进行模型算法软件编程,然后使用预先准备好的模型数据,在 Matlab 软件环境下通过仿真运算对模型算法进行校核与验证。对模型算法的校核与验证是系统仿真过程中的重要环节,只有通过了校验的模型算法才能进入到下一步的仿真系统软件编制。

6)仿真系统软件编制

对于雷达、电子战装备这类典型的电子信息武器装备,无论是对其系统性能的检验,还是对其作战效能的评估,都需要将其置于一定的战场环境中并结合装备的作战使用来进行仿真,所以这类装备的仿真模型除了用于描述系统本质属性的核心算法模型外,通常还必须包括用于描述装备作战使用的行为模型、用于描述战场电磁环境对装备性能影响的环境模型以及用于描述装备与对抗对象或其他外部对象发生信息交互的服务模型等,这些模型通过有序组合最终构成完整的装备仿真模型。仿真系统软件编制阶段的主要工作,一方面是将装备仿真模型转化为程序代码,另一方面是对装备仿真模型软件的运行框架进行设计,为下一步的仿真模型确认测试奠定基础。

7) 仿真模型确认测试

对仿真模型的确认测试是在仿真系统软件程序编制及调试完毕后,根据对实际系统开展仿真研究的目的,设计若干个典型的仿真实验场景,并针对每个仿真试验场景运行仿真模型软件,通过分析仿真运行结果数据,并依据系统模型评估准则,对仿真模型拟达到的各项技术性能指标及实现功能进行测试,最终给出仿真模型是否通过确认测试的结论。对雷达、电子战装备这类比较复杂的电子信息系统进行细粒度建模时,往往会存在仿真模型的确认测试过程比较烦琐的问题,这一方面是因为模型粒度越细,模型本身就越复杂,而另一方面是因为这类电子信息装备的系统性能及作战效能的发挥与装备所面临的战场电磁环境及作战对象密切相关,所以对这类装备的仿真模型确认测试需要针对典型的战场电磁环境和作战对象,设计不同的仿真实验场景,从各个不同的视角,尤其是战场电磁环境的复杂性及作战对象系统干扰/抗干扰技术的运用情况,来对仿真模型进行全面测试。

8) 仿真系统运行及仿真结果分析

系统仿真的目的是利用仿真模型代替实际系统进行仿真实验,以分析和研究实际系统在各种内、外因素变化下其系统性能的变化规律,所以系统仿真研究过程的最后一个步骤就是根据仿真实验目的,设置仿真实验场景,运行仿真系统,通过分析仿真模型的输出数据,对实际系统的性能进行预测、评估,最终给出针对实际系统进行仿真研究的仿真结果分析报告。由于仿真模型往往含有随机变量,特别是雷达电子战系统的功能级参数模型,所以仿真模型输出结果也具有随机性,因此需要采用数理统计技术对仿真运行的输出结果数据进行统计计算,给出相关评估指标或技术指标的统计值或概率分布值。

1.4 雷达电子战系统仿真的典型应用

随着仿真技术的进步,特别是高性能电子计算机的出现和迅猛发展,仿真技术的应用领域不断在深度和广度上扩展。仿真技术不仅仅服务于产品研制的某一阶段,而且还扩大到服务于产品型号研制的全过程;仿真技术不但能应用于独立的单个系统,也能应用于由多个独立系统构成的复杂系统,重视并应用仿真技术所带来的成效是有目共睹的。

近年来,国内外在雷达电子战领域内的系统仿真研究主要是围绕电子信息武器装备全寿命周期开展的。这种面向武器装备全寿命周期的军用仿真技术,实际上是美国国防部在20世纪90年代中期就率先提出的基于仿真的武器系统采办思想的核心技术,也就是充分利用系统仿真实验对新型武器系统的采办全过程(全寿命周期)进行研究,包括需求定义、方案论证、演示与验证、研制与投产、性能测试、装备使用、后勤保障等各个阶段[4]。由于在武器装备采办的不同阶段需要关注的重点不同,所以可根据各个阶段的不同特点,采用不同的仿真技术和方法来构建仿真模型和仿真系统。下面主要针对雷达、电子战装备全寿命周期中的五个重要阶段特点开展的系统仿真技术研究工作进行简要介绍。

1)面向装备系统能力需求分解及技战术指标论证的仿真(立项论证阶段)

在新型武器装备立项论证阶段,通常要完成对装备作战能力需求的定义以及对装备关键技战术指标的确立。过去很长一段时间内,这两项工作主要是依据以往的装备研制经验进行简单的分析计算来完成的,但这样分解出来的装备作战能力与未来实际战场环境对装备要求的作战能力未必匹配,而且以这种方式确定的装备技战术指标也往往存在着诸多问题,不是指标要求过高,导致资源浪费或技术上难以实现,就是指标过低,难以满足实战要求,所以非常需要一种科学而合理的分析手段来辅助装备论证人员完成装备系统作战能力需求分解及技战术指标论证工作。从近年来国内外在新型武器装备立项论证阶段使用仿真手段进行辅助分析的成效来看,利用数字仿真技术构建仿真模型开展仿真实验研究是一条切实可行且灵活便捷的有效途径。

在面向装备系统能力需求分解及战术技术指标论证的数字仿真中,对雷达、雷达对抗装备的系统建模主要以雷达距离方程、雷达干扰方程为理论基础,结合雷达、雷达对抗装备及其作战对象的自身特点,并对某些作战条件做出假设的前提下,建立雷达、雷达对抗装备的系统级功能模型,进而在能量对抗层次上对装备系统战术技术指标进行仿真分析。以对空中预警机雷达实施地面分布式干扰为例,通过仿真实验研究,可以找到地面干扰站个数、干扰功率量值与对预警机雷达产生压制效果之间的定量关系并确定最佳匹配值,以避免因干扰站个数过多而造成的资源浪费或因干扰功率过大而带来的研制难度或研制成本的上升。

2)面向装备系统方案设计优化及关键技术机理研究的仿真(方案论证阶段)

在新型武器装备方案论证阶段,设计师最关注的问题是系统方案的设计优化和装备研制所涉及的关键技术攻关。以雷达对抗装备为例,由于各种新体制雷达的相继出现,加之越来越先进的雷达信号处理技术,雷达对抗领域面临着更加严峻的挑战,因此各种新体制雷达干扰技术已成为国内外电子战领域的研究热点,也相继提出了很多新的干扰样式和干扰方法,但这些干扰技术和干扰方法的有效性以及在实际使用过程中可能存在的边界条件,在没有经过仿真验证或实践检验时,系统设计师往往会心存疑虑,难以抉择。如果在装备系统方案设计阶段,通过仿真的方法对拟采用的干扰技术在干扰对象(雷达)的各种工作状态及抗干扰模式下进行干扰有效性的仿真验证,势必会降低设计人员在确定系统方案时的盲目性,提高系统方案的合理性。

面向装备系统方案设计优化及关键技术机理研究的仿真是基于装备系统性能的仿真,由于对仿真模型解算的实时性要求不高,通常采用信号级数字仿真技术。仿真的目的是对雷达系统所采用的抗干扰技术或雷达对抗装备所采用的干扰技术和实现途径进行有效性分析和评估,帮助设计人员发现问题、改进设计。仿真过程实际上是对雷达、雷达对抗装备等电子信息装备信息处理及信息交互模型的动态解算过程,即模拟了电子信息装备的各个关键环节对信号/数据的处理过程[5]。以对雷达系统进行信号级数字建模仿真为例,首先要深入分析典型体制雷达系统组成、工作流程、关键处理算法及主要战术技术指标,然后在此基础上,实现对雷达系统从信号发射到接收处理回波信号的目标检测跟踪全过程的建模仿真。需要建立的仿真模型主要包括:信号环境仿真模型(含目标回波信号模型、环境杂波信号模型、接收通道热噪声模型)、雷达天线方向图仿真模型、雷达接收机仿真模型、雷达信号处理算法模型、雷达数据处理算法模型、雷达终端显示模型、雷达系统控制仿真模型以及针对该体制雷达的技术特点和设计弱点而建立的仿真模型等。

3) 面向装备系统性能测试与评估的仿真(装备研制阶段)

在实际装备或装备样机研制完成后,对装备系统性能的测试与评估一般采用外场试验的方式进行。为了对装备的整体性能进行全面检验,这样的外场试验通常需要反复多次,不但要耗费大量的人力、物力与财力,而且还受客观条件的限制,试验场景往往不能太复杂,试验次数也不能太多,所以意图通过大批量试验来获取统计性数据相对比较困难。另外,由于在外场试验前,装备研制人员只能利用有限的测试仪器对装备系统的主要技术指标进行测试,而对装备与实际作战有关的战术指标则难以进行检测,所以对装备在实际战场环境中的有效性往往心中没底。如果在外场试验前,能够利用仿真手段对装备系统反复进行多次试验,不但能对装备系统的各项性能指标进行比较全面的测试,还能对装备的有效性进行检验,及时发现装备系统存在的问题,而且还可以通过记录大量的仿真试验数据,从而利用数理统计方法比较方便地得到与装备性能相关的统计性指标。

面向装备系统性能测试与评估的仿真通常采用半实物仿真技术来构建内场试验室(即半实物仿真系统),不仅能有效弥补外场试验的上述不足,而且试验过程及试验场景可控、试验的重复性好,能获得比较全面的试验数据。按照射频信号接入被测设备的方式,这类半实物仿真系统主要分为辐射式和注入式两类。

辐射式仿真系统将产生的射频信号通过天馈系统向空间辐射,被测设备通过其天线接收这些信号,因而能够检验包括天线在内的整个被测设备的性能指标,具有较高的逼真度,但需要建立微波暗室,仿真系统造价很高。注入式仿真系统将产生的射频信号不经天线辐射而直接通过电缆送入被测设备相关输入点上,同时还模拟了被测设备的天线特性和电磁信号的空间传播特性,因而具有使用方便、无须微波暗室等优点,但逼真度稍逊于辐射式仿真系统,而且仿真系统的构建也更复杂。

以用于雷达对抗装备系统性能测试与评估的仿真应用为例,为了能全面评估雷达对抗装备的系统性能和作战效能,需要构建雷达电子战半实物闭环仿真系统,通过定制雷达对抗仿真实验场景并驱动半实物仿真系统的实时运行,不仅能够检验雷达对抗装备对复杂电磁信号环境的侦察处理能力,还可以评估雷达对抗装备对典型体制雷达系统的干扰效果[6]。通过仿真试验,还能及时发现装备系统在性能、操作使用等方面的不足,进而提出改进建议。

在用于雷达对抗装备或原理样机性能测试与评估的半实物闭环注入式仿真系统中,由复杂电磁环境模拟器、通用雷达模拟器、仿真数据分析器(即效能分析评估单元)和被测的雷达对抗装备(或原理样机)组成闭合回路,仿真系统的功能组成示意图如图1.2所示。

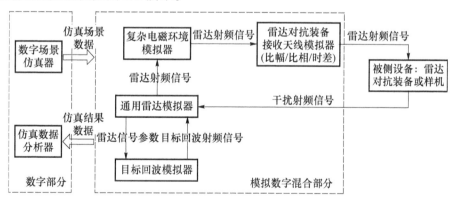

图1.2 雷达电子战半实物仿真系统功能组成示意图

图中,被测设备是实际的雷达对抗装备或原理样机。数字场景仿真器和仿真数据分析器由计算机软件实现,是半实物仿真系统的纯数字部分。复杂电磁环境模拟器、雷达对抗装备接收天线模拟器、通用雷达模拟器和目标回波模拟器,既有射频/中频/视频信号发射接收处理硬件,也有由计算机软件实现的信号处理及数据处理的功能模块,是半实物仿真系统的模拟数字混合部分。仿真系统根据数字场景仿真器生成的仿真场景数据,控制复杂电磁环境模拟器和通用雷达模拟器生成雷达射频信号,被测雷达对抗装备的电子支援侦察(ESM)单元对雷达信号进行侦收处理后,控制电子干扰(ECM)单元产生干扰射频信号,通过射频电缆直接注入通用雷达模拟器接收单元,雷达受干扰后的响应,一方面可以通过雷达模拟器输出终端直观感受到,另一方面也可以利用仿真数据的存储记录功能,由仿真数据分析器进行定量评估。在定量评估中,对"干扰"或"抗干扰"的效果,可采用"干信比"来描述,用什么样的干扰样式,需要多大的干扰压制系数,用什么样的抗干扰措施,可使干扰压制系数增加。

4) 面向装备系统作战使用及操作训练的仿真(装备使用阶段)

过去对装备操作人员的使用训练主要在实装上进行,所以这种训练通常是在装备交付部队后才开始的。如果由于某些原因延误了装备的交付期限,或者出现装备少、人员多、现场训练困难、操作条件受限等诸多问题,都会对装备操作人员的培训周期和培训质量产生不利影响。因此随着仿真技术的飞速发展,目前国内外越来越重视利用仿真手段构建装备训练环境进行人员培训的各种能力建设。特别是如果能在研制装备的同时也研制相应的装备训练模拟器,不仅能对军事院校学员或者部队官兵提供装备使用培训的双重感受,也同时解决了培训场地、培训周期和培训条件受限的问题。

任何一种电子信息装备都需要研究其最佳的战术使用方法,使其在特定的战场环境下发挥最大的作战效能。以往对装备的战术使用优化总是通过实战演习的方式进行,但这种方式易受环境制约,演练的规模和数量往往受限,而且安全性、保密性也较差。近年来随着科技的进步,虚拟现实技术逐渐成熟,通过建立高逼真的装备作战训练模拟器,不仅可以进行武器装备的战术优化研究,也可以提高操作人员的装备使用水平。

由于面向装备系统作战使用及操作训练的仿真通常有实时性要求,而且强调受训人员有身临其境之感,因此这类训练模拟器的核心功能大多采用功能级数字仿真技术来实现,因为功能级仿真模型运算速度快、运算效率高,容易满足实时性要求,而且当前的网络技术、图形图像处理技术、三维视景仿真技术等技术的飞速发展以及面向对象程序设计语言的不断进步,为装备训练模拟器的研制提供了充足的外部环境。这里以飞行员训练模拟器为例,如图 1.3 所示,飞行员训练模拟器属于人在回路的仿真系统,这是因为飞行员在飞机座舱内对各种设备(仿真设备+实际设备)的操作是关键因素。在飞行员训练模拟器中,飞机座舱要按照实际型号飞机座舱进行 1∶1 设计,飞机座舱内各种仪器仪表的显示也要与实际的完全一样,飞机操作杆等机械设备可采用实际设备,飞行员所看到的场景可采用三维视景仿真技术以达到虚拟现实的沉浸感。而对飞机中的雷达、电子战装备等各类航空电子设备,则采用数字仿真技术来实现对各类设备的功能级仿真,例如机载火控雷达对作战空域内的目标检测与跟踪过程的功能级仿真,雷达告警接收机对作战空域内威胁雷达侦收处理及告警过程的功能级仿真等。

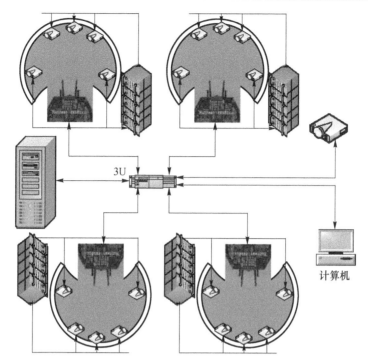

图 1.3 飞行员训练模拟器系统配置示意图(见彩图)

5)面向装备系统体系作战效能评估及作战演练的仿真(系统使用阶段)

现代战争中,作战双方的对抗已不再是单一装备间的对抗,而是装备体系间的对抗,是由各种作战力量组成的系统整体对抗,其核心是网络化的信息系统和电子信息装备。由于现代战场电磁环境的复杂性和电子信息武器装备对电磁频谱空间的依赖性,依靠有限的实战演习难以完成对电子信息装备及其装备体系在作战中的实际效能和各种电子信息装备平台之间协同作战能力的综合评判,而且实战演习具有耗时长、费用高、保密性差、易受环境制约、试验结果不可重复等明显缺陷。因此近年来,随着计算机技术、仿真技术的迅猛发展,虚拟战场的概念应运而生,利用仿真技术建立逼真的虚拟战场环境来进行装备体系作战效能评估和作战演练研究是一条切实可行且灵活便捷的技术途径。

装备体系作战效能评估及作战演练仿真采用数字仿真技术进行作战环境建模和装备系统建模,即利用计算机技术构建虚拟战场环境,在该环境下指挥人员可以对军事战略及战术进行检验,而士兵则可在该环境下进行军事技能的训练,避免了室外演习的繁琐与劳顿[7]。事实上,网络技术、人工智能技术、虚拟现实技术、增强现实技术等的综合应用,使得真实世界与作战演练仿真所构建的虚拟世界之间的界线变得越来越模糊。首先,作战演练仿真必须使用户有身临其境之感。因为军事行动面对的环境复杂多变,遭遇到的敌人也难以预料,这些特点在作战演练仿真中必须有所体现。其次,为了理解不同的军事组织及其系统是如何进行协同的,需要把数据、人员、真实的或模拟的武器系统与自动化指挥系统(C^4ISR)连成网络进行仿真试验,这种集实况、虚拟、构造(LVC)仿真于一体的仿真能力已成为目前作战演练仿真的一个主要目标。例如,诺斯罗普·格鲁曼公司的网络战综合网的设施遍布全美国,利用该网络可以综合运行各种平台、传感器、武器系统及指挥控制软件。因此,作战演练仿真是建立在互联网基础上的,通过把分散在不同地点上的软硬件设备及有关人员联系起来,形成一个在时间和空间上相互耦合,同时共享一个人工合成的包括多武器平台的综合虚拟作战环境而进行的体系对抗作战仿真。也就是说,作战演练仿真生成的是一个具有临场感和人机交互关系的虚拟作战环境。需要注意的是,对这类复杂大系统的仿真,虽然对其中涉及的武器装备仿真通常采用的是功能仿真模型,但是功能模型的建立要充分依靠理论分析的结论,并通过不断利用装备实战数据、装备外场试验数据进行检验,同时结合装备性能仿真试验结果来不断提高功能模型的逼真度。

参考文献

[1] 韩慧君. 系统仿真[M]. 北京:国防工业出版社,1985.

[2] 宋承龄,王章德. 系统仿真[M]. 北京:国防工业出版社,1989.

[3] 冯允成,邹志红,等. 离散系统仿真[M]. 北京:机械工业出版社,1998.

[4] 魏华梁,刘藻珍,李钟武. 二十一世纪武器系统仿真新动向——基于仿真的采办与管理[J]. 计算机仿真,2000(4).

[5] 安红,王春丽,杨莉. 数字仿真技术在电子战装备性能评估中的应用[J]. 中国电子科学研究院学报,2006(4).

[6] 安红,高志成,唐波. 射频注入式动态电子战威胁环境仿真系统[J]. 电子对抗技术,2001(5).

[7] 刘重阳,安红. 各类军用仿真系统的特点及实现方法[J]. 电子信息对抗技术,2008(4).

第 2 章
雷达系统建模与仿真

2.1 雷达系统仿真的基本方法

雷达是通过发射电磁信号,接收来自其威力覆盖范围内目标的回波,并从回波信号中提取目标位置和其他目标信息,以用于目标探测、定位以及识别的电子设备[1],因此从大的层面讲,雷达就是一个典型的信号探测、处理设备,信号处理是其核心。由于现代雷达系统本身的信号处理和数据处理越来越复杂,而且雷达所面临的由目标回波、杂波及干扰信号组成的电磁信号环境也越来越复杂,所以用简单直观的数学解析法对雷达系统进行分析从而推导雷达输出的解析解是非常困难的,因此随着计算机技术的飞速发展,利用数字仿真技术对雷达系统进行建模从而实现雷达系统性能分析是目前普遍采用的技术途径。

雷达的种类很多,用途也很广泛,雷达系统的装载平台涉及陆、海、空、天、弹等各类平台,雷达实现的功能也不尽相同,从简单地发现目标到对目标进行精确定位、对运动目标进行航迹跟踪以及对目标进行鉴别、分类或识别等,而且大多数雷达都兼备若干种功能。由于雷达的各种功能相互作用,例如雷达跟踪目标必须首先发现目标,并且通常还要验证它确实是目标,而不是噪声或干扰,所以对每种功能分别仿真所得到的结果和对整个雷达系统进行整体仿真所得到的结果通常不会完全一样。另外,雷达仿真的目的也多种多样,有的是检验某种算法是否正确,有的是展示雷达所具有的各种功能,有的则是评价整个雷达系统性能是否满足设计要求,有的要求仿真具有实时性,有的则更关注模型的逼真度而对模型运算速度并不做过高要求。因此对一个给定的雷达而言,所采用的仿真方法往往是考虑很多相互关联因素的影响而最终做出的权衡,这些因素主要包括[2]:雷达系统功能、仿真目的、仿真经费预算、仿真速度要求、仿真精度要求、仿真工作量大小、雷达平台类型以及雷达系统与外部环境(或人)的相互作用要求等。有的仿真方法比较精确,有的仿真方法运算速度很快,而有的方法实现费用很高。总之,在进行雷达系统仿真时,要根据仿真应用的目的,综合考虑各种因素,选择最合适的仿真方法。

雷达作为一个典型的信号探测、处理设备,这里把对雷达信号处理过程建模的细致度作为雷达系统仿真方法分类的基本依据,并由此将雷达系统仿真方法分为两大类:功能级仿真方法和信号级仿真方法。

2.1.1 雷达系统功能级仿真方法

对雷达系统进行功能级仿真的理论基础是雷达距离方程,雷达距离方程将目标回波信号的能量与雷达、电磁信号空间传播路径和目标参数关联起来。在无干扰条件下,这种关联关系可表示为在雷达接收机输入端处的目标回波信号功率与接收通道热噪声功率之比(简称信噪比),而在干扰条件下,这种关联关系可表示为在雷达接收机输入端处的目标回波信号功率与干扰信号(指热噪声之外的有意或无意干扰影响,如环境杂波信号、有源干扰信号、无源干扰信号等)功率之比(简称信杂比、信干比),并且通过这个信噪比(或信杂比、信干比)可估算出雷达作为一种目标探测装置预期的性能[1],也可以说信噪比或信杂比、信干比是对雷达在无干扰或有干扰情况下发现目标能力好坏的一种度量。通常,这个比值的数量级约为 13dB 时,雷达便足以发现目标。但是,这个比值受很多因素影响,例如目标起伏、电磁信号空间传播损耗(电磁散射,由于大气、云雨雾雪等引起的衰减,多径效应)、天线扫描、极化、接收通道的非线性特性和匹配滤波失配特性、接收机对信号的处理方法等,所以需要考虑这些影响因素在信噪比或信杂比、信干比数值计算中的折算因子或损耗因子,实际上也体现在雷达距离方程中有关的得益系数或损耗系数上。但是对这些因素的影响因子折算,有些比较简单,例如天线扫描,有些则非常复杂,甚至很难得到相对合理的解析式或统计模型,例如多径效应,所以通常情况下需要做出适当的假设或必要的简化。

在实际的场景中,雷达与要探测的目标之间必然存在着空间交会的几何关系,而且这种几何关系是随着时间在不断变化的,另外雷达天线也在不断地对探测空域进行着扫描,所以对雷达目标探测功能的仿真必然是一个动态的仿真过程。虽然雷达与目标之间的相对空间关系以及雷达天线扫描都是动态变化的,但是在一个小的时间片(称为时间步长)内,可以认为雷达与目标之间的空间关系是相对静止的,而且雷达天线的空间指向性也是确定的,这样就能够根据雷达与目标之间的相对几何关系以及雷达天线指向,计算出在雷达接收机输入端的目标回波信号功率与热噪声信号功率的比值,即信噪比的量值,然后根据雷达检测曲线,在要求的虚警概率条件下,得到雷达对目标的检测概率。

在不考虑外部杂波、干扰信号条件下,雷达进行目标回波信号检测时,接收机输出端可能只有噪声,也可能是信号加噪声。由噪声分析理论得知,高斯白噪声通过窄带系统(例如雷达接收机)后变为窄带噪声,其包络的概率密度函数服从瑞利分布,而信号加高斯白噪声通过窄带系统后,其包络的概率密度函数趋于正态分布(即为广义瑞利分布或莱斯分布),那么将以上这两种分布作成曲线,就是常用于说明雷达检测性能的概率密度函数曲线[3],如图2.1所示。

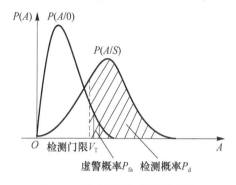

图 2.1 雷达检测门限设计曲线

图 2.1 中,横坐标为雷达接收机检波器输出的信号包络幅值,$P(A/0)$ 为高斯白噪声通过雷达接收机后其包络的概率密度函数曲线,$P(A/S)$ 为信号加高斯白噪声通过雷达接收机后其包络的概率密度函数曲线。很显然,雷达的最小可检测信噪比与检测门限 V_T 有关,也就是与检测概率 P_d、虚警概率 P_f 有关。绝大多数雷达采用黎曼-皮尔逊(Neyman-Pearson)检测准则,也就是预先规定虚警概率,再根据要求的检测概率确定检测门限。由图 2.1 可见,如果虚警概率为常数,随着信噪比的提高,则信号加噪声包络的概率密度曲线 $P(A/S)$ 向右移,检测概率也随之提高[3]。在 20 世纪五六十年代,马库姆(Marcum)做了大量研究,给出了检测概率、虚警概率与单个脉冲检测信噪比之间的对应关系曲线供雷达设计时使用,如图 2.2 所示。

图 2.2 所示的雷达检测曲线适用于非起伏的稳定目标,即目标的雷达散射截面积(RCS)为常量。雷达散射截面积是度量雷达目标对照射电磁波散射能力的一个物理量,定义为单位立体角内目标朝接收方向散射的功率与从给定方向入射于该目标的平面波功率密度之比的 4π 倍[4]。RCS 的量纲是面积单位,常用单位是 m^2,通常用符号 σ 表示。由于复杂外形目标的 RCS 值变化非常剧烈,而且目标的 RCS 随目标姿态角变化十分敏感,所以 RCS 是一个起伏量,而雷达目标回波的起伏总是与雷达目标的 RCS 相联系,因此雷达散射目标起伏特性对于雷达的目标检测性能有很大影响,有必要对目标 RCS 建立统计模型。

斯威林(Swerling)按照 2 种假设的目标起伏速度和 2 种目标散射截面积的概率密度函数,给出了 4 种情况,或称为 4 种目标起伏模型,即斯威林 I、II、III、IV型。2 种假设的目标起伏速度是[5]:①慢起伏。雷达波束逐次扫过目标时,目标 RCS 值是统计无关的,但在两个脉冲之间的 RCS 值保持不变。②快起伏。在

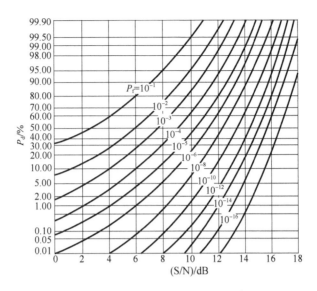

图2.2 单个脉冲检测信噪比特性曲线

一个雷达波束宽度内(即在雷达信号积累时间内),两个脉冲之间的RCS值是统计独立的。两种目标散射截面积的概率密度函数是:

(1) 第一种为瑞利分布,其概率密度函数为

$$p(\sigma) = \frac{1}{\bar{\sigma}}\exp\left(-\frac{\sigma}{\bar{\sigma}}\right) \quad (2.1)$$

式中:σ 为目标的雷达散射截面积;$\bar{\sigma}$ 为目标的平均雷达散射截面积。

(2) 第二种分布的目标散射截面积概率密度函数为

$$p(\sigma) = \frac{4\sigma}{\bar{\sigma}^2}\exp\left(-\frac{2\sigma}{\bar{\sigma}}\right) \quad (2.2)$$

因此归纳起来,斯威林Ⅰ型:瑞利分布、慢起伏。斯威林Ⅱ型:瑞利分布、快起伏。斯威林Ⅲ型:第二种分布、慢起伏。斯威林Ⅳ型。第二种分布、快起伏。斯威林Ⅰ、Ⅱ型目标模型适用于由许多面积接近相等的、独立的起伏散射体组成的目标,例如,喷气式飞机、螺旋桨飞机、直升机、雨杂波等。斯威林Ⅲ、Ⅳ型目标模型适用于可表示为一个大散射体带一个小散射体,或一个大散射体在观测方向上有小的变化的目标,例如,狭长表面的导弹、火箭、带有延长部分的人造卫星等[5]。

基于单个脉冲检测目标时,目标起伏模型只有两类,斯威林Ⅰ、Ⅱ型和斯威林Ⅲ、Ⅳ型。对于给定的检测概率和虚警概率,检测起伏目标所需要的信噪比大于非起伏目标的信噪比,信噪比超出部分称为目标起伏损耗。起伏损耗可度量为起伏目标要获得与具有恒定回波的目标一样的可探测性或测量精度而需要增加的平均回波功率[1],用符号可表示为

$$L_{\mathrm{f}}(1) = \frac{D_1(1)}{D_0(1)} \tag{2.3}$$

式中:$D_0(1)$为稳定目标单个脉冲的可检测性因子;$D_1(1)$为起伏目标单个脉冲的可检测性因子。在脉冲雷达中,可检测性因子是指采用与单个脉冲相匹配的中频滤波器,在中频放大器里所测得的,并随后对视频信号进行优化积累的,能提供给定检测概率和虚警概率的单个脉冲信号能量与单位带宽噪声功率的比[1]。

目标起伏损耗曲线主要是检测概率的函数,但它同时也与虚警概率和积累脉冲数有一定关系。对绝大多数雷达而言,往往不是基于单个脉冲进行目标检测的,而是在多个脉冲积累基础上检测目标或在多次天线扫描中发现目标。当雷达天线扫过目标时,在观测时间内收到来自点目标的回波信号脉冲数 n 为

$$n = \frac{\theta_{\mathrm{B}} f_{\mathrm{r}}}{\Omega_{\mathrm{a}}} \tag{2.4}$$

式中:θ_{B} 为雷达天线半功率波束宽度,单位为(°);Ω_{a} 为雷达天线方位扫描速度,单位为(°)/s;f_{r} 为脉冲重复频率,单位为 Hz。

雷达对这 n 个脉冲信号进行处理以改进目标检测性能的方法有四种[1,6]:

(1) 相参积累。相参积累在包络检波之前进行脉冲信号电压相加,也称检波前积累。由于各回波信号之间有确知的相位关系,则 n 个脉冲积累后,信号功率提高 n^2 倍。而对噪声信号,可以证明,n 个随机变量总和的均值等于各均值之和,总和的方差等于各方差之和,所以 n 个噪声样本积累后功率仅提高 n 倍。因此,n 个脉冲进行相参积累处理后,总的功率信噪比提高了 n 倍,即相参积累增益为 n。

(2) 非相参积累。非相参积累对每个脉冲信号进行包络检波,并在门限检测前将得到的视频脉冲电压相加,也称检波后积累或视频积累。包络检波器分为平方律检波器、线性检波器和对数检波器。常用的是线性检波器,其作用是将线性检波器输出的 n 个脉冲幅度相加,这样可改善信噪比。由于包络检波器中的非线性处理使信号与噪声结合在一起,所以积累的改善是指信号加噪声与噪声的对比关系,非相参积累的信噪比改善小于相参积累的信噪比改善。非相参积累的性能常用视频积累损耗的大小来表征。视频积累损耗 L 定义为:在一定的虚警概率条件下,为了达到所需的检测概率,n 个脉冲经非相参积累时折算到积累前所需的单个脉冲信噪比 SNR_1 与 n 个脉冲经相参积累时折算到积累前所需的单个脉冲信噪比 SNR_2 的比值,即 $L = 10\lg(\mathrm{SNR}_1/\mathrm{SNR}_2)(\mathrm{dB})$。相关研究表明,对非起伏的稳定目标:当 n 值较小时,视频积累损耗 L 很小;当 $n=1$,视频积累损耗 $L \approx 10\lg\sqrt{n} - 5.5(\mathrm{dB})$。

(3) 二进制积累。二进制积累也称 n 中取 m 积累,将每个脉冲送入门限检测器,门限穿越的次数 m 用做输出告警信号(即目标检测成功的标志)的准则。采用二进制积累超过视频积累的额外损耗称为二进制积累器损耗,相关研究表

明,当 $n > 8$ 时,二进制积累器损耗约为 1.6dB。

(4) 累积积累。累积积累是二进制积累的特例,相当于 $m = 1$ 时的二进制积累。相关研究表明,累积积累损耗约为 $5.5\lg n$ (dB), n 为积累脉冲数。

文献[1]给出了对非起伏的稳定目标进行多脉冲积累检测时,在检测概率为 0.9、虚警概率为 10^{-6} 条件下,以上四种脉冲积累方法的积累损耗比较曲线,从中可见相参积累损耗最小,而累积积累损耗最大。现代雷达大多使用前两种脉冲积累检测方法。

总之,雷达的目标检测曲线主要由目标起伏类型、检测概率、虚警概率、脉冲积累方法和积累脉冲数决定,经过半个世纪的研究,已经公布了许多有用的检测曲线。文献[4]给出了非起伏目标(即马库姆分布模型)和起伏目标(即斯威林Ⅰ、Ⅱ、Ⅲ、Ⅳ型分布模型)在不同的检测概率时,雷达检测信噪比与积累脉冲数的关系曲线,其中虚警概率为参变量。

基于雷达距离方程的雷达系统功能级仿真方法比较简单,可以根据仿真研究的目的和仿真结果的具体应用,设计合理的雷达功能级仿真流程。这里以实现雷达目标探测功能仿真为例,对通常采用的仿真工作流程进行简要介绍。

对雷达的目标探测功能进行仿真,首先在给定的作战场景条件下,计算雷达与探测目标(干扰条件下还要考虑干扰机平台目标)的相对空间位置关系,然后根据雷达方程,得到给定条件下的信噪比或信杂比、信干比,并依据对目标及干扰起伏特性的假设,利用雷达的目标检测曲线图或目标检测经验公式,计算出目标检测概率,并由此推断雷达能否发现目标。雷达目标探测功能级仿真流程如图 2.3 所示[2]。

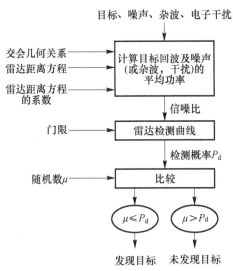

图 2.3　雷达目标探测功能级仿真流程图

图 2.3 中,由雷达距离方程来计算雷达目标检测的信噪比或信杂比、信干比时,除了要考虑目标起伏损耗和多脉冲积累损耗外,还需要把雷达信号发射、接收与处理过程中引入的其他损耗加入到计算公式中,因为这些损耗也同样对雷达探测性能产生影响。这些损耗主要包括 5 种[3]。①馈线传输损耗,指发射支路传输损耗和接收支路传输损耗,一般取 3~4dB。②接收机失配损耗,指按准匹配滤波器理论进行接收机设计造成的失配损耗,典型接收机失配损耗小于 1dB。③天线波束形状损耗,由于雷达天线波束实际上并不是矩形的,所以在波束驻留时间内,雷达收到的是一串受天线波束方向性函数调制的非等幅脉冲序列,天线波束形状损耗通常取 1.5~2dB。④电磁传播损耗,指电磁散射以及由大气、云雾雨雪气象条件、箔条干扰物等引起的衰减。大气衰减包括大气中的氧、水蒸气以及气象等对电磁波的吸收和散射,使信号能量减小,从而使雷达探测性能下降。雷达工作波长越短,大气对信号能量的衰减越大。大气衰减量已通过大量实验数据作成曲线供工程计算时使用,也可以通过统计模型或经验公式来粗略估算。⑤接收/处理损耗,主要指由接收机和信号处理机所引起的损耗,包括积累器加权损耗、限幅器损耗、匹配损耗、折叠损耗、量化损耗、恒虚警率(CFAR)检测损耗、动目标显示(MTI)处理损耗、扫描分布损耗、波门跨越损耗、脉冲压缩加权损耗、杂波分布损耗、杂波相关损耗等。由于接收/处理损耗分量数目很大,而且其中很多分量随雷达空间中精确的目标位置、目标的运动和起伏,以及杂波等环境因素的变化而变化,因此对接收/处理损耗的估算比较复杂。

图 2.3 中,随机数 μ 是一个在 (0,1) 区间上做均匀分布的随机变量:当计算得到的目标检测概率 $P_d \geq \mu$ 时,则判为雷达发现目标;当检测概率 $P_d < \mu$ 时,则认为雷达没有发现目标。这种目标检测的输出很容易在统计学或蒙特卡罗(Monte Carlo)意义上进行模拟,其实质是对一个已知概率的随机事件,用蒙特卡罗统计试验法进行试验,从而得到该随机事件的一个模型。

另外,图 2.3 所示的仿真流程也可以进行适当简化,将由雷达距离方程计算得到的目标检测信噪比与通过雷达检测曲线确定的检测门限(即有效可检测性因子)进行比较,若小于检测门限则推断雷达没有发现目标,若大于或等于检测门限则推断雷达可发现目标。

由以上的分析可以看出,雷达系统功能级仿真的实现过程比较简单,由于没有涉及复杂的信号产生与处理过程,仿真运算速度很快,一般都能做到实时或超实时仿真。但是,也正是由于功能级仿真没有涉及包含在信号波形及雷达信号处理过程的详细内容,所以也难以反映雷达系统面对复杂电磁信号环境时其工作性能的准确变化,而只能依据一定的评判准则对雷达系统的目标探测功能进行大致估计。虽然功能级仿真在仿真模型逼真度上有一定的局限性,但因模型运算速度快、效率高,在诸如军事演练、作战推演、武器装备体系对抗效能仿真、装备训练模拟器等对仿真实时性有较高要求,特别是复杂大系统仿真中得到了广泛的应用。同时也应该认识到,以雷达系统为典型代表的武器装备功能级仿真模型的建立,既要充分依靠理论分析的结论,也要不断利用实战数据、装备外场试验数据进行检验,并结合装备性能仿真试验结果来不断提高功能级仿真模型的逼真度。

2.1.2 雷达系统信号级仿真方法

雷达系统信号级仿真方法研究的核心问题是对雷达系统信号发射及接收处理的全过程进行建模。对雷达系统进行信号级仿真的过程,实际上是复现雷达信号的发射、在空间传播、经散射体反射,以及在雷达接收机、信号处理机和数据处理机内进行接收处理与检测跟踪的全过程,而且在这个过程中,仿真处理的基本元素就是既包含振幅又包含相位的中频信号或相干视频信号(即零中频信号)的数字采样信号流。也就是说,采用基于信号/数据流处理的仿真技术,通过对具体型号或典型体制雷达系统组成、工作流程、使命任务、技术体制、主要战术技术指标、信号处理与数据处理核心算法等进行详细分析及功能分解,建立包含目标特性及信号环境特征在内的雷达信号发射与接收处理、数据处理和雷达系统控制等仿真模型,实现对雷达系统内部信息处理及外部信息对抗中信息流动与信息交互的全流程仿真。因此,雷达系统信号级仿真的理论基础是雷达原理和信号处理理论。

与雷达系统的功能级仿真相比,对雷达系统进行信号级仿真要复杂得多。这是因为要实现对雷达系统的信号级仿真,需要:

(1) 全面了解被仿真的雷达系统使命任务、技术性能、工作流程、系统组成及其详细参数,这就意味着要获取被仿真雷达的第一手详细资料。雷达资料掌握得越深入,对该雷达建模的逼真度就越能够得到保证。就这一点而言,对自行研制的型号雷达,由于能够得到详细的技术资料,所以雷达建模的逼真度往往会比较高,但对外军雷达或因某种原因而无法深入了解的己方雷达,仅凭有限的技术资料则难以开展具体型号系统的信号级建模工作,因此在这种情况下大都只能根据该型雷达的基本工作体制,建立相应工作体制的"通用"雷达模型。这里的"通用"是指所建立的雷达模型工作体制与要仿真的雷达系统工作体制相同,例如都是机械扫描体制的两坐标警戒雷达,雷达模型只能反映该种工作体制雷达的典型工作流程及其通常采用的信号处理和数据处理的理论算法模型,而对于实际型号系统中可能采用的特殊处理算法或有针对性的抗干扰技术则难以覆盖。但是该雷达模型要求具有技术参数(除了发射功率、搜索空域等典型系统参数外,还包含发射信号波形参数、信号接收处理等关键模块的可控技术参数)可修改或可装订的功能,而且仿真实现的雷达工作流程要与装订的技术参数自动匹配,因此这里的雷达模型是具有一定通用性的某种工作体制雷达的原型系统。如果后期能获取要仿真的雷达详细技术资料,则可以通过技术参数装订以及相关处理算法的补充修改完善来实现对实际型号雷达的高逼真仿真。

(2)由于现代雷达系统都是典型的信号处理与数据处理设备,信号处理和数据处理是其核心,因此在对雷达系统进行信号级建模时,所建立的信号处理和数据处理算法模型应尽可能与要仿真的雷达系统中实际采用的算法一致,这对己方在研的型号雷达来说是比较容易做到的,而对在役的型号雷达或外军雷达则只能通过所掌握的技术情报资料来分析判断其可能采用的算法及其性能,因此对雷达系统进行信号级仿真特别适合雷达装备的设计及研制阶段,不仅可以利用信号级仿真技术来优化雷达系统的设计方案,检验或验证雷达系统关键处理算法的性能,还可以在雷达装备研制过程中及时发现潜在的系统设计缺陷,起到装备研制事半功倍的作用。

(3)雷达系统的信号级仿真过程不可避免地涉及对数字信号的处理,例如各种复杂波形信号的生成与采样、时域卷积、频域滤波、快速傅里叶变换、数字滤波器设计等,这不仅带来仿真运算过程的复杂性,而且在相同时间步长内,信号的采样频率越高,需要产生、传输和处理的数据量就越大,因此雷达系统的信号级仿真通常不在射频上进行,而在一定中频或视频上实现,信号的采样频率要满足奈奎斯特采样定理。但即便是在一个较低的中频上仿真,例如信号中频是10MHz,信号调制带宽是5MHz,采样频率为40MHz,假设时间步长是10ms,采样信号幅值的数据类型定义为单精度浮点数(即每个采样点数据值量化为32位二进制数,4B(字节)),则每个时间步长内需要处理的单个目标回波信号流的数据量为1.6MB,如果仿真场景中有多个散射体目标,就需要对每个目标回波信号进行仿真,再将多个目标的回波信号进行叠加,从而模拟来自多个散射体目标的合成信号,这也就意味着仿真场景越复杂,每个时间步长内仿真系统需要处理的数据量就越大,因此基于普通PC硬件平台构建的信号级仿真系统通常都只能实现非实时仿真,而不像功能级仿真一般都可以进行实时仿真,甚至超实时仿真。在信号级仿真系统中,为了提高仿真运算速度,一方面要对模型算法进行优化设计,特别是在信号处理方面可使用商业软件函数库来优化运算速度,例如Intel信号处理函数库提供了许多信号处理的函数,包括快速傅里叶变换(FFT)、有限长单位冲激响应(FIR)滤波器、希尔伯特(Hilbert)变换等,另一方面需引入高性能计算技术,例如并行计算技术,即在高性能计算机上,将一个应用分解成多个任务,每个任务分配给不同的处理器,各个处理器之间相互协同,并行地执行子任务,从而达到加快模型求解速度的目的。

雷达系统信号级仿真的逼真度主要受目标模型和环境模型的限制。通过对来自单个散射体的回波信号进行模拟,再对来自各个散射体的回波信号采用线性叠加的方法,就可以模拟来自多个散射体的合成信号,这样做的结果也就模拟了多个散射体之间相位矢量的干涉现象[1],这同时也是实现对具有复杂散射特性的面目标或体目标进行仿真的有效方法。考虑到雷达系统实际工作环境的复杂性,不但要对散射体之间相位矢量的干涉现象进行仿真,也要对雷达信号与接收天线之间,以及雷达信号与环境之间的相互作用进行仿真,这往往是相当困难的,所以通常会采用在一定假设条件下具有不同统计特性的随机序列来描述。

雷达系统信号级仿真的核心,一方面是描述雷达所接收的各类信号的仿真模型,包括含有各种散射特性的目标回波信号模型、环境杂波信号模型、各种有意干扰信号模型、接收通道热噪声信号模型以及电磁信号空间传播模型等,另一方面是描述雷达系统对所接收的各类信号进行接收处理和检测跟踪的信号处理及数据处理仿真模型,包括天线扫描模型、天线方向图调制模型、接收机模型、信号处理模型、数据处理模型、雷达资源调度模型等,因此在雷达系统信号级仿真中,仿真处理的基本元素是既包含振幅又包含相位的中频信号或相干视频信号的数字采样信号。对信号的模拟涉及振幅(指信号的电压值)和相位,例如描述一个目标信号时,不只是用一个目标的雷达散射截面积 σ 来描述目标的散射特性,还必须包括一个相位项以代表雷达信号被发射时的相移,设此相移为 ϕ,则可以定义一个复数量 γ_c [1]:

$$\gamma_c = \sqrt{\sigma} e^{j\phi} \quad (2.5)$$

式中:γ_c 描述了目标散射特性的振幅和相位。与 γ_c 相对应的功率是目标的雷达散射截面积,即

$$\sigma = |\gamma_c|^2 \quad (2.6)$$

假设雷达发射信号用 $\psi_T(t)$ 来表示,则从固定点目标反射回来的回波信号 $\psi_R(t)$ 将是发射信号 $\psi_T(t)$ 的时间延迟形式,而其振幅则乘上一个比例因子,如下式[1]为

$$\psi_R(t) = \psi_T(t - t_r) \left[\frac{G^2 \lambda^2}{(4\pi)^3 R^4} \right]^{\frac{1}{2}} \gamma_c \quad (2.7)$$

式中:t_r 为目标的双程距离延迟时间;λ 为信号波长;G 为雷达天线增益;R 为目标距离。

式(2.7)只适用于相对于雷达的固定目标,而且只有当雷达天线对目标不进行扫描时,该方程才严格成立。通常,目标是运动的,并可能在回波信号振幅和(或)相位上起伏,同时雷达天线还进行扫描,因而 t_r、G 和 γ_c 都是时间的函数,在这种情况下,可以将式(2.7)写成[1]为

$$\psi_R(t) = \psi_T[t - t_r(t)] \left[\frac{\lambda^2}{(4\pi)^3 R^4} \right]^{\frac{1}{2}} G(t) \gamma_c(t) \quad (2.8)$$

如果 $t_r(t)$、$G(t)$ 和 $\gamma_c(t)$ 是慢变化的时间函数,则可将式(2.8)进行简化。假设目标相对雷达的运动速度足够慢,以致可以假定在某一个特定的时间间隔内,目标的距离变化率为常数,还假定在这同一个时间间隔内 $G(t)$ 和 $\gamma_c(t)$ 也是常数,则可将式(2.8)简化为,与发射信号相仿,但经过一段延迟,并产生一个多普勒频移的表达式,即[1]

$$\psi_R(t) = \psi_T(t - t_r) e^{j2\pi f_d t} \left[\frac{\lambda^2}{(4\pi)^3 R^4}\right]^{\frac{1}{2}} G\gamma_c \quad (2.9)$$

式中:t_r 和 f_d 为目标的双程距离延迟时间和多普勒频移,可以用目标距离 R 和距离变化率 v 来表示

$$t_r = \frac{2R}{c} \quad (2.10)$$

$$f_d = -\frac{2v}{\lambda} \quad (2.11)$$

式中:c 为光速;λ 为信号波长。

对雷达系统进行信号接收处理与目标检测跟踪过程的建模仿真时,主要围绕雷达天线、接收机、信号处理机、数据处理机、终端显示器和系统控制器的基本信息处理过程,根据实际被仿真雷达的典型系统组成,按照信号/数据处理的过程提取相应的仿真模型结构,建立雷达系统的信号级仿真处理流程,如图2.4所示。

从图 2.4 可见,雷达系统的信号级仿真较功能级仿真实现起来更复杂,需要对被仿真雷达的技术性能、参数、工作流程及相应的处理算法有充分了解和掌握,才能建立较为逼真的基于信号/数据流处理的仿真模型。由于雷达的信号级仿真需要产生包括目标回波信号、杂波信号、干扰信号在内的复杂电磁信号环境,同时还涉及雷达系统内部复杂的信号/数据处理过程仿真,因此仿真运算的数据量很大。

图 2.4 所示的一些仿真模型,特别是雷达信号处理、数据处理及资源调度算法模型应尽可能采用实际雷达系统中的相应处理算法。而对于雷达天线、接收机、发射机等射频前端的仿真,考虑到计算机处理能力和仿真的主要目标,可采用简化方式,也就是说虽然信号环境的模拟不是在射频上进行,而是在一定中频上实现,但要将射频前端的误差影响添加到雷达发射信号和雷达接收信号中去,对雷达天线的仿真尽量采用实测天线方向图数据拟合方式,同时考虑信号在空间的距离传输延迟和接收机处理等响应时间,而且电磁信号的空间传播模型应基于射频建立,这样可大大简化建模的难度和仿真的运算量。

在对雷达接收机中各种不同的信号处理步骤进行模拟时,仿真处理的顺序和接收机的信号处理顺序相同,虽然这对线性接收机而言并无必要,但有利于仿真流程清晰化的梳理。在高分辨雷达中,接收机的仿真处理步骤大多还包括脉冲压缩和多普勒滤波。此外,信号级仿真也可以模拟接收机的非线性运算,例如

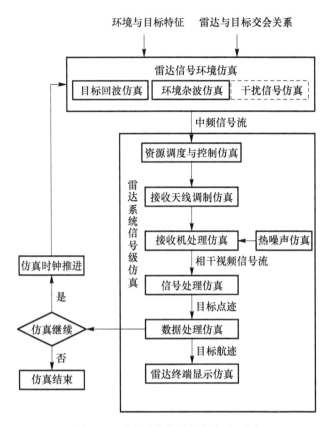

图 2.4 雷达系统信号级仿真流程图

限幅器和模数转换器(A/D)。在实际的物理系统中,模数转换器完成的工作是对连续时间模拟信号进行采样,在时间上离散化,然后将采样值量化,变为数字信号以进行后续的处理。而在计算机仿真系统中,辐射源信号的产生、接收和处理都在计算机操作系统环境下完成,在辐射源信号产生时就已经完成了例如100MHz(或其他采样频率)的采样,而且在定义了数据类型为单精度浮点数或双精度浮点数后,实质上已完成信号的量化工作,将每个采样点的幅度数据值量化为 32 位或 64 位二进制数。因此,对模数转换器仿真的主要功能是根据实际雷达系统所采用的 A/D 技术指标进行数据抽取和降低量化位数。

由于信号级仿真方法,不但能较为逼真地复现雷达系统各个处理环节上的信号特征及其处理性能,还能够较好地反映雷达信号与环境、与目标、与天线之间的相互作用关系,因此不仅可以实现对雷达的目标探测与跟踪功能的仿真,还可以实现对雷达系统的整体性能(包括抗干扰性能)的仿真与评估。例如,在利用雷达信号级模型开展仿真试验研究过程中,通过分析不同干扰样式的干扰信号进入到雷达仿真系统后,对雷达各个关键环节的处理结果的影响,能够对雷达的抗干扰性能进行系统性评估,进而为雷达抗干扰技术研究提供科学的分析手段。

2.2 雷达系统功能级仿真模型

雷达的功能仿真的核心思路就是利用雷达方程,并考虑雷达所处环境的信号、噪声、干扰、杂波等,计算出雷达的探测威力范围和探测结果等。

2.2.1 雷达探测威力区模型

计算雷达探测威力区实际上就是计算雷达在其覆盖空域范围内各个方位角和俯仰角上的作用距离。

2.2.1.1 无干扰条件下的雷达作用距离

1) 雷达方程

根据雷达方程,雷达天线口面接收到的目标回波功率为

$$P_r = \frac{P_t G_r^2(\theta_t) \sigma \lambda^2}{(4\pi)^3 R^4} \tag{2.12}$$

式中:P_t 为雷达发射功率;$G_r(\theta_t)$ 为雷达天线在目标方向的增益;R 为目标到雷达的距离;σ 为目标雷达散射截面积;λ 为雷达工作波长。

当雷达接收到的信号功率等于最小可检测信号功率 P_{rmin} 时,雷达所能探测目标的距离就是雷达的最大探测距离,即雷达的作用距离。所以雷达的作用距离 R_{max} 可用下式计算,为

$$R_{max} = \left[\frac{P_t G_r^2(\theta_t) \sigma \lambda^2}{(4\pi)^3 P_{rmin}} \right]^{\frac{1}{4}} \tag{2.13}$$

根据雷达接收理论,雷达最小可检测信号功率与接收机热噪声功率之比,就是雷达最小可检测信噪比,此时最小可检测信号功率可表示为

$$P_{rmin} = kT_0 B_n F_n \cdot \left(\frac{S}{N}\right)_{omin} \tag{2.14}$$

式中:k 为玻耳兹曼常数,$k = 1.38 \times 10^{-23}$ J/K;T_0 为标准室温,一般取 290K;B_n 为噪声带宽,大多数雷达接收机中,噪声带宽由中放带宽决定,其数值与中放带宽 B_r 接近,即 $B_n \approx B_r$;F_n 为接收机噪声系数;$(S/N)_{omin}$ 为雷达最小可检测信噪比,也称为雷达检测因子 D_0。所以式(2.14)可以写为

$$P_{rmin} = kT_0 B_r F_n D_0 \tag{2.15}$$

所以雷达作用距离计算公式为

$$R_{max} = \left[\frac{P_t G_r^2(\theta_t) \sigma \lambda^2}{(4\pi)^3 kT_0 B_r F_n D_0} \right]^{\frac{1}{4}} \tag{2.16}$$

雷达信号处理对回波信号有一定的处理增益,由于雷达是在噪声环境中检测目标的,检测性能与信噪比(S/N)有关,所以只需考虑信号处理中对信噪比有改善的处理增益,主要包括脉冲积累增益和脉冲压缩增益。

2) 脉冲积累增益

在包络检波前进行的积累称为检波前积累,信号间有严格的相位关系,即信号是相参的,所以是相参积累。在包络检波后进行的积累称为检波后积累,由于信号包络检波后失去了相位信息而只留下幅度信息,所以是非相参积累。多脉冲积累可以有效地提高信噪比,但是相参积累和非相参积累对信噪比的改善是不一样的。

将 M 个相参的中频信号进行相参积累,可以使信噪比提高为原来的 M 倍。这是因为相邻周期的中频回波信号按严格的相位关系同相相加,因此积累相加的结果信号电压可提高为原来的 M 倍,相应的功率提高为原来的 M^2 倍,而噪声是随机的,相邻周期的噪声满足统计独立条件,积累的效果是平均功率相加而使总噪声功率提高为原来的 M 倍,这就是说相参积累的效果可以使输出信噪比改善达到 M 倍[7]。

将 M 个信号进行非相参积累后,信噪比的改善在 M 和 $\sqrt{M}$ 之间,当脉冲积累数 M 很大时,信噪比的改善接近于 $\sqrt{M}$。

所以当雷达做相参积累时,脉冲积累对信噪比的改善因子 $K_I = M$,而当雷达做非相参积累时,信噪比的改善因子 K_I 取值为 $\sqrt{M} \leq K_I < M$。

3) 脉冲压缩增益

脉冲压缩(PC)体制雷达发射宽脉冲提高发射的平均功率,保证足够的作用距离,而在接收时采用相应的脉冲压缩技术获得窄脉冲,提高距离分辨力,从而能较好地解决作用距离和距离分辨力之间的矛盾,所以脉冲压缩技术在现代雷达中已得到广泛应用。脉冲压缩体制雷达经脉冲压缩处理后会提高信噪比,所以对于脉冲压缩体制雷达,雷达方程中应考虑脉冲压缩增益。

脉宽为 τ 的宽脉冲信号经过脉冲压缩匹配滤波器后,其宽度被压缩,压缩后的宽度为 τ_e,则 $\tau_e = 1/B$,其中 B 为信号带宽。所以脉冲压缩比为

$$D = \frac{\tau}{\tau_e} = B\tau \tag{2.17}$$

由于脉冲压缩滤波器本身是无源的,不消耗能量也不加入能量,所以

$$E = P_i \tau = P_o \tau_e \tag{2.18}$$

即

$$\frac{P_o}{P_i} = \frac{\tau}{\tau_e} = D \tag{2.19}$$

式中:E 为能量;P_i 为输入脉冲的峰值功率;P_o 为输出脉冲的峰值功率。可见,输出脉冲的峰值功率增大了 D 倍。

由于无源的脉冲压缩滤波器不会产生噪声,而输入噪声具有随机特征,所以经过脉冲压缩滤波器后噪声不会被压缩,仍保持在原来的噪声电平上。所以输出信号信噪比$(S/N)_o$与输入信号的信噪比$(S/N)_i$相比也提高了D倍。输出信噪比与输入信噪比之比称为脉冲压缩增益,它等于脉冲压缩D,即时宽-带宽积。

如果雷达脉冲压缩滤波器的变换函数与输入信号的变换函数完全匹配,则脉压增益等于时宽-带宽积$B\tau$。如果匹配滤波器的频谱偏离输入信号频谱,则脉压增益就小于$B\tau$。

4) 系统损耗

实际工作中的雷达总是有各种损耗的,这些损耗将降低雷达的作用距离,因此雷达方程中引入了系统损耗这一修正量。雷达系统损耗包括馈线传输损耗、接收机失配损耗、量化损耗、脉冲压缩加权损耗、CFAR检测损耗、目标起伏损耗等,这些损耗之和就是雷达系统损耗L_s。

(1) 馈线传输损耗。发射机和接收机馈线传输损耗包括收发开关T/R、旋转开关、隔离器、定向耦合器、功分器、波导、接头等产生的损耗,对于一个给定的雷达系统来说是恒定的,一般约为3~4dB。

(2) 接收机失配损耗。由于系统设计的问题,接收机滤波器可能不是完全的匹配滤波,会产生失配损耗,一般情况下,失配损耗小于1dB。

(3) 量化损耗。量化损耗是A/D变换处理过程中所引入的噪声产生的,以及由信号处理电路中有限字长的截断效应产生的。

(4) 脉冲压缩加权损耗。脉冲压缩加权损耗是为了降低距离副瓣而引入的加权函数引起的。

(5) CFAR损耗。CFAR检测损耗是由检测门限非理想估计值与理想的门限相比所造成的。估计的波动迫使门限均值高于理想门限值,因而产生了损耗。

(6) 目标起伏损耗。在雷达方程中,雷达截面积是按照不起伏来计算的,当考虑目标起伏时,回波功率会下降。目标起伏损耗是检测概率、虚警概率、脉冲积累数和目标起伏模型的函数。

5) 修正的雷达方程

考虑以上影响因素,在式(2.12)的雷达方程中加入脉冲积累修正因子、脉冲压缩修正因子和系统损耗后的雷达方程为

$$P_r = \frac{P_t G_r^2(\theta_t) \sigma \lambda^2 K_I K_C}{(4\pi)^3 R^4 L_s} \quad (2.20)$$

式中:L_s为系统损耗;K_C为脉冲压缩修正因子,$K_C = B\tau$,而无脉内调制的雷达信号$B\tau = 1$,所以无论是否是脉冲压缩体制雷达上式都适用;K_I为脉冲积累修正因子。K_I取值如下

$$\begin{cases} K_1 = M & 相参积累 \\ \sqrt{M} \leq K_1 < M & 非相参积累 \end{cases} \quad (2.21)$$

式中:M是积累脉冲个数。

所以,雷达作用距离为

$$R_{\max} = \left[\frac{P_t G_r^2(\theta_t)\sigma\lambda^2 K_1 K_C}{(4\pi)^3 L_s k T_0 B_r F_n D_0 L_s} \right]^{\frac{1}{4}} \quad (2.22)$$

6) 仿真实例

雷达参数取值见表2.1,目标的平均RCS为$5m^2$,其探测威力区如图2.5所示。检测因子的取值根据虚警概率、检测概率和检测因子的关系得到,当虚警概率为10^{-6},检测概率为90%时,检测因子为13dB。

表2.1 仿真参数取值表

雷达参数名称	取值	单位
工作频率	9700	MHz
发射峰值功率	10	kW
脉冲宽度	8	μs
信号带宽	5	MHz
脉冲积累数	128	
天线增益	34	dB
接收机噪声系数	3	dB
系统损耗	5	dB
检测因子	13	dB
方位覆盖范围	±60	(°)

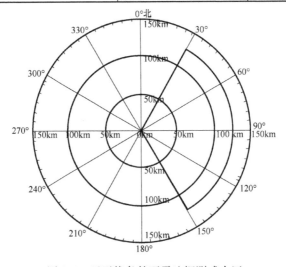

图2.5 无干扰条件下雷达探测威力区

2.2.1.2 有干扰条件下的雷达作用距离

1) 干扰方程

干扰机发射的干扰信号经过雷达天线到达接收机之前的信号功率为

$$P_{\mathrm{rj}} = \frac{P_{\mathrm{j}} G_{\mathrm{j}} G_{\mathrm{r}}(\theta_{\mathrm{j}}) \lambda^2}{(4\pi)^2 R_{\mathrm{j}}^2 L_{\mathrm{j}}} \tag{2.23}$$

式中:P_{j} 为干扰机发射功率;G_{j} 为干扰发射天线增益;$G_{\mathrm{r}}(\theta_{\mathrm{j}})$ 为雷达天线在干扰机方向上的增益;λ 为信号波长;R_{j} 为干扰机距离;L_{j} 为干扰综合损耗。

在雷达接收机处的干扰信号功率密度为

$$P_{\mathrm{rj}} = \frac{P_{\mathrm{j}} G_{\mathrm{j}} G_{\mathrm{r}}(\theta_{\mathrm{j}}) \lambda^2}{(4\pi)^2 R_{\mathrm{j}}^2 L_{\mathrm{j}} B_{\mathrm{j}}} \tag{2.24}$$

式中:B_{j} 为干扰信号带宽。

所以雷达接收机收到的干扰信号功率为

$$P_{\mathrm{rj}} = \frac{P_{\mathrm{j}} G_{\mathrm{j}} G_{\mathrm{r}}(\theta_{\mathrm{j}}) \lambda^2}{(4\pi)^2 R_{\mathrm{j}}^2 L_{\mathrm{j}}} \cdot \frac{B_{\mathrm{r}}}{B_{\mathrm{j}}} \tag{2.25}$$

式中:B_{r} 为雷达接收机带宽。

2) 综合信噪比

雷达接收机系统热噪声功率可以用下式计算

$$P_{\mathrm{m}} = kT_0 B_{\mathrm{r}} F_{\mathrm{n}} \tag{2.26}$$

式中:k 为玻耳兹曼常数;T_0 为标准室温;B_{r} 为雷达接收机带宽。

噪声干扰对雷达的影响是提高了雷达的噪声基底,此时雷达总的噪声功率为

$$P_{\mathrm{n}} = kT_0 B_{\mathrm{r}} F_{\mathrm{n}} + \sum P_{\mathrm{rj}} \tag{2.27}$$

式中:$\sum P_{\mathrm{rj}}$ 为各个干扰机的干扰信号功率之和,每个干扰机的干扰信号功率 P_{rj} 用式(2.25)计算。

根据式(2.20)可知雷达接收的目标回波功率为

$$P_{\mathrm{r}} = \frac{P_{\mathrm{t}} G_{\mathrm{r}}^2(\theta_{\mathrm{t}}) \sigma \lambda^2 K_{\mathrm{I}} K_{\mathrm{C}}}{(4\pi)^3 R^4 L_{\mathrm{s}}} \tag{2.28}$$

此时综合信噪比(目标回波功率与总噪声功率之比)为

$$\left(\frac{S}{N}\right)_{\mathrm{s}} = \frac{P_{\mathrm{r}}}{P_{\mathrm{n}}} = \frac{P_{\mathrm{t}} G_{\mathrm{r}}^2(\theta_{\mathrm{t}}) \sigma \lambda^2 K_{\mathrm{I}} K_{\mathrm{C}}}{(4\pi)^3 R^4 L_{\mathrm{s}} (kT_0 B_{\mathrm{r}} F_{\mathrm{n}} + \sum P_{\mathrm{rj}})} \tag{2.29}$$

通常干扰信号功率远大于接收机热噪声功率,此时综合信噪比约等于信干比(S/J)。

当综合信噪比等于雷达最小可检测信噪比(即检测因子 D_0)时,对应的距离

就是雷达的作用距离,所以在干扰条件下雷达作用距离为

$$R_{\max} = \left[\frac{P_t G_r^2(\theta_t) \sigma \lambda^2 K_I K_C}{(4\pi)^3 R^4 L_s D_0 (kT_0 B_r F_n + \sum P_{rj})} \right]^{\frac{1}{4}} \quad (2.30)$$

3) 仿真实例

雷达及干扰参数取值见表2.2,目标的平均 RCS 为 $5m^2$,其探测威力区如图2.6所示,雷达威力区上图形的两个缺口是干扰机1和干扰机2对雷达实行噪声干扰形成的,在缺口区域雷达探测不到目标。

表2.2 仿真参数取值表

	参数名称	取值	单位
雷达参数	工作频率	9700	MHz
	发射峰值功率	10	kW
	脉冲宽度	8	μs
	信号带宽	5	MHz
	脉冲积累数	128	
	天线增益	34	dB
	接收机噪声系数	3	dB
	系统损耗	5	dB
	检测因子	13	dB
	方位覆盖范围	±60	(°)
干扰机1参数	干扰机等效辐射功率	500	kW
	干扰样式	噪声压制干扰	
	干扰信号带宽	50	MHz
	干扰机与雷达间距离	133.2	km
	干扰机相对雷达方位	70.3	(°)
干扰机2参数	干扰机等效辐射功率	500	kW
	干扰样式	噪声压制干扰	
	干扰信号带宽	50	MHz
	干扰机与雷达间距离	109.5	km
	干扰机相对雷达方位	120.3	(°)

2.2.2 雷达动态探测模型

2.2.2.1 雷达动态探测流程

雷达动态探测模型以仿真时间步长为间隔,模拟雷达的探测过程。雷达动

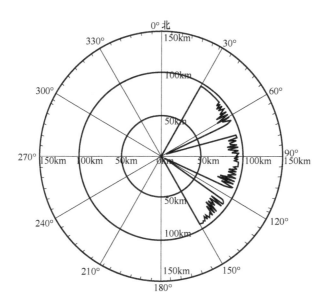

图 2.6　有干扰条件下雷达探测威力区

态探测的功能级仿真流程如图 2.7 所示，计算过程如下：

（1）根据雷达天线扫描方式，计算当前时刻天线主瓣波束指向；

（2）计算总的噪声功率，如果当前雷达受到噪声干扰，在计算总噪声功率时需要加上干扰功率；

（3）判断场景中的各个目标是否在雷达主瓣波束内；

（4）落在雷达主瓣波束的目标，计算其综合信噪比，由此推算出检测概率，并判断是否能探测到该目标；

（5）如果当前雷达受到欺骗干扰，将欺骗干扰当作信号，计算出综合信噪比和检测概率，并判断是否生成假目标。

2.2.2.2　检测概率模型

雷达对目标的探测可以通过检测概率来计算，首先通过信噪比计算出雷达对目标的检测概率，然后产生一个 [0,1] 均匀分布的随机数，将计算所得的检测概率与随机数相比较，当随机数小于检测概率时雷达探测到该目标，当随机数大于检测概率时，雷达不能探测到该目标。

检测概率 P_d 是指在噪声加信号的情况下 $r(t)$ 的一个样本超过门限电压的概率。假设振幅为 A 的正弦信号与高斯噪声一起输入中频滤波器，则包络检波器的输出包络的概率密度函数为

$$P_d(r) = \frac{r}{\Psi^2} I_0\left(\frac{rA}{\Psi^2}\right) \exp\left(-\frac{r^2 + A^2}{2\Psi^2}\right) \quad (2.31)$$

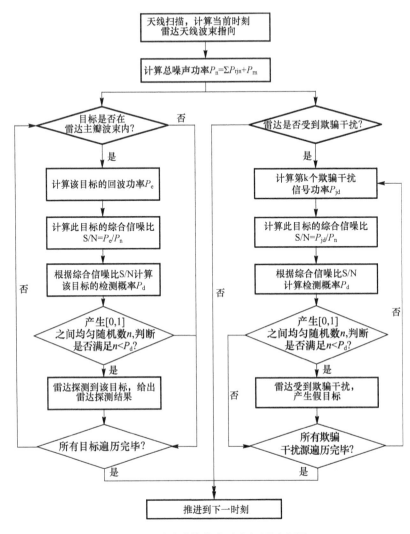

图2.7 雷达功能仿真动态探测流程图

式中：r 为信号加噪声的包络；$I_0(x)$ 为零阶修正贝塞尔函数，定义为

$$I_0(x) = \sum_{n=0}^{\infty} \frac{x^{2n}}{2^{2n} \cdot n! n!} \qquad (2.32)$$

信号被发现的概率就是 r 超过门限 V_T 的概率，因此发现概率为

$$P_d = \int_{V_T}^{\infty} \frac{r}{\Psi^2} I_0\left(\frac{rA}{\Psi^2}\right) \exp\left(-\frac{r^2 + A^2}{2\Psi^2}\right) dr \qquad (2.33)$$

式中：$V_T = \sqrt{2\Psi^2 \ln(1/P_{fa})}$ 为检测门限；Ψ^2 为噪声（杂波）的功率，对于幅度为 A 的正弦信号，其功率为 $A^2/2$，所以信噪比为

$$\text{SNR} = \frac{A^2}{2\Psi^2} \tag{2.34}$$

虚警概率 P_{fa} 定义为在雷达中只有噪声出现时 $r(t)$ 的一个样本超过门限电压的概率。

$$P_{fa} = \int_{V_T}^{\infty} \frac{r}{\Psi^2} \exp\left(-\frac{r^2}{2\Psi^2}\right) dr = \exp\left(-\frac{V_T^2}{2\Psi^2}\right) \tag{2.35}$$

对于服从瑞利分布的杂波,门限 $V_T = \delta\mu_n$,其中 δ 为门限系数,μ_n 是杂波的均值,由 $\Psi = \sqrt{\frac{2}{\pi}}\mu_n$ 可以推出 $P_{fa} = \exp\left(\frac{\pi}{4}\delta^2\right)$。

由式(2.31)可以看出,检测概率 P_d 可通过信噪比 SNR 和门限-噪声比 $V_T^2/2\Psi^2$ 来表示,式(2.31)的虚警概率 P_{fa} 也是 $V_T^2/2\Psi^2$ 的函数,P_d 和 P_{fa} 这两个表达式只要约掉共有的门限-噪声比,就可以合并得到检测概率 P_d、虚警概率 P_{fa} 和信噪比 SNR 的单一表达式。

计算雷达检测概率时,由于式(2.31)较复杂,很难直接计算,所以可采用近似的公式来计算,检测概率的一种非常精确的近似计算公式为[8]

$$P_d = 0.5 \cdot \text{erfc}\left(\sqrt{-\ln(P_{fa})} - \sqrt{\text{SNR}+0.5}\right) \tag{2.36}$$

式中:$\text{erfc}(\cdot)$ 是互补误差函数,即

$$\text{erfc}(z) = 1 - \frac{2}{\sqrt{\pi}}\int_0^z e^{-v^2} dv \tag{2.37}$$

用上面的方法计算出的检测概率与检测因子关系曲线如图2.8所示。

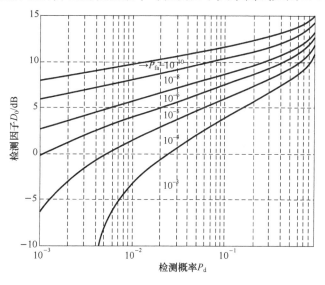

图2.8 检测概率与检测因子关系曲线

2.2.2.3 干扰功率计算模型

按照干扰信号作用的机理,雷达干扰可以分为压制干扰和欺骗干扰两大类。压制干扰是通过提高雷达接收机的噪声电平,使其淹没目标回波信号,从而干扰雷达对目标回波信号的检测,使雷达失去探测能力。噪声调制干扰是压制干扰中常用的典型干扰样式。欺骗干扰是通过模拟敌方雷达目标回波,使目标回波信号与干扰信号难以区分,以假乱真,使雷达不能正确地检测目标信息。欺骗干扰的优点是,所有的干扰功率均被雷达吸收,雷达的处理增益也可部分被抵消或全部被抵消。

雷达接收机收到的干扰信号功率为

$$P_{rj} = \frac{P_j G_j G_r(\theta_j) \lambda^2}{(4\pi)^2 R_j^2 L_j} \cdot \frac{B_r}{B_j} \tag{2.38}$$

干扰信号经过雷达接收机及信号处理器处理后,其处理增益记为 K_j。处理增益 K_j 主要包括脉冲压缩增益 K_{jpc} 和脉冲积累增益 K_{ji}。经过雷达处理后的干扰信号功率为

$$P_{rj} = \frac{P_j G_j G_r(\theta_j) \lambda^2 K_{jpc} K_{ji}}{(4\pi)^2 R_j^2 L_j} \cdot \frac{B_r}{B_j} \tag{2.39}$$

如果干扰类型是噪声压制干扰,其脉冲积累的情况与热噪声类似,所以噪声干扰相对于雷达系统热噪声的脉冲积累增益 $K_{ji}=1$,脉冲压缩增益 $K_{jpc}=1$。

而对于欺骗干扰而言,干扰信号波形与雷达信号波形基本上是相同的或相似的。因此经过与回波信号一样的处理过程后,其脉冲压缩增益 K_{jpc} 将近似等于雷达的脉冲压缩增益。而积累增益则与干扰信号、雷达处理方式有关,可以分为以下几种情况:

(1)雷达包络检波为相干检波,干扰机发射的干扰信号为相参信号时,干扰信号的积累增益为 M(M 为雷达信号的积累增益,即雷达积累的脉冲个数);

(2)雷达包络检波为相干检波,干扰机发射的干扰信号为非相参信号时,干扰信号的积累增益为 $1 \sim \sqrt{M}$;

(3)雷达包络检波为非相干检波,干扰机发射的干扰信号无论是相参的还是非相参的,干扰信号的积累增益都为 $1 \sim \sqrt{M}$。

2.2.2.4 仿真实例

1)无干扰条件下雷达探测结果

雷达及目标平台仿真参数取值见表2.3,雷达探测结果如图2.9所示,图中"×"是雷达探测到的目标。

表 2.3 仿真参数取值表

参数名称		取值	单位
雷达参数	工作频率	9700	MHz
	发射峰值功率	10	kW
	脉冲宽度	8	μs
	信号带宽	5	MHz
	脉冲积累数	128	
	天线增益	34	dB
	接收机噪声系数	3	dB
	系统损耗	5	dB
	检测因子	13	dB
	方位覆盖范围	±60	(°)
目标1参数	目标与雷达间距离	113.7	km
	目标相对雷达方位	66.9	(°)
	目标 RCS	5	m²
目标2参数	目标与雷达间距离	109.5	km
	目标相对雷达方位	120.3	(°)
	目标 RCS	5	m²

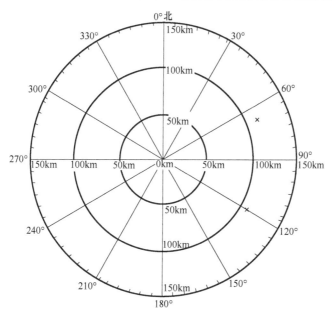

图 2.9 无干扰条件下雷达探测结果

2）有干扰条件下雷达探测结果

雷达及目标平台干扰参数见表2.4，雷达探测结果如图2.10所示，图中"×"是雷达探测到的目标，在干扰机方向上（方位120.3°）是干扰机对雷达实行欺骗干扰形成的，在此区域雷达有可能探测不到真实目标，但能检测到多个假目标。

表2.4 干扰参数取值表

干扰参数名称	取值	单位
干扰机等效辐射功率	2	kW
干扰样式	假目标欺骗干扰	
干扰机与雷达间距离	109.5	km
干扰机相对雷达方位	120.3	(°)

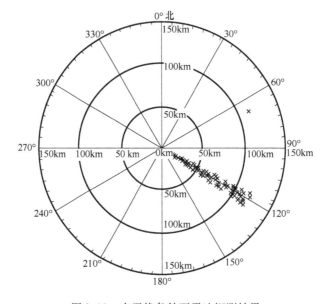

图2.10 有干扰条件下雷达探测结果

2.3 雷达系统信号级仿真模型

雷达系统信号级仿真模型是基于中频信号流的产生与处理，围绕雷达天线、雷达发射机、雷达接收机、信号处理机、数据处理机、雷达显示控制器等关键功能部件的基本工作过程，按照雷达信号发射与接收处理的信号/数据处理流程提取相应的仿真模型，从而实现对雷达系统从信号发射到回波信号接收处理、目标点迹检测与航迹跟踪滤波进行全过程仿真的目的。

下面以机载火控雷达作为典型对象,结合其工作原理,介绍雷达系统信号级仿真模型的构建方法。

2.3.1 雷达组成及工作原理

以典型机载火控雷达为例,一个完整的雷达系统仿真模型包括信号生成、天线、接收机、信号处理机、数据处理机等。图 2.11 是典型的机载火控雷达系统原理框图,图 2.12 是典型机载火控雷达的仿真框图。

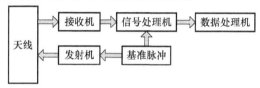

图 2.11 典型机载火控雷达原理框图

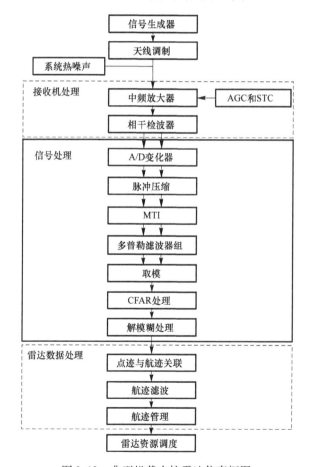

图 2.12 典型机载火控雷达仿真框图

2.3.2 雷达信号环境仿真模型

雷达信号环境仿真模型包括目标回波信号仿真模型、系统热噪声仿真模型和杂波仿真模型等。

2.3.2.1 目标回波信号仿真模型

雷达目标回波信号生成流程如图2.13所示。

图2.13 目标回波信号生成流程

1）时间延迟和多普勒频移

假设目标为理想点目标，即目标尺寸远小于雷达分辨单元，在接收目标反射回来的雷达信号的过程中，因传输距离导致的时间延迟为

$$t_r = \frac{2R}{C} \tag{2.40}$$

式中：R 为目标和雷达间的距离；C 为电磁波传播速度，在自由空间中等于光速。

当目标与雷达之间有相对径向运动时，雷达收到的目标回波信号的频率将发生变化，即多普勒频移（也称多普勒频率）。多普勒频率可用下式计算，即

$$f_d = \frac{2v_r}{\lambda} \tag{2.41}$$

式中：v_r 为目标相对于雷达的径向速度；λ 为信号波长。当目标飞向雷达时，多普勒频率为正值，接收信号频率高于发射信号频率，而当目标背离雷达飞行时，多普勒频率为负值，接收信号频率低于发射信号频率。

2）回波幅度

根据雷达方程可知，雷达接收的目标回波信号的功率为

$$P_r = \frac{P_t G_t G_r \lambda^2 \sigma}{(4\pi)^3 R^4 L_s} \tag{2.42}$$

式中：P_t 为雷达发射功率；$G_t(\theta_t, \varphi_t)$ 为天线在目标方向上的发射增益；$G_r(\theta_t, \varphi_t)$ 为接收增益，通常脉冲体制雷达收发共用一个天线，所以 $G_t(\theta_t, \varphi_t) = G_r(\theta_t, \varphi_t)$；$\sigma$ 为目标的雷达截面积；λ 为发射信号波长；R 为目标与雷达间的距离；L_s 为雷达系统损耗。

假设雷达接收机负载阻抗为 Z（一般 Z 取50Ω），则回波信号幅度为

$$A_r = \sqrt{P_r \cdot Z} \tag{2.43}$$

3）目标起伏模型[7,9]

从雷达方程可知，目标回波幅度与目标的雷达散射截面积 σ（RCS）有关，由

于目标通常处于运动状态,视角也在不断变化,所以截面积也随之产生起伏,相应地目标回波幅度也发生变化。斯威林的四种统计模型是描述目标起伏常用的方法,斯威林按照两种假设的起伏速率和两种目标截面积的概率密度函数,给出了四种目标起伏模型。

两种假设的目标起伏速度如下:

(1)慢起伏:一次扫描到下一次扫描期间,目标截面积的值是统计无关的,扫描到扫描是独立的,但是一次扫描中脉冲之间的目标截面积是恒定的。

(2)快起伏:在一个波束宽度内(即在信号积累时间内),脉冲之间的目标截面积都是统计独立的。

两种目标截面积的概率密度函数如下:

(1)第一种概率密度函数(瑞利分布)为

$$p(\sigma) = \frac{1}{\overline{\sigma}} \exp\left(-\frac{\sigma}{\overline{\sigma}}\right) \tag{2.44}$$

式中:$\overline{\sigma}$ 是目标平均雷达散射截面积。

(2)第二种概率密度函数为

$$p(\sigma) = \frac{4\sigma}{\overline{\sigma}^2} \exp\left(-\frac{2\sigma}{\overline{\sigma}}\right) \tag{2.45}$$

归纳起来,斯威林考虑的四种情况如下。

(1)斯威林Ⅰ型:慢起伏,其概率密度函数为第一种。
(2)斯威林Ⅱ型:快起伏,其概率密度函数为第一种。
(3)斯威林Ⅲ型:慢起伏,其概率密度函数为第二种。
(4)斯威林Ⅳ型:快起伏,其概率密度函数为第二种。

斯威林Ⅰ、Ⅱ型目标模型适用于由许多面积接近相等的、独立的起伏散射体组成的目标,例如较大的喷气式飞机、螺旋桨飞机、直升机、雨杂波、地杂波(擦地角≤50°)等。斯威林Ⅲ、Ⅳ型目标模型适用于一个大散射体加一些小散射体的目标,或一个大散射体在方位上稍有变化的情况,如狭长表面的导弹、火箭、带有延长部分的人造卫星等。

由上可知,起伏目标的雷达截面积斯威林统计模型有两种不同概率密度函数,仿真中需要生成满足这两种概率分布密度函数的随机变量。

(1)斯威林Ⅰ、Ⅱ型目标 RCS 模型。斯威林Ⅰ、Ⅱ型起伏目标截面积的概率密度函数为

$$p(\sigma) = \frac{1}{\overline{\sigma}} \exp\left(-\frac{\sigma}{\overline{\sigma}}\right) \tag{2.46}$$

均值为 $E(\sigma) = \overline{\sigma}$,方差为 $D(\sigma) = \overline{\sigma}^2$,其概率分布函数 $F(\sigma)$ 为

$$F(\sigma) = \begin{cases} 1 - \exp\left(-\dfrac{\sigma}{\overline{\sigma}}\right) & \sigma \geqslant 0 \\ 0 & 其他 \end{cases} \quad (2.47)$$

由随机变量的逆变换法产生雷达截面积随机变量为

$$\sigma = -\overline{\sigma}\ln(1-u) \quad (2.48)$$

式中:u 为服从标准均匀分布 $u(0,1)$ 的随机变量。

(2) 斯威林Ⅲ、Ⅳ型目标 RCS 模型。斯威林Ⅲ、Ⅳ型起伏目标截面积的概率密度函数为

$$p(\sigma) = \frac{4\sigma}{\overline{\sigma}^2}\exp\left(-\frac{2\sigma}{\overline{\sigma}}\right) \quad (2.49)$$

其概率分布函数 $F(\sigma)$ 虽然有解析表达式,但是很难直接计算出 $F(\sigma)$ 的反函数的解析表达式,所以无法用逆变换法。考虑用其他的方法来产生满足式(2.49)概率密度函数的随机变量。

伽马(Gamma)分布 $G(\alpha,\beta)$ 的概率密度函数为

$$f(x) = \frac{x^{\alpha-1}\exp\left(-\dfrac{x}{\beta}\right)}{\beta^{\alpha}\Gamma(\alpha)} \quad (2.50)$$

其均值为 $E(x) = \alpha\beta$,方差为 $D(x) = \alpha\beta^2$。

因为 $\Gamma(1) = \Gamma(2) = 1$,所以 $G(1,\beta)$ 的概率密度函数为

$$f(x) = \frac{1}{\beta}\exp\left(-\frac{x}{\beta}\right) \quad (2.51)$$

$G(2,\beta)$ 的概率密度函数为

$$f(x) = \frac{x}{\beta^2}\exp\left(-\frac{x}{\beta}\right) \quad (2.52)$$

对比 $G(2,\beta)$ 的概率密度函数式(2.52)和斯威林Ⅲ、Ⅳ型目标截面积的概率密度函数式(2.49)可知斯威林Ⅲ、Ⅳ型目标截面积服从 $G\left(2,\dfrac{\overline{\sigma}}{2}\right)$ 分布。

伽马分布随机变量有一个重要性质:假设 $x_1,\cdots,x_n$ 是服从参数为 α_i 和 β 的伽马分布的互相独立的随机变量,则随机变量 $x = \sum_{i=1}^{n}x_i$ 满足 $\alpha = \sum_{i=1}^{n}\alpha_i$ 和 β 的伽马分布。所以两个相互独立的 $G(1,\beta)$ 分布的随机变量 x_1、x_2 和 $x = x_1 + x_2$ 服从 $G(2,\beta)$ 分布。服从 $G(1,\beta)$ 分布的随机变量可以用逆变换法产生,即

$$x_1 = -\beta\ln(1-u_1) \quad (2.53)$$

式中:u_1 为服从标准均匀分布 $u(0,1)$ 的随机变量。

斯威林Ⅲ、Ⅳ型目标截面积服从 $G\left(2,\dfrac{\overline{\sigma}}{2}\right)$ 分布,所以目标截面积随机变量为

$$\sigma = -\frac{\overline{\sigma}}{2}[\ln(1-u_1) + \ln(1-u_2)] \tag{2.54}$$

式中:u_1、u_2 为服从标准均匀分布 $u(0,1)$ 的随机变量。

4) 回波信号模型

所以,雷达目标回波的仿真模型为

$$s_e(m,n) = \sum_{k=1}^{N_T} A_{rk}(m,n)u(nT_s - n\Delta T_k)\cos[2\pi(f_0 + f_{dk})(N_{pri}mT_s + nT_s) + \varphi_0] \tag{2.55}$$

式中:f_0 是仿真雷达发射信号的频率;φ_0 是雷达发射信号的初始相位,可以令 $\varphi_0 = 0$ 而并不影响仿真的结果;$T_s = 1/f_s$ 是仿真系统的采样周期,f_s 是仿真系统的采样频率;f_{dk} 是第 k 个目标的多普勒频率;N_T 是目标个数;$n = 0,1,2,\cdots,N_{pri}-1$,$N_{pri}$ 是一个脉冲重复周期内的采样点数,$N_{pri} = \text{Int}[T_{pri}f_s]$,$T_{pri}$ 是雷达的脉冲重复周期;$m = 0,1,\cdots,M-1$,M 是雷达发射的脉冲串中的脉冲个数;$u(t)$ 是矩形函数,定义为 $u(t) = \begin{cases} 1 & 0 \leq t < \tau \\ 0 & \text{其他} \end{cases}$,$\tau$ 为脉冲宽度。

2.3.2.2 系统热噪声仿真模型

雷达系统热噪声可以表示为零均值、方差为 σ^2 的独立高斯分布 $N(0,\sigma^2)$ 随机序列,产生方法为

$$x_1 = \sqrt{-2\ln\mu_1}\cos[2\pi\mu_2] \text{ 或 } x_1 = \sqrt{-2\ln\mu_1}\sin[2\pi\mu_2] \tag{2.56}$$

式中:μ_1 和 μ_2 是相互独立的 $(0,1)$ 区间上均匀分布随机序列。

上式产生零均值、方差为1的独立高斯分布 $N(0,1)$ 随机序列,需通过下列变换产生出所需的 $N(0,\sigma^2)$ 分布,即

$$x_\sigma = \sigma \cdot x_1 \tag{2.57}$$

式中:σ^2 由接收机带宽、工作温度等参数通过下列公式计算:

$$\sigma^2 = kT_0F_nB_r \tag{2.58}$$

式中:k 是玻耳兹曼常数,单位为 J/K,参考取值 $k = 1.38 \times 10^{-23}$ J/K;T_0 是噪声热力学温度,单位为 K,参考取值 $T_0 = 290$K;F_n 是雷达接收机噪声系数,单位为 dB,参考取值 $F_n = 3 \sim 6$dB;B_r 是雷达接收机中频带宽。

2.3.2.3 杂波仿真模型

由于分辨单元中的杂波是由大量具有随机相位和幅度的散射体组成的,所以可用概率分布函数来进行统计描述,分布的类型取决于杂波本身的特性、雷达工作频率和掠射角等。由于风速和雷达天线扫描的运动,杂波不总是固定的,所以实际上会出现一些多普勒频率扩展现象。一般来说,杂波频谱集中在零频和

雷达脉冲重复频率的整数倍周围,而且可能会出现一些小的扩展。因此,对杂波的仿真需要同时满足幅度分布和功率谱分布(相关特性)的要求。常用的四种幅度分布分别为瑞利分布、对数正态分布、韦布尔分布和 K 分布,三种功率谱类型分别是高斯谱、柯西谱、全极谱。四种幅度分布与三种谱分布的交叉组合,共计十二种杂波分布模型。

1) 杂波功率谱模型

(1) 高斯谱。该杂波功率谱模型是由 Barlow 给出的。它是最早给出的雷达杂波功率谱模型,也是在多种文献和资料中被引用最多的一种杂波功率谱模型。其功率谱密度表达式为

$$S(f) = S_0 \exp\left[-\frac{(f-f_\mathrm{d})^2}{2\sigma_\mathrm{f}^2}\right] \tag{2.59}$$

式中:S_0 为常数 0;σ_f 为杂波频谱的均方根值;f_d 为中心频率,代表杂波的平均多普勒频移。归一化的杂波高斯谱密度函数为

$$S(f) = \exp\left[-\frac{(f-f_\mathrm{d})^2}{2\sigma_\mathrm{f}^2}\right] \tag{2.60}$$

假定杂波谱 3dB 宽度为 f_c,根据 $S(f_\mathrm{c}/2) = 0.5$ 可得 $f_\mathrm{c} = 2.355\sigma_\mathrm{f}$。

(2) 柯西谱。该谱通常也称为马尔科夫谱,其功率密度为

$$S(f) = \frac{1}{1+\dfrac{(f-f_\mathrm{d})^2}{f_\mathrm{c}}} \tag{2.61}$$

(3) 全极谱。对地杂波的功率谱的测量表明,在雷达设计中经常采用的高斯谱模型不能精确地描述所测地杂波功率谱分布的"尾巴",更精确的描述可由下面的表达式给出

$$S(f) = \frac{1}{1+\dfrac{|f-f_\mathrm{d}|^n}{f_\mathrm{c}}} \tag{2.62}$$

式中:n 通常取值在 3~5 之间,上面的柯西谱是 $n=2$ 时的特例。

2) 杂波幅度谱模型

(1) 瑞利分布。瑞利分布适用于描述气象杂波、箔条干扰、低分辨力雷达的地杂波。当在一个杂波单元内含有大量相互独立、没有明显差异的散射源时,雷达杂波包络服从瑞利分布。

如果用 x 表示杂波的包络振幅,则 x 的概率密度函数(PDF)为

$$p(x) = \frac{x}{\sigma^2}\exp\left(-\frac{x^2}{2\sigma^2}\right) \qquad x \geq 0 \tag{2.63}$$

式中:σ^2 为杂波功率。

(2) 对数正态分布。对数正态分布适用于低入射角,复杂地形的杂波数据或者平坦区高分辨力的海杂波数据。其概率密度函数为

$$p(x) = \frac{1}{\sqrt{2\pi}\sigma x}\exp\left(-\frac{\ln^2(x/\mu)}{2\sigma^2}\right) \quad x \geq 0 \quad (2.64)$$

式中:σ 为形状参数,表示标准正态分布的标准差;μ 是尺度参数,表示对数正态分布的中值。

(3) 韦布尔分布。韦布尔分布的动态范围介于上述两种分布之间,能在更宽广范围内精确表示实际的杂波分布。通常,在高分辨力雷达、低入射角的情况下,一般海情的海浪杂波能够用韦布尔分布精确地描述,地物杂波也能用韦布尔分布描述。其概率密度函数为

$$p(x) = \frac{\alpha}{q}\left(\frac{x}{q}\right)^{\alpha-1}\exp\left[-(x/q)^\alpha\right] \quad x \geq 0 \quad (2.65)$$

式中:q 是尺度参数,表示分布的中值;α 是分布的形状参数。

(4) K 分布。K 分布适用于描述高分辨力雷达的非均匀杂波,多见于对海杂波的描述。K 分布是一种复合分布模型,它可由一个均值是慢变化的瑞利分布来表示,其中这个慢变化的均值服从 Γ 分布。其概率密度函数为

$$p(x) = \frac{2}{\alpha\Gamma(v+1)}\left(\frac{x}{2\alpha}\right)^{v+1}K_v\left(\frac{x}{\alpha}\right) \quad x \geq 0 \quad (2.66)$$

式中:v 是形状参数;α 是尺度参数;$\Gamma(\cdot)$ 是伽马函数;$K_v(\cdot)$ 是第二类修正贝塞尔函数。假设杂波平均功率为 σ^2,则 $\alpha^2 = \sigma^2/2v$。

3) 杂波模型[10]

雷达杂波仿真的本质就是产生一定概率分布的相关随机序列,产生的方法主要有两种:一种是零记忆非线性变换法(ZMNL);一种是球不变随机过程法(SIRP)。ZMNL 和 SIRP 从两种不同的途径同时满足一定幅度分布和一定相关特性随机数的产生,但它们各有优缺点。ZMNL 法中,在非线性变换的同时,完成了幅度分布和相关特性的转换,该方法推导非线性变化前后相关系数之间的关系比较困难,因此为简化推导,必须作出近似,而其优点是计算量小,易形成快速算法。SIRP 法的优点是概率密度分布函数和相关特性可以独立控制,但是 SIRP 法存在单调性条件,不满足该条件的分布就不能用 SIRP 法,而且 SIRP 计算量大,不易形成快速算法。

杂波的产生采用 ZMNL 法,其基本思路是首先产生高斯白噪声序列,通过一个线性滤波器 $H(\omega)$ 得到相关高斯序列,然后经过某种非线性变换得到所要求的相关随机序列。ZMNL 法的原理框图如图 2.14 所示,输出序列 Z 的幅度分布特性由非线性变换 $g(\cdot)$ 确定,线性滤波器 $H(\omega)$ 确定其频谱特性。

线性滤波器系统响应 $H(\omega)$ 的作用是把高斯白噪声序列变成相关高斯序

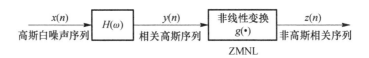

图 2.14　ZMNL 方法原理框图

列，其幅频响应 $H(\omega)$ 可以用以下方法产生：

假设相关高斯序列 $y(n)$ 的功率谱密度为 $S_y(\omega)$，高斯白噪声序列 $x(n)$ 的功率谱密度 $S_x(\omega)=1$，则

$$S_y(\omega) = |H(\omega)|^2 S_x(\omega) \tag{2.67}$$

选取合适的相位角 φ 即可构造线性滤波器系统响应 $H(\omega)$：

$$H(\omega) = \sqrt{S_y(\omega)} \cdot e^{j\varphi} \tag{2.68}$$

因为高斯谱是杂波建模中应用最广泛的一种模型，所以下面主要介绍各种幅度分布的高斯功率谱杂波模型的构建方法，其他功率谱类型的杂波可以用同样的方法产生。

（1）瑞利分布高斯谱杂波模型。瑞利分布高斯谱杂波幅度分布模型为瑞利分布，功率谱为高斯谱，其产生方法如图 2.15 所示。高斯白噪声序列 $x_1(n)$、$x_2(n)$ 经线性滤波器 $H(\omega)$ 后，得到相关高斯序列 $y_1(n)$、$y_2(n)$，最后的输出序列 $z(n)=y_1(n)+jy_2(n)$ 的包络 $\sqrt{y_1^2(n)+y_2^2(n)}$ 为瑞利分布高斯谱序列，j 为虚数单位，$j=\sqrt{-1}$。

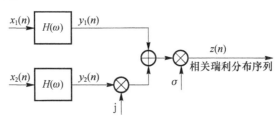

图 2.15　瑞利分布杂波产生原理框图

假设瑞利分布参数 $\sigma=1$，采样点数为 10000，杂波功率谱为高斯谱模型，3dB 带宽 $f_c=40\text{Hz}$，中心频率 $f_d=0\text{Hz}$，采样频率为 400Hz，仿真结果如图 2.16 所示，自左至右分别为瑞利分布高斯谱杂波的时域波形、幅度分布概率密度和功率谱。

（2）对数正态分布高斯谱杂波模型。对数正态分布高斯谱杂波幅度分布模型为对数正态分布，功率谱为高斯谱，服从正态分布 $N(\ln\mu,\sigma^2)$ 的随机变量，经过非线性变换 $\exp(\cdot)$ 后，得到的随机变量服从对数正态分布，其产生方法如图 2.17 所示。高斯白噪声序列 $x(n)$ 经线性滤波器 $H(\omega)$ 后，得到相关高斯序列 $y(n)$，最后的输出序列 $z(n)=\exp(\sigma y(n)+\ln\mu)$ 为对数正态分布高斯谱序列。

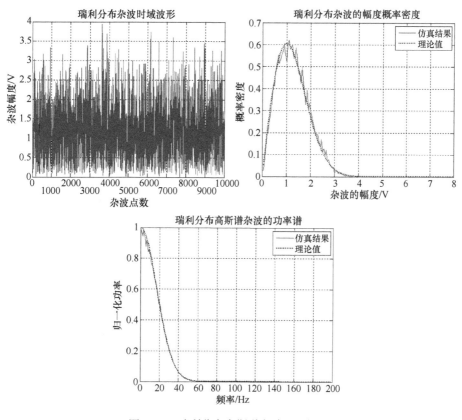

图 2.16 瑞利分布高斯谱杂波(见彩图)

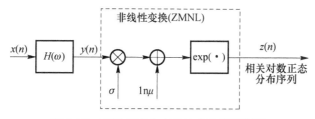

图 2.17 对数正态分布杂波产生原理框图

假设对数正态分布形状参数 $\sigma = 0.5$,尺度参数 $\mu = 1.5$,采样点数为 10000,杂波功率谱为高斯谱模型,3dB 带宽 $f_c = 40\text{Hz}$,中心频率 $f_d = 0\text{Hz}$,采样频率为 400Hz,仿真结果如图 2.18 所示,自左至右分别为对数正态分布高斯谱杂波的时域波形、幅度分布概率密度和功率谱。

(3) 韦布尔分布高斯谱杂波模型。韦布尔分布高斯谱杂波幅度分布模型为韦布尔分布,功率谱为高斯谱。韦布尔分布随机变量 x 可以表示为

$$x = (x_1^2 + x_2^2)^{1/\alpha} \tag{2.69}$$

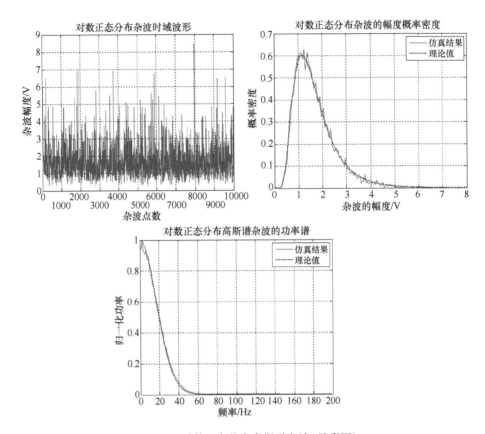

图 2.18 对数正态分布高斯谱杂波(见彩图)

式中:x_1 和 x_2 是服从正态分布 $N(0,\sigma^2)$ 且相互独立的随机变量,韦布尔分布随机变量 x 的尺度参数 $q=(2\sigma^2)^{1/\alpha}$。

韦布尔分布高斯谱杂波产生方法如图 2.19 所示,高斯白噪声序列 $x(n)$ 经线性滤波器 $H(\omega)$ 后,得到相关高斯序列 $y(n)$,最后的输出序列 $z(n)=[(y_1\sigma)^2+(y_2\sigma)^2]^{1/\alpha}$ 为韦布尔分布高斯谱序列。

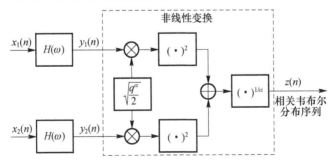

图 2.19 韦布尔分布杂波产生原理框图

假设韦布尔分布形状参数 $\alpha=1.4$,尺度参数 $q=2$,采样点数为10000,杂波功率谱为高斯谱模型,3dB 带宽 $f_c=40\text{Hz}$,中心频率 $f_d=0\text{Hz}$,采样频率为 400Hz,仿真结果如图 2.20 所示,自左至右分别为韦布尔分布高斯谱杂波的时域波形、幅度分布概率密度和功率谱。

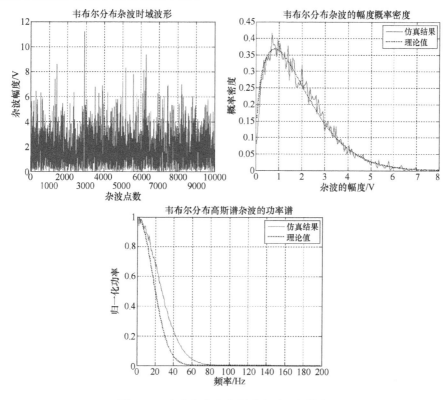

图 2.20 韦布尔分布高斯谱杂波(见彩图)

(4) K 分布高斯谱杂波模型。K 分布高斯谱杂波幅度分布模型为 K 分布,功率谱为高斯谱。K 分布高斯谱杂波产生方法如图 2.21 所示,$x_1(n),\cdots,x_{L+2}(n)$ 是服从正态分布的相互独立的随机序列,其中,$x_1(n),\cdots,x_L(n)$ 服从 $N(0,\alpha^2)$ 分布,$x_{L+1}(n)$ 和 $x_{L+2}(n)$ 服从 $N(0,1)$ 分布。前 L 个随机序列经线性滤波器 $H_1(\omega)$ 后形成相关高斯序列,经平方求和运算后 $W_1=x_1^2+x_2^2+\cdots+x_L^2$ 服从 $G(2\alpha^2,L/2-1)$ 分布。$G(a,b)$ 为伽马分布,其概率密度函数为

$$G(a,b)=\frac{x^b\exp\left(-\dfrac{x}{a}\right)}{a^{b+1}\Gamma(b+1)} \quad (2.70)$$

而随机序列 $W_2=x_{L+1}^2+x_{L+2}^2$ 服从 $G(2,0)$,最后输出的随机序列 $z=\sqrt{W_1W_2}$ 服从 $K(\alpha,v)$ 分布,其中 $v=L/2-1$。

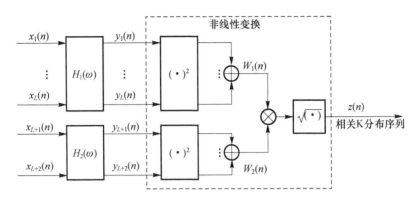

图 2.21 K 分布杂波产生原理框图

假设 K 分布是形状参数 $v=1.5$,尺度参数 $\alpha=1$,采样点数为 10000,杂波功率谱为高斯谱模型,3dB 带宽 $f_c=40\text{Hz}$,中心频率 $f_d=0\text{Hz}$,采样频率为 400Hz,仿真结果如图 2.22 所示,从左至右分别为 K 分布高斯谱杂波的时域波形、幅度分布概率密度和功率谱。

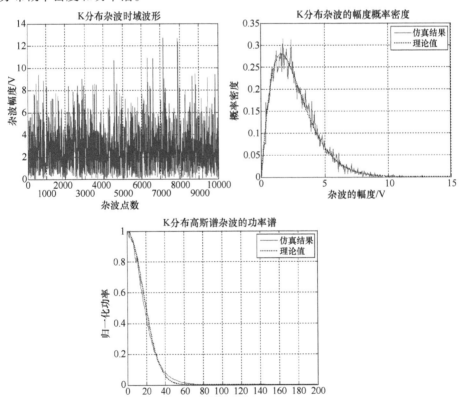

图 2.22 K 分布高斯谱杂波(见彩图)

2.3.3 雷达天线仿真模型

2.3.3.1 天线方向图模型

雷达系统中,天线是将空间传播的电磁能量和发射或接收的波导能量两者联系起来的设备,因此天线方向图的建模在雷达系统仿真中占有重要的地位。实际雷达的天线方向图一般比较复杂,在没有实测天线方向图数据的情况下,单个天线方向图理论上可用数学公式来近似模拟。常用的天线方向图数学模型包括辛格函数型、余弦函数型和高斯函数型。根据雷达系统仿真方法的不同,在信号级仿真中通常采用振幅方向图 $F(\theta)$,而在功能级仿真中通常采用功率方向图 $G(\theta)$,二者之间是一个平方关系:$G(\theta) = F^2(\theta)$。

在雷达系统仿真中,可以通过实际测量或者经验推算方式得到所需模拟的天线方向图的部分特性参数,如主瓣 3dB 宽度、第一副瓣 3dB 宽度、主瓣零点宽度、第一副瓣电平等。若雷达仿真中只想准确体现天线主瓣和第一副瓣对仿真结果的影响,则可将天线方向图模型进行简化,例如用辛格函数来模拟天线主瓣和第一副瓣,而其他副瓣电平一般都较低,且受到噪声影响后具有不规则的起伏,难以准确描述,所以常用平均副瓣电平来近似表征。

对于归一化天线振幅方向图,令主瓣、第一副瓣的 3dB 宽度分别为 $\Delta\theta_0$、$\Delta\theta_1$,第一副瓣、平均副瓣电平分别为 g_1、g_2,对于高斯函数还需要定义主瓣零点宽度 $\Delta\theta_0'$,则可以得到如下天线方向图简化数学模型。

1) 简化辛格函数模型

$$F(\theta) = \begin{cases} \dfrac{\sin(\alpha\theta/\Delta\theta_0)}{\alpha\theta/\Delta\theta_0} & |\theta| \leq \theta_0 \\ g_1 \cdot \dfrac{\sin(\alpha(\theta \pm \theta_1)/\Delta\theta_1)}{\alpha(\theta \pm \theta_1)/\Delta\theta_1} & \theta_0 < |\theta| \leq \theta_2 \\ g_2 & |\theta| > \theta_2 \end{cases} \quad (2.71)$$

式中:$\alpha = 2.783$;$\Delta\theta_0$、$\Delta\theta_1$ 分别为主瓣、第一副瓣的 3dB 波束宽度;g_1、g_2 分别为第一副瓣、平均副瓣电平;$\theta_0 = \pi\Delta\theta_0/\alpha$ 是波束主瓣右零点;$\theta_1 = \pi(\Delta\theta_0 + \Delta\theta_1)/\alpha$ 是波束右边第一副瓣中心;$\theta_2 = \pi(\Delta\theta_0 + 2\Delta\theta_1)/\alpha$ 是波束右边第一副瓣右零点。简化辛格函数天线方向图如图 2.23 所示。

2) 简化余弦函数模型

$$F(\theta) = \begin{cases} \cos\left(\dfrac{\pi}{2}\theta/\Delta\theta_0\right) & |\theta| \leq \theta_0 \\ g_1 \cdot \cos\left[\dfrac{\pi}{2}(\theta \pm \theta_1)/\Delta\theta_1\right] & \theta_0 < |\theta| \leq \theta_2 \\ g_2 & |\theta| > \theta_2 \end{cases} \quad (2.72)$$

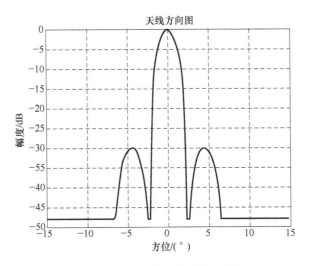

图 2.23　简化辛格函数天线方向图

式中:$\Delta\theta_0$、$\Delta\theta_1$分别为主瓣、第一副瓣的 3dB 波束宽度;g_1、g_2分别为第一副瓣、平均副瓣电平;$\theta_0 = \Delta\theta_0$ 是波束主瓣右零点;$\theta_1 = \Delta\theta_0 + \Delta\theta_1$ 是波束右边第一副瓣中心,$\theta_2 = \Delta\theta_0 + 2\Delta\theta_1$ 是波束右边第一副瓣右零点。简化余弦函数天线方向图如图 2.24 所示。

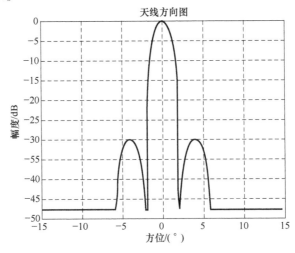

图 2.24　简化余弦函数天线方向图

3) 简化高斯函数模型

$$F(\theta) = \begin{cases} \exp(\alpha\theta^2/\Delta\theta_0^2) & |\theta| \leq \theta_0 \\ g_1 \cdot \exp[\alpha(\theta \pm \theta_1)^2/\Delta\theta_1^2] & \theta_0 < |\theta| \leq \theta_2 \\ g_2 & |\theta| > \theta_2 \end{cases} \quad (2.73)$$

式中:$\Delta\theta_0$、$\Delta\theta_1$分别为主瓣、第一副瓣的3dB波束宽度;g_1、g_2分别为第一副瓣、平均副瓣电平;$\alpha = -2\ln 2$;$\theta_0 = \Delta\theta_{00}/2$是波束主瓣右零点;$\theta_1$是波束右边第一副瓣中心,是以下方程的解:$\exp\left(\alpha \dfrac{\theta_0^2}{\Delta\theta_0^2}\right) = g_1 \times \exp\left(\alpha \dfrac{(\theta_0 \pm \theta_1)^2}{\Delta\theta_1^2}\right)$;$\theta_2 = 2\theta_1 - \theta_0$是波束右边第一副瓣右零点。简化高斯函数天线方向图如图 2.25 所示。

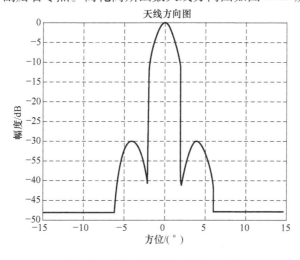

图 2.25　简化高斯函数天线方向图

4) 三维天线方向图模型

通常在雷达仿真中二维的天线方向图不能满足仿真要求,而需要产生三维天线方向图(图 2.26)。对三维天线方向图的建模可以采用简化模型,即将其看

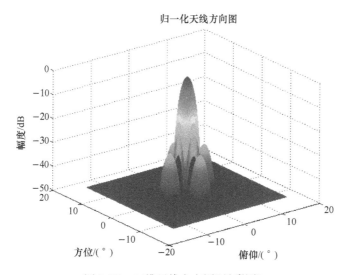

图 2.26　三维天线方向图(见彩图)

成是由两个二维平面(方位面和俯仰面)方向图相乘的结果,
$$F(\theta,\varphi) = F_\theta(\theta) \cdot F_\varphi(\varphi)$$
式中：$F_\theta(\theta)$、$F_\varphi(\varphi)$分别为方位面和俯仰面的二维方向图函数。

2.3.3.2 单脉冲雷达天线模型

为了克服目标回波幅度起伏对角误差提取带来的影响,现代雷达通常采用同时多波束体制的角跟技术,即所谓单脉冲技术。这种技术通过比较两个或多个同时天线波束的接收信号来获得精确的目标角位置信息[11],理论上可以从一个脉冲回波中得到二维角信息,因此又称为单脉冲雷达。单脉冲雷达中,最常见的两种定向方法为振幅和差法及相位和差法。

1) 振幅和差单脉冲雷达

振幅和差单脉冲雷达天线在一个角平面内要形成两个相同且指向分别与等强信号方向偏置 $\pm \theta_f$ 的波束,将这两个波束同时收到的回波信号通过和差比较器进行和差处理,可分别得到和信号与差信号,差信号的振幅决定角误差的大小,而和信号与差信号之间的相位差则决定角误差的符号,即目标相对于等强信号方向的偏移方向。振幅和差单脉冲雷达原理示意图如图 2.27 所示。

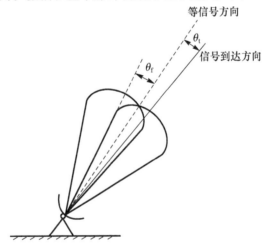

图 2.27　振幅和差单脉冲雷达原理示意图

假定两个天线的方向图函数为 $F(\theta)$,两天线波束中心轴偏离等强信号轴的角度为 $\pm \theta_f$,目标方向与等强信号轴的夹角为 θ_t。偏移角 θ_f 的最佳取值为 3dB 波束宽度的一半,即两个天线在半功率电平上相交[11]。

两个波束的方向图函数可以写成:
$$\begin{cases} F_1(\theta_t) = F(\theta_f - \theta_t) \\ F_2(\theta_t) = F(\theta_f + \theta_t) \end{cases} \tag{2.74}$$

则和波束与差波束天线方向图函数为

$$\begin{cases} F_\Sigma(\theta_t) = F(\theta_f - \theta_t) + F(\theta_f + \theta_t) \\ F_\Delta(\theta_t) = F(\theta_f - \theta_t) - F(\theta_f + \theta_t) \end{cases} \quad (2.75)$$

为了对空中目标进行自动方向跟踪,必须在方位和俯仰两个平面上进行角跟踪,就需要获得方位和俯仰两个角误差信号,所以要形成4个对称的互相交叠的波束。

则4个子波束的方向图函数分别为

$$\begin{cases} F_1(\theta_t,\varphi_t) = F_\theta(\theta_f - \theta_t) \cdot F(\varphi_f - \varphi_t) \\ F_2(\theta_t,\varphi_t) = F_\theta(\theta_f + \theta_t) \cdot F(\varphi_f - \varphi_t) \\ F_3(\theta_t,\varphi_t) = F_\theta(\theta_f + \theta_t) \cdot F(\varphi_f + \varphi_t) \\ F_4(\theta_t,\varphi_t) = F_\theta(\theta_f - \theta_t) \cdot F(\varphi_f + \varphi_t) \end{cases} \quad (2.76)$$

式中:θ_f 和 φ_f 分别为天线子波束偏离等强信号轴的方位角和俯仰角;θ_t 和 φ_t 分别为目标偏离等强信号轴的方位角和俯仰角。

则和波束方向图函数为

$$F_\Sigma(\theta_t,\varphi_t) = F_1(\theta_t,\varphi_t) + F_2(\theta_t,\varphi_t) + F_3(\theta_t,\varphi_t) + F_4(\theta_t,\varphi_t) \quad (2.77)$$

方位差波束方向图函数为

$$F_{\Delta\theta}(\theta_t,\varphi_t) = [F_1(\theta_t,\varphi_t) + F_4(\theta_t,\varphi_t)] - [F_2(\theta_t,\varphi_t) + F_3(\theta_t,\varphi_t)] \quad (2.78)$$

俯仰差波束方向图函数为

$$F_{\Delta\varphi}(\theta_t,\varphi_t) = [F_1(\theta_t,\varphi_t) + F_2(\theta_t,\varphi_t)] - [F_3(\theta_t,\varphi_t) + F_4(\theta_t,\varphi_t)] \quad (2.79)$$

单个平面内的二维和差天线方向图如图2.28所示,两个平面内的三维和差天线方向图如图2.29所示。

2) 相位和差单脉冲雷达

相位和差单脉冲雷达中,其天线系统在坐标平面内形成两个互相平行的波束,如图2.30所示。在远区,两个波束几乎完全重叠,对于波束内的目标,两个波束收到的信号振幅近似相等,而当目标偏离对称轴时,两个天线接收信号因波程差而引起的相位差为

$$\Delta\Phi = \frac{2\pi}{\lambda}\Delta R = \frac{2\pi L}{\lambda}\sin\theta_t \quad (2.80)$$

式中:L 为天线之间的间距,L 的最佳取值等于天线口径长度的一半[11]。

在方位俯仰两个平面内定向的比相单脉冲雷达,其天线系统由4个天线组成,如图2.31所示,天线之间的间距为 L。

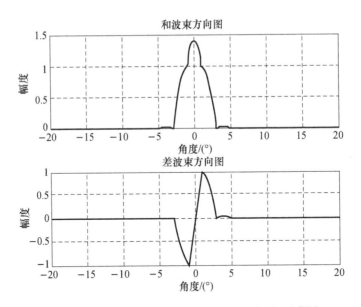

图 2.28 振幅和差单脉冲雷达二维天线方向图(见彩图)

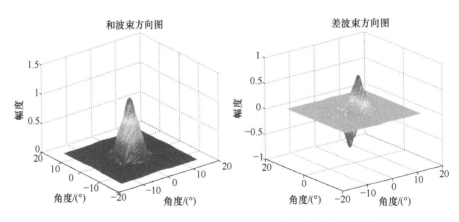

图 2.29 振幅和差单脉冲雷达三维天线方向图(见彩图)

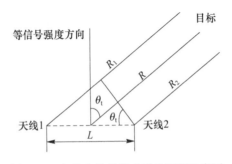

图 2.30 相位和差单脉冲雷达原理示意图

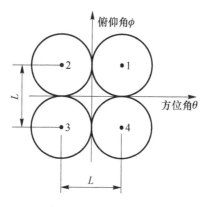

图 2.31　相位和差单脉冲雷达天线系统示意图

在两个平面内定向的比相单脉冲雷达的各个子天线接收信号的相位差为

$$\begin{cases} \Delta\Phi_1 = \dfrac{\pi L}{2}\sin\theta_t + \dfrac{\pi L}{2}\sin\varphi_t = \dfrac{\Delta\Phi_\theta}{2} + \dfrac{\Delta\Phi_\varphi}{2} \\ \Delta\Phi_2 = -\dfrac{\pi L}{2}\sin\theta_t + \dfrac{\pi L}{2}\sin\varphi_t = -\dfrac{\Delta\Phi_\theta}{2} + \dfrac{\Delta\Phi_\varphi}{2} \\ \Delta\Phi_3 = -\dfrac{\pi L}{2}\sin\theta_t - \dfrac{\pi L}{2}\sin\varphi_t = -\dfrac{\Delta\Phi_\theta}{2} - \dfrac{\Delta\Phi_\varphi}{2} \\ \Delta\Phi_4 = \dfrac{\pi L}{2}\sin\theta_t - \dfrac{\pi L}{2}\sin\varphi_t = \dfrac{\Delta\Phi_\theta}{2} - \dfrac{\Delta\Phi_\varphi}{2} \end{cases} \quad (2.81)$$

式中：$\Delta\Phi_\theta = \dfrac{2\pi L}{\lambda}\sin\theta_t$，$\Delta\Phi_\varphi = \dfrac{2\pi L}{\lambda}\sin\varphi_t$，$\theta_t$ 和 φ_t 分别为目标偏离天线轴向的方位角和俯仰角，假定 4 个天线的方向图相同，则 4 个天线收到的回波信号为

$$\begin{cases} u_1(t,\theta_t,\varphi_t) = AF(\theta_t,\varphi_t)\exp[\mathrm{j}(2\pi f_0 t + \Delta\Phi_1)] \\ u_2(t,\theta_t,\varphi_t) = AF(\theta_t,\varphi_t)\exp[\mathrm{j}(2\pi f_0 t + \Delta\Phi_2)] \\ u_3(t,\theta_t,\varphi_t) = AF(\theta_t,\varphi_t)\exp[\mathrm{j}(2\pi f_0 t + \Delta\Phi_3)] \\ u_4(t,\theta_t,\varphi_t) = AF(\theta_t,\varphi_t)\exp[\mathrm{j}(2\pi f_0 t + \Delta\Phi_4)] \end{cases} \quad (2.82)$$

则和信号为

$$u_\Sigma(t,\theta_t,\varphi_t) = u_1(t,\theta_t,\varphi_t) + u_2(t,\theta_t,\varphi_t) + u_3(t,\theta_t,\varphi_t) + u_4(t,\theta_t,\varphi_t)$$

$$= 4AF(\theta_t,\varphi_t)\cos\left(\dfrac{\Delta\Phi_\theta}{2}\right)\cos\left(\dfrac{\Delta\Phi_\varphi}{2}\right)\exp(\mathrm{j}2\pi f_0 t) \quad (2.83)$$

方位差信号为

$$u_{\Delta\theta}(t,\theta_t,\varphi_t) = [u_1(t,\theta_t,\varphi_t) + u_4(t,\theta_t,\varphi_t)] - [u_2(t,\theta_t,\varphi) + u_3(t,\theta_t,\varphi_t)]$$

$$= 4\mathrm{j}AF(\theta_t,\varphi_t)\sin\left(\dfrac{\Delta\Phi_\theta}{2}\right)\cos\left(\dfrac{\Delta\Phi_\varphi}{2}\right)\exp(\mathrm{j}2\pi f_0 t) \quad (2.84)$$

俯仰差信号为

$$u_{\Delta\varphi}(t,\theta_t,\varphi_t) = [u_1(t,\theta_t,\varphi_t) + u_2(t,\theta_t,\varphi_t)] - [u_3(t,\theta_t,\varphi_t) + u_4(t,\theta_t,\varphi_t)]$$
$$= 4jAF(\theta_t,\varphi_t)\cos\left(\frac{\Delta\Phi_\theta}{2}\right)\sin\left(\frac{\Delta\Phi_\varphi}{2}\right)\exp(j2\pi f_0 t) \quad (2.85)$$

在雷达系统中,对差信号的移相一般由接收系统中的鉴相器完成,为了简化起见,仿真中在形成差波束天线方向图时就先进行了 π/2 移相,在两个平面内定向的比相单脉冲雷达,和波束的天线方向图可以表示为

$$F_\Sigma(\theta_t,\varphi_t) = 4F_\theta(\theta_t)F_\varphi(\varphi_t)\cos\left(\frac{\Delta\Phi_\theta}{2}\right)\cos\left(\frac{\Delta\Phi_\varphi}{2}\right) \quad (2.86)$$

方位差波束及俯仰差波束的天线方向图经 π/2 移相后可以表示为

$$\begin{cases} F_{\Delta\theta}(\theta_t,\varphi_t) = 4F_\theta(\theta_t)F_\varphi(\varphi_t)\sin\left(\frac{\Delta\Phi_\theta}{2}\right)\cos\left(\frac{\Delta\Phi_\varphi}{2}\right) \\ F_{\Delta\varphi}(\theta_t,\varphi_t) = 4F_\theta(\theta_t)F_\varphi(\varphi_t)\cos\left(\frac{\Delta\Phi_\theta}{2}\right)\sin\left(\frac{\Delta\Phi_\varphi}{2}\right) \end{cases} \quad (2.87)$$

式中:$F_\theta(\theta_t)$ 和 $F_\varphi(\varphi_t)$ 是单个子波束天线的方向图函数。

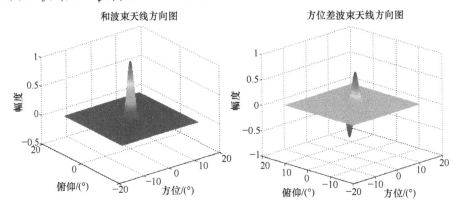

图 2.32 相位和差单脉冲雷达三维天线方向图(见彩图)

2.3.3.3 相控阵天线模型

相控阵天线在波束扫描时,天线阵面是不动的,偏离天线阵面法线方向上的波束宽度与阵面法线方向上的波束宽度有差别,偏离阵面法线方向上的波束宽度变宽。随着天线波束扫描角 θ_s 的改变,波束宽度变宽为 $1/\cos\theta_s$ 倍,即

$$B_s = \frac{B_0}{\cos\theta_s} \quad (2.88)$$

式中:B_s 为 θ_s 方向上的波束宽度;B_0 为阵面法线方向上的波束宽度。

波束宽度随扫描角的增加而变宽,这也意味着,随扫描角的增加,天线阵的

增益下降。增益随扫描角变化的关系为

$$G_s = G_0 \cdot \cos\theta_s \tag{2.89}$$

式中:G_s 为 θ_s 方向上的增益;G_0 为阵面法线方向上的增益。

2.3.4 雷达接收机仿真模型

雷达接收机的主要功能是接收来自天线的各种信号,并将信号频率变换到零中频的基带上。雷达接收机由高频部分、中频放大器、灵敏度时间控制(STC)、自动增益控制(AGC)和检波器几部分组成。高频部分又称为接收机前端,包括低噪声高频放大器、混频器、本振等,混频的功能是把射频信号通过下变频降至某个中频。中频放大器是对中频信号进行放大,可以看作放大器与匹配滤波器或带通滤波器的级联,它只对中频附近的信号进行放大,对其他频率的信号进行抑制,最后通过检波器取出信号的包络,如果是相干雷达,则要有两个正交的通道,所用检波器是相干检波器。典型的雷达接收机处理框图如图2.33所示。

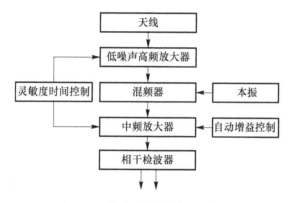

图 2.33 典型雷达接收机处理框图

因高频部分频率很高,故要求仿真使用的系统采样频率也很高,而全数字的信号级仿真由于受到仿真运算速度和运算数据量的限制,需要对高频部分的仿真作简化处理,只考虑其处理增益,对信号的处理是从中频放大开始的。

2.3.4.1 中频放大器模型[12,13]

中频放大器用于对中频信号进行放大和匹配滤波,以获得最大的输出信噪比。中频放大器的匹配滤波可以通过一个线性相位 FIR 带通滤波器来模拟。一般 FIR 带通滤波器可以用窗函数法设计,窗函数法的基本实现方法是选取一种合适的理想频率选择性滤波器,然后将其脉冲响应截断(加窗)以得到一个线性相位和因果的 FIR 滤波器。

1）理想滤波器

理想低通滤波器的频率响应为

$$H_d(e^{j\omega}) = \begin{cases} e^{-j\alpha_d\omega} & |\omega| \leq \omega_c \\ 0 & \omega_c < |\omega| \leq \pi \end{cases} \quad (2.90)$$

其脉冲相应为

$$h_{ld}(n) = \frac{\sin[\omega_c(n-\alpha_d)]}{\pi(n-\alpha_d)} \quad (2.91)$$

式中：ω_c 是通带截止频率；α_d 是滤波器的群时延。

理想带通滤波器的频率响应为

$$H_d(e^{j\omega}) = \begin{cases} e^{-j\alpha_d\omega} & |\omega-\omega_0| \leq \omega_c \\ 0 & \text{其他 } \omega \end{cases} \quad (2.92)$$

式中：α_d 为滤波器的群时延；ω_0 为滤波器的中心频率，滤波器的带宽为 $2\omega_c$，上截止频率为 $\omega_0+\omega_c$，下截止频率为 $\omega_0-\omega_c$，其脉冲相应为

$$h_{bd}(n) = \frac{\sin[(n-\alpha_d)(\omega_0+\omega_c)]}{\pi(n-\alpha_d)} - \frac{\sin[(n-\alpha_d)(\omega_0-\omega_c)]}{\pi(n-\alpha_d)} \quad (2.93)$$

2）线性相位 FIR 滤波器

理想滤波器的脉冲响应是中心点在 α_d 的偶对称无限长非因果序列，可以通过加窗截断得到有限长的脉冲响应，即

$$h(n) = h_d(n) \cdot W(n) \quad (2.94)$$

式中：$W(n)$ 是窗函数，其长度为 N。

按照线性相位的约束，$h(n)$ 必须是偶对称的，对称中心应为长度的一半 $(N-1)/2$，因此 $\alpha_d = \frac{N-1}{2}$。

为了从 $h_d(n)$ 得到一个 FIR 滤波器，必须在 $h_d(n)$ 的两边将它截断，为了得到一个长度为 N 的因果且线性相位的 FIR 滤波器，就必须有

$$h(n) = \begin{cases} h_d(n) & 0 \leq n \leq N-1 \\ 0 & \text{其余 } n \end{cases} \quad \text{且 } \alpha_d = \frac{N-1}{2}$$

根据不同的 $W(n)$，可以得到不同的窗函数设计。所以，用窗函数法设计 FIR 滤波器的步骤如下：

(1) 计算理想滤波器脉冲响应 $h_d(n)$；

(2) 根据过渡带宽及阻带最小衰减的要求，可选定窗函数 $W(n)$ 的形状及 N 的大小，一般 N 要通过几次试探最后确定；

(3) 求得所设计的 FIR 滤波器的单位抽样响应 $h(n) = h_d(n) \cdot W(n)$，

$0 \leq n \leq N-1$。

3）窗函数

下面给出几种常用窗函数的脉冲响应 $w(n)$，其中 N 为窗函数的长度。

（1）矩形（Rectangle）窗

$$w_{\text{rec}}(n) = R_N(n) = \begin{cases} 1 & 0 \leq n \leq N-1 \\ 0 & n < 0, n \geq N \end{cases} \quad (2.95)$$

（2）三角形（巴特利特 Barrlett）窗

$$w_{\text{barr}}(n) = \begin{cases} 2n/(N-1) & 0 \leq n \leq (N-1)/2 \\ 2 - 2n/(N-1) & (N-1)/2 < n \leq N-1 \\ 0 & n < 0, n \geq N \end{cases} \quad (2.96)$$

（3）汉宁（Hanning）窗

$$w_{\text{han}}(n) = 0.5\{1 - \cos[2\pi n/(N-1)]\} R_N(n) \quad (2.97)$$

（4）海明（Hamming）窗

$$w_{\text{ham}}(n) = \{0.54 - 0.46\cos[2\pi n/(N-1)]\} R_N(n) \quad (2.98)$$

（5）布莱克曼（Blackman）窗

$$w_{\text{bla}}(n) = \{0.42 - 0.5\cos[2\pi n/(N-1)] + 0.08\cos[4\pi n/(N-1)]\} R_N(n) \quad (2.99)$$

（6）凯塞-贝塞尔（Kaiser-Basel）窗

$$w_{\text{kai}}(n) = I_0\left[\beta\sqrt{1 - \left(1 - \frac{2n}{N-1}\right)^2}\right]/I_0(\beta) \quad 0 \leq n \leq N-1 \quad (2.100)$$

式中：$I_0(x)$ 是零阶第一类修正贝塞尔函数，可用下面的无穷级数表示

$$I_0(x) = \sum_{k=0}^{\infty} \left[\frac{1}{k!}\left(\frac{x}{2}\right)^k\right]^2 \quad (2.101)$$

一般取级数的前 15～25 项便可满足精度要求。

对各种窗函数来说，最小阻带衰减由窗函数决定，不受 N 的影响，而过渡带的带宽则随 N 的增加而减小，表 2.5 列出了上面几种窗函数的基本性能参数。

表 2.5 各种窗函数基本性能参数比较

窗函数	副瓣峰值/dB	过渡带宽近似值	过渡带宽 $\Delta\omega$	阻带最小衰减/dB
矩形窗	-13	$4\pi/N$	$1.8\pi/N$	-21
三角形窗	-25	$8\pi/N$	$4.2\pi/N$	-25
汉宁窗	-31	$8\pi/N$	$6.2\pi/N$	-44

(续)

窗函数	副瓣峰值/dB	过渡带宽近似值	过渡带宽 $\Delta\omega$	阻带最小衰减/dB
海明窗	-41	$8\pi/N$	$6.6\pi/N$	-53
布莱克曼窗	-57	$12\pi/N$	$11\pi/N$	-74
凯塞-贝塞尔 ($\beta=7.865$)	-57		5	-80

4) FIR 滤波器滤波过程

一个有限长脉冲响应滤波器(FIR 滤波器)有如下形式的系统函数:

$$H(z) = \sum_{n=0}^{M-1} b_n z^{-n} = b_0 + b_1 z^{-1} + \cdots + b_{M-1} z^{1-M} \quad (2.102)$$

因此,脉冲响应 $h(n)$ 为

$$h(n) = \begin{cases} b_n & 0 \leq n \leq M-1 \\ 0 & \text{其余 } n \end{cases} \quad (2.103)$$

差分方程表示为

$$y(n) = b_0 x(n) + b_1 x(n-1) + b_2 x(n-2) + \cdots + b_{M-1} x(n-M+1) \quad (2.104)$$

这是一个有限点的线性卷积,这个滤波器的阶是 $M-1$,而滤波器的长度是 M。FIR 滤波器在实际工程中一般都是用这种线性卷积实现的,设 $x(n)$ 有 L 点,$h(n)$ 为 M 点,输出 $y(n)$ 为 $L+M-1$ 点。

$$y(n) = \sum_{m=0}^{M-1} h(m) x(n-m) \quad (2.105)$$

用 FFT 法(即圆周卷积法)来代替这一线性卷积,为了不产生混叠,必须给 $x(n)$、$h(n)$ 都补零值点,补到至少 $N=L+M-1$ 点,然后计算圆周卷积

$$y(n) = x(n) \otimes h(n) \quad (2.106)$$

这时,$y(n)$ 就能代表线性卷积的结果。

用 FFT 计算 $y(n)$ 值的步骤如下:

(1) 求 $H(k) = \text{FFT}[h(n)]$,N 点;
(2) 求 $X(k) = \text{FFT}[x(n)]$,N 点;
(3) 计算 $Y(k) = X(k)H(k)$;
(4) 计算 $y(n) = \text{IFFT}[Y(k)]$。

当 $x(n)$ 的点数很多,即当 $L \gg M$ 时,圆周卷积的优点就表现不出来了,因此需要采用分段卷积。已知 $x(n)$,在处理前,必须在 $x(n)$ 前添加 $M-1$ 个 0,即

$$\hat{x}(n) = \{\underbrace{0,0,0,\cdots,0}_{M-1 \text{ 个 } 0}, x(n)\} \quad M \text{ 为 } h(n) \text{ 的点数}$$

令 $L_{xb} = N_{\text{FFT}} - M + 1$($N_{\text{FFT}}$ 为块的大小,或 FFT 点数),则第 k 块

$$x_k(n) = \hat{x}(m), kL_{xb} \leq m \leq kL_{xb} + N - 1, k \geq 0, 0 \leq n \leq N_{FFT}$$

总的块数给出为

$$K = \left[\frac{N_x + M - 2}{L_{xb}}\right] + 1$$

每一块可以用 FFT 法得到：

$$y_k(n) = x_k(n) \otimes h(n) \tag{2.107}$$

最后，从每个 $y_k(n)$ 中丢弃前 $M-1$ 点数据，并将余下的数据串接在一起得到线性卷积 $y(n)$。

2.3.4.2 灵敏度时间控制（STC）模型

搜索雷达或跟踪雷达在搜索阶段，雷达检测的回波幅度变化很大，很可能超过固定增益接收机的动态范围。不同的雷达截面积、不同的气象条件和不同的传输距离所引起的回波强度都不相同，但距离对雷达回波的影响程度超过其他因素。当回波信号强度超过有效动态范围时，许多雷达接收机会出现不好的特性，这些不利影响可以通过 STC 来克服。STC 使雷达接收机的灵敏度随时间变化，从而使被放大的雷达回波强度与距离无关。STC 主要用于控制高放和中放的增益，提高接收机的动态范围，防止近距离的强回波导致的接收机饱和，在实际雷达系统中 STC 对抑制近距离的海杂波和地物杂波有明显的效果。但是雷达存在距离模糊时，由于接收机不能区分回波是来自近程还是远程，所以在有距离模糊情况下雷达一般不使用 STC。

STC 控制的放大器增益是距离的函数，随距离的减小而减小，这样对近程信号进行抑制，对远程信号进行放大，确保放大器不发生饱和。由于雷达接收的目标回波功率与 R^4（R 是目标距离）成反比，因此 STC 典型的变换函数是 R^4 的函数，如

$$G = \left(\frac{R}{R_{max}}\right)^4 G_{IF} \tag{2.108}$$

式中：G_{IF} 为中放增益；R_{max} 为雷达作用距离。

2.3.4.3 自动增益控制（AGC）模型

自动增益控制（AGC）的目的是使接收机的增益随信号的强弱而自动进行调整。在接收弱信号时，保证接收机具有高的增益，以利于对远距离目标的观测；在接收强信号时，接收机的增益随信号的增强而降低，以保证接收机、显示器以及跟踪系统处于正常工作状态。

在中频仿真中，由于不对雷达接收机的射频部分进行详细建模，因此 AGC 模型只考虑对中频接收机的作用效果，其主要目的是使接收机输出信号幅度最

大值维持在一定的水平。

AGC 仿真模型为

$$G(k+1) = \begin{cases} G_{\text{IF}}\left(\dfrac{V_{\text{T}}}{x_{\max}}\right)^{\alpha} & x_{\max}(k) > V_{\text{T}} \\ G_{\text{IF}} & x_{\max}(k) \leqslant V_{\text{T}} \end{cases} \quad (2.109)$$

式中：V_{T} 为门限电压；G_{IF} 为中放增益；$x_{\max}$ 为输入信号最大值；系数 α 可取值为 1。

2.3.4.4 相干检波器模型

相干检波器完成从中频到基带的下变频和正交 I、Q 通道的分离。正交 I、Q 检波处理框图如图 2.34 所示。从接收机中频放大器输出的信号与正交的两路相参信号混频，再经过低通滤波器，从而得到 I、Q 两路基带信号。低通滤波器的实现方法参考 2.3.4.1 节中的线性相位 FIR 滤波器设计。

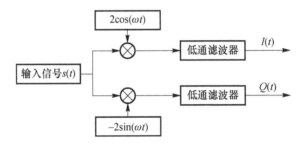

图 2.34　正交 I、Q 检波器处理框图

相干检波器的输入信号可以表示为

$$s(t) = \cos[2\pi(f_0 t + f_d t)] \quad (2.110)$$

式中：f_0 为雷达发射信号载频；f_d 为目标的多普勒频移。输入信号两路正交混频后为：

I 路：

$$s(t) \cdot 2 \cdot \cos(2\pi f_0 t) = 2 \cdot \cos[2\pi(f_0 t + f_d t)] \cdot \cos(2\pi f_0 t)$$
$$= \cos[2\pi(2f_0 t + f_d t)] + \cos(2\pi f_d t) \quad (2.111)$$

Q 路：

$$s(t) \cdot (-2) \cdot \sin(2\pi f_0 t) = 2 \cdot \sin[2\pi(f_0 t + f_d t)] \cdot \sin(2\pi f_0 t)$$
$$= \sin[2\pi(-2f_0 t - f_d t)] + \sin(2\pi f_d t) \quad (2.112)$$

所以经混频后的信号为

$$s_o(t) = \exp[j \cdot 2\pi(-2f_0 t - f_d t)] + \exp[j \cdot (2\pi f_d t)] \quad (2.113)$$

混频后的信号再经过低通滤波器后为

$$s_o(t) = \exp[j \cdot (2\pi f_d t)] \qquad (2.114)$$

2.3.5 雷达信号处理仿真模型

信号处理机的功能是提取有用信号,尽可能地抑制无用信号,使雷达能够在强杂波或干扰背景中实现对有用信号的检测与识别。信号处理机的主要模块包括 A/D 变换器、杂波对消器、脉冲压缩器、多普勒滤波器(采用 FFT)、取模、恒虚警率(CFAR)检测模块、角误差解算模块、解模糊处理模块等。机载火控雷达典型的信号处理流程如图 2.35 所示。

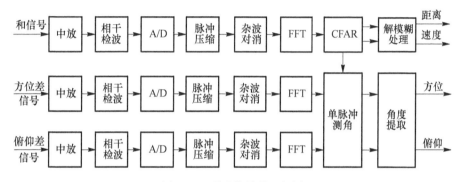

图 2.35 雷达信号处理框图

A/D 变换器:信号处理机首先将模拟信号经过 A/D 变换,将其变成数字信号以便于后续的数字信号处理,A/D 变换器的二进制位数取决于信号处理机的性能。

杂波对消器:在 A/D 变换之后,对数字信号进行杂波对消处理。杂波对消可根据具体情况选用递归或者非递归的一次对消器、二次对消器、三次对消器,或不同阶数的自适应对消器,它们均可不同程度地提高系统的信杂比。

脉冲压缩器:脉冲压缩的功能是实现对线性调频信号或相位编码信号进行匹配滤波,为了压低旁瓣电平,通常要对其进行加权处理,但经过加权处理后的信号主瓣略有展宽。

多普勒滤波器:对于 PD 体制雷达,需要进行多普勒滤波处理,它不仅可以提高信噪比,同时可以实现对运动目标的多普勒频率估计,多普勒滤波器一般用 FFT 来实现。

恒虚警率检测模块:恒虚警处理是信号处理的重要环节,要求系统能够在保持恒定虚警率的情况下,把检测门限压到最低,以减小信噪比损耗,从而获得较高的检测能力。

单脉冲测角模块:对于单脉冲体制雷达,要用和通道恒虚警率检测模块输出来选通差通道相应距离门和速度门,然后通过差通道与和通道信号之比,解算出角误差。

2.3.5.1 A/D 变换器模型

A/D 变换器将相干检波器输出的模拟信号变换成数字信号以便后续的数字信号处理,但是在数字仿真中 A/D 变换器输入的就是数字信号,所以 A/D 变换器模型只需完成抽样和量化即可。首先以采样频率 f_{ad} 对输入信号 $s_i(t)$ 在时间上进行抽样,得到信号 $\hat{s}(t)$,然后在幅度上对 $\hat{s}(t)$ 再进行量化,其量化模型为

$$s_o(t) = \frac{V_m}{2^N}\text{Int}\left[\frac{\hat{s}(t)2^N}{V_m}\right] \tag{2.115}$$

式中:V_m 是 A/D 转换器的信号幅度最大值;N 是 A/D 转换器的位数;Int[·]表示取整。

2.3.5.2 杂波对消器模型

在雷达检测目标的过程中,通常还会接收到地物、海浪、云雨等产生的回波,这些回波是雷达不希望接收到的,因此称为杂波。从这些强度很高的杂波中检测目标的最有效方法是利用雷达和目标之间的相对运动所产生的多普勒频移。

地海面雷达接收到的地物杂波、海面杂波和气象杂波通常都是静止的或运动速度很慢,其多普勒频移接近于零。

对于机载雷达,由于雷达载机平台是运动的,因此地面静止的物体相对于雷达则是运动的,故而机载雷达接收到的杂波是有多普勒频移的。如图 2.36 所示,机载雷达天线主瓣照射到地面时,从地面发射回来的回波称为主瓣杂波或主杂波,由于雷达天线主瓣增益很高,所以主瓣杂波通常都很强。主瓣杂波多普勒频率可以用下式计算:

$$f_{dm} = 2v_p\cos\theta_a\cos\varphi_a/\lambda \tag{2.116}$$

式中:f_{dm} 为主瓣杂波多普勒频率;v_p 为雷达载机速度;λ 为雷达信号波长;θ_a 和 φ_a 分别为雷达天线主瓣波束指向的方位角和俯仰角。

机载雷达天线副瓣中总有沿垂直方向照射地面的,垂直照射的区域一般在飞机正下方,该区域内的各点到飞机的距离接近于一个固定值,即飞机的绝对高度,所以称为高度线杂波。来自该区域的杂波与载机之间的相对运动速度为零,不存在多普勒频移。高度线杂波由于是垂直照射,相对载机的距离又近,所以高度线杂波强度大于一般的副瓣杂波。

1)零频杂波对消

当杂波与雷达之间相对速度为零时,不存在多普勒频移,例如机载雷达的高度线杂波的多普勒频率基本上接近于零,这些杂波可以用零频滤波器滤除。零

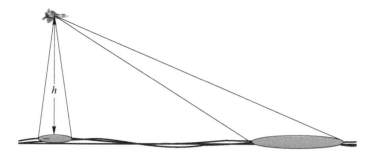

图 2.36　机载雷达照射区域示意图

频滤波器一般采用非递归 MTI 对消器,通过时域滤波来抑制零频的静止杂波,常用的有一次对消器和二次对消器。

(1) 一次对消器

一次对消器的处理框图如图 2.37 所示,对消公式为

$$y(t) = x(t) - x(t-T) \tag{2.117}$$

式中:延迟时间 T 等于脉冲重复周期 T_r($T_r = 1/f_r$)。

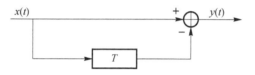

图 2.37　一次对消器处理框图

一次对消器系统函数为

$$H(z) = 1 - z^{-1} \tag{2.118}$$

一次对消器频率响应为

$$H(\omega) = 1 - \mathrm{e}^{-\mathrm{j}\omega T} \tag{2.119}$$

$$|H(\omega)|^2 = 2(1 - \cos\omega T) \tag{2.120}$$

其频率响应曲线图如图 2.38 所示。

(2) 二次对消器

一次对消器的杂波抑制能力有限,所以采用二次对消来改善对消器的幅频特性,在结构上它等效于两个一次对消器的级联,二次对消器的处理框图如图 2.39 所示,其对消公式为

$$y(t) = x(t) - 2 \cdot x(t-T) + x(t-2T) \tag{2.121}$$

二次对消器系统函数为

$$H(z) = 1 - 2 \cdot z^{-1} + z^{-2} \tag{2.122}$$

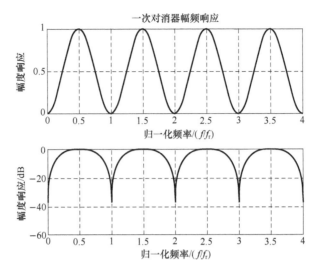

图 2.38 一次对消器频率响应曲线

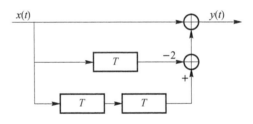

图 2.39 二次对消器处理框图

二次对消器频率响应为

$$H(\omega) = 1 - 2 \cdot e^{-j\omega T} + e^{-j2\omega T} \tag{2.123}$$

$$|H(\omega)|^2 = 4(1 - \cos\omega T)^2 \tag{2.124}$$

其频率响应曲线图如图 2.40 所示。

2) 主瓣杂波对消

机载雷达工作在下视状态时,会接收到很强的主瓣杂波,所以必须予以抑制。主瓣杂波随着雷达主瓣波束指向、雷达载机速度变化,可以采用自适应滤波,将滤波器的凹口实时对准主瓣杂波谱中心。主瓣杂波谱中心为

$$f_{dm} = 2v_p \cos\theta_a \cos\varphi_a / \lambda \tag{2.125}$$

式中:f_{dm} 为主瓣杂波多普勒频率;v_p 为载机速度;λ 为雷达信号波长;θ_a 和 φ_a 分别为雷达天线主瓣波束指向的方位角和俯仰角。

主瓣杂波对消器也有一次对消器和二次对消器,其对消方程与零频杂波对消器类似,为了获得更好的对消效果,一般工程上大多采用二次对消器。

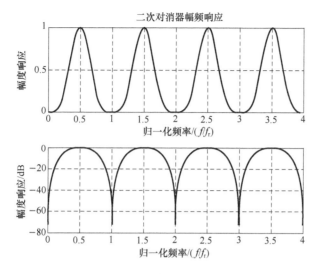

图 2.40 二次对消器频率响应曲线

凹口对准主瓣杂波谱中心的一次对消器方程为

$$y(t) = x(t) - x(t-T)e^{j\omega_{dm}} \qquad (2.126)$$

式中：延迟时间 T 等于脉冲重复周期 $T_r(T_r = 1/f_r)$，$\omega_{dm} = 2\pi f_{dm}/f_r$。

凹口对准主瓣杂波谱中心的二次对消器方程为

$$y(t) = x(t) - 2 \cdot x(t-T)e^{j\omega_{dm}} + x(t-2T)e^{j2\omega_{dm}} \qquad (2.127)$$

二次对消器频率响应为

$$H(\omega) = 1 - 2e^{-j\omega T}e^{j\omega_{dm}} + e^{-j2\omega T}e^{j2\omega_{dm}} \qquad (2.128)$$

$$|H(\omega)|^2 = 4[1 - \cos(\omega_{dm} - \omega T)]^2 \qquad (2.129)$$

二次对消器频率响应曲线图如图 2.41 所示。

2.3.5.3 脉冲压缩模型[14]

脉冲压缩技术是为了解决雷达探测距离与距离分辨力之间的矛盾而提出的，在现代雷达系统中有广泛应用。能够实现脉冲压缩的雷达信号有很多种，例如线性调频信号、非线性调频信号、相位编码信号等，比较常用的是线性调频信号和相位编码信号。尽管非线性调频信号具有明显的优点，但实际应用比较少，主要是因为工程实现比较复杂。

脉冲压缩滤波器是雷达视频信号的匹配滤波器，匹配滤波器的传递函数为输入信号频谱的复共轭。脉冲压缩可以在频域或时域进行，但考虑到计算的效率，一般都是利用 FFT 卷积处理替代直接的线性相关处理。其原理为：对输入

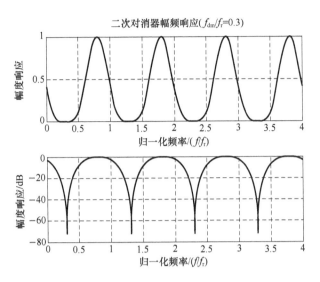

图 2.41 二次对消器频率响应曲线

信号作 FFT 后,乘以匹配滤波器的数字频率响应,再经 IFFT 输出压缩后的信号序列,脉冲压缩处理原理框图如图 2.42 所示。

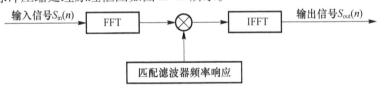

图 2.42 脉冲压缩处理原理框图

1) 线性调频脉冲压缩

线性调频信号波形最容易产生,其压缩脉冲的形状和信噪比对多普勒频率不敏感,但其主要缺点有:①具有较大的距离与多普勒频率交叉耦合,若多普勒频率是未知的或不可测定的,则将产生测距误差,即多普勒频率会引起距离的视在变化;②通常需要进行加权处理以使压缩脉冲的副瓣降低到允许的电平,时域加权或频域加权对线性调频信号来说是等效的,但信噪比都要降低 1~2dB。

线性调频视频信号的复包络由下式给出:

$$\begin{cases} s(n) = A\exp[j\pi K(nT_s)^2] & 0 \leq nT_s \leq \tau \\ 0 & \text{其他 } n \end{cases} \qquad (2.130)$$

式中:f_0 为线性调频信号的起始频率;$K = B/\tau$(B 为信号带宽,τ 为脉宽);信号 $s(n)$ 的频谱为 $S(\omega) = \text{FFT}(s(n))$。则匹配滤波器的频率响应为

$$H_{\text{MF}}(\omega) = \text{conj}(S(\omega)) \qquad (2.131)$$

式中:conj 表示共轭。

假设输入信号为 $s_{\text{in}}(n)$，频谱为 $S_{\text{in}}(\omega)=\text{FFT}(s_{\text{in}}(n))$，则脉冲压缩以后的输出信号为

$$s_{\text{out}}(n)=\text{IFFT}[H_{\text{MF}}(\omega)\cdot S_{\text{in}}(\omega)] \qquad (2.132)$$

线性调频信号经过脉冲压缩后的副瓣较高，最大副瓣为 13.2dB，一般不能满足系统要求，常采取窗函数来抑制副瓣，可根据对副瓣电平的抑制程度和主瓣展宽程度的要求来选择窗函数。加窗处理可在时域进行，也可在频域进行，频域加窗比时域加窗的计算量小。对于时宽带宽积较大的信号，时域加窗与频域加窗效果接近，但对于时宽带宽积较小的信号，时域加窗的效果优于频域加窗。

时域加窗，也就是在样本信号（原始线性调频信号）上加窗，窗长度与样本信号长度一样：

$$s'(n)=s(n)\cdot\text{win}(n) \qquad (2.133)$$

$\text{win}(n)$ 为窗函数，例如海明窗为 $w_{\text{ham}}(n)=0.54-0.46\cos\left(2\pi\dfrac{n}{N-1}\right)$, $n=0,1,\cdots,N-1$。

加窗后的匹配滤波器的频率响应为

$$H'_{\text{MF}}(\omega)=\text{conj}[\text{FFT}(s'(t))] \qquad (2.134)$$

线性调频信号直接脉冲压缩和时域加窗后脉冲压缩的结果见图 2.43。

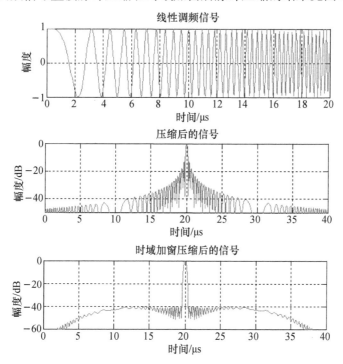

图 2.43 线性调频信号脉冲压缩

由于线性信号存在距离速度耦合效应,当目标回波中存在多普勒频率时,经脉冲压缩后会产生距离误差。多普勒频率大于零时,脉冲压缩后的主瓣向左偏移,即距离变小;多普勒频率小于零时,脉冲压缩后的主瓣向右偏移,即距离变大。在精密跟踪雷达中需进行误差补偿,误差补偿是为了补偿因目标的运动引起的测距误差。由于目标的运动速度是未知的,一般雷达系统中都有测量目标运动速度的措施,当目标的运动速度已知时,误差补偿的方法描述如下:

由多普勒频率f_d引起的脉压主瓣峰值时间位移为

$$\Delta \tau = \frac{f_d \tau}{B} \quad (2.135)$$

时间位移对应的距离误差为

$$\Delta d = \Delta \tau \frac{C}{2} \text{ 或 } \Delta d = k_r \Delta R \quad (2.136)$$

式中:ΔR 为雷达的距离分辨力,$\Delta R = \frac{C}{2B}$;$k_r = f_d \tau$。

所以误差补偿方法为:

(1) 当 $f_d > 0$ 时,脉压后的数据向右时间移位 $\Delta \tau$,或距离增大 k_r 个距离单元。

(2) 当 $f_d < 0$ 时,脉压后的数据向左时间移位 $\Delta \tau$,或距离减小 k_r 个距离单元。

2) 相位编码脉冲压缩

相位编码信号与线性调频信号不同,它将脉冲分成许多子脉冲,每个子脉冲宽度相等,但各自有特定的相位,每个子脉冲的相位依据一个给定的编码序列来确定。雷达系统中应用最为广泛的相位编码信号是二相编码信号,由编码序列确定每个子脉冲的相位为 0 或 π。二相编码信号中最常用的编码序列是巴克码序列。巴克码序列的特点是脉压后的副瓣相等,副瓣幅度均为 $1/N$(N 为序列长度),但是巴克码序列最长只有 13 位,当需要产生较大的脉冲压缩比时,巴克码序列就不适用了。当脉冲压缩比要求较大时,通常采用 M 码序列,M 序列码是由线性反馈移位寄存器产生的一种周期最长的二相码。一个 n 级的移位寄存器可以产生最大长度为 $N = 2^n - 1$ 的序列,当序列长度较长时,其主副瓣比接近 $\sqrt{N}$。

相位编码信号脉冲压缩对多普勒频移比较敏感,当多普勒频移很大时,脉冲压缩波形将产生严重的失真,而且副瓣也会增大,因此,相位编码信号不适用于探测高速目标[14]。图 2.44 是 13 位巴克码脉冲压缩后的信号,图中给出了不同多普勒频移 f_d 与带宽 B_w 之比的脉压后信号,从图中可以看出,当 $f_d/B_w \geq 0.05$ 时,脉压后的波形严重失真。

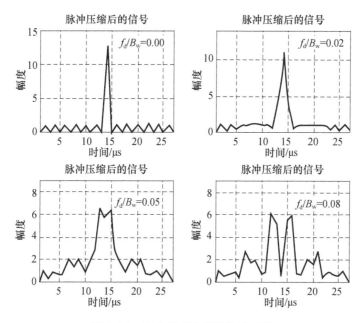

图 2.44 13 位巴克码信号脉冲压缩

2.3.5.4 多普勒滤波器模型[15]

在脉冲多普勒体制雷达中，通常要进行多普勒滤波处理。多普勒滤波处理具有以下优点：①多个运动目标在多普勒滤波器组中能够彼此分开；②当杂波信号与运动目标信号出现在不同的多普勒滤波器中时，杂波不会影响对运动目标的检测；③多普勒滤波器组能测量目标的径向速度；④多普勒滤波能实现相参积累，从而提高信噪比。

对同一距离单元的数据进行 FFT 处理就构成了一组在频率上相邻且部分重叠的窄带滤波器组，以完成对多普勒频率不同的信号的近似匹配滤波。N 点 FFT 形成的 N 个滤波器均匀分布在 $(0, f_r)$（f_r 为脉冲重复频率）的频率区间内，运动目标的回波信号由于其多普勒频率的不同可能出现在频率轴上的不同位置。只要目标信号与杂波信号从不同的多普勒滤波器输出，目标信号所在滤波器输出的信杂比将得到明显提高。除了提高信噪比之外，多普勒滤波器组还起到了速度分辨和精确测量的作用。

经 A/D 变换后的数字信号一般要先进行缓存处理，以便按距离门顺序对信号进行重排，将落入同一距离门内的信号分批送去进行多普勒滤波处理。距离门重排是将输入信号按照脉冲重复周期和距离门排列成一个二维矩阵，距离门重排过程示意图如图 2.45 所示。二维矩阵中同一行的数据为相同脉冲重复周期不同距离门的数据，同一列为不同脉冲重复周期相同距离门的数据。

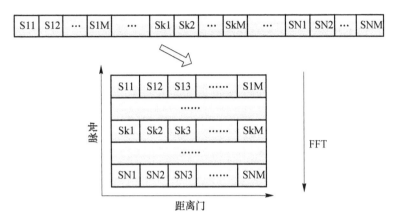

图 2.45　距离门重排示意图

经过距离门重排后,回波信号变成了一个按距离门和脉冲序列排列的二维数组。对二维数组中同一距离门的数据进行 FFT 处理,就完成了多普勒滤波处理。

2.3.5.5　恒虚警检测处理模型

雷达在检测目标时会产生一定的虚警,虚警出现的概率通常与雷达在检测时设置的门限有关,门限越高,相应地发现概率也越低。在实际使用中,一般希望雷达出现虚警的概率维持不变。如果检测门限固定,那么由于起伏的杂波和噪声超过门限而被虚报的概率也会随之起伏。恒虚警处理就是寻找一个随背景信号强弱变化的浮动门限,即背景信号越强,则门限越高,反之亦然,通过这种方法使雷达输出的虚警概率保持恒定,因此称为恒虚警(CFAR)检测。由于雷达天线副瓣杂波的影响和杂波对消残余,每个滤波器组的输出中都会存在一定的杂波分量,所以恒虚警检测处理是在杂波背景下进行的目标检测。

1) 单元平均恒虚警处理

单元平均恒虚警处理(CA – CFAR)是恒虚警处理方法中比较典型的均值类 CFAR 的一种,均值类 CFAR 模型的共同点是在局部估计中采用了取平均值的方法。为了改善非均匀杂波背景中的检测性能,又相继出现了单元平均选大恒虚警处理(GO – CFAR)、单元平均选小恒虚警处理(SO – CFAR)等修正技术。

CA – CFAR 通过计算 M 个参考单元的均值来估计杂波功率,用杂波功率对所检测的单元数据进行归一化处理并与检测门限比较,超过门限判断为有目标,低于门限判断为无目标。

CA – CFAR 处理过程如图 2.46 所示,将 $M+3$ 个单元划分为一个检测窗(也称 CFAR 窗),检测窗的中心单元称为检测单元,在检测单元的前后各设置一个保护单元,其余为参考单元。将检测单元中的数据与检测门限进行比较,若小于门限则判断为无目标,若大于门限则判断为有目标,然后移动检测窗处理下一个检测单元,直至处理完所有单元。

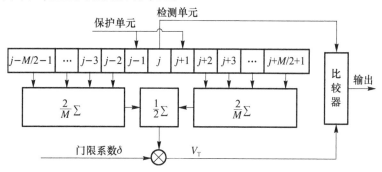

图2.46 CA-CFAR处理过程

由于雷达是在杂波背景下检测目标的,杂波不像机内噪声在所有单元内都存在,在杂波边缘区域,被检测单元一端是杂波加噪声,另一端仅仅是噪声,如果按常规处理,可能会使检测门限电平降低,从而使虚警率提高,GO-CFAR就是为了解决这个问题而出现的。GO-CFAR中,检测单元两侧的参考单元均值要分开计算,然后选择较大的均值来计算门限。GO-CFAR检测过程如图2.47所示。

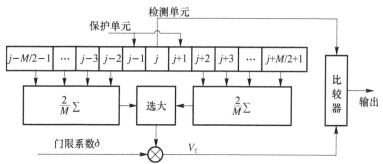

图2.47 GO-CFAR检测过程

雷达杂波、噪声的幅度服从瑞利分布,其概率密度函数为

$$p(a) = \frac{a}{\sigma_n^2}\exp\left\{-\frac{a^2}{2\sigma_n^2}\right\}, a \geq 0 \qquad (2.137)$$

均值为

$$E[a] = \mu_n = \sqrt{\frac{\pi}{2}}\sigma_n = \hat{\mu}_n \qquad (2.138)$$

式中:μ_n是杂波的均值;$\hat{\mu}_n$为杂波均值的估计值。

于是可估计均方根为

$$\hat{\sigma}_n \approx \sigma_n = \sqrt{\frac{2}{\pi}}\mu_n \approx \sqrt{\frac{2}{\pi}}\hat{\mu}_n \qquad (2.139)$$

式中：σ_n 是杂波的均方根；$\hat{\sigma}_n$ 为杂波均方根的估计值。

设雷达的虚警概率为 P_{fa}，检测门限为 V_T，则有

$$\begin{aligned} P_{fa} &= \int_{V_T}^{\infty} p(a)\mathrm{d}a = \int_{V_T}^{\infty} \frac{a}{\sigma_n^2}\exp\left\{-\frac{a^2}{2\sigma_n^2}\right\}\mathrm{d}a \\ &= -\int_{V_T}^{\infty} \exp\left\{-\frac{a^2}{2\sigma_n^2}\right\}\mathrm{d}\left(-\frac{a^2}{2\sigma_n^2}\right) \\ &= \exp\left\{-\frac{V_T^2}{2\sigma_n^2}\right\} \end{aligned} \qquad (2.140)$$

即

$$V_T = -\sqrt{2\sigma_n^2 \ln P_{fa}} \qquad (2.141)$$

则有

$$V_T = \delta \hat{\mu}_n \qquad (2.142)$$

式中

$$\delta = -\sqrt{\frac{4}{\pi}\ln P_{fa}} \qquad (2.143)$$

2）有序统计恒虚警处理

有序统计恒虚警处理（OS – CFAR）是近年来提出的一类很有代表性的 CFAR 检测器，它建立在 Rohling 于 1983 年提出的 OS – CFAR 检测器的基础上，称为 OS 类 CFAR。OS 类 CFAR 源于数字图像处理的排序技术，在抗脉冲干扰方面作用显著，因此在多目标环境中，相对于均值类 CFAR 具有较好的抗干扰能力，同时在均匀杂波背景和杂波边缘环境中的性能下降也是可以接受的。有序统计恒虚警处理，首先对参考单元采样值进行排序处理，然后取第 k 个采样值作为总的背景杂波功率水平估计，并求出其平均判决阈值作为检测门限 V_T。OS – CFAR 检测过程如图 2.48 所示。

OS – CFAR 在杂波边缘和遮蔽环境下的检测性能由用于门限计算的单元选择所决定。为了避免杂波边缘检测，k 应该大于 $\frac{M}{2}$，Rohling 建议用 $k_{os} = \frac{3}{4}M$ 作为典型的雷达应用的取值。

3）恒虚警处理维度

地海面搜索警戒雷达通常不采用多普勒滤波处理，所以直接在距离维进行一维的 CFAR 处理即可，而机载 PD 雷达的情况就比较复杂。PD 体制雷达经过

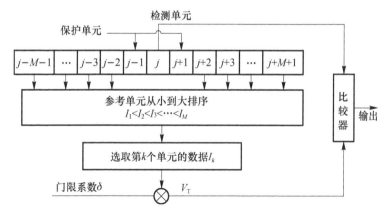

图 2.48　OS－CFAR 检测过程

多普勒滤波处理后,得到距离－多普勒二维数组数据,根据脉冲重频类型的不同,在距离－多普勒图中设置检测窗的方式也不同。如图 2.49 所示,低重频信号一般在距离维设置一维的检测窗,高重频信号一般在多普勒维设置检测窗,而中重频则需要设置二维检测窗。

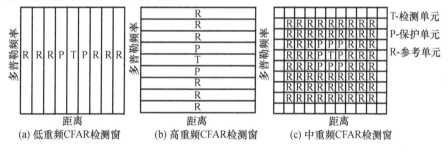

图 2.49　CFAR 检测窗

2.3.5.6　单脉冲测角模型

和差式单脉冲体制雷达,要用和通道、差通道的输出信号来解角误差,获取目标的角度信息。根据和通道 CFAR 输出的目标所在距离单元和多普勒单元,选通方位差通道、俯仰差通道相应距离和多普勒单元,再用差信号、和信号的复比运算求解目标的角误差。

1）振幅和差单脉冲测角

假定目标偏离等强信号轴的方位角为 θ_t,俯仰角为 φ_t,解角误差就是为了计算出 θ_t 和 φ_t。由于方位角和俯仰角的解算方法是一样的,所以下面只描述方位角的解算过程。

振幅和差单脉冲雷达和通道、差通道收到的信号可以用下式表示:

$$\begin{cases} u_\Sigma(t,\theta_t) = u_1(t,\theta_t) + u_2(t,\theta_t) = A[F(\theta_f - \theta_t) + F(\theta_f + \theta_t)] \cdot e^{j\omega t} \\ u_\Delta(t,\theta_t) = u_1(t,\theta_t) - u_2(t,\theta_t) = A[F(\theta_f - \theta_t) - F(\theta_f + \theta_t)] \cdot e^{j\omega t} \end{cases} \quad (2.144)$$

式中:θ_f 为子天线波束中心轴偏离等强信号轴的角度。

在跟踪状态下,误差角很小,将 $F(\theta_f - \theta_t)$ 和 $F(\theta_f + \theta_t)$ 展开为泰勒级数并忽略高次项,得

$$\begin{cases} F(\theta_f - \theta_t) = F(\theta_f) - k_f \theta_t \\ F(\theta_f + \theta_t) = F(\theta_f) + k_f \theta_t \end{cases} \quad (2.145)$$

式中:$k_f = |F'(\theta)|_{\theta=\theta_f}$,即 $F(\theta)$ 在 $\theta = \theta_f$ 处的斜率。令 $\mu_f = -\dfrac{k_f}{F(\theta_f)}$,$\mu_f$ 为天线方向图在 θ_f 处的归一化斜率,则

$$\begin{cases} F(\theta_f - \theta_t) = F(\theta_f)(1 + \mu_f \theta_t) \\ F(\theta_f + \theta_t) = F(\theta_f)(1 - \mu_f \theta_t) \end{cases} \quad (2.146)$$

则和、差信号为

$$\begin{cases} u_\Sigma(t,\theta_t) = AF(\theta_f)[(1+\mu_f\theta_t) + (1-\mu_f\theta_t)] \cdot e^{j\omega t} = 2AF(\theta_f) \cdot e^{j\omega t} \\ u_\Delta(t,\theta_t) = AF(\theta_f)[(1+\mu_f\theta_t) - (1-\mu_f\theta_t)] \cdot e^{j\omega t} = 2AF(\theta_f) \cdot \mu_f\theta_t \cdot e^{j\omega t} \end{cases}$$
$$(2.147)$$

所以方位角误差 θ_t 为

$$\theta_t = \frac{1}{\mu_f} \cdot \frac{u_\Delta(\theta_t)}{u_\Sigma(\theta_t)} \quad (2.148)$$

2) 相位和差单脉冲测角

相位和差单脉冲雷达和通道、差通道收到的信号可表示为

$$\begin{cases} u_\Sigma(t,\theta_t) = AF(\theta_t)\left[e^{j(\omega t + \frac{\Delta\Phi_\theta}{2})} + e^{j(\omega t - \frac{\Delta\Phi_\theta}{2})}\right] \\ u_\Delta(t,\theta_t) = AF(\theta_t)\left[e^{j(\omega t + \frac{\Delta\Phi_\theta}{2})} - e^{j(\omega t - \frac{\Delta\Phi_\theta}{2})}\right] \end{cases} \quad (2.149)$$

式中:$\Delta\Phi_\theta = \dfrac{2\pi L}{\lambda}\sin\theta_t$,$\theta_t$ 为目标偏离等强信号轴的方位角,L 为天线之间的间距。

则和差信号之比为

$$\frac{u_{\Delta\theta}(t,\theta_t,\varphi_t) \cdot e^{-j\frac{\pi}{2}}}{u_\Sigma(t,\theta_t,\varphi_t)} = \frac{AF(\theta_t,\varphi_t)e^{j\omega t}(e^{j\frac{\Delta\Phi_\theta}{2}} - e^{-j\frac{\Delta\Phi_\theta}{2}}) \cdot e^{-j\frac{\pi}{2}}}{AF(\theta_t,\varphi_t)e^{j\omega t}(e^{j\frac{\Delta\Phi_\theta}{2}} + e^{-j\frac{\Delta\Phi_\theta}{2}})}$$

$$= \tan\frac{\Delta\Phi_\theta}{2}$$

$$= j\tan\left(\frac{\pi L}{\lambda}\sin\theta_t\right) \quad (2.150)$$

差通道信号需要经过 $-\pi/2$ 相移后再与和通道信号进行比较,这是因为如

图 2.50 所示,假定目标偏在天线 1 一边,此时 E_1 超前 E_2,若目标偏在天线 2 一边,则差信号矢量的方向与该图正好相差 180°(反相)。所以,差信号的大小反映了目标偏离天线轴的程度,而相位反映了偏离天线轴的方向,由图中还可以看出,和、差信号相位正好相差 90°,因此为了能用相位检波器对和差信号进行比相,必须先把其中一路信号移相 90°,然后再来比相,一般是把差信号移相 90°。

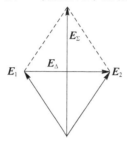

图 2.50　信号矢量示意图

故

$$\theta_t = \arcsin\left[\frac{\lambda}{\pi L} \cdot \arctan\left(\frac{u_{\Delta\theta}(t,\theta_t,\varphi_t)}{u_\Sigma(t,\theta_t,\varphi_t)}\right)\right] \quad (2.151)$$

所以归纳起来单脉冲雷达角误差解算流程如下:

(1) 和通道 CFAR 检测到目标所在的距离单元为 n_r,多普勒单元为 n_d;

(2) 计算方位差通道信号与和通道信号的比值:$\dfrac{S_{\Delta\theta}(n_r,n_d)}{S_\Sigma(n_r,n_d)}$

(3) 计算俯仰差通道信号与和通道信号的比值:$\dfrac{S_{\Delta\varphi}(n_r,n_d)}{S_\Sigma(n_r,n_d)}$

(4) 如果是振幅和差单脉冲雷达,则用式(2.148)计算目标方位角误差和俯仰角误差;如果是相位和差单脉冲雷达,则用式(2.151)计算目标方位角误差和俯仰角误差。

2.3.5.7　解模糊处理模型[16,17]

1) 解距离模糊

脉冲体制的雷达通过测量目标回波延迟时间来测量距离,雷达最大单值测距范围由其脉冲重复周期 PRI 决定。为保证单值测距,通常应选取

$$\text{PRI} \geqslant \frac{2}{c}R_{\max} \quad (2.152)$$

式中:c 为光速;$R_{\max}$ 为雷达最大作用距离。

若雷达的脉冲重复周期选择不能满足单值测距要求,例如脉冲多普勒雷达,当发射高重频信号或中重频信号时,脉冲重复周期 PRI 远小于 $\dfrac{2}{c}R_{\max}$,则很难判

定目标回波是哪一个发射脉冲的回波,是本周期发射脉冲的回波,还是上一个周期发射脉冲的回波,这时将产生测距模糊。目标回波对应的距离 R 为

$$R = \frac{c}{2}(m \cdot \text{PRI} + t_R) \qquad m \text{ 为正整数} \qquad (2.153)$$

式中:t_R 为目标回波相对于发射脉冲的时延,为了得到目标的真实距离 R,必须明确模糊值 m。雷达可以通过发射多个不同脉冲重复频率的信号(即重频参差信号)计算出模糊值 m,以解距离模糊。解距离模糊的方法有重合法、中国余数定理法等。

与距离模糊类似,当发射信号的 PRF 小于目标回波的多普勒频率时,目标回波在多普勒维上发生折叠,即产生速度模糊。解速度模糊的方法与解距离模糊的方法基本相同,也可以采用重合法、中国余数定理法等。

(1)中国余数定理法。以发射 3 种重复频率求解距离模糊为例,第 1 种重频 PRI_1 测到的目标模糊距离为 A_1,第 2 种重频 PRI_2 测到的目标模糊距离为 A_2,第 3 种重频 PRI_3 测到的目标模糊距离为 A_3。3 种脉冲重复周期满足

$$\begin{cases} \text{PRI}_1 = m_1 \tau \\ \text{PRI}_2 = m_2 \tau \\ \text{PRI}_3 = m_3 \tau \end{cases} \qquad (2.154)$$

式中:τ 为距离分辨单元(常规雷达 τ 等于脉冲宽度,脉冲压缩体制雷达 τ 为压缩后的脉冲宽度),m_1、m_2 和 m_3 是比较接近的质数。

则目标真实距离 R_c 为

$$R_c = (C_1 A_1 + C_2 A_2 + C_3 A_3) \bmod (m_1 m_2 m_3) \qquad (2.155)$$

式中:常数 C_1、C_2、C_3 为

$$\begin{cases} C_1 = b_1 m_2 m_3 \bmod (m_1) \equiv 1 \\ C_2 = b_2 m_1 m_3 \bmod (m_2) \equiv 1 \\ C_3 = b_3 m_1 m_2 \bmod (m_3) \equiv 1 \end{cases} \qquad (2.156)$$

式中:b_1 是一个最小的正整数,它乘以 $m_2 m_3$ 再除以 m_1 的余数为 1,mod 表示"模",b_2、b_3 的计算方法与 b_1 类似。

当 m_1、m_2、m_3 选定后,便可以确定 C_1、C_2、C_3 的值,进而利用测到的模糊距离计算真实距离 R_c。

由于雷达测到的模糊距离和模糊速度可能存在误差,特别是在各个重频检测的过程中,由于目标的运动可能会跨越一个距离门,直接使用中国余数定理法解距离模糊有时候会存在较大误差。

(2)重合法。假设雷达发射 n 组不同脉冲重复周期的信号,分别为 $\text{PRI}_i(i = 1, \cdots, n)$,在每个脉冲重复周期中排满 m_i 个距离门(即距离分辨单元)。各组重

频测得的目标模糊距离为 M_i，则在 PRI_i 所包含的 m_i 个距离门中，将测得的目标距离门的幅度设置为 1，其余设为 0，再将此序列复制，直到所要检测的 R_{max}，然后将所得到各个重频的序列相加，则在目标所在位置，各个重频重合，相加的和最大(等于 n)。图 2.51 为使用三组重频的重合法解距离模糊原理示意图。

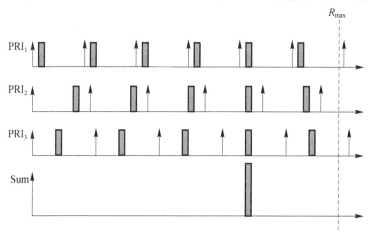

图 2.51 重合法解距离模糊原理示意图

2) 解速度模糊

假设雷达发射 n 组信号，重频分别为 $PRF_1, PRF_2, \cdots, PRF_n$，各重频检测到的模糊多普勒单元分别为 $M_1, M_2, \cdots, M_n$。滤波器点数为 N_{FFT}，则各重频的滤波器宽度分别为

$$\Delta f_i = \frac{PRF_i}{N_{FFT}} \tag{2.157}$$

式中：i 为 $1, 2, \cdots, n$。

以各个重频中最小的重频为基准，假定 PRF_1 为最小重频，其对应的最大不模糊速度为

$$v_1 = \frac{\lambda \cdot PRF_1}{2} \tag{2.158}$$

目标最大可能速度 v_{max} 所对应的多普勒频率以 PRF_1 为单位分为 K 段，其总的多普勒单元个数为

$$N_{Freq} = K \cdot N_{FFT} = \left[\text{int}\left(\frac{v_{max}}{v_1}\right) + 1 \right] \cdot n_{FFT} \tag{2.159}$$

解速度模糊原理示意图如图 2.52 所示。

则 N_{Freq} 点对应的多普勒频率值在其他重频的模糊多普勒单元 M_i' 为

$$M_i' = \text{mod}\left(\frac{j \cdot \Delta f_1}{\Delta f_i}, N_{FFT}\right) = \text{mod}\left(\frac{j \cdot PRF_1}{PRF_i}, N_{FFT}\right) \tag{2.160}$$

式中：j 为 $0, 1, 2, \cdots, N_{Freq}$。

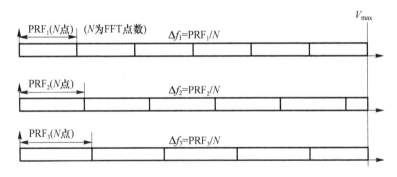

图 2.52 解速度模糊原理示意图

令系数 $a_i = \dfrac{\mathrm{PRF}_1}{\mathrm{PRF}_i}$，则

$$M_i' = \mathrm{mod}(a_i \cdot j, N_{\mathrm{FFT}}) \tag{2.161}$$

将此 M_i' 值与检测得到的模糊多普勒频率值比较，其误差应该小于 1，即

$$|M_i' - M_i| \leq 1 \quad (i = 0, 1, \cdots, n) \tag{2.162}$$

若所有重频检测到的模糊多普勒频率都满足此条件，则认为 $f = j \times \Delta f_1$ 是目标可能的多普勒频率值，Δf_1 表示第一个重频滤波器宽度。

这种方法可能会存在多值性，因为各重频检测到的模糊多普勒频率选取的是多普勒滤波器中峰值所在的多普勒单元，而且此多普勒单元是一个整数，这就可能有一定的误差，通过这种方法计算出的无模糊多普勒频率就可能有多个值。为了唯一确定目标的多普勒频率，可以通过以下方法确定：

对于各个重频都满足条件 $|M_i' - M_i| \leq 1$ 的多普勒单元 j，则计算其方差 $\sum\limits_{i=1}^{n}(M_i' - M_i)^2$，找出其中方差最小的，记为 $j_{\min}$，即为目标的真实速度门，则目标的速度为

$$v = \dfrac{(j_{\min} \cdot \Delta f_1) \cdot \lambda}{2} \tag{2.163}$$

3）多目标配对及剔除虚影

对于在同一个波束内有多个目标的情况，如果存在距离模糊或速度模糊，就会测到多个目标的模糊距离和模糊速度，所以需要对这些测出的模糊值进行配对。

假设雷达发射 n 组重频用于解模糊，如果 n 组重频测到的目标个数分别为 $N_i(i=1,\cdots,n)$，将每组重频测到的目标进行一一组合配对，则理论上可以解出的目标个数为 $m = \prod\limits_{i=1}^{n} N_i$，目标配对的原理如图 2.53 所示。

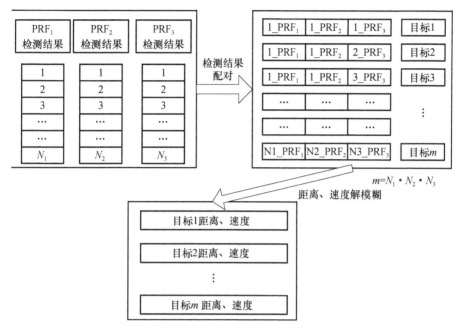

图 2.53 多目标配对原理示意图

假定在同一波束内有 $N(N>1)$ 个目标,每组重频都测到 N 个模糊距离(假定目标都不在距离盲区和速度盲区),对 n 组重频的检测结果进行配对,配对得到的目标个数为 N^n,但其中只有 N 个是真实目标,其余都为虚影,所以需要判断出哪些目标是真实目标,哪些是虚影。辨别虚影可以通过再多发一组或几组重频来校验解模糊后的结果,所以通常在雷达发射的 n 组重频中,一部分重频用于解模糊,另一部分重频用于辨别和剔除虚影。具体的做法是,根据解出的距离和速度,算出在该重频下的模糊距离和模糊速度,将计算的结果与该重频的检测值进行比较,如果一致,则认为是目标,否则认为是虚影并丢弃。如果解算出的某个目标的模糊距离处于该重频的距离盲区,或模糊速度处于该重频的速度盲区,则不能用该组重频对此目标进行校验,但可以暂时保留此目标。

当发射信号为高重频信号时,因为高重频在速度上是不模糊的,所以配对时可以用测到的多普勒频率作为基准,若各个重频测到的多普勒频率基本一致,则认为是同一个目标,相应的模糊距离可以用来解算目标的真实距离,而多普勒频率不一致的,可以直接剔除。

2.3.6 雷达数据处理仿真模型

雷达数据处理是雷达信号处理之后的后续处理过程,其主要任务是完成有用目标的提取,真假目标的识别和目标航迹的建立。数据处理主要是对雷达测量数据(目标的距离、方位角、俯仰角、径向速度等)进行相关、跟踪、滤波、平滑、预测等处理。数据处理可以有效地抑制测量过程中引入的随机误差,精确估计目标位置和有关的运动参数,预测下一个时刻目标的位置,形成稳定的航迹[18]。雷达数据处理机主要完成目标航迹的关联、航迹滤波、航迹起始、航迹终止等工作。

2.3.6.1 航迹关联

目标航迹关联的任务就是分析外推点与当前扫描周期录取的当前点之间的位置关系,并选取一个最有可能的属于目标航迹的当前点。目标航迹关联的过程包括两个阶段:波门选通、点迹与航迹的配对。根据预测值和计算得到的相关波门尺寸将雷达录取的点迹与相关波门进行比较,然后从进入相关波门的多个点迹中选取正确的点迹来更新目标的航迹。

关联处理的关键是相关波门的计算,相关波门是指以某次雷达扫描的预测值为中心的一个空间区域。在确定相关波门的形状和尺寸时,应使落入波门中的真实观测值有较高的概率,而同时又不允许波门内有过量的无关点迹。相关处理的基本原理是把位置相似的点迹和航迹互相配对,因此必须对位置接近度加以定义,它与雷达测量精度、航迹预测逻辑精度和目标机动能力一起配合使用。由于这些数值具有随机特性,所以要用统计判决理论来推导相关处理。

1) 波门选通

初始时新航迹由于只有一个航迹点,没有速度信息,所以相关波门是以第一个航迹点为中心的360°环形大波门。用 T 表示当前时刻与该航迹点之间的时间差,$v_{\min}$、$v_{\max}$ 表示目标最小和最大运动速度,则在此时间间隔内,为了能捕获到上述目标,距离波门为 $\Delta R_{\min} = v_{\min} \cdot T$,$\Delta R_{\max} = v_{\max} \cdot T$,目标的距离 R 应满足 $\Delta R_{\min} \leq R \leq \Delta R_{\max}$。

对于有两个以上航迹点的航迹,可以计算目标的速度及当前时刻该航迹的预测值,以预测值为中心,以相关波门的大小为尺寸的一个关联区域,落在该区域内的点迹将是与航迹进行关联运算的目标点迹。

这里假设目标在距离和方位上的加速度互不相关,则波门尺寸的计算公式如下:

$$\begin{cases} K_R = A \sqrt{(\sigma_R^2 + \sigma_{R,k+1/k}^2 + T^4 \sigma_{a,R}^2)} \\ K_\theta = A \sqrt{(\sigma_\theta^2 + \sigma_{\theta,k+1/k}^2 + T^4 \sigma_{a,\theta}^2)} \\ K_\varphi = A \sqrt{(\sigma_\varphi^2 + \sigma_{\varphi,k+1/k}^2 + T^4 \sigma_{a,\varphi}^2)} \end{cases} \tag{2.164}$$

式中:K_R、K_θ、K_φ 分别为距离、方位和俯仰上的相关波门尺寸;σ_R^2、σ_θ^2、σ_φ^2 分别为

极坐标下距离、方位和俯仰的测量误差的方差;$\sigma_{R,k+1/k}^2$、$\sigma_{\theta,k+1/k}^2$、$\sigma_{\varphi,k+1/k}^2$ 分别为相应预测值的方差,$\sigma_{R,k+1/k}^2 = \dfrac{2\sigma_R^2(2k+1)}{k(k-1)}$,$\sigma_{\theta,k+1/k}^2 = \dfrac{2\sigma_\theta^2(2k+1)}{k(k-1)}$,$\sigma_{\varphi,k+1/k}^2 = \dfrac{2\sigma_\varphi^2(2k+1)}{k(k-1)}$;$\sigma_{a,R}^2$、$\sigma_{a,\theta}^2$ 分别为目标加速度分量的误差;A 是一个可选取的常数,与关联概率和虚假关联概率有关。

2) 点迹与航迹的配对

在相关波门内可能出现多个点迹,这就需要对进入波门内的点迹作进一步的选择。最近邻域法是航迹关联中常用的一种基本关联算法,在 k 时刻雷达的航迹 i 的状态估计为 $X_i(k|k)$,输入的点迹 $Z(k|k)$ 与雷达的航迹 i 的差为

$$\Delta X(k|k) = Z(k|k) - X_i(k|k) = [u(1,k), u(2,k), \cdots, u(n,k)]^T \quad (2.165)$$

式中:n 是状态估计的维数,假设状态估计每个维度的关联阈值为 $E_1, E_2, \cdots, E_n$,如果满足 $(|u(1,k)| < E_1) \cap (|u(2,k)| < E_2) \cap \cdots \cap (|u(n,k)| < E_n)$ 条件,则点迹 $Z(k|k)$ 与雷达的航迹 i 关联成功。如果有两个以上的点迹都与航迹 i 关联,则选择位置差范数最小的点迹为关联点迹。

2.3.6.2 航迹滤波[18]

航迹滤波实现对目标位置和速度的预测,并把预测值和观测值相结合,产生经过平滑和修正的航迹,常用的滤波器有卡尔曼滤波、$\alpha - \beta$ 滤波、$\alpha - \beta - \gamma$ 滤波等。

1) 目标运动模型

目标运动模型是对目标运动规律的假设,有了这些假设才能获得目标的状态方程。常速度模型和常加速度模型是目标运动模型中最基本也是最常用的两种模型。

假设目标在做匀速直线运动,其速度为常数,通常称为常速度(CV)模型,目标的状态矢量中只包含位置和速度两项,把目标的加速度 $\ddot{x}(k)$ 作为随机噪声处理,离散时间系统下 t_k 时刻目标的状态方程为

$$\hat{X}(k+1) = F(k)\hat{X}(k) + V(k) \quad (2.166)$$

式中:$\hat{X}(k) = \begin{bmatrix} x(k) \\ \dot{x}(k) \end{bmatrix}$;$F(k) = \begin{bmatrix} 1 & T \\ 0 & 1 \end{bmatrix}$;$V(k)$ 为过程噪声,是零均值的高斯白噪声;其协方差为 $Q(k)$。

如果目标在做匀加速直线运动,其加速度为常数,通常称为常加速度(CA)模型,目标的状态矢量中包含位置、速度和加速度三项,把 $\dddot{x}(k)$ 作为随机噪声处理。离散时间系统下 t_k 时刻目标的状态方程与式(2.166)相同,但

$$\hat{X}(k+1) = F(k)\hat{X}(k) + V(k)$$

式中：$\hat{X}(k) = \begin{bmatrix} x(k) \\ \dot{x}(k) \\ \ddot{x}(k) \end{bmatrix}$；$F(k) = \begin{bmatrix} 1 & T & T^2/2 \\ 0 & 1 & T \\ 0 & 0 & 1 \end{bmatrix}$；$V(k)$是零均值的高斯白噪声，其协方差为$Q(k)$。

2）卡尔曼滤波

卡尔曼滤波是根据最小均方根误差准则建立起来的估计方法，它是递推式滤波器，只要两点就可以开始航迹平滑和外推。卡尔曼滤波器采用线性递推的方法获得系统状态的最佳估计，适应性强，外推和平滑数据的精度高，是一种很好的航迹滤波方法。但是，如果模型与实际情况不相符，有可能使估计误差越来越大，造成滤波器的发散。卡尔曼滤波过程可以用图2.54的流程图来描述。

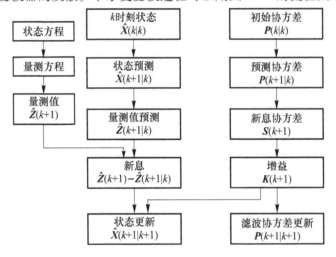

图2.54　卡尔曼滤波过程

卡尔曼滤波由以下方程组成：

（1）目标状态预测方程：

$$\hat{X}(k+1|k) = F(k)\hat{X}(k) + G(k)u(k) + V(k) \qquad (2.167)$$

式中：$F(k)$为状态转移矩阵；$\hat{X}(k)$为状态矢量；$V(k)$是零均值的高斯白噪声，其协方差为$Q(k)$。

（2）量测方程：

$$\hat{Z}(k+1|k) = H(k+1)\hat{X}(k+1|k) + W(k+1)$$

式中：$H(k)$为量测矩阵；$\hat{Z}(k+1|k)$为量测的预测值；$W(k+1)$是量测噪声，其协方差为$R(k+1)$。

(3) 新息协方差：
$$S(k+1) = H(k+1)P(k+1|k)H^T(k+1) + R(k+1)$$
式中：$S(k+1)$ 为新息协方差矩阵，$P(k+1|k)$ 为预测协方差矩阵。

(4) 状态更新方程：
$$\hat{X}(k+1|k+1) = \hat{X}(k+1|k) + K(k+1)[\hat{Z}(k+1) - \hat{Z}(k+1|k)]$$
式中：$K(k+1)$ 为增益，$K(k+1) = P(k+1/k)H^T(k+1)S^{-1}(k+1)$，$\hat{Z}(k+1)$ 为量测值。

(5) 预测协方差：
$$P(k+1|k) = F(k)P(k|k)F^T(k) + Q(k)$$

(6) 滤波协方差：
$$\begin{aligned}P(k+1|k+1) &= P(k+1|K) - K(k+1)S(k+1)K^T(k+1)\\&= [I - K(k+1)H(k+1)]P(k+1|k)\end{aligned}$$

在卡尔曼滤波中，目标运动模型可以是 CV 模型，也可以是 CA 模型。

(7) CV 模型一维解耦滤波

如果目标运动模型为 CV 模型，对某一坐标轴的解耦滤波的卡尔曼滤波，$F(k)$、$H(k)$ 和 $\hat{X}(k)$ 可以表示为 $F(k) = \begin{bmatrix} 1 & T \\ 0 & 1 \end{bmatrix}$，$H(k) = \begin{bmatrix} 1 & 0 \end{bmatrix}$，$\hat{X}(k) = \begin{bmatrix} x(k) \\ \dot{x}(k) \end{bmatrix}$，其中 T 为采样间隔。状态估计和滤波从 $k=2$ 时刻开始，系统初始状态可以用前两个时刻的测量值来确定。

状态初始值可以取为
$$\hat{X}(1|1) = \begin{bmatrix} x(1|1) & \dot{x}(1|1) \end{bmatrix}^T = \begin{bmatrix} \hat{z}(1) & \dfrac{\hat{z}(1) - \hat{z}(0)}{T} \end{bmatrix}^T$$

滤波协方差初始值可以取为 $P(1|1) = \begin{bmatrix} r & r/T \\ r/T & r/T^2 \end{bmatrix}$。

量测噪声协方差为 $R(k) = r = \sigma_r^2$，σ_r^2 为量测噪声方差。

过程噪声协方差为 $Q(k) = \begin{bmatrix} T^4/4 & T^3/2 \\ T^3/2 & T^2 \end{bmatrix} \sigma_v^2$，其中 σ_v^2 为机动方差。

(2) CA 模型一维解耦滤波

如果目标运动模型为 CA 模型，对某一坐标轴的解耦滤波的卡尔曼滤波，$F(k)$、$H(k)$ 和 $\hat{X}(k)$ 可以表示为 $F(k) = \begin{bmatrix} 1 & T & T^2/2 \\ 0 & 1 & T \\ 0 & 0 & 1 \end{bmatrix}$，$H(k) = \begin{bmatrix} 1 & 0 & 0 \end{bmatrix}$，$\hat{X}(k) = \begin{bmatrix} x(k) \\ \dot{x}(k) \\ \ddot{x}(k) \end{bmatrix}$。状态估计和滤波从 $k=3$ 时刻开始，系统初始状态可以用前三

个时刻的测量值来确定。

$$\hat{\boldsymbol{X}}(2|2) = \begin{bmatrix} x(2|2) \\ \dot{x}(2|2) \\ \ddot{x}(2|2) \end{bmatrix} = \begin{bmatrix} \hat{z}(2) \\ \dfrac{\hat{z}(2) - \hat{z}(1)}{T} \\ \left(\dfrac{\hat{z}(2) - \hat{z}(1)}{T} - \dfrac{\hat{z}(1) - \hat{z}(0)}{T}\right)/T \end{bmatrix}$$

状态初始值可以取为

滤波协方差初始值可以取为

$$\boldsymbol{P}(2|2) = \begin{bmatrix} r(2) & r(2)/T & r(2)/T^2 \\ r(2)/T & \dfrac{r(2)+r(1)}{T^2} & \dfrac{r(2)+2r(1)}{T^3} \\ r(2)/T^2 & \dfrac{r(2)+2r(1)}{T^3} & \dfrac{r(2)+4r(1)+r(0)}{T^4} \end{bmatrix}$$

量测噪声协方差为 $R(k) = r = \sigma_r^2$,其中 σ_r^2 为量测噪声方差

(3) CV 模型三维滤波

雷达的点迹录取一般是在极坐标系下获得的,因此在极坐标系中进行航迹滤波可以避免坐标系的转换。在极坐标系中,观测误差是独立和稳定的,状态矢量可以被分解,因而滤波器可以分解为三个简单滤波器,三个滤波器分别对应距离、方位和俯仰进行计算。但是,由于目标的动态特性不能用线性差分方程来描述,因此其对应的跟踪滤波是非线性的。在极坐标系中,即使目标是匀速直线运动,也会引起"伪加速度",而且这些加速度与距离、角度的关系还是非线性的关系。所以仿真中选择在笛卡儿坐标系下进行跟踪滤波,其最大优点是在滤波时允许用线性方程对目标的运动特性进行外推。即先通过坐标转换,将极坐标系下的观测值转换到直角坐标系下,然后再对转换后的数据进行处理。

对于运动模型为 CV 模型的目标,三维卡尔曼滤波 $\boldsymbol{F}(k)$、$\boldsymbol{H}(k)$ 和 $\hat{\boldsymbol{X}}(k)$ 可以表示为

$$\boldsymbol{F}(k) = \begin{bmatrix} 1 & T & 0 & 0 & 0 & 0 \\ 0 & 1 & T & 0 & 0 & 0 \\ 0 & 0 & 1 & T & 0 & 0 \\ 0 & 0 & 0 & 1 & T & 0 \\ 0 & 0 & 0 & 0 & 1 & T \\ 0 & 0 & 0 & 0 & 0 & 1 \end{bmatrix}, \boldsymbol{H}(k) = \begin{bmatrix} 1 & 0 & 0 & 0 & 0 & 0 \\ 0 & 0 & 1 & 0 & 0 & 0 \\ 0 & 0 & 0 & 0 & 1 & 0 \end{bmatrix}, \hat{\boldsymbol{X}}(k) = \begin{bmatrix} x(k) \\ \dot{x}(k) \\ y(k) \\ \dot{y}(k) \\ z(k) \\ \dot{z}(k) \end{bmatrix}$$

一般雷达测量都是在极坐标系下完成的,所以需要转换到笛卡儿坐标系,即

$$\hat{\boldsymbol{Z}}(k+1) = \begin{bmatrix} z_1 \\ z_2 \\ z_3 \end{bmatrix} = \begin{bmatrix} x(k+1) \\ y(k+1) \\ z(k+1) \end{bmatrix} = \begin{bmatrix} R\cos\theta\cos\varphi \\ R\sin\theta\cos\varphi \\ R\sin\varphi \end{bmatrix}$$

式中:R、θ 和 φ 别是雷达检测到的目标的距离、方位角和俯仰角。

状态初始值为

$$\hat{\boldsymbol{X}}(1|1) = \begin{bmatrix} z_1(1) & \dfrac{z_1(1)-z_1(0)}{T} & z_2(1) & \dfrac{z_2(1)-z_2(0)}{T} & z_3(1) & \dfrac{z_3(1)-z_3(0)}{T} \end{bmatrix}^{\mathrm{T}}$$

极坐标系下的量测噪声协方差为

$$\boldsymbol{R}(k) = \begin{bmatrix} r_{11} & r_{12} & r_{13} \\ r_{12} & r_{22} & r_{23} \\ r_{13} & r_{23} & r_{33} \end{bmatrix} = A\begin{bmatrix} \sigma_R^2 & 0 & 0 \\ 0 & \sigma_\theta^2 & 0 \\ 0 & 0 & \sigma_\varphi^2 \end{bmatrix}A^{\mathrm{T}}$$

式中:$A = \begin{bmatrix} \cos\theta\cos\varphi & -R\sin\theta\cos\varphi & -R\cos\theta\sin\varphi \\ \sin\theta\cos\varphi & R\cos\theta\cos\varphi & -R\sin\theta\sin\varphi \\ \sin\varphi & 0 & R\cos\varphi \end{bmatrix}$,$\sigma_R^2$、$\sigma_\theta^2$ 和 σ_φ^2 分别为距离、方位角、俯仰角的测量误差的方差。

滤波协方差的初始值为

$$\boldsymbol{P}(1|1) = \begin{bmatrix} r_{11} & r_{11}/T & r_{12} & r_{12}/T & r_{13} & r_{13}/T \\ r_{11}/T & 2r_{11}/T^2 & r_{12}/T & 2r_{12}/T^2 & r_{13}/T & 2r_{13}/T^2 \\ r_{12} & r_{12}/T & r_{22} & r_{22}/T & r_{23} & r_{23}/T \\ r_{12}/T & 2r_{12}/T^2 & r_{22}/T & 2r_{22}/T^2 & r_{23}/T & 2r_{23}/T^2 \\ r_{13} & r_{13}/T & r_{23} & r_{23}/T & r_{33} & r_{33}/T \\ r_{13}/T & 2r_{13}/T^2 & r_{23}/T & 2r_{23}/T^2 & r_{33}/T & 2r_{33}/T^2 \end{bmatrix}$$

(4) CA 模型三维滤波

CA 模型与 CV 模型相比只是多了加速度项,此时状态向量为

$$\hat{\boldsymbol{X}}(k) = \begin{bmatrix} x(k) & \dot{x}(k) & \ddot{x}(k) & y(k) & \dot{y}(k) & \ddot{y}(k) & z(k) & \dot{z}(k) & \ddot{z}(k) \end{bmatrix}^{\mathrm{T}}$$

状态初始值为

$$\hat{X}(2|2) = \begin{bmatrix} z_1(2) \\ \dfrac{z_1(2) - z_1(1)}{T} \\ \left(\dfrac{z_1(2) - z_1(1)}{T} - \dfrac{z_1(1) - z_1(0)}{T}\right)/T \\ z_2(2) \\ \dfrac{z_2(2) - z_2(1)}{T} \\ \left(\dfrac{z_2(2) - z_2(1)}{T} - \dfrac{z_2(1) - z_2(0)}{T}\right)/T \\ z_3(2) \\ \dfrac{z_3(2) - z_3(1)}{T} \\ \left(\dfrac{z_3(2) - z_3(1)}{T} - \dfrac{z_3(1) - z_3(0)}{T}\right)/T \end{bmatrix}$$

初始协方差矩阵为 $\boldsymbol{P}(2|2) = \begin{bmatrix} P_{11} & P_{12} & P_{13} \\ P_{21} & P_{22} & P_{23} \\ P_{31} & P_{32} & P_{33} \end{bmatrix}$，其中

$$\boldsymbol{P}_{ij} = \begin{bmatrix} r_{ij}(2) & r_{ij}(2)/T & r_{ij}(2)/T^2 \\ r_{ij}(2)/T & (r_{ij}(2) + r_{ij}(1))/T^2 & (r_{ij}(2) + 2r_{ij}(1))/T^3 \\ r_{ij}(2)/T^2 & (r_{ij}(2) + 2r_{ij}(1))/T^3 & (r_{ij}(2) + 4r_{ij}(1) + r_{ij}(0))/T^4 \end{bmatrix}$$

3) $\alpha - \beta$ 滤波

$\alpha - \beta$ 滤波器是针对目标运动模型为常速度（CV）模型的一种常增益滤波器。$\alpha - \beta$ 滤波器是针对坐标系中某一坐标轴的解耦滤波器，其状态矢量中只包含位置、速度两项。对某一坐标轴来说，其状态矢量为 $\boldsymbol{X}(k) = [x \quad \dot{x}]^T$。$\alpha - \beta$ 滤波器与卡尔曼滤波器最大的差异在于增益的计算方法不同，$\alpha - \beta$ 滤波器的滤波增益为

$$\boldsymbol{K} = \begin{bmatrix} \alpha \\ \beta/T \end{bmatrix} \qquad (2.168)$$

α 和 β 分别为目标状态的位置和速度分量的常滤波增益，这两个数一旦确定，增益 K 就是一个确定的值。

$\alpha - \beta$ 滤波器主要由以下方程组成：

(1) 目标状态预测方程：$\hat{\boldsymbol{X}}(k+1|k) = \boldsymbol{F}(k)\hat{\boldsymbol{X}}(k) + \boldsymbol{G}(k)\boldsymbol{u}(k) + \boldsymbol{V}(k)$

(2) 量测方程：$\hat{Z}(k+1|k) = H(k+1)\hat{X}(k+1|k) + W(k+1)$

(3) 状态更新方程：$\hat{X}(k+1|k+1) = \hat{X}(k+1|k) + K(k+1)[\hat{Z}(k+1) - \hat{Z}(k+1|k)]$

在 $\alpha-\beta$ 滤波器中，状态转移矩阵 $F(k)$、量测矩阵 $H(k)$ 分别为

$$F(k) = \begin{bmatrix} 1 & T \\ 0 & 1 \end{bmatrix} \quad H(k) = [1 \quad 0] \tag{2.169}$$

$\alpha-\beta$ 滤波器的关键性是系数 $\alpha、\beta$ 的取值问题，α 的取值可以根据系统的要求来确定，α 的取值越小，观测噪声就越小，平滑性越好；反之，α 越大，平滑性越差。同时 $\alpha、\beta$ 的取值还要满足滤波器的稳定性要求，$\alpha-\beta$ 滤波器的稳定区域是由 $2\alpha+\beta<4, 0<\alpha<2, 0<\beta<4$ 所规定的三角形[19]。只要 $\alpha、\beta$ 的取值落在这个区域之内，滤波器就是稳定的。$\alpha、\beta$ 的取值不仅要满足稳定性条件，还要考虑滤波器暂态响应和稳态性能的要求。就滤波器的暂态而言，可分为过阻尼、欠阻尼及临界阻尼三种情况。工程上常采用临界阻尼状态，在临界阻尼状态时，α 与 β 的关系式为

$$\beta = (2-\alpha) - 2\sqrt{1-\alpha} \tag{2.170}$$

这三种情况的划分如图 2.55 所示，区域（Ⅰ）为欠阻尼区，区域（Ⅱ）为过阻尼区。

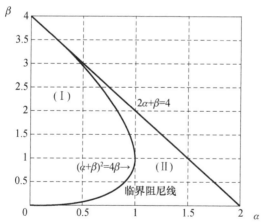

图 2.55 $\alpha-\beta$ 滤波器的稳定区域图

由于采样间隔相对于目标跟踪时间来讲一般情况下是很小的，因而在每个采样间隔内的过程噪声 $V(k)$ 可以近似看成常数，如果再假设过程噪声在各采样周期之间是独立的，则该模型就是分段常数白色噪声过程，下面给出分段常数白色噪声模型下的 $\alpha、\beta$ 值。

定义机动指标 λ_m

$$\lambda_m = \frac{T^2 \sigma_v}{\sigma_w} \tag{2.171}$$

式中：T 为时间间隔（也就是点迹的采样周期），σ_v 和 σ_w 分别为过程噪声和量测噪声方差的标准偏差。

则 α、β 分别为

$$\begin{cases} \alpha = -\dfrac{\lambda_m^2 + 8\lambda_m - (\lambda_m + 4)\sqrt{\lambda_m^2 + 8\lambda_m}}{8} \\ \beta = \dfrac{\lambda_m^2 + 4\lambda_m - \lambda_m \sqrt{\lambda_m^2 + 8\lambda_m}}{4} \end{cases} \tag{2.172}$$

只有当过程噪声协方差和量测噪声协方差均为已知，才能求得目标的机动指标 λ_m，进而求得增益 α、β。通常过程噪声协方差较难获得，若过程噪声协方差不能确定，那么机动指标就无法确定，增益 α、β 也无法确定，此时工程上常采用如下与采样时刻 k 有关的 α、β 确定方法[18]：

$$\begin{cases} \alpha = \dfrac{2(2k-1)}{k(k+1)} \\ \beta = \dfrac{6}{k(k+1)} \end{cases} \tag{2.173}$$

对 α 来说，k 从 1 算起；对 β 来说，可从 2 算起。

4) α-β-γ 滤波

α-β-γ 滤波器是针对目标运动模型为常加速度（CA）模型的一种常增益滤波器，与 α-β 滤波器不同的是，α-β-γ 滤波器的状态矢量中包含位置、速度和加速度三项分量。对某一坐标轴来说，其状态矢量为 $\boldsymbol{X}(k) = [x \ \dot{x} \ \ddot{x}]^T$。$\alpha$-$\beta$-$\gamma$ 滤波器的状态转移矩阵 $\boldsymbol{F}(k)$、量测矩阵 $\boldsymbol{H}(k)$ 和滤波增益 $\boldsymbol{K}(k)$ 分别为

$$\boldsymbol{F}(k) = \begin{bmatrix} 1 & T & T^2/2 \\ 0 & 1 & T \\ 0 & 0 & 1 \end{bmatrix}$$

$$\boldsymbol{H}(k) = [1 \ 0 \ 0] \tag{2.174}$$

$$\boldsymbol{K}(k) = \begin{bmatrix} \alpha \\ \beta/T \\ \gamma/T^2 \end{bmatrix}$$

式中：T 为采样间隔；α、β 和 γ 分别为状态的位置、速度和加速度分量的常滤波增益。α、β、γ 与机动指标 λ_m 之间的关系为

$$\begin{cases} \dfrac{\gamma^2}{4(1-\alpha)} = \lambda_m^2 \\ \beta = 2(2-\alpha) - 4\sqrt{1-\alpha} \text{ 或 } \alpha = \sqrt{2\beta} - \dfrac{1}{2}\beta \\ \gamma = \dfrac{\beta^2}{\alpha} \end{cases} \quad (2.175)$$

与 $\alpha-\beta$ 滤波器类似,如果过程噪声协方差很难获得,那么机动指标 λ_m 就无法确定,因而 α、β、γ 也就无法确定。工程上经常采用如下方法来确定 α、β、γ 的值:

$$\begin{cases} \alpha = \dfrac{3(3k^2-3k+2)}{k(k+1)(k+2)} \\ \beta = \dfrac{8(2k-1)}{k(k+1)(k+2)} \\ \gamma = \dfrac{60}{k(k+1)(k+2)} \end{cases} \quad (2.176)$$

2.3.6.3　航迹起始和终止[20]

航迹起始目的是在目标进入雷达威力区之后能立即建立起真实目标的航迹,而且还要防止因存在不可避免的假点迹而建立起来的假航迹。

雷达航迹起始一般采用滑窗法,即在雷达扫描期间相继检测到的点迹序列,如果在连续 m 次扫描中目标出现的次数不少于 n 次,则认为是真实的目标,航迹起始成功;如果在连续 m 次扫描中目标出现的次数少于 n 次,则认为是假点迹,将其排除。连续扫描次数 m 和目标出现的次数 n,两者一起构成了航迹起始逻辑,叫做"m/n"逻辑,工程上使用较多的是"4/3"航迹起始逻辑。具体的实现方法是:雷达扫描首次获得的测量值均注册为一条暂时航迹,以该测量值的距离和速度预测下一个扫描周期目标出现的位置,同时启动航迹起始质量参数开始计数;在下一个扫描周期,以该预测位置为中心,考察相关波门内是否有与此暂时航迹相关的点迹,如果关联成功,则质量参数加 1,否则保持不变;当雷达扫描周期和质量参数达到"4/3"时,认为航迹起始成功,否则航迹起始失败,重新开始航迹起始过程。

在雷达的一次扫描期间,如果某条可靠航迹没有关联到目标,则认为目标失跟一次,进入目标失跟处理,即在目标失跟的前一位置继续跟踪检测目标。若连续几次均未检测到目标,则认为目标消失,并终止该目标航迹。

2.3.6.4　数据处理流程

雷达数据处理流程如图 2.56 所示。

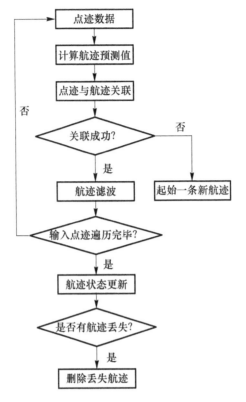

图 2.56 雷达数据处理流程图

2.3.7 雷达资源调度仿真模型

相控阵雷达要执行搜索、确认、跟踪等多种雷达任务,所以需要对各种任务分配雷达的时间和能量资源等,也就是雷达的资源调度处理。相控阵雷达数据处理后产生各种事件请求,资源调度根据雷达当前的时间资源、能量资源、事件优先级等确定可执行的雷达事件和丢弃事件,完成雷达资源的分配。

相控阵雷达的资源管理主要包括时间资源管理、能量资源管理和雷达事件调度管理。其中时间资源管理是针对雷达工作任务(如搜索、跟踪等)中与时间相关的一类参数的优化设计和控制管理问题;能量资源管理是根据外界环境的变化自适应调整发射波形能量的一种管理方式;雷达事件调度管理是指在雷达时间、能量和计算机资源的约束条件下,实时地平衡各种雷达事件请求来选择最佳调度序列的一种管理机制。

当相控阵雷达工作时,它对每个目标(或空域)采取的每一种工作方式都是通过调度程序进行的。调度程序驻留在雷达数据处理系统计算机内,并按一定的调度策略工作。常用的调度策略包括固定模板策略、多模板策略、部分模板策略和自适应策略。其中,自适应调度策略是根据雷达当时面临的作战环境以及目标威胁,在满足各种能量资源和设计约束限制条件下,自适应地对雷达的各种工作方式进行调度和分配,以达到充分利用雷达系统资源的目的。也就是说,相控阵雷达资源调度(管理)的目的就是合理利用有限的雷达资源完成尽可能多的任务和功能,合理兼顾多任务和数据率的要求,发挥雷达最大的整体效能。

下面以相控阵雷达资源调度仿真常采用的自适应调度策略为例进行描述。

2.3.7.1 事件调度管理

自适应调度策略是指在满足不同工作方式相对优先级与表征参数门限值约束的情况下,在雷达设计条件范围内,通过实时地平衡各种雷达波束请求所要求的时间、能量和资源,针对一个调度间隔选择一个最佳雷达事件序列的一种调度方法。由于雷达资源有限,并不是所有调度请求的事件都会得到满足,需要根据雷达系统的任务,确定各种雷达事件的相对优先级。

相控阵雷达经常处理的雷达事件包括搜索事件、确认事件、粗跟事件、精跟事件和补充搜索事件等。搜索事件是按照事先编排好的波位执行例行搜索处理的任务,或者根据引导信息在指定的小窗口空域内编排波位进行搜索。确认事件是根据搜索事件结果对产生的新起始航迹进行探测,以确认目标是否是虚假目标,同时建立搜索到跟踪的过程。粗跟事件是对已经确认的航迹按照相对较低的数据率进行重复照射监视。精跟事件是对目标航迹按照较高的数据率进行跟踪照射和航迹相关处理。补充搜索事件是对失跟目标进行补充照射,以便重新捕获该目标。这几类雷达事件的相对优先级如表 2.6 所列,0 为最高优先级。

表 2.6 相控阵雷达事件优先级

事件类型	优先级
精跟事件	0
粗跟事件	1
确认事件	2
补充搜索事件	3
搜索事件	4

在雷达资源调度中,候选的雷达事件请求来源一般有两个,搜索类请求来自于雷达的搜索波位编排,其他类型的请求来自于雷达数据处理结果。来自雷达数据处理的事件请求在申请照射的同时,需要根据该事件的数据率申请事件执行的时间。

雷达资源调度处理按照调度间隔安排执行的事件,调度间隔的选取通常需要满足雷达处理最大数据率的要求,例如最大数据率为 10Hz 时,调度间隔可以取为 100ms。在每次调度处理中,雷达按照事件优先级和事件请求的执行时间依次进行安排,直到排满一个调度间隔。

每次安排事件时要比较事件请求的执行时间和当前调度间隔的时间,如果请求的事件已经过期,该事件将无法安排,需要将其删除。对于执行时间在当前调度间隔内的事件,按照事件优先级进行排序,找出优先级最高的事件后,对其进行约束条件判断,如果满足约束条件则最终安排,否则等待后续考虑。约束条件主要考虑时间约束,也就是所有安排的事件的驻留时间之和不能大于调度间隔的长度,如果已经安排了 N 个事件,则安排当前事件(第 $N+1$ 个)时,其时间约束条件为

$$\sum_{k=1}^{N} T_d(k) + T_d(k+1) \leqslant T_P \qquad (2.177)$$

式中:$T_d(k)$ 表示第 k 个事件的驻留时间;T_P 为调度间隔长度。

雷达事件调度的处理流程如图 2.57 所示。

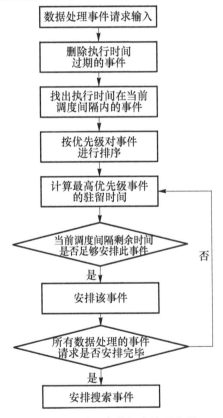

图 2.57 雷达事件调度处理流程

2.3.7.2 波位编排

相控阵雷达在搜索时是按照预先编排好的波位序列依次扫描,波位序列是

对探测的空域按照一定的规则编排得到的。由于相控阵雷达波束扫描时天线阵面是固定的,当扫描波束偏离阵面法线方向时,波束将会展宽,同时波束形状也会发生变化,为此需要在正弦坐标系下来编排波位,正弦坐标系的优点是天线方向图不会随扫描角而变化。所谓正弦坐标空间就是单位球在阵列平面上的投影,在此空间中,波束宽度和角度增量不用度、弧度来描述,而是用它们的正弦或正弦增量来描述。阵面球坐标系与正弦空间坐标系之间的转换公式为

$$\begin{cases} \alpha_s = \sin\theta_p \cos\varphi_p \\ \beta_s = \sin\theta_p \sin\varphi_p \end{cases} \quad (2.178)$$

式中:α_s 和 β_s 为正弦空间坐标系坐标分量;θ_p 和 φ_p 分别为阵面球坐标系的方位角和俯仰角。

通过上式可以将阵面球坐标转换为正弦空间坐标,而在正弦空间坐标中天线方向图消除了波束展宽效应,使得在正弦空间内进行波位编排相对简单。

波位编排的方式一般采用交错波束的方式,示意图如图 2.58 所示。

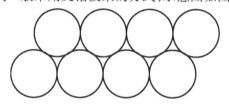

图 2.58 相控阵雷达波位编排示意图

当波束宽度为 2°,在方位 ±10°,俯仰 ±5° 的空域内编排的波位如图 2.59 所示:

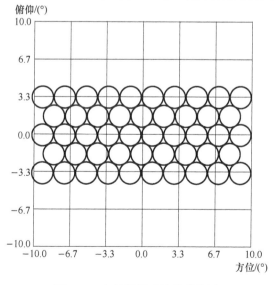

图 2.59 相控阵雷达波位编排图

2.4 雷达信号级仿真系统设计

众所周知,雷达系统是现代战场上不可或缺的无线电探测和定位装置。随着科学技术的进步,现代雷达向多功能、多用途的方向发展,一部雷达可能有多种工作状态,具有多种技术体制,雷达信号往往同时具有多种变化特征,而且这些特征都与雷达的使命任务、技术体制和工作状态有密切关系。由于雷达的作战使命、执行任务、装载平台、人机交互方式等不同,导致各型雷达在系统性能、工作体制、信号处理、数据处理和资源调度算法等方面各不相同,但从雷达系统功能单元组成上看,任何体制的雷达系统都是由天线、发射机、接收机、信号处理机、数据处理机、终端显示器和控制单元构成的,因此可以根据这些基本的功能单元属性,建立雷达信号级仿真系统的通用软件框架,以实现对各种体制雷达从信号发射到回波信号接收处理、目标点迹检测凝聚、目标航迹跟踪滤波及显示控制的全流程动态仿真。

2.4.1 仿真系统功能结构设计

雷达信号级仿真系统软件功能结构组成如图 2.60 所示,主要包括雷达信号级仿真、雷达模型参数管理和雷达仿真运行显示三类功能项。其中,雷达信号级仿真功能是雷达信号级仿真系统的核心功能,是以典型技术体制雷达系统或典型型号雷达装备为原型,实现对各种体制或型号雷达系统的探测信号发射与回波信号接收处理过程的仿真,需要在典型体制或具体型号雷达系统详细技术情报资料的深入分析研究基础上构建相应的模型算法软件模块。而雷达模型参数管理功能和雷达仿真运行显示功能则属于雷达信号级仿真系统的辅助支撑功能,用于实现雷达系统仿真的人机交互、仿真数据的输入/输出、仿真过程的可视化显示、仿真结果的分析评估等目的。

图 2.60 雷达信号级仿真系统软件功能结构图

2.4.1.1 雷达信号级仿真

雷达系统信号级仿真功能由雷达仿真核心模型软件来实现。雷达仿真核心模型软件的组成结构如图 2.61 所示,主要包括信号仿真软件模块、天线仿真软件模块、接收机仿真软件模块、信号处理仿真软件模块、数据处理仿真软件模块和雷达系统控制算法软件模块。

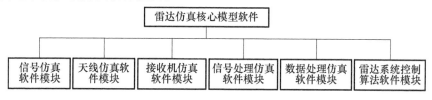

图 2.61　雷达仿真核心模型软件组成图

虽然不同体制或型号雷达的核心模型软件均采用图 2.61 所示的软件组成结构,但由于不同体制、不同型号雷达所体现出的整体差异性主要反映在核心模型软件模块实现的具体细节上,因此对图中所示的每个仿真软件模块设计的细节要依据具体体制或型号雷达的详细技术情报资料进行差异性建模。具体而言,对不同体制或不同型号雷达的建模,是在详细而深入地分析该雷达系统组成、系统性能、工作流程、工作状态与控制策略、信号波形特点及相应处理算法和主要战术技术指标的基础上,按照天线、发射机、接收机、信号处理、数据处理、系统控制模块间的信息交互关系,采用中频信号与相干视频信号相结合的仿真技术体制,建立雷达从信号发射到回波接收处理的全过程仿真模型。

需要特别说明的是,这里的中频信号是指雷达的发射信号、目标回波信号、环境杂波信号、接收通道热噪声信号以及雷达对抗装备发射的干扰信号都是基于中频的数字采样信号,而回波信号、杂波信号和干扰信号的中频采样数据流经过雷达接收天线方向图调制和接收机中放滤波仿真处理,再通过正交相位检波仿真处理后就变成了基带的相干视频信号流,即由基于中频的实信号仿真数据流变成了基于基带的复信号仿真数据流,也就是说经过了雷达接收机仿真处理,后续的雷达信号处理仿真都在复数域上进行,如图 2.4 所示。

在以下针对图 2.61 所示的各个仿真软件模块功能设计论述中,所涉及的仿真模型具体实现算法可参考本章 2.3 节"雷达系统信号级仿真模型"的相关内容。

1) 信号仿真软件模块

信号仿真软件模块用于生成以下 4 类信号在当前仿真时间步长内的中频信号采样数据流:雷达发射信号、目标回波信号、系统热噪声信号、环境杂波信号。

其中,仿真生成的雷达发射信号中频采样数据流主要用于与雷达对抗装备仿真系统软件的数据交互,作为雷达对抗装备仿真模型软件的输入数据,因为雷达对抗装备针对威胁雷达的干扰必须是在对威胁信号环境侦收处理的基础上完成。由于仿真场景中可能部署不止一部雷达对抗装备,所以雷达发射信号的中频采样数据流和相应的雷达信号脉冲描述字数据流的产生,将根据当前仿真时刻雷达平台与各个雷达对抗装备平台的相对空间位置关系及运行特性,以雷达平台为坐标原点进行空间坐标变换,将雷达发射信号中频采样数据和脉冲描述字数据的原始样本数据,针对每部雷达对抗装备平台进行雷达发射天线方向图调制、雷达信号空间单程传播衰减、双程多普勒频率调制和单程距离延时处理,从而生成到达每部雷达对抗装备接收天线口面处的雷达发射信号仿真数据流。

对目标回波信号的仿真用于生成从目标反射回来的雷达回波信号中频采样数据流,雷达系统通过对该回波信号的检测、处理而得到目标角度、距离、速度等信息。对目标回波信号的仿真主要考虑以下几个因素的影响:目标平台相对于雷达平台的空间位置、目标的运动状态和平台姿态、雷达天线扫描方式以及目标相对于雷达发射信号的反射特性等。雷达散射截面积是度量雷达目标对照射电磁波散射能力的一个物理量,由于目标的雷达散射截面积大小对雷达的目标检测性能有直接影响,在工程计算中常把截面积视为常量,而实际上处于运动状态的目标,雷达视角一直在变化,截面积随之产生起伏。要正确描述雷达截面积起伏,必须知道其概率密度函数和相关函数,但由于目标的复杂性及多样性,这两个函数很难准确地得到。因此仿真中通常采用斯威林模型来估计目标起伏的影响。由于仿真场景中可能部署了不止一个目标,所以目标回波信号中频采样数据流的产生,将根据当前仿真时刻雷达平台与各个目标平台的相对空间位置关系及运行特性,以雷达平台为坐标原点进行空间坐标变换,将雷达发射信号中频采样数据,针对每个目标平台进行雷达发射/接收天线方向图调制(同时要考虑天线扫描方式的影响)、目标电磁散射特性调制、雷达信号空间双程传播衰减、双程多普勒频率调制和双程距离延时处理,从而生成到达雷达接收机输入端的目标回波信号仿真数据流。

对系统热噪声信号的仿真主要是产生雷达接收机内部热噪声信号中频采样数据流,可以使用具有高斯分布统计特性的随机序列来描述。仿真中,首先产生零均值、方差为 1 的独立高斯分布 $N(0,1)$ 随机序列,然后通过变换,生成零均值、方差为 σ_{Noise}^2 的独立高斯分布 $N(0,\sigma_{\text{Noise}}^2)$ 随机序列。其中,σ_{Noise}^2 由雷达接收机带宽、接收机噪声系数、工作温度等参数确定。

对环境杂波信号的仿真主要是产生具有一定概率分布的相关序列,杂波概率分布特性通常用统计模型来描述,常见的有瑞利分布、对数正态分布、韦伯尔分布等。对杂波信号的仿真要同时满足幅度分布和功率谱分布的要求,常用的 4 种幅度分布分别为瑞利分布、对数正态分布、韦布尔分布和 K 分布,3 种功率谱类型分别是高斯谱、柯西谱、全极谱。4 种幅度分布与 3 种功率谱分布可以交叉组合,共计 12 种杂波分布模型,在雷达系统仿真中可以根据仿真场景和雷达技术特点选择适合的杂波分布模型。

2) 天线仿真软件模块

天线仿真软件模块用于仿真生成雷达天线方向图数据,并根据输入的目标方向角计算该方向上的天线增益,以实现对发射信号或接收信号的天线方向图调制处理。

在没有天线方向图实测数据的情况下,单个天线方向图理论上可用高斯函数、余弦函数或辛克函数等数学公式来近似模拟,从而绘制出不同方向上天线辐射场强与方向角的函数关系曲线。在具体的仿真实现中,可以用辛克函数等数学模型来描述二维平面归一化天线振幅方向图特性,主要考虑天线主瓣和第一副瓣的影响,其余天线副瓣则用平均副瓣电平来表示。

在具体体制或型号雷达仿真中,如果二维平面的天线方向图不能满足仿真要求,则需要仿真生成三维立体的天线方向图。例如,对于振幅和差式单脉冲雷达,通常要产生四个空间子波束以形成和波束、方位差波束、俯仰差波束来实现对目标距离、方位角和俯仰角三维信息的跟踪测量,所以对这种体制雷达的天线方向图应建立三维立体天线方向图仿真模型来描述其空间子波束的分布情况。对三维天线方向图的建模可以采用简化模型,即将其看成是由两个二维平面(方位面和俯仰面)方向图相乘的结果。

由于相控阵雷达通常都是单脉冲体制雷达,所以对相控阵雷达天线的仿真,除了对实现单脉冲测角的和波束、差波束天线方向图进行建模仿真外,还要考虑相控阵天线扫描时,在偏离天线阵面法线方向上的波束宽度、天线增益与阵面法线方向上的波束宽度与天线增益的差异性,即偏离天线阵面法线方向上的波束宽度会变宽,且天线增益会下降。

从以上论述可以看出,在没有实测天线方向图数据的情况下,对雷达天线方向图的仿真要针对具体雷达天线的技术体制和方向图性能要求,以及天线增益、副瓣电平、波束宽度等主要技术指标要求,选择恰当的数学函数来模拟天线方向图特性,也可以采用由几个辛格函数主瓣的组合来分段模拟天线方向图的主瓣及其副瓣的方法。

3) 接收机仿真软件模块

接收机仿真软件模块用于实现雷达接收机对目标回波信号的滤波、放大及相干检波处理过程的仿真,主要包括中放滤波器、自动增益控制(AGC)、灵敏度时间控制(STC)、相干检波器仿真功能。

虽然不同体制、不同型号雷达接收机在功能和性能上存在差异性,但中放滤波和相干检波的功能都是必备的,而 AGC 和 STC 可认为是雷达的抗干扰措施,根据具体雷达的仿真需求进行选择性实现。

对雷达接收机的仿真可采用如图 2.62 所示的处理流程。从图中可见,接收机仿真软件模块的输入数据是目标回波信号中频采样数据流、电子干扰信号中频采样数据流、环境杂波信号中频采样数据流各自经过雷达接收天线方向图调制处理后,与雷达系统热噪声信号中频采样数据流,按照时间序列进行采样点幅值线性叠加后的混合信号中频采样数据流。接收机仿真软件模块的输出数据是两路正交 I、Q 基带信号(也称相干视频信号)采样数据流。

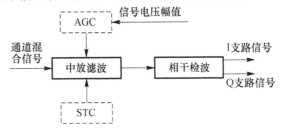

图 2.62　雷达接收机仿真流程图

中放滤波器的主要作用是放大中频带内信号,滤除中频带外噪声。中放滤波器仿真模型为放大器级联带通滤波器,主要的仿真参数包括中频放大器增益、中放带通滤波器的带宽、中放带通滤波器的过渡带宽度和阻带衰减。带通滤波器采用 n 阶(通常 $n>60$)FIR 带通滤波器,滤波器阶数通过窗函数类型(三角形窗、布莱克曼窗、汉宁窗、海明窗)、采样频率、滤波器过渡带宽等参数计算得到,滤波器系数可由 Intel Signal Processing Library 提供的 FIR 带通滤器函数计算得到,然后将输入信号数据、滤波器阶数、滤波器系数带入滤波方程,即可得到滤波结果数据。对不同体制、型号雷达的中放滤波器仿真均可采用 FIR 带通滤波器函数模型,只是根据各型雷达中放滤波器参数,选择相应的滤波器阶数、滤波器系数带入滤波方程,实现对输入信号的中放滤波过程仿真。

STC 主要用于控制接收机高放和中放增益,提高接收机的动态范围,防止近距离的强回波导致的接收机饱和。在实际雷达系统中,STC 对抑制近距离的海杂波和地物杂波有明显的效果,通常设有手动 STC 控制,以便操作员根据地海杂波的强度随时调节接收机的近程增益。当雷达存在距离模糊时,一般不使用 STC。例如,对机载火控雷达进行仿真时,由于采用高、中重频信号波形存在距离模糊,所以速度搜索(VS)、速度搜索加测距(VSR)和边搜索边测距(RWS)等工作模式下都不考虑对 STC 的仿真,只在采用低重频信号波形的远距离搜索(LRS)工作模式下才实现对 STC 的仿真。STC 采用开环控制高放和中放增益,根据增益控制曲线进行功率衰减。仿真系统中,根据 STC 增益控制范围和时间控制范围的设计要求,可采用实际雷达中经验的 STC 控制曲线,即按照每距离折半增益衰减 6dB,实现对 STC 处理过程的仿真。也可以采用本章 2.3.4 小节中式(2-108)计算方程对中放增益进行控制。

AGC 是在雷达探测全量程范围内,对距离波门内的回波信号幅度进行检测,按照距离单元控制中放增益,对提高接收机的动态范围、抑制杂波有非常重要的作用。现代新型雷达较多地使用数字 AGC,数字 AGC 的性能及杂波抑制能力明显优于模拟 AGC,数字 AGC 主要是通过控制衰减器达到控制中放输出的目的。在雷达仿真中,AGC 仿真采用数字 AGC 模型,由信号电压检测和衰减控制两部分组成闭合回路,通过控制衰减器达到控制中放输出的目的。当 AGC 检测信号电压幅值未过控制门限时,AGC 不工作。对 AGC 的信号电压检测功能在信号处理仿真软件模块中实现,一般采用峰值检波的方法。

为了克服单路相位检波器引起的频谱折叠,现代雷达接收机普遍采用正交双通道处理,通过使用正交相位检波器,实现将中频信号变换为正交的两路基带信号的功能。这两路正交的基带信号组成一路复信号,它保留了回波信号复包络的所有信息,有时也称为中频信号的复包络。对中频信号进行正交相干检波的实现方法有多种,如正交混频低通滤波器法、希尔伯特变换频移法、奇偶分离符号变换法等,仿真中可采用正交混频低通滤波器法来设计正交相干检波器仿真模型,以完成对回波信号的正交变换和相干检波处理。其中,低通滤波器必须采用具有线性相位的 FIR 滤波器,对滤波特性的设计要使其具有陡降的截止特性,以保证大的镜频抑制比。

综上所述,经过接收机相干检波器仿真处理后,输入的中频实信号就变成了两路正交的基带信号,分别作为基带复信号的实部和虚部,因此对雷达后续的信号处理仿真都是在复数域上进行的。

4) 信号处理仿真软件模块

经过雷达接收机仿真处理后,得到两路正交 I、Q 基带信号,这两路正交的基带信号组成一路基带复信号,即为相干视频信号,作为信号处理仿真软件模块的输入数据,因此雷达信号处理过程的仿真运算都是在复数域上进行的。

由于不同体制或型号雷达,其信号处理过程存在较大差异性,所以需要根据具体雷达的技术情报资料设计相应的信号处理仿真软件模块。例如,现代机载火控雷达都采用了脉冲多普勒技术体制,对其目标搜索/跟踪模式下的信号处理仿真可采用图 2.63 所示的处理流程,主要包括 A/D 转换器、缓存、AGC 检测、脉冲压缩、主瓣和高度线杂波处理、多普勒滤波器组(采用 FFT)、恒虚警(CFAR)检测处理和单脉冲测角等仿真模型。

在实际雷达系统中,A/D 转换器(ADC)完成的工作是对输入信号在时间上等间隔采样并将采样得到的信号在幅度上量化和编码,从而将输入的模拟信号变换为数字信号。而在数字仿真系统中,雷达信号的产生、接收和处理都在计算机操作系统环境下完成,在雷达信号产生时就已经完成了例如 40MHz(或其他采样频率)的采样,而且在定义了数据类型为单精度浮点数或双精度浮点数后,实质上已完成信号的量化工作,将每个数据值量化为 32 位(float)或 64 位(double)二进制数。因此,雷达仿真系统中 ADC 的主要功能是进行数据抽取和降低量化位数。对 ADC 的仿真,应根据具体型号雷达装备中实际使用的 ADC

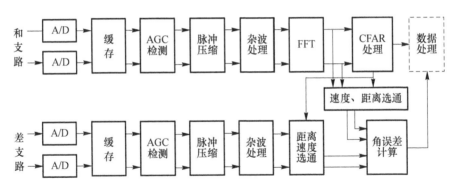

图 2.63 机载火控雷达信号处理仿真流程图

器件性能和参数,采取均匀量化的方法就可分级比较得到指定量化位数的量化后的数值。

缓存器是将机载火控雷达接收的回波信号按照探测周期和距离单元排列成一个二维矩阵,不同探测周期、相同距离单元的回波信号按行排列,即行对应不同的探测周期,列对应不同的距离单元。可根据需要,在排列前将每一个距离单元的回波信号抽样成一个点(跟踪状态下精确测距时除外),以降低后续的信号处理运算量。

雷达的距离分辨力取决于所用信号的带宽,信号带宽越大,距离分辨力就越好。如果脉冲内部采用附加的频率或相位调制以增加信号带宽 B,则接收时需要用匹配滤波器进行处理,将长脉冲压缩到 $1/B$ 的宽度,这样可以让雷达系统发射宽度相对比较宽而峰值功率低的脉冲,同时获得高距离分辨力和好的探测性能,因此脉冲压缩能够很好地解决雷达的探测能力与距离分辨力之间的矛盾,而且具有潜在的抗干扰能力。在雷达仿真系统中,对具有脉内调制特性的回波信号进行脉冲压缩仿真,包括线性调频信号和相位编码信号,均可采用数字压缩 FFT 方法。数字压缩 FFT 方法的基本原理为:对输入的线性调频信号或相位编码信号作 FFT,然后乘以匹配滤波器的数字频率响应函数,再经 IFFT 输出压缩后的信号序列,从而实现对信号进行脉冲压缩处理过程的仿真。

在雷达接收的回波信号中,不但含有来自运动目标的回波信号,也有从地物、云雨以及人为施放的箔条等物体散射产生的回波信号,这种回波信号称为杂波。由于杂波往往比目标回波信号强得多,杂波的存在会严重影响雷达对运动目标的检测能力。所以,雷达通常需要采用杂波抑制技术以提高在杂波区中检测运动目标的能力。动目标显示(MTI)技术是指利用杂波抑制滤波器抑制各种杂波,提高雷达信号的信杂比,以利于对运动目标检测的技术。由于微电子技术的发展,现代雷达普遍采用数字动目标显示(DMTI)技术。杂波对消器是最早出现、也是最常用的 MTI 滤波器之一。根据对消次数的不同,又分为一次对消器、二次对消器和多次对消器等。对消器是一种有限长单位冲激响应(FIR)滤波器,是系数符合二项式展开式的特殊 FIR 滤波器。对 MTI 滤波器的设计,是要设计一组合适的滤波器系数,使其能有效地抑制杂波,并保证目标信号能良好的通过,可归结为一个数字滤波器的设计问题。

例如,机载火控雷达工作在下视状态时,主瓣杂波很强,主瓣杂波谱中心随雷达波束扫描、雷达载机速度变化。机载火控雷达进行主瓣杂波处理时常采用自适应滤波法,也就是将滤波器凹口实时对准主瓣杂波谱中心。因此对机载火控雷达主瓣杂波处理仿真中可采用自适应滤波法,利用二次对消器,对相同距离单元的回波进行滤波处理。需要注意的是,MTI 的滤波运算是复数运算,需将雷达回波的 I 支路和 Q 支路合成为复信号进行滤波处理,滤波后将数据的实部和虚部分别作为 I 支路和 Q 支路的信号输出。

MTD(动目标检测)是一种利用多普勒滤波器技术来抑制各种杂波,以提高雷达在杂波背景下检测动目标能力的技术。对同一距离单元的回波信号数据进行 FFT 处理就构成一组在频率上相邻且部分重叠的窄带滤波器组,以完成对多普勒频率不同的信号的近似匹配滤波。在机载火控雷达仿真中,N 点 FFT 形成的 N 个滤波器均匀分布在 $(0, f_r)$(其中,f_r 为雷达信号脉冲重复频率)的频率区间内,动目标信号由于其多普勒频率的不同可能出现在频率轴的不同位置上。只要目标信号与杂波信号从不同的多普勒滤波器输出,目标信号所在滤波器输出的信杂比将得到明显改善。

设计恒虚警率(CFAR)检测的目的是使雷达系统能够在噪声背景、杂波和干扰变化的情况下检测目标的存在,并且保持受控的、恒定的虚警概率。由于杂波在空间的分布是非同态的,有些还是时变的,不同区间的杂波强度也有较大差异,因而杂波背景下的恒虚警率检测器,其杂波的均值只能通过被检测点的邻近单元计算得到,所形成的恒虚警率检测器称为邻近单元平均恒虚警率检测器,也简称为单元平均恒虚警率(CA – CFAR)检测器。CA – CFAR 检测器在杂波边缘的检测性能会明显变坏,改进的方法是采用两侧单元平均选大恒虚警检测器(GO – CFAR)或平均单元选小恒虚警检测器(SO – CFAR)。其中,GO – CFAR 检测器模型处理可表述为:通过被检测距离单元两侧的 $M/2$ 个(M 为参考单元个数)距离单元的数据平均值分别估计杂波功率,然后选择杂波功率估值较大的一个乘以门限系数后作为检测门限,将被检测单元数据与检测门限比较,超过门限判断为有目标,低于门限则判断为无目标。在雷达仿系统中,对 CFAR 仿真应根据被仿真雷达实际采用的 CFAR 模型进行针对性的算法软件设计,以保证与实际雷达系统 CFAR 处理性能的一致性。

为了提高抗角度欺骗干扰能力,现代雷达普遍采用单脉冲测角技术。这种技术通过比较两个或多个同时天线波束的接收信号来获得精确的目标角位置信息,理论上可以从一个脉冲回波中得到二维角信息。单脉冲测角不同于波束转换测角或圆锥扫描测角,后两者的多波束位置是顺序产生的,因而不可能从一个脉冲中获取角信息。由于同时多波束具有从单个回波脉冲形成角误差估值的能力,所以能有效克服回波脉冲幅度波动对角误差提取带来的影响,这不仅消除了能有效对付圆锥扫描雷达的调幅干扰的可能性,还使单脉冲雷达能有效跟踪噪声干扰信号。

多路接收是实现单脉冲测角的技术方法,即用几个独立的接收支路来同时接收目标的回波信号,然后再将这些回波信号的参数进行比较。根据从回波信号中提取目标角信息方式的特点,可将单脉冲定向法分为振幅定向法和相位定向法。在振幅定向法单脉冲雷达中,为了确定一个平面内的目标角位置信息,需要形成两个互相叠交的天线方向图,并且它们的波束中心线与等强信号方向偏离的角度相等。当目标对等强信号方向的偏离角为 θ 时,两个天线收到的信号振幅差表示目标对等强信号方向的偏移量,而振幅差的符号则表示等强信号方向相对于目标的偏离方向。当等强信号方向与目标方向重合时,两个天线收到的回波信号的幅度相等,其差值就等于零。在相位定向法单脉冲雷达中,要将相距一定间隔的两个天线所收到的信号的相位加以比较来确定目标在一个坐标平面内的方向。在远区,两个天线波束都覆盖着同一空间范围,由点目标反射回来的信号,其振幅相同,而相位不同,即目标到两个天线的距离差引起的相位差实际上是目标到达角的函数,因此可以根据两个并排放置的天线所接收的回波信号的相位差来确定目标的到达角。

在单脉冲雷达系统中,目标的角度信息是将回波信号加以成对地比较而得到的。在进行这种比较时,单脉冲雷达测角系统的输出电压与回波信号的振幅绝对值无关,只取决于信号的到达角,即单脉冲雷达的定向特性为信号到达角的实数奇函数,而包含在成对信号中的到达角的原始数据则是单脉冲天线在接收信号时构成的,所以又把天线称为角度传感器。可将两个分开放置的天线所收到的回波信号的比值关系式表达为相乘式或相加式,以作为构成单脉冲雷达的定向特性的原始关系式。包含放大器及能得出相乘式或相加式比值并构成定向特性的比较电路等有源器件的装置,称为角度鉴别器。当角度鉴别器是利用角度相乘函数构成定向特性时,如果只对回波信号的振幅关系起作用,则称为振幅角度鉴别器;如果只对信号的相位关系起作用,则称为相位角度鉴别器。当利用角度相加函数构成定向特性时,如果对于信号的振幅及相位关系都起作用,则称为和—差角度鉴别器。因此,单脉冲雷达有三种不同的测角方法(对应三种类型的角度鉴别器):振幅法、相位法、和差法。而每种测角方法都可以用于振幅定向法和相位定向法,也就是说每一种定向方法都可以与任何一种角度鉴别器配合使用。

目前在单脉冲雷达中,实际应用最广的是振幅和差式和相位和差式。和差式单脉冲雷达就是利用和、差通道的输出信号来解角误差,获取目标的角度信息。例如,在振幅和差式单脉冲雷达中,将各天线波束同时收到的信号加到和—差变换器(波导桥)进行信号的相加和相减处理,分别得到和通道信号和差通道信号。其中,差通道信号即为该角平面内的角误差信号,当目标偏离等强信号方向时,差通道输出的信号振幅与误差角成正比,而和通道信号与差通道信号之间的相位差则确定角误差的符号,即目标相对于等强信号方向的偏移方向。

对和差式单脉冲雷达的角度测量仿真,根据和通道 CFAR 输出的目标所在距离单元和多普勒单元,选通方位差通道、俯仰差通道相应的距离和多普勒单元,再用差信号、和信号比值来计算目标的角误差。角误差计算模型可利用和支路与差支路复信号的点积运算来实现,如下式所示:

$$\Delta \theta = \mathrm{Re}\left\{\frac{S_{\Delta\theta\mathrm{FFT}}(m,n) \cdot S_{\Sigma\mathrm{FFT}}^{*}(m,n)}{S_{\Sigma\mathrm{FFT}}(m,n) \cdot S_{\Sigma\mathrm{FFT}}^{*}(m,n)}\right\}\Big/\mu_{\mathrm{f}} \qquad (2.179)$$

式中:$\mathrm{Re}\{\cdot\}$ 为取实部运算;$\cdot$ 为点积运算;$*$ 为复共轭;$S_{\Sigma\mathrm{FFT}}(m,n)$ 为和通道 FFT 处理后第 m 个距离单元、第 n 个速度单元的输出信号;$S_{\Delta\theta\mathrm{FFT}}(m,n)$ 是方位差通道 FFT 处理后第 m 个距离单元、第 n 个速度单元的输出信号;μ_{f} 是雷达天线方位差波束的归一化差斜率。

脉冲体制雷达通过测量目标回波相对于雷达发射脉冲的延迟时间来测距。当雷达信号的脉冲重复周期小于要测量的目标回波的延迟时间时,目标回波在时间(距离)上发生折叠现象,即不同距离上的回波可能重叠在一起,则测得的目标回波延迟时间就不能直接用于计算目标的真实距离。由这个延迟时间计算出的距离是目标的模糊距离,并称这种脉冲重复频率信号对需要测量的目标存在着距离模糊。与距离模糊类似,当信号脉冲的重复频率小于需要检测目标回波的多普勒频率时,目标回波在多普勒频域上发生折叠现象,即不同多普勒频率的回波可能重叠在一起。这种情况下,测量得到的多普勒频率不能唯一地确定目标的速度,这就是"速度模糊"。例如脉冲多普勒体制雷达,当发射高的脉冲重复频率信号探测目标时,目标回波在速度(多普勒频率)上不模糊,但在距离上是高度模糊的;当发射中等程度的脉冲重复频率信号时,目标回波在距离和速度上都存在着模糊;当发射低的脉冲重复频率信号时,目标回波在距离上没有模糊,但在速度上是高度模糊的。无论解距离模糊,还是解速度模糊,脉冲多普勒体制雷达通常采用的方法是,发射一组多个不同重复周期的信号,或者多组不同重复周期的信号,并利用重合法、中国余数定理等解模糊算法,实现对目标真实距离、真实速度的测量。

例如,在对机载火控雷达进行仿真时,当雷达工作在高重频信号波形体制时,距离会出现模糊,而当雷达工作在中重频信号波形体制时,距离和速度都会模糊,所以在高重频或中重频信号波形体制下,雷达 CFAR 输出的目标点迹需要先解距离模糊或解距离速度二维模糊后,再生成目标点迹数据。

综上所述,经过对雷达信号处理过程的仿真后,如果输入的两路正交基带信号中含有目标回波信息(或干扰制造的虚假目标信息)并最终通过了雷达 CFAR 检测门限,则信号处理仿真软件模块就会输出目标点迹数据,供后续的数据处理仿真软件模块完成对有用目标的提取、真假目标的识别和目标航迹的跟踪滤波。

5) 数据处理仿真软件模块

雷达数据处理的主要任务是在获取信号处理输出的目标点迹数据后,进行点迹凝聚处理、点迹-航迹相关处理、点迹-航迹相关解模糊处理、航迹滤波与预测、目标航迹起始、航迹管理与维持等处理,以实现对目标的稳定连续跟踪和对目标状态的精确估计。雷达数据处理与雷达系统的体制、工作方式、信号形式和信号处理方式密切相关,雷达系统的体制和工作方式不同,要求雷达数据处理在目标跟踪模型选择、测量与跟踪坐标系选取方面也不同。而雷达系统的信号形式和信号处理方式的不同,要求雷达数据处理在点迹凝聚方法、航迹跟踪滤波方法设计上有针对性和适应性。因此,如果是针对具体型号雷达进行仿真,则数据处理仿真软件模块中的点迹数据处理、航迹跟踪滤波等模型算法应直接采用实际型号雷达中的相应算法或对算法软件进行仿真平台的适应性改造,以保证仿真系统中实现的雷达数据处理算法性能与实际型号雷达性能的一致性。如果是针对典型体制雷达进行仿真,则首先要深入分析该体制雷达的技术特点、拟仿真实现的工作方式、可能采用的信号形式及相应的信号处理方式,然后根据不同工作方式、信号样式及信号处理方式,选择合适的目标跟踪模型、跟踪坐标系,以及与之相匹配的点迹数据处理算法、航迹跟踪滤波算法等。

例如,对相控阵体制雷达而言,根据探测任务需要,既可以工作在边扫描边跟踪(TWS)方式,也可以工作在跟踪加搜索(TAS)方式。

当工作在 TWS 方式下时,雷达主要利用搜索得到的目标信息来完成运动目标的跟踪,搜索与跟踪是捆绑在一起的,整个搜索空域的扫描周期就是跟踪数据的刷新率,而且一旦搜索空域和波束驻留时间(对机械扫描体制雷达,则指天线扫描速度)确定,则搜索空域的扫描周期就是确定的,因此 TWS 方式下的目标跟踪数据的刷新率是固定不变的。TWS 工作方式下的数据处理主要由航迹起始、航迹相关、航迹的滤波与跟踪、航迹中止等过程组成。

当工作在 TAS 方式下时,相控阵雷达对搜索空域的扫描和对目标的跟踪可以按各自的需要独立进行,而且由于跟踪与搜索的波束完全独立,所以可以对搜索和跟踪独立地进行最优设计。在 TAS 方式下,雷达对目标的跟踪不必像 TWS 方式下需要搜索一帧结束后再进行,而是按照一定的数据率安排跟踪照射任务。雷达在跟踪过程中主要利用跟踪波束的数据进行处理,而且随着跟踪目标数量的增加,搜索波束占有的时间份额会越来越少,所以搜索波束搜索整个空域需要的时间就会越来越长。当跟踪的目标达到一定数量时,雷达没有时间安排搜索波束,而把全部时间用于跟踪波束,直到有跟踪目标脱离跟踪状态为止。相控阵雷达也可以根据目标优先级策略或其他任务需要,对不同目标设定不同的跟踪数据率,即不同目标的跟踪数据更新周期是不一样的。

从以上的分析可以看出,相控阵雷达工作在 TWS 和 TAS 方式下,虽然其数据处理的基本过程相同,但在处理的细节上存在差异性。例如,在航迹起始阶段,TAS 方式下建立目标航迹所需要的 n 次点迹不必像 TWS 方式下需要等待天线波束搜索空域 n 次,而是在检测到目标的第一次点迹后,可以直接向雷达资源调度程序申请对目标点迹方向发射验证波束,如果验证波束的回波信号能满足航迹建立要求,就可以启动目标航迹,所以 TAS 方式下的航迹起始要快于 TWS 方式。在目标航迹跟踪滤波阶段,虽然 TAS 方式下的跟踪滤波算法可以采用与 TWS 的一样,例如最小二乘滤波器、卡尔曼滤波器、$\alpha-\beta$ 滤波器等雷达数据处理常用的跟踪滤波器,但对目标跟踪所需要的跟踪周期不像 TWS 那样固定不变,而是根据雷达工作状态或任务需要,以及目标机动等情况进行灵活控制,所以对跟踪滤波器的性能会有更高要求,目的是提高目标跟踪的稳定性和精度。

虽然不同体制、不同型号雷达在不同工作方式下,其数据处理过程实现的具体细节存在着较大差异,但数据处理的基本过程都是相同的,都包含了对目标点迹的凝聚处理和对目标航迹的跟踪滤波,因此数据处理仿真软件模块的核心功能是实现对点迹凝聚处理和航迹跟踪滤波的算法仿真。

(1) 目标点迹凝聚处理算法仿真。就具体雷达而言,由于其工作方式、波束形状、天线转速、脉冲重复频率、相参处理脉冲个数、CFAR 检测器的选择、录取参数和数据格式等不尽相同,因而使目标原始点迹数据有所区别,点迹归并与分辨的方法与准则也不相同,但总的点迹凝聚处理思路是相同的,即按照目标回波在距离上、方位上的分布特性,保留有用的点迹,滤除对求取目标质心不利的点迹,对有用的点迹进行归并和分辨,然后完成目标质心的求取计算,形成目标点迹参数的估值。因此,仿真中凝聚算法设计应根据被仿真雷达的特点在通用算法基础上进行具体细节上的调整。

(2) 目标航迹跟踪滤波算法仿真。航迹是对多个目标的若干点迹进行处理后,将同一目标点迹连成的曲线。航迹处理是将同一目标的点迹连成航迹的处理过程。雷达对目标的航迹处理是通过航迹跟踪滤波算法实现的,主要包括航迹起始、点迹/航迹相关、航迹滤波与预测等。航迹起始指建立第一点航迹,通常采用两点起始法,这也是很多滤波器采用的初始化方法,其基本思想是通过连续两次观测值获得目标初始位置信息和初始速度信息,以起始一个滤波过程。点迹/航迹相关指建立第一点航迹后,将雷达下一次扫描时获得的同一目标的点迹数据与航迹关联起来。点迹/航迹相关过程中,需要解决多目标跟踪雷达测量数据(点迹)与目标(航迹)的配对问题,工程中应用最多的方法是最近邻关联算法,具有计算简单、易于实现的特点。航迹滤波与预测指假定目标以一定的速度运动,则在下次扫描时,目标的位置可以利用其当前位置和速度的估计值来预测。当目标作非机动运动时,采用基本的滤波与预测方法即可很好地跟踪目标,这些方法主要有 $\alpha-\beta$ 滤波、卡尔曼滤波等。在具体的仿真实现中应根据被仿真雷达的特点,选择合适的关联算法和滤波算法,以保证对目标航迹跟踪的质量。

综上所述,经过对雷达数据处理过程的仿真后,输出的目标航迹信息一方面上报给雷达仿真终端显示软件模块进行图表显示,另一方面上报给雷达控制算法软件模块用做下一个仿真时间步长内雷达工作状态转换控制和资源调度决策的依据。

6) 雷达控制算法软件模块

雷达控制算法软件模块实现两方面功能,一方面用于实现与外部系统软件间的控制信息交互、动态场景数据的空间坐标变换等功能,另一方面用于实现雷达仿真运行初始化和雷达仿真进程的控制管理功能。

对雷达仿真进程的控制管理,除了保证雷达的信号发射、回波信号产生、回波信号空域调制(天线扫描及方向图仿真)、接收机及信号处理仿真、数据处理仿真等雷达信息处理流程的有序推进,还需要针对雷达工作体制,完成对雷达工作状态的转换控制,例如对机载 PD 火控雷达仿真要实现的"搜索→截获→跟踪→失跟→再截获或重新搜索"工作状态转换控制。

相控阵雷达是一种多功能雷达,需要处理多种雷达任务,并对雷达时间资源、能量资源等进行合理分配,所以需要进行资源调度。资源调度主要是对雷达的各种事件(任务)进行优先级排序,并分配相应的时间资源进行处理。相控阵雷达工作时,它对每个目标(或空域)采取的每一种工作方式都是通过调度程序进行。调度程序驻留在雷达系统计算机内,按照一定的调度策略工作。因此,对相控阵体制雷达仿真进程的控制管理还应包括资源调度策略算法的实现。

相控阵雷达常用的调度策略包括固定模板策略、多模板策略、自适应调度策略等。

固定模板策略是指雷达调度时按照事先设定好的雷达事件顺序调度雷达资源。优点是简单,不需要实时地对雷达事件排序,对计算机资源要求少。但固定模板策略只适用于特定环境,在复杂多变的实战环境中效率低下,而且对雷达资源的利用也是低效的。

多模板策略是指设计一组固定的模板,按照一定的规则选择不同的模板与不同的实战环境和目标威胁情况相匹配。但多模板策略也不能描述所有的实战环境,在某些情况下也是低效的。

自适应调度策略是指在满足不同工作方式相对优先级与表征参数门限值约束的情况下,在雷达设计约束范围内,通过实时地平衡各种雷达波束请求所要求的时间、能量和计算机资源,为一个调度间隔选择一个最佳雷达事件序列的一种调度方法,适用于多用途、多功能的相控阵雷达。

由于调度策略通常是相控阵雷达的核心算法,当无法明确知悉要仿真的相控阵雷达实际采用的调度策略时,仿真中采用自适应调度策略来模拟相控阵雷达的调度策略是现实可行的技术途径。例如,根据相关资料推测,美军 AN/SPY-1 舰载多功能相控阵雷达采用的是多模板调度策略,以确保调度结果能够与实际作战环境和目标威胁情况相适应,但从公开文献中无法获知其多模板的具体内容,而多模板调度策略在性能上可以看作是对自适应调度策略的逼近,即能根据当时面临的作战环境以及目标威胁,在满足各种能量资源和设计约束限制条件下,自适应地对雷达的各种请求事件进行调度和分配,以便充分利用雷达系统资源。

2.4.1.2 雷达模型参数管理

雷达模型参数管理功能由雷达模型参数管理软件模块实现,通过人机交互界面提供对各种体制或型号雷达模型参数的管理,包括对雷达模型参数的加载、编辑和保存的功能。

XML 是 eXtensible Markup Language(可扩展标记语言)的缩写,是由万维网联盟(W3C)于 1998 年 2 月创建的一组规范。XML 是一种文本文档的元标记语言,具有良好的自描述性和跨平台性,可作为一种通用的数据交换格式,在信息表示领域得到了广泛应用。自描述性是指 XML 文档中的标记描述了文档的结构与语义,从而明晰了各个元素之间的关联关系,有利于信息数据的精确提取和集成处理。跨平台性是指 XML 文件作为纯文本文件,不受操作系统、软件平台、数据库的异构性限制,使用各种程序设计语言都可以直接创建和使用 XML 文件,这种与平台无关的特性使得 XML 文件在不同的程序设计平台和操作系统之间达到交互操作的目的,目前已成为网络数据存储和交换的标准。

考虑到对不同体制、不同型号雷达在模型参数设计上会存在较大差异性,而且同一个雷达模型面对不同应用需求时,其向用户开放的模型参数也会不同,所以在仿真系统软件设计中选择 XML 文件存储雷达模型参数具有很好的实用性,不但接口设计和数据传输、存储更加方便,而且还可以充分利用 XML 文件所具有的简单性、可扩展性、易操作性、开放性等优点。

XML 文档本质上是序列化数据,由标记和字符串数据组成。字符串数据就是一般的文本字符串,它存放在各种标记中,作为真正的信息数据。XML 常用

的标记共有六种,即元素、属性、实体引用、注释、处理指令和字符数据段[21]:

1) 元素(Element)

元素是组成 XML 文档的基本单元。一个元素包含一个起始标签和一个结束标签,两个标签之间是字符串数据。

2) 属性(Attribute)

属性用来描述元素的特征,它是放在元素开始标签中的一个名称-取值对。名称和取值之间用等号分开,取值用单引号或双引号括起来。

3) 实体引用(Entity Reference)

实体引用用来替换容易引起混淆的字符。

4) 注释(Comment)

注释是非常必要的,便于编写人员对特定部分进行说明。

5) 处理指令(Processing Instruction)

处理指令是 XML 给要读取该文档的应用程序传递信息的一种方法。

6) 字符数据段(CDATA Section)

普通的字符串数据要使用实体引用来表示混淆字符。如果有大量这样的字符,可以使用字符数据段来表明该段内的字符不需要解析,而是直接使用。

在使用 XML 文件存储雷达模型参数时,可以只需要考虑元素、属性和字符串数据这三种信息,由此可以将雷达模型参数 XML 文档抽象成只使用4种不同类型节点(即根节点、元素节点、文本节点和属性节点)构建的有序树。根节点表示整个雷达模型参数 XML 文件,每个元素节点有三类子节点,即元素、属性、文本子节点,属性节点和文本节点都是叶子节点。如图 2.64 所示,给出了机载火控雷达模型参数 XML 文档结构图。

对 XML 文件的读写,目前有很多工具软件可以使用,其中 CMarkUp 使用起来非常简单,而且独立性很好,不依赖于任何外部的 XML 组件。CMarkUp 将增加元素、查找元素、获取元素的属性和数据的所有方法都封装到一个类里面,使用时只需在程序中加入 CMarkUp 类,通过调用该类的函数即可实现对 XML 文件的操作。CMarkUp 可以用 MFC 和 C++标准库两种方式实现对 XML 文件的操作,采用 C++标准库的实现方式完全没有使用 MFC,所以它不仅能用于 Visual C++,而且在其他编译器环境和平台上也能使用。CMarkUp 类中最常用的方法包括:

① Load:导入一个 XML 文件到 CMarkup 的对象中,并对它进行解析;

② SetDoc:从字符串中导入 XML 数据,并对它解析;

③ Save:将 XML 数据写入文件中;

④ GetDoc:将整个 XML 数据文档作为字符串返回;

⑤ FindElem:查找元素;

⑥ AddElem:添加元素;

```xml
<?xml version="1.0" encoding="gb2312" ?>
- <雷达配置信息>
    - <网络通信参数>
        <主控IP地址>192.168.1.104</主控IP地址>
        <端口号>700</端口号>
        <本机作为服务器IP>192.168.1.104</本机作为服务器IP>
      </网络通信参数>
    - <系统参数>
        <雷达ID>2130001</雷达ID>
        <当前工作模式 说明="0-VSR, 1-RWS, 2-LRS">1</当前工作模式>
      </系统参数>
    - <工作参数1>
      - <基本参数>
          <搜索工作模式 说明="0-VSR, 1-RWS, 2-LRS">0</搜索工作模式>
          <跟踪工作模式 说明="0-STT, 1-TWS">0</跟踪工作模式>
          <重频类型 说明="0-低重频, 1-中重频, 2-高重频">2</重频类型>
          <发射功率 单位="W">20000.00</发射功率>
          <发射损失 单位="dB">2.00</发射损失>
          <接收损失 单位="dB">2.00</接收损失>
          <雷达作用距离 单位="m">150000.00</雷达作用距离>
          <雷达跟踪距离 单位="m">90000.00</雷达跟踪距离>
          <是否跟踪干扰源>1</是否跟踪干扰源>
          <是否检验距离微分与多普勒一致性>1</是否检验距离微分与多普勒一致性>
          <天线抗干扰措施 说明="0-无, 1-副瓣匿隐">1</天线抗干扰措施>
          <目标起伏类型 说明="0-不起伏, 1-SwerlingⅠ型, 2-SwerlingⅡ型, 3-SwerlingⅢ型, 4-SwerlingⅣ型">0</目标起伏类型>
          <发射重频数>5</发射重频数>
        </基本参数>
      - <天线参数>
          <天线增益 单位="dB">38.000</天线增益>
          <第一旁瓣电平 单位="dB">-30.000</第一旁瓣电平>
          <平均旁瓣电平 单位="dB">-40.000</平均旁瓣电平>
          <水平面波束宽度 单位="度">3.000</水平面波束宽度>
          <垂直面波束宽度 单位="度">3.000</垂直面波束宽度>
          <辅助天线增益 单位="dB">-10.000</辅助天线增益>
          <天线扫描方式 说明="1-一线扇扫, 2-二线扇扫, 3-四线扇扫">1</天线扫描方式>
          <方位扫描速度 单位="度/秒">50.000</方位扫描速度>
          <方位扫描范围下限 单位="度">-20.000</方位扫描范围下限>
          <方位扫描范围上限 单位="度">20.000</方位扫描范围上限>
          <俯仰扫描范围下限 单位="度">0.000</俯仰扫描范围下限>
          <俯仰扫描范围上限 单位="度">0.000</俯仰扫描范围上限>
        </天线参数>
      - <信号频率参数>
          <载频类型 说明="0-固定频率, 1-频率跳变">1</载频类型>
          <频率值 单位="MHz">9606.000000, 9615.000000, 9664.000000, 9739.000000, 9781.000000</频率值>
        </信号频率参数>
      - <搜索发射信号波形参数>
          <发射信号波形数目>6</发射信号波形数目>
        - <波形1>
```

图 2.64　雷达模型参数 XML 文档结构图(见彩图)

⑦ GetData:得到当前元素或节点的字符串值;

⑧ SetData:设置当前元素或节点的值。

2.4.1.3　雷达仿真运行显示

雷达仿真运行显示功能由雷达仿真界面层软件模块实现,用于提供各种体制、型号雷达仿真模型面向用户操作的人机交互功能,一般包括5类人机交互功能:模型参数设置、雷达终端显示、节点信号显示、仿真结果回放、仿真结果评估。雷达仿真运行显示功能是雷达信号级仿真系统软件设计中的一项重要功能,虽然不同体制或不同型号雷达的仿真模型在界面层软件模块的具体实现要素上有所侧重,但界面层软件模块实际上定制了雷达模型软件的整体界面风格,不但要在功能设计上便于用户灵活操作,而且在软件设计上要着重考虑软件模块的标准化、通用化和可复用性,易于模块功能升级。

1) 模型参数设置

雷达仿真模型参数设置界面用于实现对雷达系统进行信号级仿真所需要的各种模型参数的编辑、存储和加载等管理功能的人机交互接口。雷达仿真参数设置界面可以采用表单方式实现,如图 2.65 所示,可根据典型机械扫描体制的机载火控雷达工作原理对仿真参数进行设置。

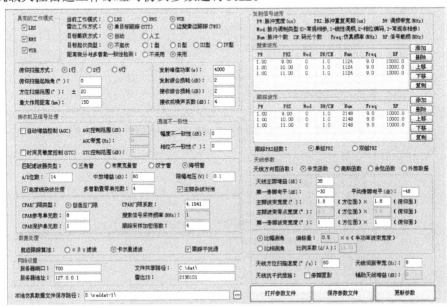

图 2.65　机载火控雷达仿真参数设置界面(表单方式)(见彩图)

图 2.65 所示的雷达仿真参数设置界面虽然能提供完整的模型参数编辑功能,但由于缺少对构成雷达系统整体模型的各个仿真模型间的逻辑关系的图形化展示,则当使用者对被仿真的雷达信息处理流程不是很清楚时,会产生仿真参数不知如何设置的困惑,因此也可以采用图形化方式以提供直观的模型参数设置能力,如图 2.66 所示。图中,用户可针对各个仿真模型设置相应的仿真参数,而且图形化界面也有助于使用者对被仿真的雷达系统整体处理流程有比较清晰的认识。

2) 雷达终端显示

雷达终端显示功能通过各种图形化操作界面来帮助用户分析雷达目标探测的仿真结果及干扰效果。雷达终端显示界面可以采用图形、表格和商业控件相结合的方式,对雷达仿真过程中的天线扫描数据、目标点迹检测数据和目标航迹跟踪滤波数据进行动态显示,主要包括目标检测数据的表格显示和雷达 B 型或 PPI 型显示器画面的图形化显示、雷达工作状态显示、雷达天线波束或波位扫描的图形化显示等功能。图 2.67 给出了相控阵体制的机载火控雷达仿真终端显示界面。从图中可见雷达终端显示软件能够以雷达 B 型显示图形画面(横轴为

第 2 章 雷达系统建模与仿真

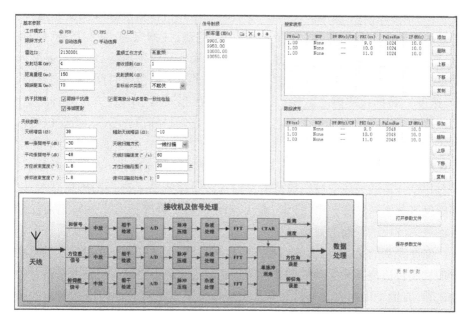

图 2.66 机载火控雷达仿真参数设置界面(图形化方式)(见彩图)

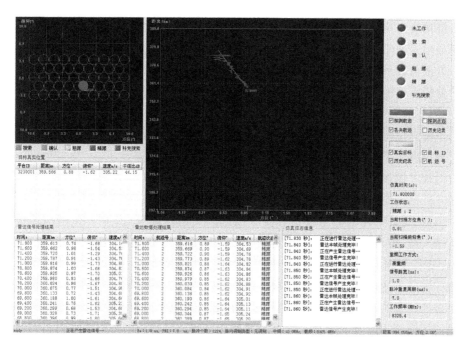

图 2.67 机载火控雷达仿真终端显示界面(见彩图)

方位、纵轴为距离)动态显示目标点迹检测数据和目标航迹跟踪滤波数据,提供对显示器画面上各种数据(探测航迹、丢失航迹、探测点迹、真实目标、目标 ID 号、目标航迹号)是否显示以及显示颜色选择操作命令的响应;能够以表格形式动态显示雷达仿真过程中的目标检测点迹数据(主要包括时间、距离、方位、俯仰、速度)、目标检测航迹数据(主要包括时间、航迹号、距离、方位、俯仰、速度、航迹状态),以及仿真场景中当前仿真时刻的真实目标位置数据(主要包括目标 ID 号、距离、方位、俯仰、速度);能够以信号灯点亮方式对当前仿真时刻的雷达工作状态(主要包括关机、搜索、确认、粗跟、精跟、补充搜索)进行动态显示;能够对相控阵雷达天线空域扫描范围及扫描波位编排结果进行图形化显示,以不同颜色区分不同任务波束(搜索、确认、粗跟、精跟、补充搜索),并对当前任务波束的照射波位进行动态显示。

需要说明的是:①在雷达仿真终端显示界面上,以图表方式对仿真场景中设置的真实目标位置和运动数据进行动态显示是非常必要的。一方面从雷达的视角来看,有助于用户直观分析无电子干扰条件下雷达对目标的探测能力和跟踪精度是否满足仿真设计要求,以及在电子干扰条件下雷达所采用的各种抗干扰措施的抗干扰效果;另一方面从电子对抗的视角来看,有助于用户直观分析所采用的各种干扰技术的干扰效果。②在雷达仿真终端显示界面上,以方位 – 俯仰二维角度对雷达天线空域扫描特性和场景中真实目标的角位置运动特性进行动态显示是非常有用的,一方面可以展现相控阵雷达天线波束扫描的捷变特性,另一方面可以直观显示当前天线波束指向与目标角位置之间的相对关系,便于用户分析雷达的目标检测特性。

3) 节点信号显示

节点信号显示功能类似于科学仪器上的信号探针功能,主要针对雷达仿真过程中各个关键处理节点信号波形图或频谱图进行动态显示,以及实时响应用户对相关图形显示画面的操作命令。图 2.68 给出了典型两坐标警戒雷达(方位 360°机械扫描、俯仰宽波束空域覆盖)仿真关键处理节点信号显示界面。从图中可见,可针对两坐标警戒雷达接收通道的关键处理节点(主要包括雷达接收机输入端、中放匹配滤波器输出端、脉冲压缩模块输出端、相参积累输出端、CFAR 检测输出端)信号进行波形图或频谱图的动态显示,而且界面上还给出两坐标警戒雷达仿真模型的信号接收处理逻辑框图,将探针功能显性化,提供用户更多使用上的便捷性。此外,用户可使用鼠标对各节点信号进行波形图与频谱图的切换观察以及图形显示区域缩放操作,而且还可以在雷达仿真运行过程中,利用信号采集功能对所关注多个处理帧的波形信号数据进行本地化存储,以用于事后的回放分析。

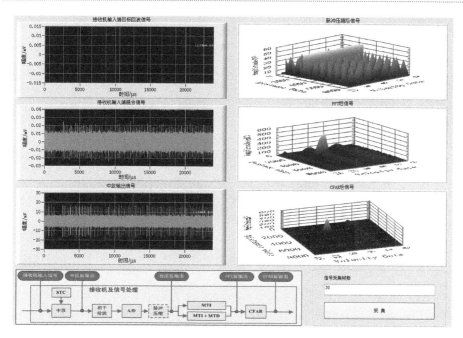

图 2.68 两坐标警戒雷达仿真关键处理节点信号显示界面(见彩图)

4) 仿真结果回放

仿真结果回放用于实现对雷达仿真过程数据和目标检测跟踪数据的可视化快速回放功能。如图 2.69 所示,给出了机械扫描体制的机载火控雷达仿真结果回放显示界面。从图中可见,用于雷达仿真结果回放的数据主要包括:仿真场景中的真实目标航迹数据、雷达检测输出的目标点迹数据和目标航迹数据、雷达天线扫描数据、雷达工作状态、信号波形参数等,这些数据以二进制文件方式在雷达仿真过程中按照仿真时间步长或雷达仿真处理帧长进行本地化保存。在雷达仿真运行结束后,在雷达仿真结果回放界面上通过人工加载该数据文件,可对这些数据进行可视化的快速回放,而且在回放过程中,提供对显示器画面上各种数据(探测航迹、丢失航迹、探测点迹、真实目标、目标 ID 号、目标航迹号)是否显示以及显示颜色选择操作命令的响应。

5) 仿真结果评估

仿真结果评估功能通过对雷达仿真过程中记录和存储的仿真试验数据进行统计计算,实现对被仿真雷达的目标检测跟踪性能进行统计评估。图 2.70 给出了机械扫描体制的机载火控雷达仿真结果评估界面。从图中可见,机载火控雷达仿真过程中需要记录存储的数据主要包括:仿真场景中的真实目标航迹数据、雷达检测仿真输出的目标点迹数据和目标航迹数据。仿真评估模块从雷达仿真输出的目标跟踪结果数据中,通过与真实场景数据的匹配和比对,以时间为横

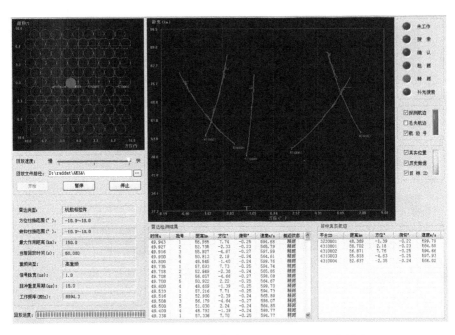

图 2.69 机载火控雷达仿真结果回放显示界面(见彩图)

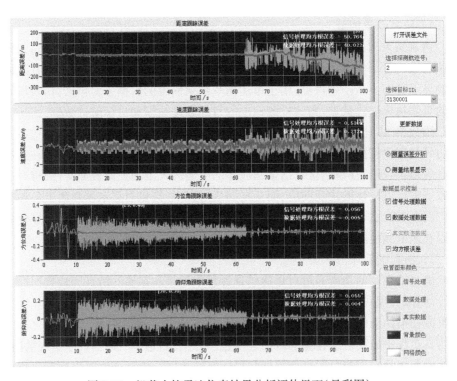

图 2.70 机载火控雷达仿真结果分析评估界面(见彩图)

轴,计算雷达每个处理帧输出的目标测量值(包括点迹和航迹)与真实值的差值,进而统计计算跟踪精度的变化情况,输出雷达对目标距离、速度、方位角、俯仰角跟踪的均方根误差。为了便于用户对雷达仿真结果的灵活分析,图 2.70 所示的仿真结果评估界面也提供了多种人机交互功能,例如:用户可以任意选择雷达仿真输出的目标航迹号和仿真场景中真实目标 ID 号进行逐个组合,然后点击"更新数据"按钮,则仿真评估模块就针对该组数据进行跟踪误差的统计计算,并按照雷达处理帧时刻绘制目标距离、速度、方位角、俯仰角的跟踪误差曲线,同时界面也提供了用户对点迹(对应雷达信号处理结果)跟踪误差曲线、航迹(对应雷达数据处理结果)跟踪误差曲线、均方根误差计算结果是否显示以及曲线颜色、图形显示背景颜色和网格颜色的自定义功能。

2.4.2　仿真系统处理流程设计

任何体制或型号雷达的信号级仿真系统都可以采用图 2.71 所示的软件处理流程。从图中可见,雷达仿真系统软件处理流程分为三个阶段:仿真运行前的数据准备阶段、仿真运行中的模型解算与信息显示阶段和仿真运行后的回放评估阶段。其中,仿真运行中的模型解算与信息显示阶段是一个按照时间步长推进的循环过程,每个循环的时间步长是一帧,如果设定的仿真时间已经达到,则仿真运行过程结束,否则开始下一帧的仿真循环。

在仿真运行前的数据准备阶段,用户通过雷达仿真系统提供的人机交互功能,对雷达仿真模型参数进行设置,并将设置好的模型参数保存到用户指定文件名的 XML 文件中;或者用户可以通过人机界面加载已生成的雷达模型参数 XML 文件,也可以对加载的模型参数进行修改和保存。如果雷达仿真系统的仿真运行需要与外部仿真系统进行协同,则在雷达仿真运行前的数据准备阶段,还需要建立与外部仿真系统主控软件之间的网络通信连接关系,即雷达仿真系统软件作为客户端,以具有唯一性的身份标志(ID 号)向主控软件服务器提出连接请求,建立与主控服务器的连接关系。

在仿真运行中的模型解算与信息显示阶段,首先进行仿真运行的初始化处理,对当前仿真时刻的场景数据进行解算,即通过空间坐标变换,计算仿真场景中目标平台与雷达平台的相对空间位置关系和相对运动关系,然后根据雷达系统仿真控制策略,确定当前的任务波束,产生雷达发射信号、目标回波信号、环境杂波信号、系统热噪声信号,将接收的电子干扰信号经过雷达接收天线调制处理后,与目标回波信号、环境杂波信号、系统热噪声信号按照时间序列进行叠加,从而形成进入雷达接收通道的"混合"信号。该混合信号经过雷达接收机、信号处理机的仿真模型解算处理后,根据需要可将接收通道的各个关键处理节点信号输出到节点信号显示界面进行图形化显示。若信号处理仿真模型能输出目标点

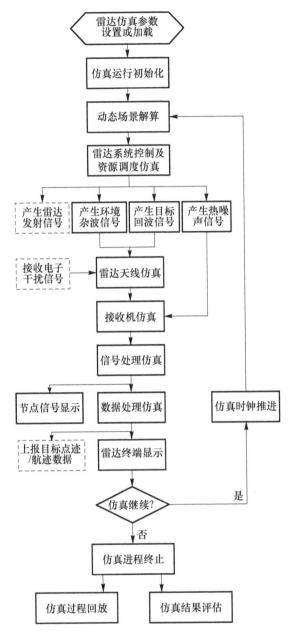

图 2.71 雷达信号级仿真系统软件处理流程图

迹数据,则将点迹数据送入雷达数据处理算法模型进行目标航迹的跟踪滤波,进而将目标点迹数据、航迹数据输出到雷达仿真终端显示界面上进行图形化显示,同时将本帧处理结果数据以二进制数据文件形式进行本地化存储,这也标志着本帧信号处理完毕。以上处理过程循环往复,直到仿真运行结束时刻。需要说明的是,在雷达与雷达对抗装备协同仿真运行场景下,图中"产生雷达发射信号"和"接收电子干扰信号"两个虚线框表示在雷达仿真运行过程中需要与外部的雷达对抗装备信号级仿真软件进行网络数据交互,雷达仿真生成的发射信号数据作为雷达对抗装备仿真模型要接收电子战威胁环境信号数据,同时雷达仿真模型也要接收来自环境中的有源电子干扰信号数据,而图2.71中"上报目标点迹/航迹数据"虚线框表示在雷达仿真过程中要将每个雷达处理帧检测输出的目标点迹/航迹数据上报给主控软件以用于雷达对抗效能的事后分析评估。另外,如果仿真的雷达是雷达组网仿真中的一个情报站点,则图中"上报目标点迹/航迹数据"虚线框也表示在雷达仿真过程中要将每个雷达处理帧检测输出的目标点迹/航迹数据上报给雷达网数据融合中心仿真软件,融合中心仿真软件对组成雷达网的各个雷达站上报的目标点迹/航迹数据进行融合处理。

在仿真运行后的回放评估阶段,雷达仿真系统通过加载仿真过程中记录存储的仿真试验数据,实现对雷达仿真过程的可视化快速回放分析,以及对雷达的目标检测跟踪性能的统计评估。

2.4.3 仿真系统运行方式设计

雷达信号级仿真系统运行方式与仿真应用需求相关。如果是站在雷达系统设计的角度,重点关注的是自然环境下雷达对目标的探测性能,不过多考虑复杂作战环境中各种电子干扰技战术应用对雷达系统目标探测性能的影响,则雷达信号级仿真系统软件可以设计为一个独立运行的EXE文件,只需要在仿真系统功能设计中增加简单的仿真场景设置功能即可。这种能完全独立运行的雷达仿真系统,既可以采用通用软件开发平台进行软件程序编制,例如Microsoft Visual C++,也可以在商业仿真工具软件平台上直接构建雷达仿真模型,例如Matlab、SystemVue等。其中,SystemVue是一个在Windows环境下运行的用于系统仿真分析的可视化软件工具,在该软件平台上构建仿真系统主要有以下几个优点:①平台提供了1000多种数字信号处理(DSP)模型,支持模块间可视化拖拉关联,可实现仿真系统的快速搭建;②平台提供了包含射频、DSP、通信及信道模型库,可支持DSP和射频的协同仿真;③平台支持各种模拟效应,如相位噪声、S参数、零中频直流偏置等;④在该平台上开发的软件可直接安装在安捷伦测试仪器上,能与测试设备、硬件平台连接进行系统性能验证。但在SystemVue上构建的仿真系统也存在以下不足:①只能单机运行,不支持分布式仿真,仿真运行速度慢,难以满足长时间的动态仿真需求;②仿真运行的显示界面比较抽象,专业性太强,除了能提供探针信号的波形图和频谱图显示功能外,其他的图形化显示功能需要用户进行二次开发;③仿真功能的扩充会受限于平台框架,很难满足复杂场景下的仿真需求。

随着电子对抗技术的发展,现代雷达面临着越来越激烈的有源干扰技术的挑战,提高雷达在复杂电磁环境中的抗干扰能力已成为雷达系统设计时必须考虑的重要课题。为了使雷达在遭受干扰时仍能有效工作,雷达采取了各种抗干扰技术。雷达对抗有源干扰的技术虽然很多,但还没有一种技术或措施可以对付所有的有源干扰样式,也正如实际工程中还没有一种有源干扰技术能对抗所有雷达体制或所有抗干扰措施,所以雷达干扰与雷达抗干扰将永远是在相互的斗争中,互相促进、共同发展。如果是站在雷达抗有源干扰的角度来考虑雷达仿真应用需求,则毫无疑问地需要将雷达与雷达对抗装备放在同一个场景下,通过研究它们之间的信息交互关系与信息处理过程,只有拥有更多的信息优势,才能在战场上找到对方的弱点,从而掌握雷达抗干扰技术的主动权。因此在本章的雷达信号级仿真系统设计中,以及第 4 章的雷达对抗装备信号级仿真系统设计中,从研究如何提高雷达系统抗干扰能力和雷达对抗装备干扰能力的角度出发,把这两类电子信息装备仿真系统软件都设计为功能上相对独立,但在仿真运行时需要与外部的主控软件、雷达对抗装备(或雷达)仿真系统软件一起联网,采用基于客户/服务器(C/S)的分布式网络结构,通过 TCP/IP 协议的网络信息交互关系,实现雷达与雷达对抗装备仿真的协同运行。

在雷达电子战仿真系统中,雷达信号级仿真系统软件设计为一个相对独立的 EXE 文件,可运行在 Windows 2000、Windows XP、Windows Server 2003、Windows 7 等标准视窗操作系统平台上,采用通用软件开发平台 Microsoft Visual C++ 进行软件编制。在计算机屏幕上双击该 EXE 文件,即可进入雷达信号级仿真系统软件的图形用户控制界面,它所提供的各种显示控制功能均可通过用户界面上的工具条和功能按钮来实现。图 2.72 给出了两坐标警戒雷达信号级仿真系统软件人机界面示意图。

需要说明的是,本书中所涉及的所有仿真系统软件均是在通用软件开发平台 Microsoft Visual C++ 上完成研制的。在该软件平台上通过采用面向对象技术构建仿真系统主要有以下几个优点:①便于设计结构优良的仿真系统通用软件框架,利于软件系统的不断升级;②支持分布式仿真结构,通过软件的并行开发,能有效提高仿真系统软件开发效率;③通过合理设计仿真系统运行逻辑,能满足长时间动态仿真需求;④可实现良好的用户界面功能,仿真过程可视化能力强;⑤易于实现复杂场景下的多目标对抗仿真需求;⑥便于高性能并行计算技术在仿真系统中的应用。

由于信号级数字仿真涉及大量的细粒度模型解算,例如有限长单位冲激响应(FIR)滤波器、快速傅里叶变换(FFT)、希尔伯特(Hilbert)变换、脉冲压缩、恒虚警(CFAR)检测、信号脉内调制等,特别是随着信号采样频率的提高,不可避免地存在着大数据量的计算与处理问题,因此在仿真系统设计中必须要考虑高

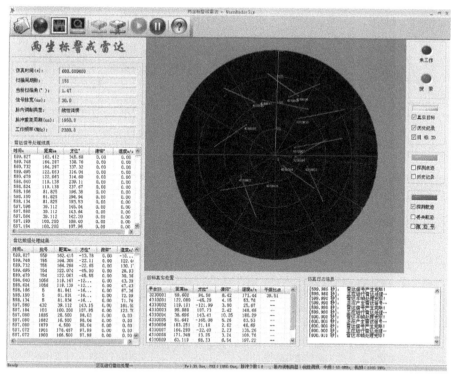

图 2.72　两坐标警戒雷达信号级仿真系统软件人机界面（见彩图）

性能计算技术的有效应用问题。例如，在仿真系统中可采用 OpenMP 应用程序接口将通常的串行算法直接并行化，在信号处理方面则可以使用商业 Intel IPP 函数库来提高信号处理的计算效率。除了使用这些第三方商业软件函数库实现并行计算以提高仿真运算速度外，在仿真运行过程的数据缓存区使用上也需要进行优化设计，尽量避免内存空间的频繁申请和释放。例如在仿真系统软件设计中，可以把所有的内存申请都放在初始化阶段，根据输入的初始化配置参数预先估计所需要的缓存区域大小，而在仿真运行阶段就不再申请缓存区，直到仿真运行结束时才释放这些缓存区，进而实现内存开销和运算速度的双重优化目的。

2.4.4　仿真系统数据接口设计

2.4.4.1　内部接口设计

雷达仿真系统软件采用面向对象分析技术和模块化设计技术，以层次型模块调用方式构建仿真系统，其内部接口关系如图 2.73 所示，描述了组成雷达仿真系统的两大类功能软件模块之间的信息交互关系。

雷达仿真系统软件的内部信息交互接口要素描述如表 2.7 所列。

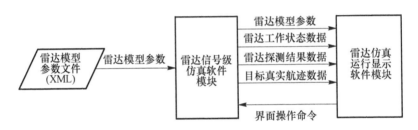

图 2.73　雷达信号级仿真系统软件内部接口关系

表 2.7　雷达仿真系统软件内部接口描述

序号	接口名称	接口内容	信息形式	传输方式	发送方	接收方
1	雷达模型参数	发射功率、天线方向图参数、天线扫描参数、信号波形参数等	结构体	读写内存	雷达信号级仿真软件模块	雷达仿真运行显示软件模块
2	雷达工作状态数据	雷达工作状态、天线波束指向、发射信号波形参数等	结构体	读写内存	雷达信号级仿真软件模块	雷达仿真运行显示软件模块
3	雷达探测结果数据	雷达探测的目标点迹数据和航迹数据等	结构体	读写内存	雷达信号级仿真软件模块	雷达仿真运行显示软件模块
4	目标真实航迹数据	目标的真实航迹数据	结构体	读写内存	雷达信号级仿真软件模块	雷达仿真运行显示软件模块
5	界面操作命令	跟踪目标选择、节点信号显示、显示数据类型选择等指令	结构体	读写内存	雷达仿真运行显示软件模块	雷达信号级仿真软件模块

2.4.4.2　外部接口设计

雷达仿真系统软件的外部接口包含两部分：雷达仿真系统软件与主控软件接口、雷达仿真系统软件与雷达对抗装备仿真系统软件接口。雷达仿真系统软件外部接口关系如图 2.74 所示。

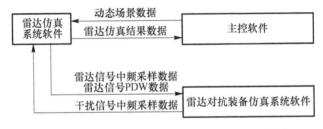

图 2.74　雷达信号级仿真系统软件外部接口关系

雷达仿真系统软件与主控软件的接口要素描述如表 2.8 所列。

表 2.8　与主控软件接口描述

序号	接口名称	接口内容	信息形式	传输方式	发送方	接收方
1	动态场景数据	雷达平台 ID	二进制数据包	SOCKET 实时传输	主控软件	雷达仿真系统软件
		雷达平台在地心坐标系下的 $X/Y/Z$ 轴坐标及坐标轴方向上的速度分量				
2	雷达仿真结果数据	雷达平台 ID	二进制数据包	SOCKET 实时传输	雷达仿真系统软件	主控软件
		航迹数据包括目标批号、距离、方位角、俯仰角、径向速度				

雷达仿真系统软件与雷达对抗装备仿真系统软件的接口要素描述如表 2.9 所列。

表 2.9　与雷达对抗装备仿真系统软件接口描述

序号	接口名称	接口内容	信息形式	传输方式	发送方	接收方
1	雷达信号 PDW 数据	雷达平台 ID	二进制数据包	SOCKET 实时传输	雷达仿真系统软件	雷达对抗装备仿真软件
		PDW 数据个数				
		PDW 数据，包含载频、脉幅、脉宽、脉冲到达时间、脉冲到达角、脉内调制类型、脉内调制参数				
2	雷达信号中频采样数据	雷达平台 ID	二进制数据包	SOCKET 实时传输	雷达仿真系统软件	雷达对抗装备仿真软件
		信号采样点个数				
		信号采样点幅度				
3	干扰信号中频采样数据	雷抗平台 ID	二进制数据包	SOCKET 实时传输	雷达对抗装备仿真软件	雷达仿真系统软件

2.5　雷达信号级仿真应用实例

2.5.1　三坐标警戒雷达信号级建模及仿真试验分析

方位机械扫描的三坐标雷达体制可分为两大类：一类是叠层/堆积多波束体制，另一类是电扫描体制。堆积多波束体制三坐标雷达采用发射宽波束，接收通过馈线系统在垂直方向上形成多个接收波束,每个接收波束后接一路接收机,通过各波束间回波幅度的不同,采用比幅测高方法定出目标高度[22]。比较典型的雷达有:美国 AN/TPS-43,法国 TRS-2201。

电扫描体制包括频扫体制、相扫体制、频相扫体制、数字波束形成(DBF)体制[23]。频扫三坐标雷达利用慢波线的频率色散效应实现天线波束在垂直空间的电扫描,接收时在射频仅需一路接收机,降到中频后再根据发射信号子脉冲的不同频率分成 M 路中频接收机,分别对不同频率信号进行检测,目标高度数据根据各波束回波幅度不同进行比幅测高。相扫三坐标雷达通过射频移相器实现笔形波束空间扫描,接收形成和差波束,经和差波束接收机接收的回波进行单脉冲测高。频相扫三坐标雷达一方面利用慢波线通过发射多频率子脉冲在垂直方向形成多个波束,另一方面利用射频移相器实现各波束宽带工作,解决了频扫雷达每个波束单一频率和相扫雷达单个波束扫描数据率低两方面的问题。频相扫三坐标雷达的目标高度数据与频扫雷达一样,根据各回波幅度进行比幅测高。DBF 体制雷达兼有相扫和堆积多波束体制的特点,发射仍用宽波束,接收时每个馈源通过一路接收机,下混频后经 A/D 变换成数字信号,利用加权形成接收多波束,通过波束间比幅,或求波束指向最大点完成目标高度的测量。

这里主要针对方位上采用 360°机械扫描、俯仰上采用多波束电子扫描实现对不同仰角空域覆盖的典型体制三坐标雷达进行信号级仿真。如图 2.75 所示,给出了该体制雷达的俯仰多波束电扫描示意图。图中,雷达在方位进行 360 机械连续扫描的同时,俯仰上进行 N 个 M 联波束的离散电扫描。电扫描采用频扫方式,即通过改变发射信号的载频频率来改变天线各阵元间的相位差,从而完成波束在俯仰方向的扫描。所谓 M 联波束就是在相同方位角上同时存在俯仰上相互邻接的 M 个波束,雷达接收机由 M 套独立系统组成,回波信号经过功分器后送往 M 路混频器,由频率综合器产生 M 路不同频率的本振信号,保证 M 个混频器输出中频相同,通过适当设计滤波器带宽,使得不同子波束回波信号进入各自不同的接收机。

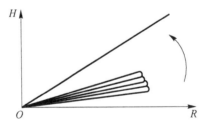

图 2.75 三坐标警戒雷达俯仰多波束电扫描示意图

对三坐标警戒雷达的建模工作主要围绕其基本信号/数据处理过程进行,根据该型雷达的系统组成,按照信号/数据处理流程提取相应的雷达仿真模型结构,图 2.76[23] 给出了该雷达信号接收处理仿真流程。图中许多仿真模块,特别是信号处理和数据处理模块,基本上与实际雷达系统的相应模块具有一一对应的关系。而对于天线、接收机、发射机等微波前端的仿真,考虑到计算机处理能力和仿真的主要目标,采用了简化的方式,即不模拟具体过程,而只是将微波前端的误差影响添加到雷达接收或发射信号中去,同时考虑电磁信号的空间传输延迟和衰减效应,这样既能达到以比较细粒度的雷达建模为基础进行雷达目标检测性能及抗干扰能力评估目的,又可大大降低数字仿真的难度和计算量。

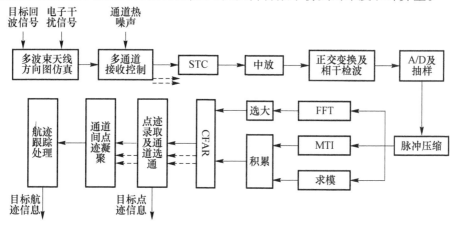

图 2.76　三坐标警戒雷达信号接收处理仿真流程图

下面将结合具体仿真试验场景,针对三坐标警戒雷达的目标探测性能进行动态仿真试验,并根据仿真试验数据,分析总结无干扰条件下三坐标警戒雷达对多个目标进行探测及航迹跟踪的性能。

三坐标警戒雷达仿真试验场景如图 2.77 所示,在仿真过程中,11 架飞机均按平面匀速直线飞行,飞行高度为 8000m,飞机目标 RCS 均取为 $12m^2$。

仿真试验中,三坐标警戒雷达通过边扫描边跟踪(TWS)方式形成目标航迹,实现对搜索空域内目标的粗略跟踪和监视,而且在指定工作方式下雷达天线扫描速度是固定。

仿真试验中,干扰载机上的干扰设备一直处于无线电静默状态,不发射干扰信号,所以三坐标警戒雷达对空中目标飞机的探测是无干扰条件下进行的。如图 2.78 给出了某个仿真时刻三坐标警戒雷达某个接收通道关键处理节点的仿真结果,从图中可见,雷达能够实现对目标回波信号的有效检测,经过接收通道 CFAR 检测能够输出目标点迹数据。

三坐标警戒雷达数据处理仿真模型通过对各个接收通道信号处理仿真输出的目标点迹数据进行凝聚处理,完成对有用目标点迹的录取,然后采用滑窗法进行目标航迹起始逻辑判断,经过点迹航迹关联确认和卡尔曼滤波与预测的航迹

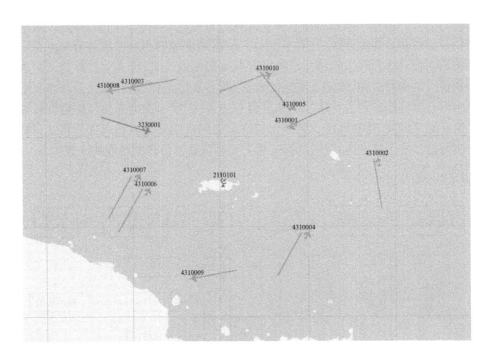

图 2.77　三坐标警戒雷达仿真试验场景示意图(见彩图)

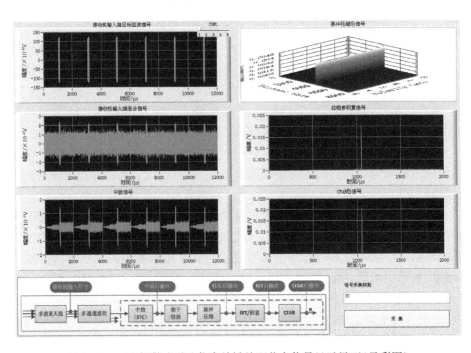

图 2.78　三坐标警戒雷达仿真关键处理节点信号显示界面(见彩图)

维持过程,实现对多个运动目标的航迹跟踪。如图 2.79 所示,三坐标警戒雷达仿真模型能够对仿真场景中设置的 11 个飞机类目标航迹实现稳定跟踪,满足多目标探测与航迹跟踪的仿真设计要求。

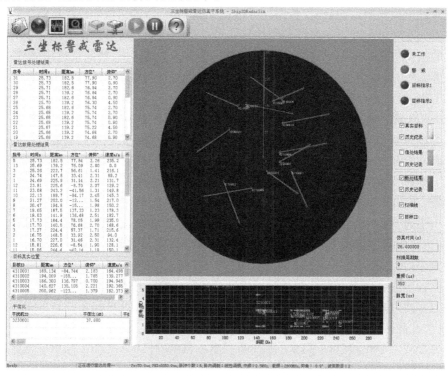

图 2.79　三坐标警戒雷达仿真终端显示界面(见彩图)

2.5.2　单脉冲雷达导引头信号级建模及仿真试验分析

为了提高实时处理和抗干扰能力,现代雷达导引头通常采用单脉冲测角技术。这种技术通过比较两个或多个同时天线波束的接收信号来获得精确的目标角位置信息,理论上可以从一个脉冲回波中得到二维角信息。由于同时多波束具有从单个回波脉冲形成角误差估值的能力,所以能有效克服回波脉冲幅度波动对角误差提取带来的影响。这不仅消除了能有效对付圆锥扫描雷达的调幅干扰的可能性,还使单脉冲雷达能有效跟踪噪声干扰信号,从而使单脉冲雷达导引头在受到压制干扰的情况下,可以转入被动跟踪干扰源的工作模式,继续实现对目标角度的跟踪并引导导弹飞向目标的能力,因此如何实现对单脉冲雷达导引头角度跟踪环路的有效干扰至今仍是电子战领域研究的热点问题。

雷达导引头的角度跟踪环路由测角系统和天线伺服系统组成。测角系统用于获取目标的角误差信息,角误差信息送到导引头的伺服系统中,驱动导引头天线朝减小角误差的方向转动,以实现对目标角度的连续跟踪。无论何种体制的单脉冲雷达,其测角系统总是包括角度敏感器、角度信息变换器和角度鉴别器三个部分,但是这三个部分在单脉冲雷达中并不是孤立存在的,而是融入在雷达系统对目标检测跟踪的信号/数据处理过程中,对单脉冲雷达角度跟踪环路的建模实质上是对单脉冲雷达系统整个信息处理过程的建模。对单脉冲雷达导引头系统的建模仿真是根据导弹主动雷达导引头的典型系统组成,按照雷达信号/数据处理流程,对导引头天线、接收机、信号处理、数据处理和导弹飞行控制系统的基本工作过程建立相应的仿真模型。

从采用的信号波形及信号处理体制上分,雷达导引头通常分为脉冲体制、准连续波体制和脉冲多普勒体制。脉冲体制导引头采用低重频非相参脉冲信号进行脉冲检测与时延测量,在实施距离跟踪的基础上,实时提取目标的角误差信息。准连续波体制导引头采用高重频相参脉冲信号进行谱线检测与多普勒频率测量,在实施速度跟踪的基础上,实时提取目标的角误差信息。脉冲多普勒体制导引头通常采用中重频相参脉冲信号(也可以采用高重频或低重频相参脉冲信号)进行时频二维检测,在实施距离跟踪和速度跟踪的基础上,实时提取目标的角误差信息。

这里以脉冲多普勒体制单脉冲雷达导引头为例,由于脉冲多普勒导引头能同时在速度和距离上提取所需要的目标信息,进而实现对目标角信息的最佳处理,因此脉冲多普勒雷达导引头对目标角度变化的跟踪是在对目标距离变化和多普勒频率变化跟踪的基础上进行的。图2.80为脉冲多普勒体制单脉冲雷达导引头接收机及信号处理仿真流程图。

图2.80中,"和"通道及"差"通道混合信号是指目标回波信号、电子干扰信号分别经过单脉冲雷达导引头天线方向图仿真调制后形成和通道信号、差通道信号,然后与和、差通道热噪声信号叠加的混合信号(中频采样实信号)。单脉冲雷达导引头和通道与差通道处理的仿真流程基本一致,中频混合信号经过中放滤波、正交变换及相干检波处理后变为正交的两路基带信号,这两路正交的实信号组成一路基带复信号,它保留了回波信号复包络的所有信息,因此导引头信号处理的仿真运算都是在复数域上进行的。和、差通道的基带复信号经过A/D量化及抽样、缓存、距离门FFT处理后,首先对和通道信号在距离和速度跟踪波门范围内进行恒虚警率检测处理,若能检测到目标,则用目标所在跟踪波门内的最大信号对应的距离单元和速度单元来选通差通道信号相对应单元的输出信号进行复信号点积运算以得到目标的角误差估值。当导引头受到压制干扰而导致在距离和速度跟踪波门内检测不到目标,即恒虚警率检测无输出值,则可进入跟踪干扰源工作模式,这时利用导引头数据处理外推预测的目标所在距离和速度单元来选通和、差通道相应单元的输出信号进行点积运算以得到角误差估值。

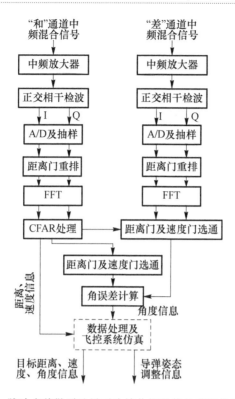

图 2.80 脉冲多普勒雷达导引头接收机及信号处理仿真流程图

从图 2.80 可见,单脉冲雷达角度跟踪测量(即角度鉴别器)仿真模型是单脉冲雷达接收机及信号处理仿真模型的一个组成部分,用于实现单脉冲雷达对目标角偏离误差信号的提取。

角度鉴别器输出的角偏离误差信号通过角伺服系统驱动导引头天线波束对目标进行连续的角度跟踪,而伺服系统的性能将直接影响导引头的角度跟踪精度,因此对雷达伺服系统的建模仿真是非常必要的。雷达伺服系统是靠误差工作的反馈闭环控制系统,通常设计成由电流回路、速度回路和位置回路组成的三环二阶无静差系统,要求具有快速响应特性、高跟踪精度和宽调速范围的性能指标,但实际的雷达伺服系统都存在各种非线性环节,所以会不可避免地产生静态误差。在雷达伺服系统设计中,伺服系统的仿真是用来验证系统设计参数的合理性及是否满足系统性能指标[24],通常采用数字仿真或实物仿真方法。伺服系统数字仿真是利用计算机数值计算的方法,建立伺服系统控制对象的数学模型,通过选择不同形式和参数的校正环节,计算系统的输出特性[24],因此用于伺服系统设计目的的数字仿真首先是建立在对控制对象行为特性的详细描述和系统设计参数及性能指标全面分析的基础上,而这里对导引头伺服系统的仿真主要针对伺服系统的稳定性、过渡过程品质及动态响应能力等技术指标,将伺服系统看作是一个单位脉冲响应无限长的线性时不变系统,利用数字滤波技术将导引头伺服系统近似等效为一个具有无限长单位冲激响应的 IIR 递归滤波器。一个 IIR 递归滤波器的差分方程表示为

$$y(n) = \sum_{m=0}^{M} b_m x(n-m) - \sum_{m=1}^{N} a_m y(n-m) \quad (2.180)$$

式中:b_m 和 a_m 分别为滤波器的系数,$a_0 = 1$;若 $a_N \neq 0$,则 N 为 IIR 滤波器的阶数。

要设计一个 IIR 滤波器,首先要设计原型模拟低通滤波器,仿真中选用巴特沃兹滤波器,将伺服带宽作为滤波器通带截止频率,因为巴特沃兹滤波器具有最大平坦的幅度响应,在通带内呈现相当好的线性相位响应;然后采用双线性变换法,将模拟滤波器系数变换为数字滤波器系数;最后使用上式计算滤波器的输出。这里设计了一个 3 阶的 IIR 滤波器,其通带截止频率为 8Hz,采样频率为 50Hz。图 2.81 是该滤波器的单位阶跃响应曲线,上升时间为 0.0695s,过渡过程时间为 0.24s,超调量为 10%。

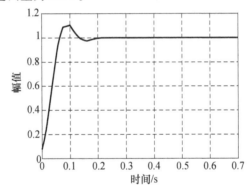

图 2.81 3 阶 IIR 滤波器的单位阶跃响应曲线

目前寻的制导导弹上广泛采用的导引规律是比例导引律,这种导引规律的制导方程具有如下形式:$\dot{\theta} = k_g \dot{q}$,式中 k_g 为比例导引系数,它表示实现比例导引时,导弹速度矢量的转动角速度 $\dot{\theta}$ 应是弹目视线角的转动角速度 $\dot{q}$ 的 k_g 倍。适当选择 k_g 值,可以在较大的范围内改善导弹的弹道特性。理论分析证明,使 k_g 值与 (v_c/v_m) 成正比变化时,即 $k_g = N_g \times (v_c/v_m)$,式中:$N_g$ 为有效导航比,近似为一常数;v_c 为弹目间的相对速度,v_m 为导弹速度,可实现空间任意点上的弹道单值性,这就是工程上使用的修正比例导引律。图 2.80 中的导弹飞行控制仿真模型根据导弹比例导引律的制导方程和每个仿真时刻导引头信号/数据处理仿真输出的目标跟踪数据,实时计算比例导引系数 k_g 和弹目视线角速度 $\dot{q}$,进而得到导弹速度矢量的角速率 $\dot{\theta}$,但要考虑导弹所能达到的最大法向加速度的限

制,以实现对导弹飞行姿态的调整和控制。

下面将结合具体仿真试验场景,针对单脉冲雷达导引头的角度跟踪性能进行动态仿真试验,并根据仿真试验数据,对单脉冲雷达导引头抗自卫式单点源干扰能力进行总结[25]。

仿真场景为一枚空空导弹以迎头方式攻击一架作战飞机,机上干扰设备对雷达导引头实施有源干扰以实现载机自卫,飞机的雷达截面积为 $12m^2$。在初始仿真时刻,弹目距为 19.493km,弹目间的径向速度为 898m/s。仿真实现的振幅和、差式单脉冲雷达导引头采用高重频脉冲多普勒工作体制,主要仿真参数:工作频率为 10GHz,发射峰值功率为 500W,天线主瓣增益为 25dB,半功率波束宽度为 $5°×5°$,第一副瓣电平为 -25dB,接收机噪声系数为 4dB,恒虚警处理方式采用单元平均选大,导引头角伺服带宽为 8Hz,天线最大偏置角为 $60°$,目标距离和速度的跟踪滤波采用卡尔曼滤波算法,发射信号波形为常规相参脉冲串,脉宽为 $0.5\mu s$,脉冲重复周期分别为 $4.5\mu s$、$5\mu s$ 和 $5.5\mu s$。跟踪状态下,导引头根据预测的脉冲遮挡效应选择合适的发射信号重频,导弹采用修正比例导引律。

1) 无电子干扰条件下的目标角度跟踪仿真试验

在仿真试验中,可利用单脉冲雷达导引头仿真软件提供的探针功能对导引头关键处理节点的输出信号进行波形或频谱分析,如图 2.82 所示。图中给出在导引头接收机输入端的目标回波信号与通道热噪声信号的中频混合信号频谱图(a)、中频混合信号经过中放滤波器后的频谱图(b)、导引头对距离跟踪波门内信号进行 FFT 处理后的频谱图(c)以及经过恒虚警处理后的输出结果(d)。在空空导弹攻击载机目标的仿真过程中,通过记录导引头对目标的检测跟踪数据并进行统计处理,可以得到图 2.83 所示的单脉冲雷达导引头对目标距离、速度、角度的跟踪误差统计图,图中横坐标为时间轴,以导引头处理帧长(即波束驻留时间)为单位,纵坐标为距离、速度及角度的跟踪误差值。从图 2.83 中可见,单

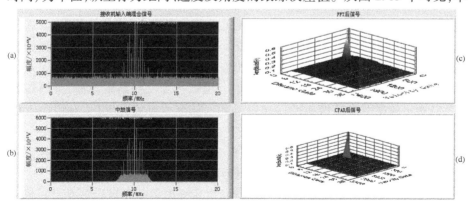

图 2.82 无电子干扰条件下导引头关键处理节点输出信号(见彩图)

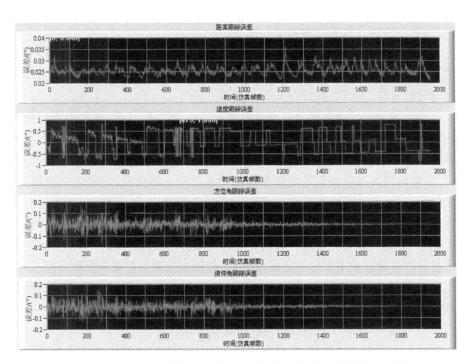

图 2.83 无电子干扰条件下导引头对目标的跟踪误差统计图(见彩图)

脉冲雷达导引头对目标角度跟踪的精度比较高,而且随着弹目距的逐渐逼近,角度跟踪误差越来越小。

2) 自卫电子干扰条件下的目标角度跟踪仿真试验

在载机实施自卫电子干扰的仿真试验中,干扰设备在导引头的目标搜索、截获及初始跟踪阶段保持无线电静默(不发射干扰信号),当导引头稳定跟踪目标170 帧(此时弹目距约 17km)以后再采用噪声干扰样式对导引头目标检测跟踪过程进行压制,噪声带宽设置为 5MHz,噪声干扰信号波形及频谱图如图 2.84 所示。仿真试验中,当导引头受到压制干扰无法实现对目标的有效检测时,则进入被动跟踪干扰源工作模式,此时导引头根据数据处理的跟踪滤波算法预测目标所在距离和速度单元来选通和、差通道相应单元的输出信号进行目标角误差估值运算,从而实现对目标角度的有效跟踪。根据仿真试验结果数据,可得到如图 2.85 所示的导引头角度跟踪误差统计图。从图中可见,导引头在跟踪目标170 帧之后的角度跟踪误差明显降低,这是由于干扰信号较强,导引头利用干扰信号进行目标角误差估值运算的精度更高,但同时也能看到,由于噪声干扰信号所具有的随机性,在某些时刻对目标角度跟踪误差也会变大。

通过以上仿真试验可以看出,当单脉冲雷达导引头受到目标自卫式压制干扰时可转入跟踪干扰源工作模式(即干扰寻的方式),此时干扰信号作为目标信

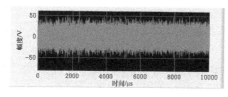
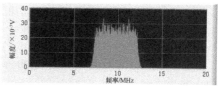

图 2.84 噪声干扰信号波形及频谱图(见彩图)

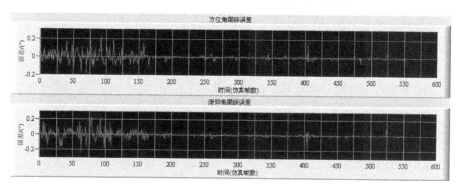

图 2.85 自卫电子干扰条件下导引头对目标的跟踪误差统计图(见彩图)

息的载体信号,虽然导引头无法提取目标的距离和速度信息,但可借助干扰信号对目标实施角跟踪,提取制导信息并形成制导指令,以引导导弹飞向目标。若导引头在跟踪过程始终受到持续性的压制干扰而得不到目标的速度信息,则会使导弹飞控系统无法使用修正比例导引律,这在一定程度上将影响导弹弹道性能的改善。当干扰设备采用距离欺骗或速度欺骗干扰技术进行载机自卫时,虽然可把假距离信息或假速度信息引入到要干扰的雷达导引头,但导引头仍能得到精确的角度信息。只有在导引头的跟踪波门被捕获,且欺骗干扰机又关机时,受干扰的导引头才会丢失目标的角度信息。但是由于失跟前导引头天线是指向目标方向的,所以其在距离或速度上对目标的重新截获是很快的,基本在毫秒量级。因此,单脉冲雷达导引头对自卫式单点源干扰具有良好的抗干扰性能。

参考文献

[1] Barton D K. 雷达系统分析与建模[M]. 南京电子技术研究所,译. 北京:电子工业出版社,2012.5.

[2] 米切尔 R L. 雷达系统模拟[M]. 陈训达,译. 北京:科学出版社,1982.7.

[3] 中航雷达与电子设备研究院. 雷达系统[M]. 北京:国防工业出版社,2005.1.

[4] 黄培康,殷红成,许小剑. 雷达目标特性[M]. 北京:电子工业出版社,2005.3.

[5] 贲德,韦传安,林幼权. 机载雷达技术[M]. 北京:电子工业出版社,2006.12.

[6] 吴顺君,梅晓春. 雷达信号处理与数据处理技术[M]. 北京:电子工业出版社,2008.2.

[7] 丁鹭飞,耿富录. 雷达原理[M]. 西安电子科技大学出版社,1984.

[8] Mahafza B R. Radar Systems Analysis and Design Using MATLAB[M]. Chapman & Hall/CRC. 2000.

[9] Skolnik M L. 雷达系统导论[M]. 左群声,等译. 3 版. 北京:电子工业出版社,2006.

[10] 杨凤凤. 基于 ZMNL 法的雷达杂波仿真[J]. 现代雷达. 2003,9.

[11] 列昂诺夫 A N,等. 单脉冲雷达[M]. 黄虹,译. 北京:国防工业出版社,1974.

[12] Ingle V K,Proakis J G. 数字信号处理——使用 MATLAB[M]. 刘树棠,译. 西安:西安交通大学出版社,2002.

[13] 程佩青. 数字信号处理教程[M]. 2 版. 北京:清华大学出版社,2001.

[14] Schleher D C. Electronic Warfare in the Information Age[M]. Artech House. 1999.

[15] 莫里斯 G,哈克里斯 L. 机载脉冲多普勒雷达[M]. 2 版. 南京:信息产业部第十四研究所五部,1998.

[16] Stimson G W. 机载雷达导论[M]. 2 版. 吴汉平,等译. 北京:电子工业出版社,2005.

[17] Bassem R, Atef Z. MATLAB Simulations for Radar Systems Design[M]. Chapman & Hall/CRC. 2003.

[18] 何友,修建娟,等. 雷达数据处理及应用[M]. 北京:电子工业出版社,2006.

[19] 张明友,汪学刚. 雷达系统[M]. 北京:电子工业出版社,2006.

[20] 费利那 A,斯塔德 F A. 雷达数据处理(第一卷)[M]. 北京:国防工业出版社,1988.

[21] 乔磊. 支持 XML 数据管理的文件系统研究[D]. 合肥:中国科学技术大学,2007.

[22] 陆军. 现代三坐标雷达体制的发展[J]. 现代电子. 1995,1.

[23] 安红,孟建,等. 三坐标雷达对抗仿真系统研究[J]. 电子对抗技术. 2002,1.

[24] 王德纯,丁家会,程望东,等. 精密跟踪测量雷达技术[M]. 北京:电子工业出版社,2006.

[25] 安红,杨莉,宋悦刚. 单脉冲雷达导引头角度跟踪环路建模及抗干扰仿真分析[J]. 中国电子科学研究院学报,2012,1.

第 3 章
雷达侦察装备的系统建模与仿真

3.1 雷达侦察装备仿真的基本方法

雷达侦察是获取雷达情报的主要手段,其基本任务是从敌方雷达发射的信号中检测有用的信息,并且与其他手段获取的信息综合在一起,引导己方做出及时、准确、有效的反应[1]。按照雷达侦察的具体任务,雷达侦察装备主要分为3大类:电子情报侦察(ELINT)装备、电子支援侦察(ESM)装备和雷达告警接收机(RWR)。雷达情报侦察装备用做电子情报侦察,要求对情报信息获取准确、全面,能提供详细的信号技术参数、辐射源位置以及辐射源长期的活动规律等情报信息,相对地会允许信号测量所用时间稍长一点。电子支援侦察装备和雷达告警设备用做电子支援侦察,要求对威胁信号快速反应,以实现对雷达干扰设备的实时支援,允许有些信号参数测量精度略低(但是对用于快速频率瞄准的载频测量精度要求较高)、观察信号不全面等。

雷达侦察装备主要由侦察接收天线、接收机、信息处理终端组成,如图3.1所示。侦察接收天线不仅用来接收信号,还可以用来测量信号的进入方向,称为无源测向。实现无源测向的基本方法有最大信号法测向、比幅法测向、比相法测向、时差法测向、混合方式测向、方位估计法测向。侦察装备所采用的测向方法是选择天线样式或进行天线阵设计的最重要依据。接收机是在截获信号的基础上,完成对信号的某些参数(例如频率、脉宽、幅度、到达时间、到达角等)的测量,并把这些信号参数送往信息处理终端以完成其他测量和处理。常见的接收机类型主要包括:晶体视频接收机、瞬时测频接收机、调谐式射频接收机、超外差接收机、固定调谐接收机、布拉格小盒接收机、信道化接收机、数字接收机等。其中,超外差接收机灵敏度高、动态范围大、信号参数测量精度高,常用于雷达情报侦察装备中,但是超外差接收机瞬时带宽窄、信号截获概率低,所以在要求快速响应的告警设备或要求实时引导干扰的侦察设备中,一般使用信道化接收机或瞬时测频接收机[2]。数字接收机是指在对接收的信号进行下变频和放大后,通过高速模数转换(A/D)器进行数字采样,将模拟信号变成数字信号,然后对数字信号进行各种处理,包括检测信号的有无、判定信号的状态(例如是连续波信号还是脉冲信号)、测量信号的参数等。信息处理终端对接收机送来的信号测量参数进行分析处理,降低噪声对信号测量的影响,以进一步提高信号参数测量精度;根据信号特征的不变性进行特征值计算来实现对所接收的密集信号的分选,基于威胁数据库的信号识别,以及对辐射源目标的定位,形成电子情报提供给作战部门使用;对识别出的威胁目标(如导弹制导雷达)发出告警信号,以便让操作员及时采取自卫对抗措施;向干扰机提供干扰目标信号及其特征参数,以便实施最佳的高效干扰[2]。

图 3.1　雷达侦察装备原理结构图

雷达侦察装备作为典型的电子信息装备,对雷达信号的检测、截获、参数测量、分选和识别是其核心功能。特别是近年来随着 A/D 技术和高速数字信号处理技术的飞速发展,雷达侦察装备正在快速地向数字化方向发展,以宽带数字接收机为典型代表的数字化侦收技术体制将成为现代雷达侦察装备的必然选择。因此利用数字仿真技术针对雷达侦察装备的信息处理过程进行建模,利用仿真试验手段对数字接收机的信号处理算法进行检验,对雷达侦察装备系统性能进行分析,是目前普遍采用的技术途径。

根据雷达侦察装备的工作过程,可将雷达侦察过程中信息处理行为描述为:雷达信号接收→雷达信号检测与参数测量→雷达信号分选→雷达信号识别→雷达侦察结果输出五个阶段。因此,对雷达侦察装备的建模仿真也主要是围绕上述五个阶段的具体处理流程,建立信号接收、检测处理、分选、识别关键处理环节或功能模块的仿真模型。雷达侦察装备仿真处理流程如图 3.2 所示。

无论是电子情报类的侦察装备,还是电子支援类的侦察装备,侦察接收机对雷达信号的检测、截获和参数测量是后续进行信号分选、识别的基础。在目前常见的 9 种接收机类型中,除了数字接收机外,其他的都属于模拟体制接收机。由于数字接收机是通过对输入的模拟信号进行采样转化为数字信号,然后采用数字信号处理算法完成对信号检测和参数测量的,所以对数字接收机进行信号级仿真是可行的。数字接收机的信号级仿真过程,实际上是复现数字接收机的信号处理过程,仿真模型应该根据数字接收机的信号处理流程,采用与之相同的信号处理算法和处理逻辑,从而能比较真实地反映数字接收机的信号处理能力。而对于模拟体制接收机,由于数字仿真很难真实反映实际射频通道(微波通道)的物理特性,所以对这类接收机建立功能级仿真模型是比较合理的。

对雷达侦察装备仿真时,应根据仿真目的,并结合侦察装备采用的接收机技

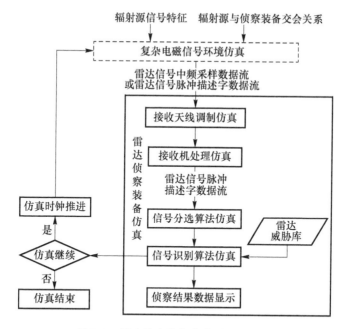

图 3.2 雷达侦察装备仿真处理流程图

术体制,选择适合的仿真方法。例如,若侦察装备采用的是数字接收机,且仿真目的是通过仿真试验来检验数字接收机的信号处理算法性能,或者检验雷达侦察装备在复杂电磁环境下的整体性能,评估雷达侦察装备复杂电磁环境的适应性,则可以采用信号级仿真方法。当仿真目的是通过仿真试验来检验雷达侦察装备信号分选算法的性能,或者比较不同信号分选算法性能的优劣,而并不过度关注接收机的实际能力,则可以采用脉冲级仿真方法。

对雷达侦察装备进行信号级仿真时,雷达侦察装备仿真模型接收的是来自外部的雷达辐射源信号中频采样数据流,对接收机的仿真主要围绕数字接收机的信号检测与参数测量过程建立相应的信号处理算法模型,如图 3.3 所示,以实现对雷达信号参数(信号到达时间、频率、脉宽、幅度、相位、调制方式、到达角等)的测量,以及对帧内不同数字接收通道检测输出的数据融合,最终形成雷达信号脉冲描述字(PDW)数据,作为雷达信号分选算法仿真模型的输入数据。

对雷达侦察装备进行脉冲级仿真时,雷达侦察装备仿真模型接收的是来自外部的雷达辐射源信号脉冲描述字(PDW)数据流,对接收机的仿真主要针对接收机信号检测和参数测量能力建立相应的功能模型,如图 3.4 所示,由信号截获检测和信号参数测量两部分模型组成。信号截获检测包括频域检测和能量域检测,如果雷达信号的频率在接收机瞬时工作带宽内,则信号满足频域截获条件;如果雷达信号功率大于接收机灵敏度,则信号满足能量域截获条件。当输入的雷达信号同时满足频域和能量域截获条件时,该信号被送入信号参数测量模型,否则该信号被去除掉,不再参与后续的仿真处理流程。对信号参数测量的仿真是根据雷达侦察装备对雷达信号载频、到达角、脉冲宽度、脉冲幅度和脉冲到达时间等脉冲参数所能达到的测量精度,产生相应的测量误差分布,通常采用高斯分布,并添加到接收的雷达信号真实脉冲描述字数据上,形成带有测量误差的脉冲描述字数据,作为雷达信号分选算法仿真模型的输入数据。

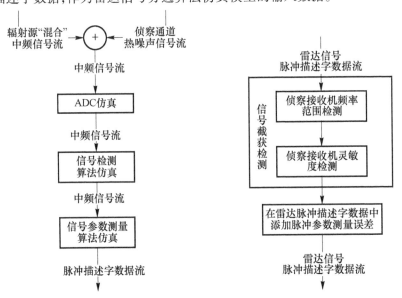

图 3.3　侦察接收机信号级仿真流程图　　图 3.4　侦察接收机功能级仿真流程图

3.2　复杂信号环境仿真模型

雷达辐射源信号环境模拟的是各种体制雷达的发射信号,按照雷达工作流程,动态地输出雷达发射的中频信号流数据和脉冲描述字数据。可以从雷达的脉内调制特性、重频特性、载频特性和天线扫描特性等几个方面对雷达信号进行仿真建模,通过对上述特殊不同类型间的组合可以模拟目前绝大多数体制雷达辐射的信号。

3.2.1　雷达信号脉冲描述字模型

由于绝大多数雷达都是脉冲体制雷达,所以可以用脉冲描述字(PDW)来描述雷达发射的每一个脉冲信号。PDW 包含 5 大参数:脉冲到达时间(TOA)、脉冲宽度(PW)、脉冲射频(RF)、脉冲幅度(PA)、到达方向(DOA)。雷达侦察接收机通过参数测量将雷达脉冲信号的这 5 大参数提取出来,形成雷达信号脉冲描述字数据,用于后续的信号分选和识别。在进行雷达侦察脉冲级仿真时,雷达侦察装备直接在接收到的 PDW 数据上处理,所以雷达辐射源仿真模型需要产生雷达信号脉冲描述字数据。

PW 和 RF 可以根据雷达发射信号波形参数直接获取。

TOA 是指雷达脉冲信号到达雷达侦察接收机的时间,假设雷达发射某个脉冲的时刻为 T_t,经过路程传输延迟 ΔT_r 后,到达雷达侦察接收机的时刻,即

$$\text{TOA} = T_t + \Delta T_r = T_t + \frac{R}{C} \tag{3.1}$$

式中:R 为雷达与侦察接收机之间的距离;C 为光速。

每个雷达脉冲信号的发射时间可以用下式计算,为

$$T_t(k+1) = T_t(k) + \text{PRI} \tag{3.2}$$

式中:$T_t(k+1)$ 为 $k+1$ 个脉冲的发射时间;$T_t(k)$ 为第 k 个脉冲的发射时间;PRI 为脉冲重复间隔,根据雷达发射信号波形的不同,PRI 在不同的时间取值可能发生变化。

PA 为雷达脉冲信号到达雷达侦察接收机时的脉冲信号幅度,可以用下式计算,为

$$\text{PA} = \sqrt{\frac{P_t G_t(\theta_t) G_j(\theta_r) \lambda^2}{(4\pi R)^2 L_t L_r} \cdot Z} \tag{3.3}$$

式中:P_t 为雷达发射功率;$G_t(\theta_t)$ 为雷达天线在侦察接收机方向的发射增益;$G_j(\theta_r)$ 为侦察接收天线在雷达方向上的接收增益;λ 为信号波长;R 为雷达与侦察接收机之间的距离;L_t 为雷达的发射损耗;L_r 为侦察接收机的接收损耗;Z 为天线匹配阻抗,一般取 50Ω。

DOA 是指雷达脉冲信号到达侦察接收机的方位角,也就是雷达在以侦察接收机平台为坐标原点的北天东坐标系下的方位角,可以通过空间坐标变换计算得到。

3.2.2 雷达信号中频采样模型

3.2.2.1 雷达信号脉内调制模型

雷达常见的脉内调制类型包括无调制常规信号、线性调频信号、相位编码信号等。

1) 常规信号

常规信号是指脉内没有调制的信号,可表示为

$$s(t) = A \cdot u(n) \cdot \cos(2\pi f_0 n T_s + \varphi_0) \tag{3.4}$$

式中:A 为信号幅度;f_0 为信号载频(采用中频仿真时,该频率为中频仿真频率); T_s 为采样周期;φ_0 为信号初始相位;

$$u(n) = \begin{cases} 1 & 0 \leq n < N \\ 0 & n \geq N \end{cases}, N = \text{Int}\left[\frac{\tau}{T_s}\right], 表示一个脉宽内的采样点数,\tau 为脉$$

冲宽度。

假设脉冲幅度 $A=1$,脉冲宽度 $\tau=1\mu s$,仿真频率 $f_0=10.0\text{MHz}$,系统采样频率 $f_s=40\text{MHz}$,仿真得到的雷达信号波形及频谱如图 3.5 所示。

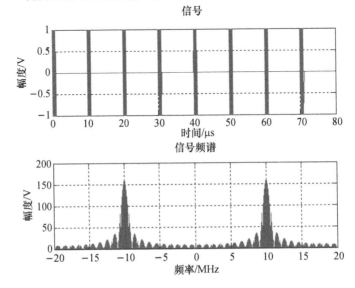

图 3.5 常规信号波形图(见彩图)

2) 线性调频信号

线性调频(LFM)信号是指在脉冲持续期间(脉内)频率连续线性变化,即时频关系为线性的信号,可表示为

$$s(t) = A \cdot u(n) \cdot \cos(2\pi f_0 n T_s + \pi K_L (n T_s)^2 + \varphi_0) \qquad (3.5)$$

式中:A 为信号幅度;f_0 为信号起始频率;T_s 为采样周期;φ_0 为信号初始相位;τ 为脉冲宽度;K_L 为调制斜率;$K_L = \dfrac{B_L}{\tau}$;B_L 为调制带宽。

假设脉冲幅度 $A=1$,脉冲宽度 $\tau=8\mu s$,调频带宽 $B_L=4\text{MHz}$,仿真频率 $f_0=10.0\text{MHz}$,系统采样频率 $f_s=40\text{MHz}$,仿真得到的雷达信号波形及频谱如图 3.6 所示。

3) 相位编码信号

相位编码信号由许多子脉冲组成,每个子脉冲的宽度相等,而相位由调制的编码序列决定。假设子脉冲宽度为 τ_0,各个子脉冲之间紧密相连,编码序列长

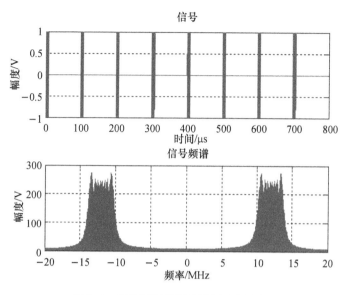

图 3.6 线性调频信号波形图(见彩图)

度为 P,则相位编码信号的等效时宽为 $P \cdot \tau_0$;等效带宽 B_e 取决于子脉冲宽度 τ_0, $B_e = 1/\tau_0$。

相位编码波形包括二相编码、四相编码等,当前用得最多的相位编码波形是二相编码波形。当子脉冲之间的相移只取 0 和 π 两个数值时,就可构成二相编码信号。常用的编码序列是随机编码信号序列,因为其模糊函数呈理想的"图钉形",所以具有良好的距离和速度分辨能力,如巴克码、M 码等。

相位编码信号可表示为

$$s(t) = A \cdot u(n) \cdot C_k \cdot \cos(2\pi f_0 n T_s + \varphi_0) \tag{3.6}$$

或

$$s(t) = A \cdot u(n) \cdot \cos(2\pi f_0 n T_s + \varphi_k + \varphi_0) \tag{3.7}$$

式中:A 为信号幅度,f_0 为信号载频,T_s 为采样周期,φ_0 为信号初始相位,τ 为脉冲宽度,C_k 为编码序列,$C_k \in (+1, -1)$,$k = 0, 1, \cdots, P-1$。φ_k 为相位序列,$\varphi_k \in \{0, \pi\}$。

(1)巴克码。巴克码有较好的性能,在脉冲压缩雷达系统中有较多的应用,但缺点是对多普勒频率比较敏感,并且编码种类较少。巴克码是一种二元随机序列码 $\{c_n\}$,$c_n \in (+1, -1)$,$n = 0, 1, \cdots, N-1$,其非周期自相关函数应满足:

$$R(m, 0) = \sum_{k=0}^{N-1-|m|} c_k c_{k+m} = \begin{cases} N & m = 0 \\ 0 \text{ 或 } \pm 1 & m \neq 0 \end{cases} \tag{3.8}$$

巴克码是一种最佳序列码,其非周期自相关函数满足小于 1 的条件,但目前能找到的巴克码序列最长为 13 位,表 3.1 给出巴克码序列及其主、副瓣比。

表 3.1 巴克吗序列

序列长度	序列	主、副瓣比/dB
2	+1,+1 或 -1,+1	6
3	+1,+1,-1	9.6
4	+1,+1,-1,+1 或 +1,+1,+1,-1	12
5	+1,+1,+1,-1,+1	14
7	+1,+1,+1,-1,-1,+1,-1	17
11	+1,+1,+1,-1,-1,-1,+1,-1,-1,+1,-1	20.8
13	+1,+1,+1,+1,+1,-1,-1,+1,+1,-1,+1,-1,+1	22.2

假设脉冲幅度 $A=1$,脉冲宽度 $\tau=13\mu s$,码元个数 13,仿真频率 $f_0=10.0\text{MHz}$,系统采样频率 $f_s=40\text{MHz}$。仿真得到的雷达信号波形及频谱如图 3.7 所示。

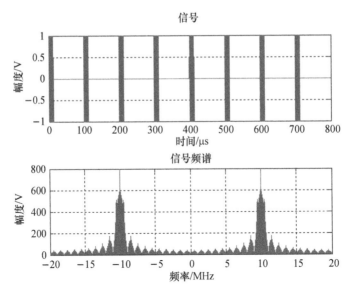

图 3.7 巴克码信号波形图(见彩图)

(2) M 码。M 码是由线性反馈移位寄存器产生的一种周期最长的二相码,在雷达、通信、信息对抗等系统中均有广泛的应用。M 码可表示为

$$b_k = \sum_{i=1}^{N} c_i b_{k-1} (\mathrm{mod}\ 2) \tag{3.9}$$

式中:b_k 为移位寄存器状态;c_i 是权值,取值为 1 或 0,取值为 1 表示该级有反馈,为 0 表示该级无反馈;(mod 2)表示对 2 取模;N 为移位寄存器位数,M 码的

码长为 $P = 2^n - 1$。

M码也是一种二元伪随机序列,具有理想的周期自相关函数,而且模糊函数呈各向均匀的钉耙形。但是,M码的周期自相关函数具有较高的副瓣,当码元数 $P \gg 1$ 时,其主副瓣比接近 $\sqrt{P}$。

表3.2 M码序列和主、副瓣比

序列长度	序列	主、副瓣比/dB
3	−111	3
7	−1−11−1111	3.5
15	−1−1−11−1−111−11−11 111	3.8
31	−1−1−1−11−11−1111 −111−1−1−111111 −1−111−11−1−11	5.6
63	−1−1−1−1−11−1−1−1−11 1−1−1−11−11−1−1111 1−11−1−1−1111−1−11 −1−11−111−1111−11 1−1−111−11−11−111 1111	7.9

假设脉冲幅度 $A=1$,脉冲宽度 $\tau=15\mu s$,码元个数15,仿真频率 $f_0=10.0\text{MHz}$,系统采样频率 $f_s=40\text{MHz}$,仿真得到的雷达信号波形及频谱如图3.8所示。

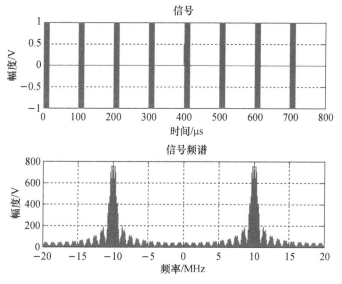

图3.8 M码信号波形图(见彩图)

3.2.2.2 雷达信号重频模型

现代雷达的重频特征非常复杂,有固定、抖动、参差等,脉冲重复周期的变化方式有脉间变化、脉组变化等。

1) 重频固定

重频固定信号是指脉冲的重复频率是固定的,没有变化,重频固定信号波形示意图如图3.9所示。

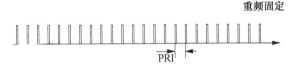

图 3.9 重频固定信号波形示意图

重频固定信号的数学表达式为

$$s_{\mathrm{tar}}(i,j) = \sum_{j=0}^{N-1}\sum_{i=0}^{M-1} A \cdot u(i) \cdot \cos(2\pi f_0(i,j)(i+j\cdot M)\cdot t_\mathrm{s}) \quad (3.10)$$

式中:A 为脉冲幅度;$f_0(i,j)$ 为雷达发射信号的频率;t_s 为信号的采样周期,$u(i)=\begin{cases}1 & 0 \leq i < K \\ 0 & i \geq K\end{cases}$,$K = \mathrm{Int}[\tau \cdot f_\mathrm{s}]$ 为一个脉宽内的采样点数;τ 为发射信号的脉冲宽度。$M = \mathrm{Int}[T_\mathrm{r} \cdot f_\mathrm{s}]$ 表示一个脉冲重复周期内的采样点数,T_r 为脉冲重复周期,在信号持续期间 T_r 的取值都是固定的。N 是雷达的脉冲数目。

2) 重频抖动

一般来说,常规雷达的脉冲重复周期变化范围小于平均脉冲重复周期的1%,而重复周期特别稳定的信号其变化范围小于几十纳秒。对于重频抖动信号,脉冲重复周期的变化范围一般在 1%~30%,并呈现随机变化特性,重频抖动信号波形示意图如图3.10所示。

图 3.10 重频抖动信号波形示意图

设计重频抖动的目的一般是抗干扰,如果是为了在 MTI 中克服盲速,则是有规律的抖动。表征重频抖动的参数是平均脉冲重复周期 T_r 和抖动范围 $\Delta\mathrm{Pri}$。重频抖动信号的数学表达式为

$$s_{\mathrm{tar}}(i,j) = \sum_{j=0}^{N-1}\sum_{i=0}^{M(j)-1} A \cdot u(i) \cdot \cos(2\pi f_0(i,j)(i+j\cdot M(j))\cdot t_\mathrm{s}) \quad (3.11)$$

式中:$M(j) = \mathrm{Int}[(T_\mathrm{r} + \mathrm{rand}(j)\cdot \Delta\mathrm{Pri})\cdot f_\mathrm{s}]$,为第 j 个脉冲重复周期内的采样点

数,T_r为平均脉冲重复周期,rand(j)为第j个脉冲取的随机值,典型取值范围为 rand(j) ∈ [-0.3,0.3]。

3) 重频参差

重频参差脉冲信号是指几个稳定的脉冲或脉冲组间隔交替重复出现,各重复周期之间的比值接近1。重频参差信号根据重频变化的方式,可以分为脉组参差和脉间参差。脉间重频参差主要用于雷达克服动目标指示的盲速,因而脉冲重复周期的稳定度要求很高。脉组重频参差多用于机载火控雷达中,使用重频参差来解距离模糊和解速度模糊。

重频参差信号就是一个脉冲重复周期为(T_{r1},T_{r2},…,T_{rL})的脉冲序列,也称为L参差脉冲序列,即发射的第1组脉冲的重复周期为T_{r1},第2组脉冲的重复周期为T_{r2},……,直到第L组脉冲的重复周期为T_{rL},然后又开始重复。重频参差信号波形示意图如图3.11所示。

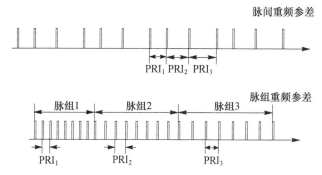

图3.11 重频参差信号波形示意图

重频参差脉冲信号波形的数学表达式为

$$s_{\text{tar}}(i,j,k) = \sum_{k=0}^{L-1} \sum_{j=0}^{N-1} \sum_{i=0}^{M(l)-1} A \cdot u(i) \cdot \cos(2\pi f_0(i,j)(i+j \cdot M(k)) \cdot t_s)$$

(3.12)

式中:$M(k) = \text{Int}[T_{rk} \cdot f_s]$,为第$k$种重频的一个脉冲重复周期内的采样点数;$T_{rk}$为雷达第$k$种重频的脉冲重复周期;$L$为重频的个数。

4) 群脉冲组

群脉冲组信号是一种比较特殊的信号,在一个脉冲重复周期内有多个脉冲,群脉冲组信号波形示意图如图3.12所示。

群脉冲组信号波形的数学表达式为

$$s_{\text{tar}}(i,j,k) = \sum_{j=0}^{N-1} \sum_{i=0}^{M-1} \sum_{k=0}^{L-1} A \cdot u(i) \cdot \cos(2\pi f_0(i,j)(i+j \cdot M + k \cdot L) \cdot t_s)$$

(3.13)

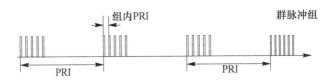

图 3.12 群脉冲组信号波形示意图

式中:$M = \text{Int}[T_r \cdot f_s]$ 为一个脉冲重复周期内的采样点数;T_r 为雷达的脉冲重复周期;L 为一个组内脉冲重复周期(组内 PRI)内的采样点数,$L = \text{Int}[T_{\text{subr}} \cdot f_s]$,$T_{\text{subr}}$ 为组内脉冲重复周期,取值范围为 $0 \sim T_r$。

3.2.2.3 雷达信号载频模型

1)频率固定

频率固定信号的载频表达式为 $f_0(i,j) = f_0$,指信号载频不随时间的变化而变化。

2)频率捷变

频率捷变信号的载频表达式为 $f_0(j) = f_0 + \text{rand}(j)$,指信号载频在一定范围内随机跳变,$j = 0, 1, 2, \cdots, N-1$,$N$ 为雷达发射的脉冲数目。

3)频率分集

频率分集信号是指信号载频在由有限个频率组成的工作频率集内按一定规律或随机选取。

3.2.2.4 雷达天线扫描模型

雷达天线扫描模型用于模拟雷达的天线扫描功能,动态计算出当前仿真时刻雷达的天线指向。雷达扫描方式可以分为圆周扫描、扇形扫描、光栅扫描和相控阵天线扫描等。

1)圆周扫描

圆周扫描天线在整个圆周上旋转,多用于警戒雷达、目标指示雷达等。圆周扫描雷达的天线方位指向可以根据下式计算,为

$$A_k = A_{k-1} + v_a \cdot \Delta T \tag{3.14}$$

式中:A_k 为当前时刻天线方位指向;A_{k-1} 为上一时刻天线方位指向;v_a 为天线扫描速度;ΔT 为时间间隔。

2)扇形扫描

扇形扫描的天线在一定角度范围内来回运动,扇形扫描天线方位指向可以根据下式计算,为

$$A_k = \begin{cases} A_{k-1} + v_a \cdot \Delta T & \text{正向扫描} \\ A_{k-1} - v_a \cdot \Delta T & \text{反向扫描} \end{cases} \quad A_{\min} \leq A_k < A_{\max} \tag{3.15}$$

式中：A_k 为当前时刻天线方位指向；A_{k-1} 为上一时刻天线方位指向；v_a 为天线扫描速度；ΔT 为时间间隔；$A_{\min}$ 和 $A_{\max}$ 分别为天线方位扫描范围下限和上限。

3）光栅扫描

光栅扫描以平行线覆盖一个扇形区域，通常用于机载火控雷达的搜索截获工作模式。俯仰角的搜索可以是一线、二线、四线或更多，相邻两线间隔宽度要在最大俯仰角覆盖范围和天线波瓣增益损耗之间折中，取一个适当的间隔，一般小于 3dB 波束宽度，光栅扫描示意图如图 3.13 所示。

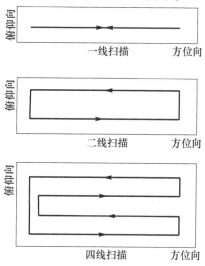

图 3.13 光栅扫描示意图

一线扫描方式天线俯仰指向固定，天线方位指向根据下式计算，为

$$A_k = \begin{cases} A_{k-1} + v_a \cdot \Delta T & \text{正向扫描} \\ A_{k-1} - v_a \cdot \Delta T & \text{反向扫描} \end{cases} \quad A_{\min} \leq A_k < A_{\max} \quad (3.16)$$

式中：$A_{\min}$ 和 $A_{\max}$ 分别为天线方位扫描范围下限和上限。

二线扫描方式和四线扫描方式的天线方位天线指向与一线扫描方式相同，天线俯仰指向根据下式计算，为

$$E = E_{\min} + N \cdot \theta_E \quad (3.17)$$

式中：$E_{\min}$ 为天线俯仰扫描范围下限；θ_E 为俯仰扫描间隔，二线扫描 N 取值为 0 或 1，四线扫描 N 取值为 0,1,2,3。

4）相控阵天线扫描

相控阵雷达是一种多功能、高性能的新型雷达，具有波束捷变和多目标跟踪能力等独特的优点。相控阵雷达的工作方式与传统的机械扫描雷达有着本质的区别，传统的机械扫描雷达波束只能随着雷达天线的机械旋转而扫描，而相控阵

雷达波束指向灵活可控,在搜索方式下波束是按照预先编排好的波位序列依次搜索,波位序列是对探测的空域按照一定的规则编排得到的。由于相控阵雷达波束扫描时天线阵面是固定的,当扫描波束偏离阵面法线方向时,波束将会展宽,同时波束形状也有所变化,为此需要在正弦坐标系下编排波位,正弦坐标系的优点是天线方向图不会随扫描角而变化。所谓正弦坐标空间就是单位球在阵列平面上的投影,在此空间中,波束宽度和角度增量不用度、弧度来描述,而是用它们的正弦或正弦增量来描述。阵面球坐标系与正弦坐标系之间的转换公式为

$$\begin{cases} \alpha_s = \sin\theta_p \cos\varphi_p \\ \beta_s = \sin\theta_p \sin\varphi_p \end{cases} \quad (3.18)$$

式中:α_s 和 β_s 为正弦空间坐标系坐标分量;θ_p 和 φ_p 为阵面球坐标系的方位角和俯仰角。

通过上式可以将阵面球坐标转换为正弦空间坐标,而在正弦坐标中天线方向图消除了波束展宽效应,使得在正弦空间内进行波位编排相对简单。波位编排的方式一般采用交错波束的方式,如图 3.14 所示。

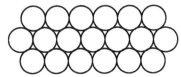

图 3.14 相控阵雷达波位编排示意图

3.2.3 空间链路仿真模型

空间链路仿真模型包括电磁信号在自由空间的传播模型和空间大气衰减模型。

3.2.3.1 自由空间传播模型

自由空间传播模型主要考虑电磁信号在自由空间传播中的时间延迟和路程损耗,时间延迟影响侦察接收机收到的脉冲到达时间(TOA),路程损耗影响脉冲的幅度。

电磁波在自由空间传播中的时间延迟 Δt 计算公式为

$$\Delta t = \frac{R}{c} \quad (3.19)$$

式中:R 为电磁波信号在空间中的传播距离;c 为光速。

电磁波在自由空间传播中的路程损耗 L_f 计算公式为

$$L_{\mathrm{f}} = \left(\frac{4\pi R}{\lambda}\right)^2 \tag{3.20}$$

式中:λ 为电磁波信号波长。

3.2.3.2 空间大气衰减模型

电磁波在大气中传输时,要受到电离层中自由电子和离子的吸收,受到对流层中氧分子和云、雾、雨、雪等的吸收和散射,从而形成损耗。这种损耗与电磁波的频率、波束的仰角,以及气象条件有密切的关系。

1) 降雨对信号的衰减

目前国际上常用的降雨衰减计算均采用 ITU.R 建议的方法,通常称为 ITU.R 雨衰预报模型。降雨衰减量 $A_{0.01}$ 是降雨损耗率、斜距和路径衰减因子的乘积,为

$$A_{0.01} = \gamma_{\mathrm{R}} L_{\mathrm{s}} r_{0.01} \tag{3.21}$$

式中:γ_{R} 为降雨损耗率(dB/km);L_{s} 为斜距(km);$r_{0.01}$ 为路径缩减因子。

(1) 降雨损耗率 γ_{R} 的计算。如果已知某区域某时刻降雨的雨滴形状、雨滴尺寸分布、雨滴温度、末速度等参数,则根据经典米尔散射理论,可以通过降雨率 $R_{0.01}$(mm/h)来计算降雨损耗率,为

$$\gamma_{\mathrm{R}} = K R_{0.01}^{\alpha} \tag{3.22}$$

式中:根据雨区划分图找出辐射源所属雨区,再从降雨强度表中查出的值 $R_{0.01}$,K 和 α 用于对雨衰统计特性的估计,包括对线性极化和圆极化的估计,其值可以由下式得到

$$K = \frac{K_{\mathrm{H}} + K_{\mathrm{V}} + (K_{\mathrm{H}} - K_{\mathrm{V}})\cos^2\theta\cos 2\tau}{2} \tag{3.23}$$

$$\alpha = \frac{K_{\mathrm{H}}\alpha_{\mathrm{H}} + K_{\mathrm{V}}\alpha_{\mathrm{V}} + (K_{\mathrm{H}}\alpha_{\mathrm{H}} - K_{\mathrm{V}}\alpha_{\mathrm{V}})\cos^2\theta\cos 2\tau}{2K} \tag{3.24}$$

式中:θ 为路径的仰角,τ 为相对水平方向的极化角(圆极化时取值为 45°,水平极化时取值为 0°,垂直极化时取值为 90°)。K_{H}、K_{V}、α_{H}、α_{V} 可以由表 3.3 查出,表中未列出的值可以由内插法得到。

表 3.3 降雨损耗率计算公式中有关参数

频率/GHz	K_{H}	K_{V}	α_{H}	α_{V}
4	0.00065	0.000591	1.121	1.075
6	0.00175	0.00155	1.308	1.265
7	0.00301	0.00265	1.332	1.312

(续)

频率/GHz	K_H	K_V	α_H	α_V
8	0.00454	0.00395	1.327	1.310
10	0.0101	0.00887	1.276	1.264
12	0.0188	0.0168	1.217	1.200
15	0.0367	0.0335	1.154	1.128

表 3.4 中,$R_{0.01}$ 表示一年中 0.01% 时间(52.56min)内的降雨强度。即在一年中,平均有 52.56min 内,降雨强度为下表中的值。

表 3.4　降雨强度 $R_{0.01}$

降雨强度	$R_{0.01}$ (mm/h)
小雨	20
中雨	60
大雨	120

(2) 雨高下的倾斜路径 L_S 的计算。雨层高度通常简称为雨高,雨高主要与辐射源的纬度有关。ITU.R 第三工作组会议对地空电路雨衰减模式进行重大调整后,改用下式来确定雨高 h_R

$$h_R = \begin{cases} 3 + 0.028\phi & (0° < \phi < 36°) \\ 4 - 0.075(\phi - 36) & (\phi \geq 36°) \end{cases} \quad (3.25)$$

式中:ϕ 为辐射源纬度。

当仰角 $\theta \geq 5°$ 时,雨高下的倾斜路径长度为

$$L_S = \frac{h_R - h_S}{\sin\theta} \quad (3.26)$$

当仰角 $\theta < 5°$ 时,则采用下面的公式计算 L_S

$$L_S = \frac{2(h_R - h_S)}{\sqrt{\sin^2\theta + \frac{2(h_R - h_S)}{R_e}} + \sin\theta} \quad (3.27)$$

式中:h_S 为辐射源海拔高度(km);R_e 为地球有效半径,通常取 8500km。

(3) 路径缩减因子 $r_{0.01}$ 的计算。由于电磁波通过雨层时,雨滴之间仍存在空间,所以电磁波穿过雨层的等效路径长度一般小于雨高下的斜路径长度,需要引入路径缩减因子。对于 0.01% 时间的路径缩减因子 $r_{0.01}$,它可以表示为

$$r_{0.01} = \frac{1}{1 + \frac{L_S \cos\theta}{35 e^{-0.015 R_{0.01}}}} \quad (3.28)$$

2) 云雾对信号的衰减

云雾对电磁波信号的衰减强度 A_p 可用下式来近似计算

$$A_p = 0.148 f^2 / V_m^{1.43} \text{ (dB/km)} \quad (3.29)$$

式中:f 为电磁波信号的载频(GHz),V_m 为能见度(m)。

目前国际上对能见度的规定:密雾 $V_m < 50\text{m}$;浓雾 $50\text{m} < V_m < 200\text{m}$;轻雾 $200\text{m} < V_m < 500\text{m}$。实测数据表明,密雾引起的电磁波信号衰减与大雨、中雨近似,浓雾与小雨近似。对于 20GHz 以下的电磁波信号,轻雾的衰减影响可以忽略不计。

3) 降雪对信号的衰减

降雪对电磁波信号的衰减强度 A_p 可用下式来近似计算

$$A_p = 7.47 \times 10^{-5} f \times I(1 + 5.77 \times 10^{-5} f^3 I^{0.6}) \text{ (dB/km)} \quad (3.30)$$

式中:f 为电磁波信号的载频(GHz);I 为降雪强度(mm/h),即每小时在单位容积内积雪融化成水的高度。对于 15GHz 以下的电磁波信号,只有中等强度(4mm/hr)以上的降雪才有影响。

3.2.3.3 坐标系定义

空间路程延迟和损耗的计算都与空间传播的距离有关,而计算两个平台之间距离的前提是两个平台的位置坐标必须在同一笛卡儿坐标(直角坐标)系下描述。平台的位置坐标通常用大地坐标来描述,也就是用经度、纬度、高度来表示平台的位置。由于大地坐标系不是直角坐标系,所以需要将大地坐标系先转换到地心直角坐标系,再通过坐标系的平移和旋转转换到北天东坐标系。

常用的坐标系包括大地坐标系、地心直角坐标系和北天东坐标系等,其示意图如图 3.15 所示。

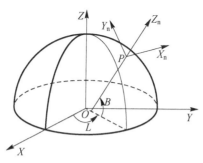

图 3.15 3 种坐标系示意图

1) 大地坐标系 (L, B, H)

空间一点的大地坐标用大地经度 L、大地纬度 B 和大地高度 H 表示。地面

上 P 点的大地子午面 NPS 与起始子午面所构成的二面角为 L，P 点对应椭球的法线与赤道面的夹角为 B，P 点沿法线到椭球面的距离为 H。

P 点的大地经度由起始子午面起算，向东为正，叫东经($0°\sim180°$)，向西为负，叫西经($0°\sim-180°$)。P 点的大地纬度由赤道面起算，向北为正，叫北纬($0°\sim90°$)，向南为负，叫南纬($0°\sim-90°$)。

2) 地心直角坐标系 (X,Y,Z)

地心直角坐标系以地球质心为原点，Z 轴指向 BIH19844.0 定义的协议地球极(CTP)方向，X 轴指向 BIH19844.0 定义的零度子午面和 CTP 赤道的交点，Y 轴和 Z 轴、X 轴构成右手系。

3) 北天东坐标系 (X_n,Y_n,Z_n)

坐标原点为物体质心，X_n 轴在原点法线平面内，指向大地北；Y_n 轴为过原点的地球参考椭球面的法线，指向朝上；Z_n 轴按照右手法则确定。如图 3.15 所示，其中 (L,B) 为物体中心点的经度、纬度。

3.2.3.4　坐标系变换

输入的各个辐射源平台空间位置数据是大地坐标，而在计算中经常用到的是两个平台之间的相对位置，所以需要把大地坐标转换到某个辐射源平台的本地坐标系(北天东坐标系)下。由于大地坐标系(经纬高)不是直角坐标系，所以首先要把大地坐标系转换为直角坐标系，即地心直角坐标系。而大地坐标系与地心直角坐标系的转换过程与地球的椭球体模型有关，地球椭球体是在控制测量中用来代表地球的椭球，它是地球的数学模型。

地球椭球模型示意图如图 3.16 所示，其几何定义为：O 是椭球中心，NS 为旋转轴，a 为长半轴，b 为短半轴。子午圈是包含旋转轴的平面与椭球面相截所得的椭圆，纬度圈是垂直于旋转轴的平面与椭球面相截所得的圆，也叫平行圈，赤道是通过椭球中心的平行圈。

地球椭球的五个基本几何参数为

(1) 椭圆的长半轴 a；

(2) 椭圆的短半轴 b；

(3) 椭圆的扁率 $\alpha = \dfrac{a-b}{a}$；

(4) 椭圆的第一偏心率 $e = \dfrac{\sqrt{a^2-b^2}}{a}$；

(5) 椭圆的第二偏心率 $e' = \dfrac{\sqrt{a^2-b^2}}{b}$。

式中：a、b 称为长度元素；扁率 α 反映了椭球体的扁平程度；偏心率 e 和 e'

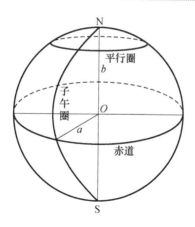

图 3.16　地球椭球体模型示意图

是子午椭圆的焦点离开中心的距离与椭圆半径之比,它们也反映椭球体的扁平程度,偏心率越大,椭球越扁。

两个常用的辅助函数:W 为第一基本纬度函数,V 为第二基本纬度函数:

$$W = \sqrt{1 - e^2 \sin^2 B}$$
$$V = \sqrt{1 + e'^2 \cos^2 B} \tag{3.31}$$

我国自1952年以来,一直采用克拉索夫斯基椭球,1980年以后又采用国际大地测量和地球物理联合会于1975年推荐的椭球,简称 IUGG1975 椭球,而全球定位系统(GPS)应用的是 WGS-84 系椭球参数,几种常用的椭球体参数取值见表3.5。[3]

表 3.5　几种常用的椭球体参数值

球体参数	克拉索夫斯基椭球	IUGG1975 椭球	WGS-84 椭球
a/m	6378245.00000	6378140.00000	6378137.00000
b/m	6356863.01877	6356755.28816	6356752.3142
c/m	6399698.90178	6399596.65199	6399593.6258
α	1/298.3	1/298.257	1/298.257223563
e^2	0.00669342162297	0.00669438499959	0.0066943799014
e'^2	0.00673852541468	0.00673950181947	0.00673949674228

直角坐标系之间的转换可以通过坐标系的旋转和平移来实现,把某一坐标系 A 中的矢量 Q 转换到另一坐标系 B 中,只需将矢量 Q 乘以这两坐标系之间的转换矩阵即可得到。即

$$\begin{bmatrix} X_B \\ Y_B \\ Z_B \end{bmatrix} = \boldsymbol{A}_{A \to B} \begin{bmatrix} X_A \\ Y_A \\ Z_A \end{bmatrix} \tag{3.32}$$

式中:$[X_B, Y_B, Z_B]^T$ 是矢量 $\boldsymbol{Q}$ 在 B 坐标系中的坐标;$[X_A, Y_A, Z_A]^T$ 是矢量 $\boldsymbol{Q}$ 在 A 坐标系中的坐标;$\boldsymbol{A}_{A \to B}$ 是坐标系 A 到坐标系 B 的转换矩阵。其中两个坐标系之间的转换矩阵有下述关系:

若坐标系 A 绕 OY 轴转 φ 角,得到新坐标系 B,则其转换矩阵为

$$\boldsymbol{R}_Y[\varphi] = \begin{bmatrix} \cos\varphi & 0 & -\sin\varphi \\ 0 & 1 & 0 \\ \sin\varphi & 0 & \cos\varphi \end{bmatrix} \tag{3.33}$$

若坐标系 A 绕 OZ 轴转 ϑ 角,得到新坐标系 B,则其转换矩阵为

$$\boldsymbol{R}_Z[\vartheta] = \begin{bmatrix} \cos\vartheta & \sin\vartheta & 0 \\ -\sin\vartheta & \cos\vartheta & 0 \\ 0 & 0 & 1 \end{bmatrix} \tag{3.34}$$

若坐标系 A 绕 OX 轴转 ϕ 角,得到新坐标系 B,则其转换矩阵为

$$\boldsymbol{R}_X[\phi] = \begin{bmatrix} 1 & 0 & 0 \\ 0 & \cos\phi & \sin\phi \\ 0 & -\sin\phi & \cos\phi \end{bmatrix} \tag{3.35}$$

1) 大地坐标系转换为地心直角坐标系

输入坐标为空间一点的大地坐标(L, B, H),输出坐标为地心直角坐标系中的坐标(X, Y, Z),则大地坐标系到地心直角坐标系的转换公式为

$$\begin{cases} X = (N + H) \cdot \cos B \cdot \cos L \\ Y = (N + H) \cdot \cos B \cdot \sin L \\ Z = (N(1 - e^2) + H) \cdot \sin B \end{cases} \tag{3.36}$$

式中:$N = \dfrac{a}{\sqrt{1 - e^2 \sin^2 B}}$

参考椭球体的长半轴(赤道半径)$a = 6378140 \text{m}$,椭球体的短半轴(极半径)$b = 6356755 \text{m}$,地球偏心率常数 $e = \sqrt{1 - \dfrac{b^2}{a^2}}$。

2) 地心直角坐标系转换为大地坐标系

输入坐标为空间一点在地心直角坐标系中的坐标(X, Y, Z),输出坐标为大

地坐标(L,B,H),则地心直角坐标系到大地坐标系的转换公式为

$$\begin{cases} L = \arctan\left(\dfrac{Y}{X}\right) \\ B = \arctan\left(\dfrac{Z}{\sqrt{X^2+Y^2}}\left(1-\dfrac{e^2 N}{(N+H)}\right)^{-1}\right) \\ H = \dfrac{\sqrt{X^2+Y^2}}{\cos B} - N \end{cases} \quad (3.37)$$

计算 B 和 H 时需要采用迭代的方法,迭代初值取为

$$\begin{cases} N_0 = a \\ H_0 = \sqrt{X^2+Y^2+Z^2} - \sqrt{a \cdot b} \\ B_0 = \arctan\left(\dfrac{Z}{\sqrt{X^2+Y^2}}\left(1-\dfrac{e^2 N_0}{(N_0+H_0)}\right)^{-1}\right) \end{cases} \quad (3.38)$$

随后每次迭代按照下面的公式进行,直到$(B_i - B_{i-1})$和$(H_i - H_{i-1})$小于所要求的限值为止。在保证 H 的计算精度为 0.001m 和 B 的计算精度为 0.00001 的情况下,一般迭代四次左右。

$$\begin{cases} N_i = \dfrac{a}{\sqrt{1-e^2\sin^2 B_{i-1}}} \\ H_i = \dfrac{\sqrt{X^2+Y^2}}{\cos B_{i-1}} - N_i \\ B_i = \arctan\left(\dfrac{Z}{\sqrt{X^2+Y^2}}\left[1-\dfrac{e^2 N_i}{(N_i+H_i)}\right]^{-1}\right) \end{cases} \quad (3.39)$$

3)地心直角坐标系转换为北天东坐标系

输入坐标为空间一点在地心直角坐标系中的坐标(X,Y,Z),北天东坐标系原点在地心直角坐标系中的坐标(X_{N0},Y_{N0},Z_{N0}),经纬度(L_N,B_N),输出坐标为空间一点在北天东坐标系的坐标(X_N,Y_N,Z_N),则地心直角坐标系到北天东坐标系的转换公式为

$$\begin{bmatrix} X_N \\ Y_N \\ Z_N \end{bmatrix} = R_Y(-90°) R_Z(L_N-90°) R_X(B_N) \begin{bmatrix} X-X_{N0} \\ Y-Y_{N0} \\ Z-Z_{N0} \end{bmatrix} \quad (3.40)$$

4)北天东坐标系转换为地心直角坐标系

输入坐标为空间一点在北天东坐标系中的坐标(X_N,Y_N,Z_N),北天东坐标系

原点经纬度(L_N, B_N),它在地心直角坐标系中的坐标为(X_0, Y_0, Z_0),输出坐标为空间一点在地心直角坐标系中的坐标(X, Y, Z),则北天东坐标系到地心直角坐标系的转换公式为

$$\begin{bmatrix} X \\ Y \\ Z \end{bmatrix} = \begin{bmatrix} X_0 \\ Y_0 \\ Z_0 \end{bmatrix} + R_Z(90° - L_N) R_X(-B_N) R_Y(90°) \begin{bmatrix} X_N \\ Y_N \\ Z_N \end{bmatrix} \quad (3.41)$$

3.3 雷达侦察的系统仿真模型

雷达侦察接收机可以分为模拟接收机和数字接收机两类,模拟接收机主要包括晶体视频接收机、超外差接收机、信道化接收机、压缩接收机和声光接收机等。数字接收机是将输入信号进行 A/D 变换,再进行数字信号处理的接收机。随着模数转换器和数字信号处理器运算速度及处理能力的发展,数字接收机的应用越来越广泛,所以下面主要针对数字接收机进行建模仿真。

数字接收机是对输入信号进行采样,转化为数字信号,然后再进行数字信号处理的接收机。由于受到数字电路工作速度等的影响,目前很难直接对射频信号进行采样处理,一般都是将射频信号下变频到某个中频频率,再进行 A/D 变换转化为数字信号,如图 3.17 所示。在仿真中,由于受到数据量及处理速度的限制,一般对射频前端进行简化,直接从中频开始仿真。

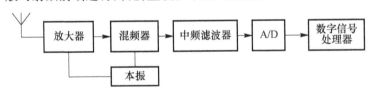

图 3.17 数字接收机结构框图

数字信号处理部分完成雷达信号参数测量,形成雷达信号脉冲描述字数据,然后通过分选识别处理,输出雷达辐射源参数信息。

3.3.1 接收机功能级仿真模型

接收机功能级仿真模型对输入的雷达信号脉冲描述字数据进行处理,模拟侦察接收机对雷达信号的截获和参数测量能力。

3.3.1.1 信号截获

对雷达信号的截获需要考虑多种因素,只有同时满足时域、空域、频域和能

量域四个维度的信号检测条件才能被侦察接收机截获到。对输入的每一个雷达信号脉冲描述字进行信号截获检测,过滤掉不满足截获条件的雷达脉冲描述字数据,只保留满足截获条件的雷达脉冲描述字数据,用于后续的信号参数测量处理。

1) 时域检测仿真模型

根据雷达侦察装备的工作状态,如果处于侦察工作状态,则对雷达信号的时域检测满足要求。

2) 空域检测仿真模型

对雷达信号的空域检测主要是检测雷达侦察接收机对雷达辐射源信号的接收是否满足视距条件。

假设雷达侦察装备平台的高度为 $h_a(\mathrm{km})$,雷达辐射源天线高度(含辐射源平台高度)为 $h_t(\mathrm{km})$,地球等效半径为 $R_e(\mathrm{km})$,则雷达侦察装备对该雷达信号侦收的最大视距 $R_{s\max}(\mathrm{km})$ 为

$$R_{s\max} = \sqrt{2R_e}(\sqrt{h_a} + \sqrt{h_t}) \tag{3.42}$$

通常取地球等效半径 R_e 为 8500km,代入式(3.42)可得

$$R_{s\max} = 4.12(\sqrt{h_a(m)} + \sqrt{h_t(m)}) \tag{3.43}$$

假设雷达侦察装备平台与雷达辐射源平台的相对距离为 R,则通过下式判断是否满足空域检测条件

$$\begin{cases} R \leq R_{s\max} & \text{满足空域检测条件} \\ R > R_{s\max} & \text{不满足空域检测条件} \end{cases} \tag{3.44}$$

3) 频域检测仿真模型

根据侦察接收机的频域覆盖范围,若接收的雷达信号频率分布在侦察接收机的频域覆盖范围内,则对该雷达信号的频域检测满足要求。假设侦察接收机的中心频率为 f_0,侦察接收机带宽为 B_r,输入信号频率为 f_i,则 f_i 需满足下式条件才能被侦察接收机截获。

$$(f_0 - 0.5 \cdot B_r) \leq f_i \leq (f_0 + 0.5 \cdot B_r) \tag{3.45}$$

4) 能量域检测仿真模型

根据侦察接收机灵敏度,若接收的雷达信号功率超过接收机灵敏度检测门限,则对该雷达信号的能量域检测满足要求。假设侦察接收机灵敏度为 S_0,输入信号功率为 P_i,则 P_i 需满足下式条件才能被侦察接收机截获:

$$P_i \geq S_i \tag{3.46}$$

从每个雷达接收的脉冲描述字序列是按照雷达自身的信号发射顺序进行排

列的,而各个雷达的信号混合以后到达时间是交错的,而侦察接收通道输出的信号脉冲序列是按时间先后顺序排列的,所以需要对输入的雷达信号脉冲描述字序列重新排序,输出按照信号到达时间排列的脉冲描述字序列,图 3.18 是雷达信号脉冲序列重新排序的示意图。

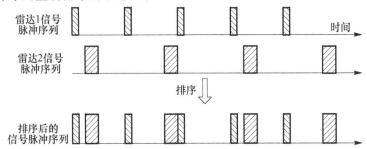

图 3.18　雷达信号脉冲描述字序列排序的示意图

3.3.1.2　信号参数测量

信号参数测量仿真模型模拟侦察接收机对雷达信号参数测量的处理过程,根据接收机的信号参数测量精度,对信号截获处理后输出的雷达信号数据上添加参数测量误差,产生带有脉冲参数测量误差的雷达信号脉冲描述字序列,作为雷达信号分选仿真模型的输入数据。

信号参数测量精度是指侦察接收机测量雷达信号载频、脉宽、幅度、到达时间、到达角等参数的误差,是对信号进行大量测量的误差统计平均值,常用均方根误差表示,一般服从均值为 0、方差为 σ^2 的正态分布。

服从零均值、方差为 1 的正态分布 $N(0,1)$ 随机序列可以用下式产生:

$$x_1 = \sqrt{-2\ln[\mu_1]}\cos[2\pi\mu_2] \text{ 或 } x_1 = \sqrt{-2\ln[\mu_1]}\sin[2\pi\mu_2] \quad (3.47)$$

然后通过下列变换可以生成所需的均值为零、方差为 σ^2 的 $N(0,\sigma^2)$ 正态分布随机序列。

$$x_\sigma = \sigma \cdot x_1 \quad (3.48)$$

用正态分布随机数模拟信号参数测量误差时,生成的随机数的数值可能很大,导致参测误差过大而成为奇异值,所以如果生成的随机数超过 3 倍均方根误差,则丢弃该数值重新生成。

1) 载频参测模型

信号载频经参测处理后的测量值可以用下式表示

$$\text{rf}_m = \text{rf} + \Delta\text{rf} \quad (3.49)$$

式中:rf 为载频真实值;Δrf 为载频测量误差,Δrf 服从 $N(0,\sigma_{\text{rf}}^2)$ 分布,σ_{rf}^2 为载频

测量值的均方根误差。

2）脉宽参测模型

信号脉宽的测量值可以表示为

$$pw_m = pw + \Delta pw \tag{3.50}$$

式中：pw 为脉宽真实值；Δpw 为脉宽测量误差，Δpw 服从 $N(0,\sigma_{pw}^2)$ 分布，σ_{pw}^2 是脉宽测量值的均方根误差。如果脉宽值很小，则 $pw + \Delta pw$ 可能小于零，也就是 pw_m 可能小于零，这与实际情况不符，需要重新生成随机数来计算 pw_m 的值。

3）到达时间参测模型

信号到达时间的测量值可以表示为

$$t_{am} = t_a + \Delta t_a \tag{3.51}$$

式中：t_a 为信号到达时间真实值；Δt_a 为信号到达时间测量误差，Δt_a 服从 $N(0,\sigma_{toa}^2)$ 分布，σ_{toa}^2 是信号到达时间测量值的均方根误差。

4）幅度参测模型

信号幅度的测量值可以表示为

$$pa_m = pa + \Delta pa \tag{3.52}$$

式中：pa 为幅度真实值（以 dB 表示）；Δpa 为幅度测量误差，Δpa 服从 $N(0,\sigma_{pa}^2)$ 分布，σ_{pa}^2 是幅度测量值的均方根误差。

5）到达角参测模型

信号到达角的测量值可以表示为

$$d_m = d + \Delta d \tag{3.53}$$

式中：d 为信号到达角真实值；Δd 为测向误差，Δd 服从 $N(0,\sigma_{doa}^2)$ 分布，σ_{doa}^2 是到达角测量值的均方根误差。

3.3.2 接收机信号级仿真模型

信号参数测量仿真模块实现对雷达信号脉冲参数的测量，通过对雷达辐射源中频信号的数字信号处理及相邻帧间数据的匹配相关处理过程的仿真，测出信号到达时间（TOA）、射频（RF）、脉冲宽度（PW）、脉冲幅度（PA）、到达方向（DOA）等特征参数，形成雷达信号脉冲描述字（PDW）数据。在具有脉内分析处理能力的侦察系统中，还可以测量雷达信号的脉内调制特征参数，包括脉内调制（MOP）类型、调制参数等。而脉冲到达方向的测量则需要多个天线和接收通道，通过比较各个天线接收信号的幅度、相位或到达时间等信息来计算信号的到达方向。雷达信号参数测量的处理流程框图如图 3.19 所示。

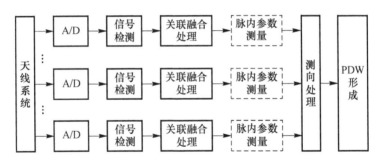

图 3.19 脉冲参数测量处理流程框图

3.3.2.1 信号检测

数字接收机信号检测一般在频域中进行,对经过 A/D 处理后的中频信号做固定点数 N 点的 FFT 处理,在频域上设置门限检测是否有信号。FFT 运算处理示意图如图 3.20 所示,采用滑窗的方式对输入的信号采样数据分段进行处理,数据段每次滑动 M 点,这种运算通常也称短时傅里叶变换(STFT)。由于 STFT 引入了时间量,因此 STFT 不仅可以测量信号的频率,还可以测量信号的时域参数,如到达时间(TOA)、脉冲宽度(PW)和脉冲幅度(PA)等。

FFT 点数 N 的取值大小会影响信噪比、频率测量精度和频率分辨力等。频率分辨力 Δf 可以表示为

$$\Delta f = \frac{f_s}{N} \tag{3.54}$$

式中:f_s 为采样频率;N 为 FFT 点数。

因此,为了提高频率分辨力,可以减小采样频率或增加 FFT 点数,但是采样频率必须满足奈奎斯特定理,即采样频率必须大于等于信号带宽的 2 倍。在采样频率确定的情况下,增加 FFT 点数是提高频率分辨力的一种措施,但是该方法是以牺牲计算时间和计算量为代价的。

滑窗长度 M 的取值可以根据对处理速度和到达时间(TOA)测量精度的要求来确定,最理想的情况是逐点滑动,但是计算量太大,因此需要在运算速度、计算量和时间分辨力之间进行折中,滑动点数 M 一般取 $N/2$ 或 $N/4$。[4]

输入序列经 N 点 FFT 处理后,再进行求模运算,并与检测门限进行比较,检测各个信道的模值是否超过门限。检测的门限可以是固定的,也可以是自适应的。序列 $x(n)$ 的 N 点 FFT 变换为

$$X(k) = \sum_{n=0}^{N-1} x(n) W_N^{nk} \tag{3.55}$$

式中:$W_N = \exp\left(-j\frac{2\pi}{N}\right)$。

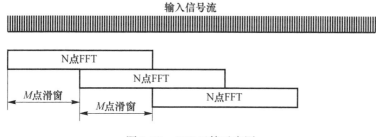

图 3.20 FFT 运算示意图

对序列 $x(n)$ 作 N 点的 FFT 处理,相当于该序列通过一个系数为 $a_n = \exp\left(-j\dfrac{2\pi}{N}nk\right)$ 数字滤波器,取不同的 k 值就可以得到一组不同的滤波器系数 a_n,不同的 k 值对应不同特性的数字滤波器,所以 N 点的 FFT 变换相当于 N 个滤波器组成的滤波器组,在频域上形成了 N 个频率通道(信道)。

1)频率测量

如果检测到信号的信道序号为 k,因为 N 点 FFT 处理的频率分辨力为 $\Delta f = f_s/N$,所以该信号的频率为

$$f = k \cdot \dfrac{f_s}{N} \tag{3.56}$$

当信号的频率落入两个信道之间时,有可能在两个相邻信道上都超过门限,信号频率可以采用重心法来估算。假设输入信号为 $x(t)$,其频谱为 $X(k)$,信号在相邻的两个信道 i 和 i+1 都超过门限,则信号的频率为

$$f = \dfrac{\sum\limits_{k=i}^{i+1} i \cdot |X(k)|^2}{\sum\limits_{k=i}^{i+1} |X(k)|^2} \cdot \dfrac{f_s}{N} \tag{3.57}$$

2)到达时间测量

数字接收机中采用短时傅里叶变换来检测信号并测量频率,随着时间滑窗的推移,可以知道某个脉冲信号的起始、终止时刻,所以可以同时测量出时域参数。如果把 N 点 FFT 处理的信号片段定义为一个处理帧,则第一次检测到该信号的处理帧的起始时刻即该脉冲的到达时间。

3)脉冲宽度测量

假设脉冲起始和结束帧序号分布为 N_b 和 N_e,则脉冲宽度可用下式计算,为

$$\text{pw} = [(N_e - N_b) \cdot M + N]/f_s \tag{3.58}$$

式中:M 为滑窗长度;N 为 FFT 点数。

脉冲结束的判断准则:如果连续 3 帧都没有检测到该信号,则判断脉冲结

束,最后一次检测到该脉冲的帧作为结束帧。

4) 脉冲幅度测量

脉冲幅度的计算方法为:取脉冲持续时间内该脉冲各帧幅度的均值作为脉冲的幅度。

3.3.2.2 脉内参数测量

现代战场电磁信号环境越来越复杂,传统的以信号到达时间、射频、脉冲宽度、脉冲幅度、到达方向五大参数为基础的测量方法,已经很难满足侦察任务的需求。所以,要可靠的分析和识别雷达信号,必须对雷达信号进行细微特征分析,提取出更多的特征参数,为信号分选提供更精确的信息。

雷达信号的细微特征分析主要是分析脉内细微特征,识别出雷达信号的脉内调制类型及调制参数等。常用的脉内调制分析方法主要有瞬时自相关法、时频分析法、基于带宽比的方法等,本书采用基于带宽比的方法识别雷达脉内调制类型,再结合瞬时自相关等方法测量脉内的调制参数,给出雷达信号脉内参数测量的仿真模型。

1) 脉内调制类型识别[5]

不同脉内调制方式的信号,信号本身的带宽与平方后的带宽存在差异,所以可以通过带宽的变化来识别脉内的调制方式。基于带宽比的脉内调制类型识别算法框图如图 3.21 所示。

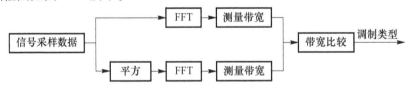

图 3.21 基于带宽比的脉内调制类型识别算法框图

常见的雷达信号类型主要包括:常规脉冲信号、线性调频信号和二相编码信号。雷达发射信号可以表示为

$$s(t) = A \cdot \exp[j \cdot (2\pi f_0 t + \varphi(t))] \qquad 0 \leqslant t < T \tag{3.59}$$

式中:T 为脉冲宽度;A 为信号幅度;f_0 为信号的载频,$\varphi(t)$ 为信号的相位。

$$\varphi(t) = \begin{cases} \varphi_0 & \text{常规脉冲信号} \\ \pi k t^2 + \varphi_0 & \text{线性调频信号} \\ \varphi_0, \pi + \varphi_0 & \text{二相编码信号} \end{cases} \tag{3.60}$$

而信号的平方为

$$s^2(t) = A^2 \cdot \exp[\mathrm{j} \cdot (4\pi f_0 t + 2\varphi(t))] \quad 0 \leqslant t < T \quad (3.61)$$

则信号平方的带宽与信号带宽之比为

$$R_{\mathrm{bw}} = \begin{cases} 1 & \text{常规脉冲信号} \\ 2 & \text{线性调频信号} \\ 1/N_{\mathrm{c}} & \text{二相编码信号}(N_{\mathrm{c}} \text{ 是码元个数}) \end{cases} \quad (3.62)$$

采样频率为 100MHz,中心频率为 10MHz,脉宽为 $1\mu s$ 的常规脉冲信号的频谱及信号平方的频谱如图 3.22 所示。

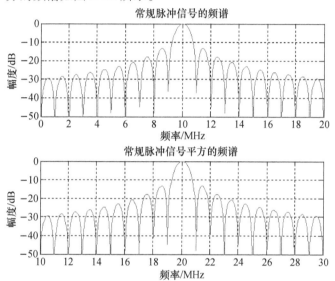

图 3.22 常规脉冲信号及信号平方的频谱

采样频率为 100MHz,起始频率为 10MHz,调频带宽为 4MHz,脉宽为 $10\mu s$ 的线性调频信号的频谱及信号平方的频谱如图 3.23 所示。

采样频率为 100MHz,中心频率为 10MHz,码元宽度为 $1\mu s$ 的 13 位巴克码信号的频谱及信号平方的频谱如图 3.24 所示。

2) 线性调频信号脉内特征参数测量[6]

线性调频信号的脉内参数的精确估计可以采用瞬时自相关算法,其流程框图如图 3.25 所示。

线性调频信号 $x(n)$ 可以表示为

$$x(n) = A \mathrm{e}^{\mathrm{j}2\pi[f_0 n T_\mathrm{s} + \frac{1}{2}K_\mathrm{L}(nT_\mathrm{s})^2]} \quad 0 \leqslant n < N \quad (3.63)$$

式中:T_s 为采样时间间隔;f_0 为信号的起始频率;K_L 为信号调制斜率;N 为信号长度。

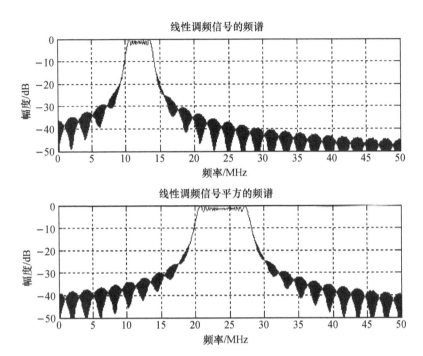

图 3.23 线性调频信号及信号平方的频谱

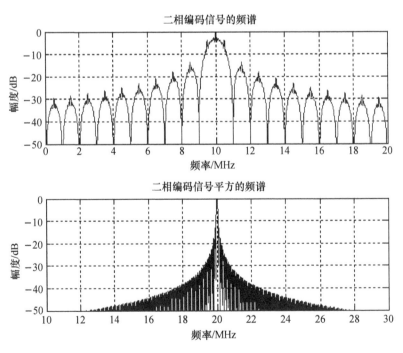

图 3.24 二相编码信号及信号平方的频谱

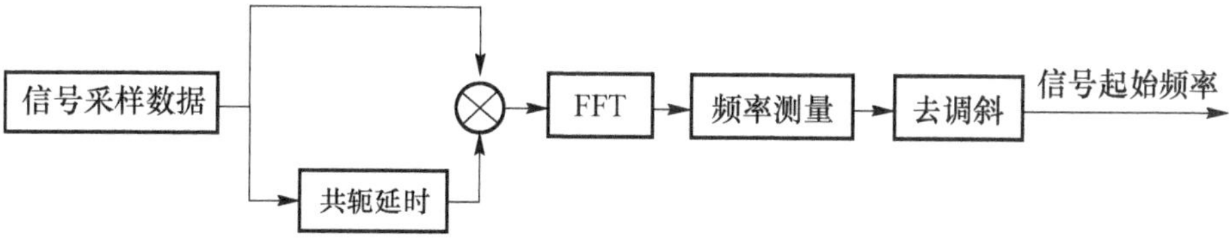

```
信号采样数据 ──┬──→ ⊗ ──→ FFT ──→ 频率测量 ──→ 去调斜 ──→ 信号起始频率
               │      ↑
               └→ 共轭延时 ┘
```

图 3.25 瞬时自相关法测量线性调频信号脉内参数的流程框图

信号的瞬时自相关为

$$y(n) = x(n) \cdot x^*(n-m)$$
$$= A^2 e^{j2\pi[f_0 nT_s + \frac{1}{2}K_L(nT_s)^2]} e^{-j2\pi[f_0(n-m)T_s + \frac{1}{2}K_L((n-m)T_s)^2]} \quad (3.64)$$
$$= A^2 e^{j2\pi[(K_L mT_s)nT_s + f_0 mT_s - \frac{1}{2}K_L m^2 T_s^2]}$$

由式(3.64)可知，信号瞬时自相关后为单频信号，其频率大小为调制斜率 K_L 与延时长度 mT_s 的乘积。通过上式得到调制斜率的估计后，可以对 $x(n)$ 进行去调斜运算，其表达式有

$$y'(n) = x(n) \cdot e^{-j\pi K_L(nT_s)^2} = A e^{j2\pi f_0 nT_s} \quad (3.65)$$

从式(3.65)可以看出，$y'(n)$ 为单频信号，频率为线性调频信号的起始频率 f_0，测量 $y'(n)$ 的频率即可得到该线性调频信号的起始频率。

3) 二相编码信号脉内特征参数测量[7]

二相编码信号的码元宽度可以用差分法计算，差分法是通过对信号的每一个采样点的相位求差分来检测相位的跳变点。

二相编码信号可以表示为

$$s(t) = A \cdot \exp[j \cdot (2\pi f_0 nT_s + \varphi_0 + c(n)\pi)] \quad 0 \leq t < T \quad (3.66)$$

式中：$c(t)$ 取值为 0 或 1；T_s 为采样间隔。

二相编码信号测得信号频率为 f_0 后，将信号 $s(t)$ 与 $\exp(-j2\pi f_0 nT_s)$ 相乘，可得

$$y(t) = s(t) \cdot \exp(-j2\pi f_0 nT_s)$$
$$= A \cdot \exp[j \cdot (\varphi_0 + c(n)\pi)] \quad (3.67)$$

然后再计算 $y(t)$ 的相位 $\varphi(n) = \varphi_0 + c(n)\pi$，对每个采样点的相位求差分

$$\Delta\varphi(n) = \varphi(n+1) - \varphi(n) \quad (3.68)$$

在相位跳变点处，相位差 $|\Delta\varphi| = \pi$。搜索各个相位跳变点，找出跳变点之间的最小间隔，即为码元宽度。

采样频率为 100MHz，中心频率为 10MHz，码元宽度为 $1\mu s$ 的 13 位巴克码信号的时相曲线如图 3.26 所示。

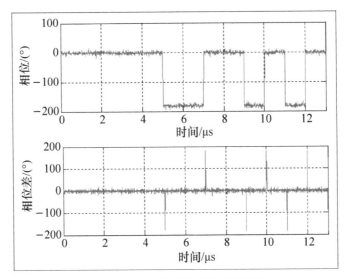

图 3.26 二相编码信号的时相曲线

3.3.2.3 测向处理

在雷达侦察装备的工作环境中可能存在大量的辐射源,各辐射源所在方向是区分辐射源的重要信息之一,而且受环境影响小,具有相对的稳定性,不能捷变,所以辐射源所在方向是雷达侦察系统中信号分选和识别的重要参数。

根据测向原理,主要分为振幅测向法、相位测向法和时差测向法。

1) 振幅测向法

如果用指向不同的两个天线同时接收一个信号,会表现出接收到的信号强度不同,比较这两个信号的幅度就可以计算出进入的辐射源信号的方位,这种方法称为振幅测向法[2]。测向天线系统一般由 N 个具有相同天线方向图特性的天线组成,这 N 个天线波束覆盖整个测向范围,各个天线波形指向为 θ_i,如图 3.27 所示为四天线振幅测向的原理示意图。

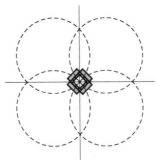

图 3.27 四天线振幅测向原理示意图

各个天线方向图可以表示为

$$F_i(\theta) = F(\theta - \theta_i) \tag{3.69}$$

式中：$F(\theta)$是天线方向图函数；θ_i是各个天线的指向。

假设各个通道处理增益相同，则各个通道的信号为

$$s_i(t) = A_i \cdot s(t) = A \cdot F_i(\theta) \cdot s(t) \tag{3.70}$$

式中：A_i是各个通道信号幅度。

采用全方向比幅法测向，信号到达角θ可以为

$$\theta = \arctan\left(\frac{\sum_{i=1}^{N} A_i \cdot \sin\theta_i}{\sum_{i=1}^{N} A_i \cdot \cos\theta_i}\right) \tag{3.71}$$

2）相位测向法

相位测向法是测量两个天线所接收信号的相位，并通过相位差来推导出信号到达方向。相位测向法原理示意图如图3.28所示，如果信号从天线视线夹角θ方向到达天线1、2，则两天线接收到的信号相位差为

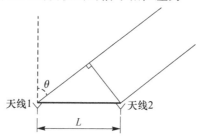

图3.28 相位测向法原理示意图

$$\varphi = \frac{2\pi L}{\lambda}\sin\theta \tag{3.72}$$

式中：λ为信号波长；L为两天线基线长度；θ为信号到达角。

所以到达角θ为

$$\theta = \arcsin\left(\frac{\lambda\varphi}{2\pi L}\right) \tag{3.73}$$

由上式可知，只要求出两个通道信号的相位差φ，即可求出入射信号的到达角。其中，波长λ可以根据参数测量得到的信号频率计算。

为了避免相位模糊，相位差φ必须在2π范围内，假定相位差φ取值范围为$[-\pi,\pi)$，相应的无模糊测角范围为$[-\theta_{\max},\theta_{\max})$，则

$$\theta_{\max} = \arcsin\left(\frac{\lambda}{2L}\right) \tag{3.74}$$

3) 时差测向法

相位测向法是基于测量信号到达不同天线的相位差来实现测向的,但是可能存在测向模糊,如果不测量相位差而是直接测量信号到达不同天线的时间差,同样也可以测量信号的方向,这就是时差测向法。

信号到达两个天线的时间差为

$$\Delta t = \frac{L\sin\theta}{c} \tag{3.75}$$

式中:c 为光速;L 为天线基线长度。所以信号到达角

$$\theta = \arcsin\left(\frac{C\Delta t}{L}\right) \tag{3.76}$$

由上式可知,只要测出信号到达两个天线之间的时间差 Δt,就可以测出到达角 θ。因此,如何测出信号到达时间差是时差测向法的关键问题。通过参数测量得到的到达时间可以求出信号到达两个天线的时间差,但是由于电磁波传播速度很快,信号到达测向系统中各个不同天线的时间差很小,所以时差测向法对到达时间的测量精度要求很高,而且一般也会要求具有较大的天线基线长度 L,以提高信号到达不同天线的时间差。

3.3.3 雷达信号分选模型

信号分选的本质是脉冲去交错处理,将侦察接收机截获的多个脉冲信号分离成与特定辐射源相关联的各个信号流。信号分选就是从交错的脉冲信号流中分离出各个雷达脉冲序列并进而给出雷达辐射源信号特征参数的过程,在这个过程中,需要将截获的每个脉冲与其他所有截获的脉冲进行相关处理,以确定它们是否来自于同一部雷达。相关处理通常要用到的参数包括射频和到达方向,其他会用到的参数包括脉冲宽度和脉冲到达时间的差值,利用 TOA 的差值可导出脉冲重复周期(PRI)的估值。

现代的雷达信号分选算法通常将脉冲重复周期作为主分选参数,其他雷达脉冲参数(射频、到达方向、脉宽)作为相关处理的预分选参数。在基于 PRI 的分选算法中,最常见的是基于脉冲到达时间的直方图统计算法,例如,积累差直方图(CDIF)算法、序列差直方图(SDIF)算法等。[8]

3.3.3.1 积累差直方图算法[9]

CDIF 算法基本原理是通过积累各级差值直方图来估计原始脉冲序列可能存在的 PRI,并根据该 PRI 来进行序列搜索。CDIF 算法是一种对传统直方图统计算法的较大改进。传统的直方图统计算法对任意两个脉冲的到达时间差都进行统计,然后利用检测门限对统计结果进行检测,这种算法运算量大而且无法消

除谐波的影响。CDIF 算法是基于直方图统计和序列搜索的混合算法,该算法集中二者的优点,极大地降低了运算量,并且在一定程度上避免了高次谐波的产生。

假定脉冲序列的到达时间为 $t_j(j=1,2,\cdots,N)$,N 为脉冲个数。传统的到达时间差直方图算法首先计算 $t_j - t_i(j>i)$,然后对其进行统计,因此计算到达时间差的运算量为 $N \cdot (N-1)/2$。利用到达时间差进行直方图统计的算法不仅在正确的 PRI 处进行统计,而且在其整数倍处也进行统计。当实际测量的雷达信号有脉冲丢失时,利用该算法进行分选得到的结果有可能是 PRI 的整数倍,而不是正确的 PRI,因此这种算法有比较严重的谐波干扰问题。此外,由于该算法要对任意两个脉冲的到达时间差都进行计算,运算量非常大,在高密度信号环境下不满足实时处理的要求。

CDIF 算法在一定程度上克服了传统直方图算法的上述缺点,是一种改进的直方图算法。CDIF 算法在进行一阶到达时间直方图统计时,只对 $t_{j+1} - t_j$ 进行统计,根据检测门限对统计结果进行检测,若某一序列的 PRI 被检测出来,就对其 2 倍 PRI 进行检测,如果均被检测出来,则认为此序列存在,并将此序列抽取出来,然后对剩下的脉冲序列重复上面的步骤;否则进行下一阶的到达时间直方图统计,即在上一次统计的基础上对 $t_{j+2} - t_j$ 进行统计,再进行检测,接着进行下一阶到达时间直方图统计,直到所有的脉冲序列被完全分选出来或到达时间差直方图的阶数达到某一固定值为止。CDIF 算法累加每级差值的直方图值,直方图峰值代表重复间隔的可能值。

3.3.3.2 序列差直方图算法[9]

序列差直方图(SDIF)算法是一种在积累差直方图(CDIF)算法基础上的改进算法。首先计算相邻两个脉冲到达时间差,构成第一级差值直方图,并计算门限,然后进行子谐波检测,若只有一个值超过检测门限,则把该值作为可能的 PRI 进行序列搜索。当多个辐射源同时出现时,第一级差值直方图可能会有几个超过门限的 PRI 值,并且都不同于实际的 PRI 值,此时不进行序列搜索,而是计算下一级的差值直方图,然后对可能的 PRI 进行序列搜索。若能成功分离出相应的序列,则从采样序列中扣除,并对剩余脉冲序列从第一级开始形成新的差值直方图,在经过子谐波检验后,如果不止一个峰值超过门限,则从超过门限的峰值所对应的最小脉冲间隔进行序列搜索,最后进行参差鉴别。SDIF 算法不对不同级的差值直方图进行积累,而只检测当前级的差值直方图。

3.3.4 雷达信号识别模型

雷达信号识别模型接收信号分选模型输出的雷达辐射源信号特征参数,通常采用模板匹配的方法,根据预先加载的雷达威胁数据库,完成对雷达信号及威胁等级的识别功能,输出威胁雷达的信号特征描述数据。

对雷达信号进行威胁识别,是将雷达信号分选结果与预先加载的雷达威胁数据库进行比对,以确定该雷达的类型、型号、敌我属性、威胁等级等信息,最终输出的识别结果就是雷达侦察(告警)结果。雷达威胁数据库中,威胁雷达数据通常包含雷达的各种特征参数及其变化范围,例如脉冲重复周期、脉冲重复周期变化范围、脉冲宽度、脉冲宽度变化范围、中心频率、频率变化范围等。将信号分选结果与威胁雷达数据的各个特征参数进行比较。满足威胁雷达特征参数变化范围的,则匹配成功,输出该威胁雷达的特征参数;若分选输出的雷达信号与雷达威胁数据库不能匹配,则输出的雷达属性为未知,此时敌我属性和威胁等级均无意义。

3.4 雷达侦察仿真系统设计

雷达侦察分为雷达对抗情报侦察和雷达对抗支援侦察。雷达对抗情报侦察是通过对敌方雷达长期或定期的侦察监视,得出对敌方雷达信号特征参数的精确测量和分析,以提供全面的敌方雷达的技术参数情报。雷达对抗支援侦察主要用于战时对当面之敌雷达进行侦察,通过截获、测量和识别,判定敌雷达的型号和威胁等级,直接为作战指挥、雷达干扰、反辐射攻击、火力摧毁和机动规避等提供实时情报支援。雷达告警是一种特殊的支援侦察,能对跟踪自身平台的威胁雷达发出实时告警,多用于飞机、舰艇的自卫防护,以便操作员及时采取对抗措施[2]。

无论是情报类侦察装备,还是支援类侦察装备,从其系统组成看,都包括侦察接收天线、接收机和信息处理终端三个部分,因此可以根据这些基本功能单元的属性,建立雷达侦察仿真系统的通用软件框架,以实现对各种体制雷达侦察装备从接收复杂电磁环境中的雷达辐射源信号到对信号检测、信号参数测量、信号分选与识别的信息处理全流程动态仿真。

构建包含复杂电磁信号环境仿真在内的雷达侦察仿真系统,通过设置仿真场景开展仿真试验,不仅可以分析和检验所模拟的雷达侦察装备采用的各种接收处理算法性能的优劣,还可以利用仿真试验数据定量评估雷达侦察装备对复杂电磁信号环境的适应性,为雷达侦察装备系统方案设计和系统指标论证提供仿真分析手段。

3.4.1 仿真系统功能结构设计

雷达侦察仿真系统软件功能结构组成如图 3.29 所示,主要包括仿真场景想定、动态场景仿真、信号环境仿真、雷达侦察装备仿真、仿真运行控制、仿真运行显示、仿真数据存储和雷达侦察能力评估8个功能项。其中,动态场景仿真、信号环境仿真和雷达侦察装备仿真是雷达侦察仿真系统的核心功能。而仿真场景想定、仿真运行控制、仿真运行显示、仿真数据存储和雷达侦察能力评估则属于雷达侦察仿真系统的辅助支撑功能,用于实现雷达侦察系统仿真的人机交互、仿真数据输入输出、仿真过程的可视化显示、仿真结果的分析评估等目的。

图 3.29 雷达侦察仿真系统软件功能结构图

图 3.29 中,动态场景仿真根据仿真场景部署的仿真实体平台(指雷达辐射源平台和雷达侦察装备平台)空间位置数据和平台运动数据,计算每个仿真时间步长内所有实体平台的空间位置数据和运动速度矢量,并完成对所有实体平台从大地坐标系到地心直角坐标系的空间坐标转换功能。仿真运行控制根据各个功能模块的交互时序来实现仿真运行的控制逻辑,采用固定时间步长推进方式进行仿真进程的控制,还提供对用户通过人机界面对仿真进程的启动、暂停、继续、停止等操作命令的实时响应功能。仿真数据存储功能将仿真运行过程中的仿真试验数据保存到用户指定路径和名称的文件中,用于事后的分析评估,或者提供给外部仿真平台使用。

3.4.1.1 仿真场景想定

仿真场景想定功能包括仿真对象数据库管理功能和仿真场景编辑功能。

1) 仿真对象数据库管理

仿真对象数据库管理功能用于实现对各类仿真对象(包括平台、雷达、雷达侦察装备)的相关数据表进行管理,以人机交互方式实现对仿真对象数据库中各个仿真对象数据表数据的增加、修改和删除操作,以表格方式提供对各仿真对象数据表内容的查询和浏览功能。数据库管理软件选用 Microsoft SQL Server 2005,采用 Microsoft Visual C++ 实现对 SQL Server 数据库的访问封装。

仿真对象数据表包括:平台数据表、雷达数据表、雷达侦察装备数据表、平台挂接关系数据表。

(1) 平台数据表管理模块。提供对平台参数的列表显示,可增加、修改、删除平台。

平台数据表的数据项包括:平台型号、平台名称、生产国、出厂日期、平台类型、平台任务。

(2) 雷达数据表管理模块。提供对雷达参数的列表显示,可增加、修改、删除雷达。

雷达数据表由雷达基本知识数据表、雷达天线方向图数据表、雷达天线扫描数据表、雷达发射信号波形数据表、雷达载频特征数据表、雷达脉冲重复间隔特征数据表、雷达脉宽特征数据表组成。各数据表间的关系图如图 3.30 所示。

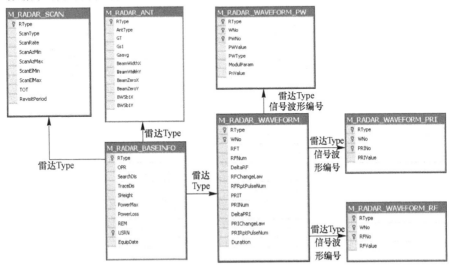

图 3.30 雷达数据表组成关系图

雷达基本知识数据表的数据项包括:雷达型号、工作体制(纯搜索、单目标跟踪 STT、搜索加跟踪(TAS)、信号体制(连续波、脉冲)、雷达用途、搜索距离、跟踪距离、发射功率、发射损失、附加说明、雷达使用国家或地区、雷达开始装备日期。

雷达天线方向图数据表的数据项包括:方向图模型类型(辛格函数、余弦函数、高斯函数、全向)、天线主瓣增益、方位面主瓣波束宽度、俯仰面主瓣波束宽度、方位面主瓣零点宽度、俯仰面主瓣零点宽度、第一副瓣电平、方位面第一副瓣波束宽度、俯仰面第一副瓣波束宽度、平均副瓣电平等。

雷达天线扫描数据表的数据项包括:扫描类型(圆周扫描、一线扇扫、二线扇扫、四线扇扫、单目标跟踪、相控阵搜索、相控阵跟踪)、方位扫描速度、方位扫描范围下限、方位扫描范围上限、俯仰扫描范围下限、俯仰扫描范围上限等;相控阵搜索模式需要设置波束驻留时间,相控阵跟踪需要设置照射回访周期。

由于雷达发射信号波形参数的设置比较复杂,需要对信号载频、重频和脉内调制三类参数进行组合,以适应各种类型的雷达信号波形体制。所以雷达发射信号波形数据表需要通过雷达型号、信号波形编号两个主键与雷达载频特征数据表、雷达脉冲重复间隔特征数据表和雷达脉宽特征数据表建立关联关系。

雷达发射信号波形数据表的数据项包括：雷达型号、信号波形编号、载频类型（固定载频、频率捷变、频率分集）、载频个数、频率捷变范围、重复间隔类型（重频固定、重频参差、重频抖动、重频滑变、群脉冲组）、重复间隔个数、重复间隔变化范围、发射脉冲个数、发射波形持续时间。

雷达载频特征数据表的数据项包括：雷达型号、信号波形编号、载频序号、载频值。

雷达脉冲重复间隔特征数据表的数据项包括：雷达型号、雷达波形编号、脉冲重复间隔序号、脉冲重复间隔值。

雷达脉宽特征数据表的数据项包括：雷达型号、信号波形编号、脉宽序号、脉宽值、脉内调制类型（无调制、线性调频、相位编码）、脉内调制参数。

雷达辐射源数据表管理人机界面如图 3.31 所示。

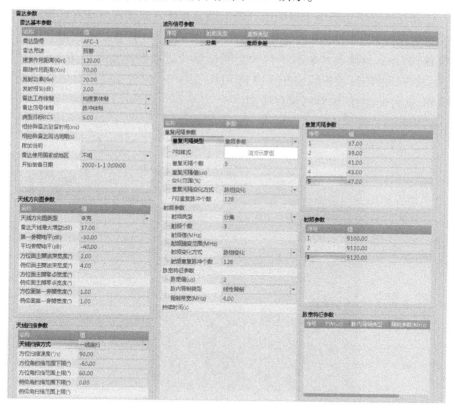

图 3.31　雷达辐射源数据表管理人机界面（见彩图）

（3）雷达侦察装备数据表管理模块。提供对雷达侦察装备参数的列表显示，可增加、修改、删除侦察装备。

雷达侦察装备数据表的数据项包括：工作模式（频段扫描、频点扫描、频点控守）、工作频率上限、工作频率下限、接收通道个数、接收通道中心频率、接收天线参数、接收机灵敏度、接收通道噪声系数、接收机瞬时带宽、A/D 位数、测向体制（包括比幅测向、干涉仪测向、时差测向）、频率测量精度、脉宽测量精度、脉幅测量精度、脉冲到达时间测量精度、脉冲到达角测量精度等。

（4）平台与装备的挂接关系数据管理模块。提供对已挂接装备的平台参数的列表显示，可增加、修改、删除已挂接平台。

已挂接平台基本信息包括：平台型号、平台名称、平台属性。

在基础平台上可挂接的装备包括：雷达、雷达侦察装备。一个基础平台上可挂接多个装备，通过鼠标双击所选择的装备型号实现装备与指定平台的挂接关系。

2）仿真场景编辑

仿真场景编辑功能用于在地图背景上以可视化方式实现对仿真场景数据的编辑。通过图 3.32 所示人机交互界面对两类仿真实体（即雷达辐射源和雷达侦察装备）的仿真参数及其装载平台的空间位置及运动航迹进行设置、部署和规划，生成静态的仿真场景数据并存储到 XML 文件中，同时还提供对仿真场景数据 XML 文件的加载、编辑和保存功能。

图 3.32　仿真场景想定人机交互界面（见彩图）

仿真场景数据主要包括：雷达辐射源平台参数、空间链路仿真参数、雷达侦察装备平台参数、系统仿真参数等。

（1）平台参数设置。对雷达辐射源平台、雷达侦察装备平台等仿真实体平台参数的设置，以二维数字地图为背景，在大地坐标系下，用经度、纬度和高度描述各个实体平台的空间位置坐标；在北天东坐标系下以正北方向为 0°，顺时针旋转 360°来描述实体平台的运动方向，而实体平台的倾斜角则以大地水平面为基准 0°，向上为正、向下为负来描述。实体平台类别主要分为固定平台和运动平台两类。对于固定平台，只需定义其初始空间位置数据；对于运动平台，则需定义其在空间的运动轨迹数据。当实体平台定义为运动平台时，平台的运动轨迹可分段设置，如图 3.33 所示，即平台运动轨迹由 N 个直线段组成，平台在每个直线段的运动速度可设置。在仿真运行过程中，动态场景仿真模型将根据空气运动学和动力学原理，对各直线段的拐弯点数据进行平滑处理。

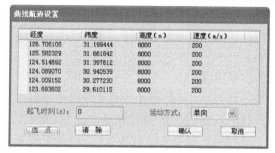

图 3.33　仿真实体平台（运动平台）曲线航迹参数设置界面（见彩图）

（2）空间链路仿真参数设置。空间链路仿真参数主要指与气象条件相关的参数，仿真中考虑的主要气象条件包括：晴空、云雾（能见度设置）、降雨（降雨强度设置）、降雪（降雪强度设置）。

（3）系统仿真参数设置。系统仿真参数主要包括：采样频率、信号中频、仿真时间步长、仿真时间长度、仿真级别（信号级、脉冲级）等。

3.4.1.2　信号环境仿真

信号环境仿真功能根据仿真场景中设置的雷达辐射源参数以及当前时刻雷达辐射源平台与雷达侦察装备平台间的相对空间位置关系，仿真生成当前仿真时间步长内的雷达辐射源信号中频采样数据流或脉冲描述字数据流，并经过电磁信号空间链路传播仿真处理后，最终形成到达雷达侦察装备接收天线口面处的辐射源信号仿真数据流。对于信号级仿真，信号环境仿真输出的是每个雷达辐射源的中频信号采样数据流；对于脉冲级仿真，信号环境仿真输出的是每个雷达辐射源信号的脉冲描述字数据流。

信号环境仿真功能由信号环境仿真软件模块来实现,软件模块的功能结构如图 3.34 所示,包括空间坐标变换、雷达辐射源信号仿真和空间链路仿真三个功能项组成。

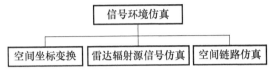

图 3.34 信号环境仿真功能结构图

1) 空间坐标变换

在仿真运行过程中,动态场景仿真输出每个仿真时刻仿真场景中实体平台在地心坐标系下的空间位置数据,而在对雷达辐射源信号进行仿真时,需要在雷达辐射源平台本地坐标系(北天东坐标系)下,计算雷达侦察装备平台相对雷达辐射源平台的空间位置关系,以便解算雷达发射天线增益、雷达信号空间传播损耗和传播路径延时等,所以需要进行坐标系变换,将地心坐标系转换为北天东坐标系。

2) 雷达辐射源信号仿真

对雷达辐射源信号的仿真主要是通过建立各种体制雷达发射信号波形的仿真模型,并根据仿真场景设置的雷达辐射源基本参数、发射信号波形参数、天线方向图参数和天线扫描参数,在每个时间步长内,动态生成各个雷达辐射源的中频信号采样数据流或脉冲描述字数据流。

在仿真系统设计中,一方面为了减轻后续雷达侦察装备仿真模型解算的工作量,提高仿真运算效率,另一方面为了便于事后的雷达侦察能力评估,需要在仿真过程中对仿真场景中的各个雷达辐射源的发射信号进行空域和频域检测处理。对于信号级仿真,只有同时满足空域和频域检测条件的雷达辐射源信号才会对其进行中频采样信号仿真和脉冲描述字数据仿真。而对于脉冲级仿真,只要雷达辐射源满足空域检测条件,就会对其全部发射信号进行脉冲描述字数据仿真。

(1) 空域检测。对雷达辐射源信号的空域检测主要是检测雷达侦察装备对雷达辐射源信号的接收是否满足视距条件。

假设雷达侦察装备平台高度为 $h_a(\text{km})$,雷达辐射源天线高度(含辐射源平台高度)为 $h_t(\text{km})$,地球等效半径为 $R_e(\text{km})$,则雷达侦察装备对该雷达信号侦收的最大视距 $R_{s\,\max}(\text{km})$ 为

$$R_{s\,\max} = \sqrt{2R_e}\,(\sqrt{h_a} + \sqrt{h_t}) \qquad (3.77)$$

通常取地球等效半径 R_e 为 8500km,代入上式可得

$$R_{s\,max} = 4.12(\sqrt{h_a} + \sqrt{h_t}) \tag{3.78}$$

注意,式(3.78)中 h_a、h_t 的单位为 m。

假设雷达侦察装备平台与雷达辐射源平台的相对距离为 R,若 $R \leq R_{s\,max}$,则满足空域检测条件,否则不满足空域检测条件。

(2)频域检测。实际战场中由各个雷达辐射源信号频率形成的频谱分布范围会很宽,例如从几十兆赫到几十吉赫,而雷达侦察接收机前端都有带通滤波器的特点,只允许一定频率带宽内的电磁信号进入后端接收电路,而且不同种类、型号雷达侦察装备在技术体制、工作模式等方面也存在较大的差异性。以测频为例,当雷达侦察装备采用外差式接收机时,会用一个比较小的接收带宽在高频范围内扫描,当这个小窗口的频率对准雷达信号时,一方面接收机截获了信号,另一方面也测量了信号的频率,当采用信道化接收机时,由于信道化接收机是一种并联的接收机,由多个接收支路组成,每一路专门用来接收一个小频率窗口的信号,多个支路的总和就构成了一个宽开接收机,所以不需要再进行频率范围扫描。另外,雷达侦察装备在作战使用中也会根据具体任务需要选择不同的工作模式,例如频段扫描、频点扫描、频点控守等。因此在信号级仿真过程中,应根据具体仿真的雷达侦察装备技术体制、工作模式和工作频带范围,判断当前仿真时间步长内雷达侦察装备实际能够截获的信号频率范围,然后对仿真场景中设置的全部雷达辐射源信号进行遍历,对不能满足频域检测条件的雷达辐射源信号不进行中频采样信号的仿真。

(3)信号级仿真中的频率选择问题。对于信号级仿真而言,由于仿真生成的是雷达信号的中频采样数据流,所以需要考虑对雷达信号仿真的中频频率和采样频率选择问题。

由采样定理可知信号采样频率应该大于等于信号带宽的 2 倍,由于通常情况下的雷达信号调制带宽(例如不考虑宽带/超宽带的成像雷达)要小于雷达侦察装备的瞬时接收带宽,所以雷达信号的采样频率只要大于等于雷达侦察通道瞬时带宽的 2 倍,并将雷达发射信号的仿真频率换算到雷达侦察装备接收通道中频频率即可。

例如,假设雷达辐射源发射的信号频率为 f_0,雷达侦察装备的接收通道中心频率为 f_1,接收通道中频频率为 f_{IF},则雷达发射信号的仿真频率 f 为

$$f = f_0 - f_1 + f_{IF} \tag{3.79}$$

由于雷达侦察通道瞬时带宽一般是几十兆赫至几吉赫的范围,目前一般不超过 2GHz,所以信号级仿真方式下实际需要的信号采样频率一般不超过 4GHz。

3)空间链路仿真

电磁波信号在空间传播过程中会发生衰减和畸变,除了因传播路程发生的

衰减外,还与不同的空间气象条件及环境有关,如云雾天气、降雨天气、大气状况等。对电磁波空间链路传播特性的建模主要用于实现在各种典型空间环境条件下传播过程对辐射源信号造成的衰减和畸变效应的仿真,并针对不同的空间气象条件建立相应的统计计算模型。空间链路仿真包括两个方面:电磁信号在自由空间传播损耗的仿真和在空间大气层传播衰减的仿真,具体模型实现见3.2.3小节相关内容。

3.4.1.3 雷达侦察装备仿真

雷达侦察装备仿真功能对接收的雷达辐射源信号进行快速检测、信号参数测量及信号去交错分析处理,并根据仿真前预先加载的雷达威胁数据库,对雷达信号进行基于模板匹配的识别处理,输出雷达侦察仿真结果数据。

雷达侦察装备仿真功能由侦察装备仿真软件模块来实现,软件模块的功能结构如图3.35所示,包括空间坐标变换、侦收天线仿真、接收机仿真、信号分选算法仿真和信号识别算法仿真5个功能项组成。其中,对脉冲级仿真,接收机仿真采用功能级模型;对信号级仿真,接收机仿真采用信号级仿真模型。

图3.35 雷达侦察装备仿真功能结构图

1) 空间坐标变换

在仿真运行过程中,动态场景仿真输出每个仿真时刻仿真场景中实体平台在地心坐标系下的空间位置数据,而在对雷达信号进行雷达侦察装备接收天线方向图调制仿真时,需要在雷达侦察装备平台本地坐标系(北天东坐标系)下,计算各个雷达辐射源平台相对雷达侦察装备平台的空间位置关系,以便根据雷达信号到达角得到侦收天线增益值,所以需要进行坐标系变换,将地心坐标系转换为北天东坐标系。

2) 侦收天线仿真

侦收天线仿真根据雷达侦察装备平台与雷达辐射源平台之间的相对空间位置关系、侦收天线指向和侦收天线方向图数据,对雷达信号进行侦收天线方向图调制处理。

(1) 天线方向图仿真。如果侦收天线有实测方向图数据可供仿真使用,则可将实测天线方向图数据按照实测的角度间隔存储在文件中。在仿真运行初始化时将方向图数据文件加载到计算机内存中,在仿真运行过程中就可根据信号入射角直接从内存中读取或进行线性拟合得到相应角度的天线增益值,以提高仿真运算效率。

在没有侦收天线实测方向图数据的情况下,对天线方向图的仿真通常可以采用以下3种方式:①利用商业电磁仿真软件,如 CST、Ansoft HFSS、FEKO 等,根据天线设计要求及指标,在高性能计算机上通过模型解算得到天线方向图数据;②采用数学公式近似模拟,例如辛格函数、高斯函数、余弦函数等;③采用参数拟合简化模型。

对天线方向图仿真采用参数拟合简化模型时,可以只考虑天线主瓣、第一副瓣和平均副瓣的区别,或者也可以只考虑天线主瓣和平均副瓣的区别。简化模型使用的天线参数主要包括:主瓣增益、主瓣波束宽度、第一副瓣增益、第一副瓣波束宽度、平均副瓣增益。

假设天线主瓣增益为 G_a,主瓣波束宽度为 θ_a,第一副瓣增益为 G_b,第一副瓣波束宽度为 θ_b,平均副瓣增益为 G_c,则天线方向图简化模型为

$$G_r = \begin{cases} G_a & \Delta\alpha \leq \theta_a \\ G_b & \theta_a < \Delta\alpha \leq (\theta_a + \theta_b) \\ G_c & 其他 \end{cases} \tag{3.80}$$

式中:$\Delta\alpha$ 为信号入射角与天线法线方向的夹角。

(2)天线方向图调制处理。对雷达信号进行天线方向图调制处理时,首先根据雷达信号到达角,通过天线方向图仿真模型解算出该角度的天线增益值,或者对已加载到计算机内存中的天线方向图数据进行查表(必要时还需进行插值计算)得到天线增益值,然后将得到的天线增益值与输入的信号幅度值相乘,即实现了对信号的幅度调制。

3)接收机仿真

(1)接收机功能仿真。对脉冲级仿真而言,信号环境仿真软件模块输出的是每个辐射源信号的脉冲描述字数据流,经过雷达侦察装备侦收天线方向图调制处理后,根据每个脉冲到达时间的先后次序进行综合排序处理,从而形成包含各个雷达辐射源信号的综合脉冲描述字数据流作为接收机功能仿真模块的输入数据。

接收机功能仿真模块的实现流程如图3.36所示。经过综合排序处理后的雷达信号,首先进行逐个脉冲的信号截获检测处理。如果输入的雷达信号频率在侦察接收机频率覆盖范围内,则该信号满足频域检测要求,否则将该信号从脉冲描述字序列中剔除。经过频域检测的雷达信号还需要经过能量检测,如果输入的雷达信号功率超过接收灵敏度检测门限,则该信号满足能量检测要求,否则将该信号从脉冲描述字序列中剔除。只有在频域和能量域上都满足检测要求的雷达信号才能送入信号参数测量仿真模块。

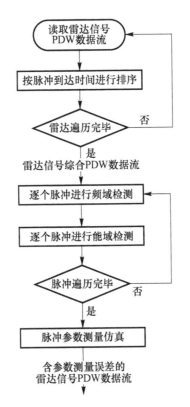

图 3.36 侦察接收机功能仿真流程图

雷达信号脉冲参数测量模块根据要仿真的实际装备信号参数测量精度,在通过了频域检测和能量检测的雷达信号脉冲描述字数据的基础上,产生带有脉冲参数测量误差的雷达信号脉冲描述字序列,以作为雷达信号分选识别仿真软件模块的输入数据。

信号参数测量精度是指侦察接收机测量雷达信号载频、脉宽、幅度、到达时间、到达角等参数的误差,是对信号通过大量测量得到的误差统计平均值,常用均方根误差表示,一般服从均值为 0、方差为 σ^2 的正态分布。

① 高斯分布随机序列仿真模型。服从零均值、方差为 σ^2 的正态分布 $N(0,\sigma^2)$ 随机序列产生方法如下:

$$\text{Gauss}(i) = \sqrt{-2\ln[\mu_1(i)]}\cos[2\pi\mu_2(i)]$$

$$\text{Gauss}(i+1) = \sqrt{-2\ln[\mu_1(i)]}\sin[2\pi\mu_2(i)]$$

式中:$\mu_1(i)$ 和 $\mu_2(i)$ 是相互独立的 (0,1) 区间上均匀分布随机序列。

上式产生零均值、方差为 1 的正态分布 $N(0,1)$ 随机序列,需通过下列变换产生出所需的 $N(0,\sigma^2)$ 正态分布:

$$s(i) = \sigma \text{Gauss}(i)$$

将上式中的 σ 用载频测量精度 σ_{rf}、脉宽测量精度 σ_{pw}、到达角测量精度 σ_{doa} 代替,则可得到信号载频、脉宽、信号到达角的测量误差序列。

② 信号载频参数测量模型。

信号载频的测量值采用真实值 rf 加上测量误差 Δrf 的方式:

$rf_m = rf + \Delta rf$

载频的测量误差 Δrf 服从均值为 0、方差为 σ_{rf}^2 的正态分布。

③ 脉宽参测模型。脉宽的测量值采用真实值 pw 加上测量误差 Δpw 的方式:

$pw_m = pw + \Delta pw$

脉宽的测量误差 Δpw 服从均值为 0、方差为 σ_{pw}^2 的正态分布。

④ 信号到达角参数测量模型。信号到达角的测量值采用真实值 α 加上测量误差 Δα 的方式:

$\alpha_m = \alpha + \Delta\alpha$

测向误差 Δα 服从均值为 0、方差为 σ_{doa}^2 的正态分布。

(2) 接收机信号处理仿真。对信号级仿真而言,信号环境仿真模块输出的是每个辐射源信号的中频采样数据流,经过雷达侦察装备侦收天线方向图调制处理后,按照信号采样点的时间序列,将所有辐射源信号采样点幅值相加,从而形成各个雷达辐射源信号叠加后的"混合"信号,然后再将"混合"信号与接收通道热噪声信号叠加,作为接收机信号处理仿真模块的输入数据。

接收机信号处理仿真模块的实现流程如图 3.37 所示。

图 3.37 中,ADC 仿真用于实现对高精度模数转换器(A/D)的仿真。在实际的物理系统中,A/D 完成的工作是对连续时间模拟信号进行采样,在时间上离散化,然后将采样值量化,变为数字信号以进行后续的处理。而在计算机仿真系统中,辐射源信号的产生、接收和处理都在计算机操作系统环境下完成,在辐射源信号产生时就已经完成了指定采样率(例如 100MHz)的采样,而且在定义了数据类型为单精度浮点数(float)或双精度浮点数(double)后,实质上已完成信号的量化工作,将每个数据值量化为 32 位或 64 位二进制数。因此,仿真系统中 ADC 功能主要是进行数据抽取和降低量化位数。对 ADC 的仿真应结合工程上可选用的 ADC 器件性能,根据 ADC 的最大输入范围及量化电平、量化位数,采取均匀量化的方法就可通过分级比较得到量化后的值。

信号检测算法仿真通过对输入的辐射源信号进行时域分析、频域分析、统计分析等信号快速检测算法仿真,将强噪声背景下的弱信号提取出来,同时将其他信号的影响抑制下去。在仿真软件设计中,应结合实际雷达侦察装备采用的信号快速检测算法进行软件代码实现。例如,时域分析法(即传统的能量检测法)假定噪声是高斯白噪声,先在理论上计算噪声的能量,把它作为判断信号存在与

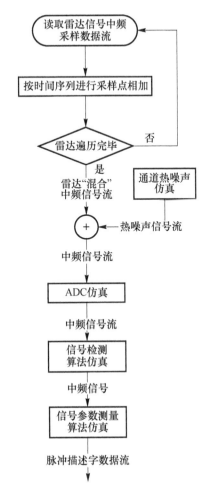

图 3.37 侦察接收机信号处理仿真流程图

否的门限,然后计算接收到的信号能量,与门限比较就可判断信号是否存在。时域分析法的仿真流程如图 3.38 所示。

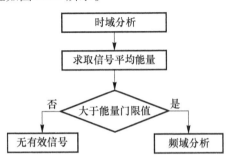

图 3.38 时域分析法仿真流程图

图 3.38 中,当通过时域分析法判断出有信号存在时,下一步就采用频域分析法(又称相关检测法)继续处理。相关检测法利用噪声的不相关和信号的相关性来构造检测器。首先对信号进行 FFT 变换,然后通过门限值对信号载频进行估计,如存在明显的谱峰,则可判断信号存在。

信号参数测量算法仿真用于实现对雷达辐射源信号的脉冲参数提取,主要包括对雷达辐射源中频信号的数字鉴频、鉴相及脉内特征参数的提取过程的仿真,输出雷达信号脉冲描述字数据,如图 3.39 所示。侦察接收机对雷达信号脉冲参数的测量,主要是指对信号载频、脉冲到达时间、脉冲宽度、脉冲幅度的测量以及对信号脉内调制类型的识别和调制参数的提取,具体测量算法见 3.3.2 小节相关内容。

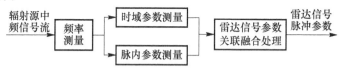

图 3.39 雷达信号参数测量算法仿真流程图

雷达侦察装备对雷达信号到达方向的测量通常需要多个接收天线及其接收通道进行联合处理,这里以多通道比幅测向为例进行说明。多通道比幅测向是在波束数量一定的情况下,通过对各波束接收到的信号幅度进行加权比较来确定信号到达方向。多通道比幅测向的精度取决于波束宽度、波束个数以及各个波束(包括对应的接收通道)之间的幅度一致性。

多通道比幅测向原理如下,为简化设计和计算方式,将目标到达方向拆分成方位、俯仰两个方向分别进行计算,可用下式计算辐射源到达的方位和俯仰角。

$$\alpha = \frac{\sum_{i=1}^{N} A_i \cdot \alpha_i}{\sum_{i=1}^{N} A_i}, \quad \beta = \frac{\sum_{i=1}^{N} A_i \cdot \beta_i}{\sum_{i=1}^{N} A_i} \quad (3.81)$$

式中:α 为目标的方位角;β 为目标的俯仰角;α_i 为各波束的方位指向;β_i 为各波束的俯仰指向;A_i 为各波束接收到的信号幅度值;N 为参加比幅测向处理的波束个数。

图 3.40 以数字接收机为例给出了多通道比幅测向仿真流程图。

4) 信号分选算法仿真

信号分选算法仿真功能由雷达信号分选算法仿真软件模块来实现,通过对接收机仿真软件模块送来的雷达信号全脉冲数据流进行脉冲序列去交错处理,提取出属于同一部雷达的全脉冲描述字(PDW)序列,估计和测量其详细的信号参数特征。

尽管雷达侦察装备装载的作战平台不同、作战任务不同,其对信号处理机的

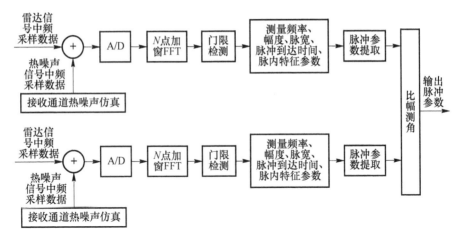

图 3.40　多通道比幅测向仿真流程图

技术指标和技术性能要求也不尽相同,但信号处理机几乎都是以各种高速数字处理器为核心的,而且由于需要处理的数据量大、处理算法复杂、要求的反应时间快,所以主处理机通常采用多处理器并行处理架构,利用嵌入式软件以流水方式保证信号分选处理的实时性要求,因此在对实际型号雷达侦察装备仿真时,虽然不大可能直接使用装备中的信号分选软件模块,但应尽可能沿用装备中的信号分选算法,以保证信号分选仿真模型的逼真度。

若仿真的雷达侦察装备尚处于论证、设计阶段,信号分选算法本身就是要重点研究的关键内容,则可以在算法研究的基础上编制算法软件模块,以便通过仿真试验对算法性能进行分析和验证。

若仿真的雷达侦察装备没有型号背景要求,而且信号分选算法也不是仿真试验验证的重点,则可以采用比较通用的信号分选算法对信号分选过程进行建模。

雷达信号分选过程通常包括脉冲序列去交错处理和信号的相关融合处理两个关键步骤。

(1) 脉冲序列去交错处理。脉冲序列去交错处理主要采用脉冲参数直方图统计分析方法。在脉冲参数中,到达方位角是用来去交错的最主要参数,因为它是最不可能快速变化的参数,脉冲宽度和载频是第二个重要的参数,方位和载频的容差范围一般取参数测量均方根误差的 2～3 倍。在做脉冲参数统计直方图的过程中,只要参数在容差范围内便累加脉冲个数,并且计算脉冲参数的平均值作为其中心值。因为参数的误差范围有可能跨越直方图横坐标的相邻两个区,导致脉冲数分散在相邻两个区,因此有必要合并直方图横坐标的相邻两区脉冲数,然后利用经过合并以后的直方图进行峰值检测和提取脉冲序列。对方位、脉宽和载频预分选以后的脉冲序列再做脉冲间隔(PI)分布直方图,找出直方图的最大值,判断是否大于门限。如果最大值大于门限并且比相邻的较小值大 20%

以上,说明有一个固定脉冲重复周期(PRI)的脉冲序列存在,则以最大值处的 PRI 值为中心,以 PRI 测量误差为容差范围,提取相同 PRI 的脉冲序列,然后对剩余脉冲序列再做 PI 分布直方图,重复上述过程。经过 PI 直方图分析方法去交错处理,提取属于同一部雷达信号的脉冲序列后,采用转移矩阵分析方法提取 PRI 特征参数,然后与活动雷达数据库中的已知信号特征参数进行相关处理,判断是否为同一雷达的不同工作状态。

(2) 信号的相关融合处理。提取了新信号的特征参数后,应与已知活动雷达信号进行相关融合,判断是否为已知信号的不同工作状态。此外,还需要在新信号之间进行相关融合,合并属于同一部雷达的信号参数。相关融合可采用时空相关法,记录每个信号的出现时间和消失时间,几个信号在时间上不重叠或者首尾相接,在空间上方位相同,则可判为同一部雷达信号的不同工作状态,应在活动雷达数据库中记录不同工作状态的参数范围。对不能融合的新信号特征参数也应补充到活动雷达数据库中,作为新增加的信号对待。

5) 信号识别算法仿真

雷达信号识别算法仿真功能由雷达信号识别算法仿真软件模块来实现,通过接收雷达信号分选算法仿真软件模块输出的雷达辐射源信号特征参数,根据预先加载的雷达威胁数据库,采用模板匹配方法,对雷达信号进行识别,以确定该雷达的类型、型号、当前的工作状态、敌我属性、威胁等级等属性信息。若分选输出的雷达信号与雷达威胁数据库不能匹配,则输出的雷达属性为未知,此时敌我属性和威胁等级均无意义。

对雷达信号进行分选识别算法仿真的处理流程如图 3.41 所示。图中,雷达威胁数据库至少应保证与仿真的雷达侦察装备实际加载的雷达威胁库在关键数据项上的一致性。

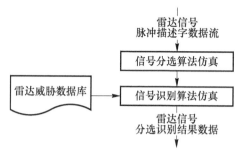

图 3.41　雷达信号分选识别算法仿真流程图

3.4.1.4　仿真运行显示

仿真运行显示功能是在仿真运行过程中,将仿真结果数据以图表方式进行动态显示,并提供用户界面友好的可视化分析工具。仿真运行显示功能结构如图 3.42 所示,包括仿真场景态势显示、电磁信号可视化、全脉冲数据可视化和侦察结果数据可视化。

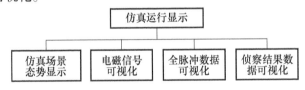

图 3.42　仿真运行显示功能结构图

1) 仿真场景态势显示

仿真场景态势显示功能由仿真场景态势显示软件模块来实现,可对仿真场景中各个实体平台的运动轨迹、天线波束扫描或天线波束跟踪指向、雷达探测区域等信息以图形化方式进行动态显示。仿真场景态势显示方式分为二维态势和三维态势两种显示方式,如图 3.43 所示,给出了仿真场景三维态势显示截图画面,图中立体图形表示雷达探测区。

图 3.43　仿真场景三维态势显示效果示例(见彩图)

2) 电磁信号可视化

电磁信号可视化是指对中频信号采样数据流的可视化,主要针对当前仿真时间步长内侦察接收机接收到的所有雷达辐射源信号(指合成后的信号),提供频段信息、波形图和频谱图的动态显示和可视化分析功能,如图 3.44 所示。

3) 全脉冲数据可视化

全脉冲数据可视化是指对雷达信号全脉冲数据进行多个维度的信号特征可视化分析。全脉冲数据包括电磁信号环境仿真输出的真实 PDW 数据和经过雷达侦察接收机仿真输出的 PDW 数据,将两者进行对比显示,主要是为了方便用户能比较直观地对侦察接收机的雷达辐射源信号截获能力和信号参数测量能力

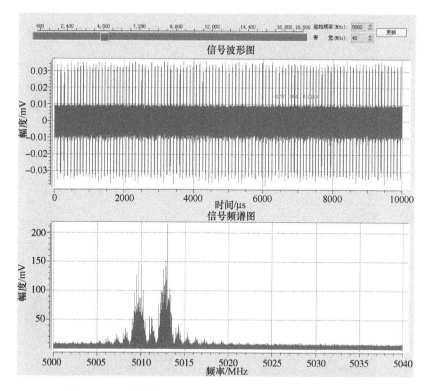

图 3.44 电磁信号波形及频谱分析软件界面示例（见彩图）

进行分析。

对雷达信号全脉冲数据可以从时间特征、频度特征、时频特征、分布特征四个维度进行可视化分析。时间特征是指雷达信号脉冲参数（载频、脉宽、脉幅、到达角、脉内调制类型）与脉冲到达时间的关系；频度特征是指对雷达信号脉冲参数（载频、脉宽、脉幅、到达角、脉内调制类型）出现的频度进行统计；时频特征是指雷达信号脉冲到达时间与信号频率的关系，即时频瀑布图；分布特征是指对雷达信号脉冲数量随时间变化的关系进行统计，以及对雷达信号脉冲数量在频域、能域、空域、频域和空域等各个维度上的分布进行统计。

图 3.45 给出了全脉冲数据在时间特征维度上的可视化分析界面。

4）侦察结果数据可视化

侦察结果数据可视化是指对仿真输出的侦察结果数据进行多个维度的辐射源特征参数可视化分析。辐射源特征参数包括辐射源信号特征和辐射源分布特征两个方面。

辐射源信号特征可视化主要是以如图 3.46 所示表格方式动态显示侦收到的各个辐射源信号特征参数，并可对表格数据按照一定规则进行排序处理及更新显示，还可以对表格中的某个辐射源进行信号特征可视化分析，绘制出该辐射

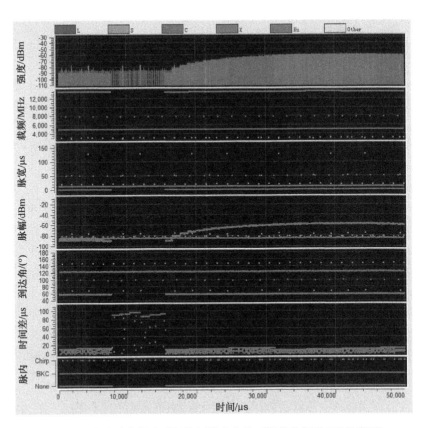

图 3.45　全脉冲数据在时间特征维度上的可视化分析界面(见彩图)

批号	频率类型	频率(MHz)	PRI类型	PRI(us)	脉宽(us)	调制类型	幅度(dBm)	到达角(°)	扫描类型	扫描周期	连续波标识	活动
1	固定	7800	固定	2000	50	线性调频	-79.2355	57.3508	圆扫	6	否	是
2	分集	1800	固定	2500	10	线性调频	-64.1669	61.1802	圆扫	4.8	否	是
3	捷变	13500	组变	9	1	常规	-72.1971	46.4378	扇扫	1.33333	否	是
4	捷变	5000	组变	87	13	相位编码	-60.4363	75.6551	圆扫	7.2	否	是
5	捷变	3000	固定	5000	127	线性调频	-67.3432	69.1844	跟踪	2	否	是
6	分集	9200	组变	67	1	常规	-83.6299	109.364	扇扫	1.33333	否	是
7	捷变	16600	组变	37	1	常规	-57.9206	92.1054	跟踪	0	否	是

属性	值	属性	值	属性	值	属性	值
批号	3	首次时间(ns)	480883350	脉宽类型	固定	重频类型	组变
工作体制	搜索	最新时间(ns)	11183328149	脉宽值(us)	1	重频值(us)	9
信号体制	脉冲	载频类型	捷变	脉宽最小值	1	重频最小值	9
经度(°)	120.51	载频值(MHz)	13500	脉宽最大值	1	重频最大值	13
纬度(°)	25.0338	载频最小值	13400	脉宽数量	1	重频数量	4
高度(Km)	10	载频最大值	13600	脉宽特征(us)	1.00;	连续波标识	否
距离(Km)	259.258	载频数量	1	扫描类型	扇扫	信号活动标识	活动信号
方位角(°)	46.4378	载频分集(MHz)	13500.00;	扫描周期(s)	1	0	0
信号强度(dBm)	-72.1971	脉内类型	常规	重频参差(us)	9.00;10.00;11.00;13.00;	0	0

图 3.46　辐射源信号特征参数表格化显示界面(见彩图)

源信号特征参数(载频、脉宽、脉幅、到达角、脉内调制类型)与脉冲到达时间的关系图,如图 3.47 所示。

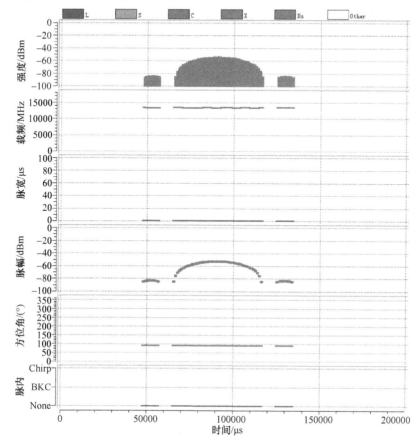

图 3.47　辐射源信号特征参数图形化显示界面(见彩图)

辐射源分布特征可视化主要是针对雷达辐射源数据在空间、强度、数量等各个维度上的分布情况进行统计计算,并以极坐标图、曲线图、直方图等各种图形方式进行可视化显示。如图 3.48 所示,以雷达侦察装备平台为极坐标原点,给出不同工作频段、不同工作体制雷达辐射源的空间分布情况统计图。

3.4.1.5　雷达侦察能力评估

雷达侦察能力评估主要针对雷达侦察装备的三个关键环节处理能力,即信号截获能力、信号参数测量能力和信号分选识别能力,利用仿真运行过程中记录存储的仿真试验数据,对相应的评估指标进行统计计算,从而实现雷达侦察能力的定量评估功能。

仿真试验数据由两类数据组成,一类是真实数据,另一类是仿真测量数据。

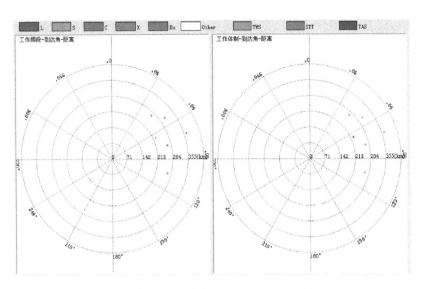

图 3.48 辐射源空间分布特征可视化显示界面(见彩图)

真实数据作为白方数据,是进行各种参数匹配、门限检测、指标计算的基准数据。

1) 雷达信号截获及参数测量能力评估

对雷达信号截获及参数测量能力的仿真评估实现流程如图 3.49 所示。图中,PDW 真实数据是指雷达辐射源信号仿真模块生成的雷达真实脉冲描述字数据,经过空间链路传播和侦收天线方向图调制处理,到达侦察接收机输入端的 PDW 数据,并按照脉冲到达时间的先后次序进行综合排序处理后的 PDW 真实数据流。PDW 测量数据是指侦察接收机仿真模块通过对输入的雷达辐射源中

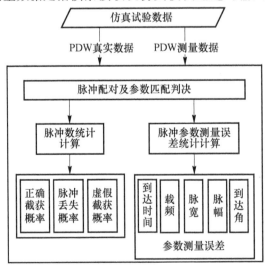

图 3.49 雷达信号截获及参数测量能力仿真评估实现流程

频信号采样数据流进行信号检测和脉冲参数测量处理后输出的 PDW 数据流。

从图 3.49 可以看出,雷达信号截获及参数测量能力评估只对雷达侦察装备的信号级仿真有效,可以利用仿真评估结果,对雷达侦察装备主要技术指标(例如灵敏度、动态范围、信号截获概率、参数测量精度等)的实现情况进行分析,也可以对雷达侦察装备拟采用的信号检测算法、参数测量算法性能进行检验或验证。

(1) 信号截获能力评估指标。对信号截获能力的评估采用概率值作为度量指标,主要包括正确截获概率、虚假截获概率、脉冲丢失概率。

由于信号级仿真中,输入给雷达侦察装备仿真模型的雷达辐射源信号是满足了空域检测和频域检测条件的,也就是说这些信号是能够被侦察装备正常接收的信号,但能否被侦察装备正确截获则受很多因素影响,例如信号本身的强弱,多个信号在时域、频域上的交叠,接收机体制,接收机对信号的截获算法设计等。因此,将输入的雷达信号(即图 3.49 中的 PDW 真实数据)作为计算上述评估指标的基准数据。

(2) 信号参数测量能力评估指标。对信号参数的测量能力评估采用测量精度作为度量指标,主要包括测频精度、测脉宽精度、测脉幅精度、测脉冲到达时间精度和测脉冲到达角精度。

测量精度是指测量的目标参数估计值相对于目标真实参数之间的精确程度。通常,测量精度的好坏用其测量误差的大小来表征和衡量。测量误差是指测量值与真实值之间的偏差,测量误差小意味着测量精度高。一般表示误差的方法有绝对误差和相对误差两种,对误差的统计形式有最大误差和均方根误差两种。工程上常采用均方根误差来表征测量精度,所以仿真系统中对测频精度、测脉宽精度、测脉幅精度、测脉冲到达时间精度和测脉冲到达角精度的统计计算均采用均方根误差。

均方根误差是一个时间随机函数误差方差的平方根值。如果误差的各个分量相互独立,则它可以表示为所有独立误差分量的平方和的平方根。对于具有相互独立的误差 x_i 的多个数据点 ($i=1,2,\cdots,n$),其均方根误差 x_{rms} 为

$$x_{\mathrm{rms}} = \sqrt{\frac{1}{n}\sum_{i=1}^{n} x_i^2} \tag{3.82}$$

需要注意的是,对信号参数测量精度的统计计算只考虑雷达侦察装备正确截获的雷达信号,即满足脉冲配对及参数匹配判据条件的信号。

2) 雷达信号分选识别能力评估

对雷达信号分选识别能力的评估指标主要有雷达信号正确识别率、雷达信号增批率、雷达信号漏批率。

将分选识别结果数据中的雷达辐射源信号特征参数,与仿真场景中真实雷达辐射源信号特征参数进行匹配和比对,利用预先设置的多维信息容限值,综合

判定雷达辐射源信号是否被正确分选识别出来;若与仿真场景中的雷达辐射源信号特征参数无法匹配,则判为虚假信号,计入增批率计算范围。

3.4.2 仿真系统处理流程设计

任何体制或型号雷达侦察装备的仿真系统都可以采用图 3.50 所示的软件处理流程。从图中可见,雷达侦察仿真系统软件处理流程分为 3 个阶段:仿真运行前的仿真场景想定阶段、仿真运行中的模型解算与信息显示阶段和仿真运行

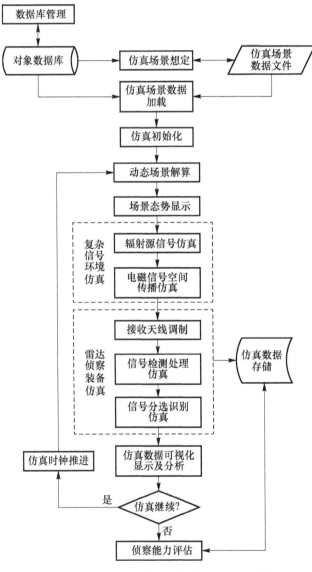

图 3.50 雷达侦察仿真系统软件处理流程图

后的侦察能力评估阶段。

在仿真运行前的仿真场景想定阶段,用户根据仿真试验目的、雷达侦察装备任务以及可用的仿真资源进行仿真任务规划,通过仿真系统提供的人机交互功能,设置仿真场景,并将设置好的仿真场景数据保存到用户指定文件名的 XML 文件中,或者用户可以通过人机界面加载已生成的仿真场景数据 XML 文件,也可以对加载的仿真场景数据进行编辑、修改和保存。

在仿真运行中的模型解算与信息显示阶段,首先进行仿真运行的初始化处理,对当前仿真时刻的场景数据进行解算,即通过空间坐标变换计算仿真场景中每个雷达辐射源平台与雷达侦察装备平台的相对空间位置关系和相对运动关系,然后根据每个雷达辐射源仿真参数及其装载平台的空间位置及运动参数、辐射源天线扫描方式及方向图数据等,仿真生成当前仿真时间步长内的雷达辐射源信号中频采样数据流或脉冲描述字数据流,将雷达辐射源信号进行空间传播仿真处理后,再经过侦察接收天线调制处理,最终进入侦察接收通道完成信号检测处理仿真和信号分选识别算法仿真后,将仿真结果数据输出到仿真系统显示界面进行图形化显示,同时将仿真试验数据以二进制数据文件形式进行本地化存储,以用于事后评估分析。以上仿真处理过程按照预先设定的时间步长进行仿真时钟推进,直到仿真运行结束。需要说明的是,如果对雷达侦察装备进行脉冲级仿真,则复杂信号环境仿真模型输出的是辐射源信号脉冲描述字数据流,对雷达侦察接收机采用功能级仿真模型,如果对雷达侦察装备进行信号级仿真,则复杂信号环境仿真模型输出的是辐射源信号中频采样数据流,对雷达侦察接收机采用信号级仿真模型。

在仿真运行结束后的侦察能力评估阶段,利用仿真过程中记录存储的仿真试验数据,依据预先确定的评估指标进行统计计算,实现对雷达侦察装备的侦察处理能力的定量评估。

3.4.3 仿真系统运行方式设计

雷达侦察仿真系统软件可以设计为一个独立运行的 EXE 文件,运行在 Windows 2000、Windows XP、Windows Server 2003、Windows 7 等标准视窗操作系统平台上,采用通用软件开发平台 Visual C++ 来实现软件编制。在计算机屏幕上双击该 EXE 文件,即可进入雷达侦察仿真系统软件的图形用户控制界面,它所提供的各种显示控制功能均可通过用户界面上的工具条和功能按钮来实现。图 3.51 给出了雷达侦察仿真系统软件人界面示意图。

3.4.4 仿真系统数据接口设计

3.4.4.1 内部接口设计

雷达侦察仿真系统软件采用面向对象分析技术和模块化设计技术,以层次

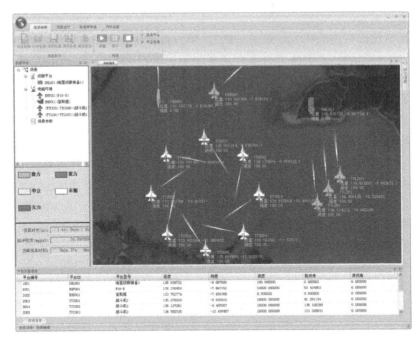

图 3.51 雷达侦察仿真系统软件人机界面示意图(见彩图)

化模块调用方式构建仿真系统,其内部接口数据分为两类:一类是用于协调系统内部各仿真模块之间相互调用关系的控制指令,在软件系统设计中采用消息传递机制与多线程同步控制机制相结合的方式来实现;另一类是用于系统内部各仿真模块间交互或共享的仿真过程数据,主要包括仿真场景数据、动态场景数据、辐射源信号中频采样数据、辐射源信号脉冲描述字(PDW)数据、天线方向图数据、雷达威胁库数据、雷达侦察结果数据(包括:雷达信号 PDW 数据、信号分选结果、信号识别结果)等,在仿真系统软件设计中采用共享内存数据与共享文件数据相结合的方式来实现。

雷达侦察仿真系统软件内部接口关系如图 3.52 所示。

3.4.4.2 外部接口设计

雷达侦察仿真系统软件既可以独立运行,即利用仿真系统提供的仿真场景想定功能对仿真场景进行设置,然后通过数据分发方式进行仿真模型解算,最后输出仿真试验结果数据供侦察能力仿真评估使用;也可以外部数据驱动运行,即通过外部接口与外部仿真平台进行数据交互,其外部接口设计主要分为:输入接口、输出接口和调用接口三个部分,如图 3.53 所示。其中,输入接口和输出接口主要用于实现雷达侦察仿真系统软件与外部仿真平台间的数据交互功能,一方面可以接收并解析外部仿真平台输入的仿真场景数据,另一方面可将仿真结果

第 3 章 雷达侦察装备的系统建模与仿真

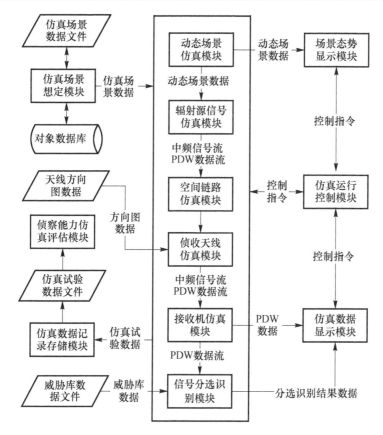

图 3.52 雷达侦察仿真系统软件内部接口关系

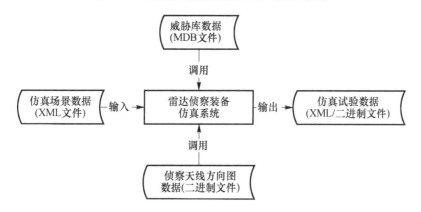

图 3.53 雷达侦察仿真系统软件外部接口关系

数据以规定的数据格式存储下来供外部仿真平台使用。考虑到雷达侦察仿真系统软件与外部仿真平台分属于不同的应用系统,二者之间若采用点对点的数据交换格式,则需要在雷达侦察仿真系统软件设计阶段详细定义,且不利于仿真系统软件研制后期的数据结构变更,所以输入和输出接口数据采用 XML 数据文件方式进行存储和交互。关于选择 XML 文件作为跨平台数据交换的优势在 2.4.1.2 小节"雷达模型参数管理"中已有说明,这里就不再赘述。

1) 输入接口

雷达侦察仿真系统软件提供外部输入接口,用于接收外部输入的基于 XML 数据文件的仿真场景相关数据(场景想定数据、雷达侦察装备数据、空间环境数据等)以进行仿真场景数据的加载。

2) 输出接口

雷达侦察仿真系统软件提供外部输出接口,采用 XML 数据文件来存储雷达侦察装备仿真结果数据,供外部仿真平台使用。需要说明的是,提供系统内部"雷达侦察能力仿真评估模块"使用的仿真试验数据则以二进制数据文件方式来存储。

3) 调用接口

雷达侦察仿真系统软件的调用接口应根据仿真需求进行灵活设计。当雷达侦察装备有实测的天线方向图数据,或者在仿真设计阶段利用商业电磁仿真软件工具(例如 CST、Ansoft HFSS、FEKO、GRASP、POS 等)针对雷达侦察频段内的典型频点仿真生成天线方向图数据时,仿真系统应提供相应的调用接口,以用于实现对雷达侦察装备侦收天线方向图数据的加载。如果要仿真的雷达侦察装备具有基于雷达威胁数据库的信号识别功能,则仿真系统应提供相应的调用接口,以用于实现对威胁库数据的加载。

侦收天线方向图数据是在仿真运行前就已生成并保存在指定存储路径上的二进制文件,在仿真运行初始化阶段,根据天线参数自动加载相应的天线方向图数据文件。在仿真运行过程中,根据雷达辐射源信号到达方向,对天线方向图数据进行查表得到天线增益(必要时还需进行插值计算),进而实现对雷达辐射源信号侦收天线方向图调制处理。

威胁库数据存储在 Microsoft Access 数据库文件(.mdb)中,在仿真运行初始化阶段自动加载。在仿真运行过程中,将雷达信号分选结果与雷达威胁数据库进行模板匹配,以实现对雷达信号及威胁等级的识别功能。

3.5 雷达侦察仿真应用实例

这里以航天电子侦察载荷系统接收处理通道建模仿真为例,通过建立地面各类典型雷达信号仿真模型、电磁信号空间传播仿真模型、电子侦察卫星雷达侦察载荷系统工作模式及其侦收天线、接收机及信号处理机等信号接收与处理通道仿真模型,构建电子侦察卫星仿真系统,实现对电子侦察卫星从接收地面辐射源信号到经过信号处理后形成下传雷达信号全脉冲数据(即脉冲描述字数据流)的信息侦察处理过程仿真,并根据仿真试验数据,对电子侦察卫星的雷达侦察能力进行仿真分析和评估,为电子侦察卫星系统指标论证提供仿真验证支撑手段。

下面通过设置仿真试验场景,对雷达侦察载荷系统的单个接收通道中同时含有多个雷达辐射源信号的情况进行侦察处理仿真试验,分析评估雷达侦察载荷系统中信号检测与信号处理算法对复杂信号环境的适应性,仿真流程如图3.54所示。

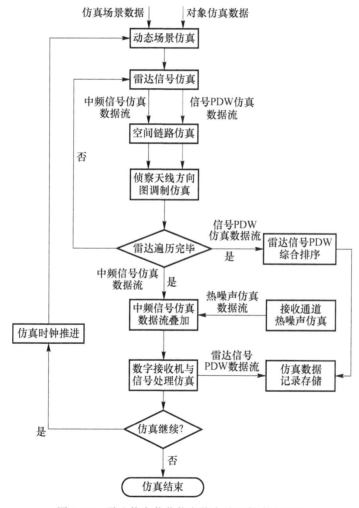

图3.54 雷达侦察载荷信息侦察处理仿真流程图

设电子侦察卫星载荷系统工作在频点控守方式,控守频点为5010MHz,数字接收机带宽为20MHz,仿真场景中设置了4个地面雷达辐射源(均处于雷达侦察载荷侦收天线波束覆盖范围内),雷达信号载频分别为5002MHz、5008MHz、

5012MHz 和 5018MHz，信号类型分别为"脉内无调制＋重频参差""相位编码＋固定重频""线性调频＋固定重频""脉内无调制＋重频参差"，具体仿真参数见表 3.6 所列。

表 3.6　雷达辐射源仿真参数

雷达辐射源参数	辐射源 1	辐射源 2	辐射源 3	辐射源 4
天线增益/dB	45	45	45	45
第一副瓣增益/dB	－20	－20	－20	－20
平均副瓣增益(dB)	－35	－35	－35	－35
方位面主瓣波束宽度/(°)	2	2	2	2
方位面第一副瓣波束宽度/(°)	1	1	1	1
扫描方式	圆扫	圆扫	扇扫	扇扫
扫描速度/(°)·s^{-1}	90	90	90	90
方位扫描范围/(°)	—	—	±60	±60
发射功率/kW	250	150	160	220
发射损失/dB	1.5	1.5	1.5	1.5
载频类型	单一频率	单一频率	单一频率	单一频率
载频/MHz	5002	5008	5012	5018
重频类型	重频参差	单一重频	单一重频	重频参差
脉冲重复周期/μs	67,87	300	1000	13,17
脉宽/μs	1	13	50	1
脉内调制类型	无调制	相位编码	线性调频	无调制
脉内调制参数(调制带宽(MHz)或码元个数)	—	13	4	—
积累脉冲个数	64	8	1	512

在表 3.6 所列雷达辐射源仿真参数条件下，通过仿真运行过程中的动态场景仿真、雷达辐射源信号仿真、电磁信号空间传播仿真和侦收天线调制处理仿真，得到某个仿真时间步进内在数字接收机输入端处叠加在一起的 4 个雷达辐射源信号(含接收机通道热噪声信号)，其波形图和频谱图如图 3.55 所示。

图 3.56 为对图 3.55 所示的对叠加在一起的 4 个雷达辐射源信号进行信号检测及信号参数测量处理算法仿真的结果。在图中表格区域，左半部分是作为分析评估用的真实雷达信号脉冲参数，右半部分是仿真输出的雷达信号脉冲参数。为了便于用户分析比较，仿真软件还提供了对真实数据和仿真结果数据的可视化动态分析手段，见图中的图形显示区域，以时间为横轴，给出了雷达信号频率、脉宽、脉幅与脉冲到达时间的动态关系分布图。

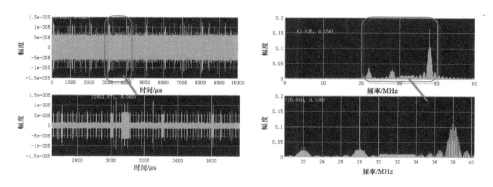

图 3.55 接收机输入端混合信号波形及频谱图(见彩图)

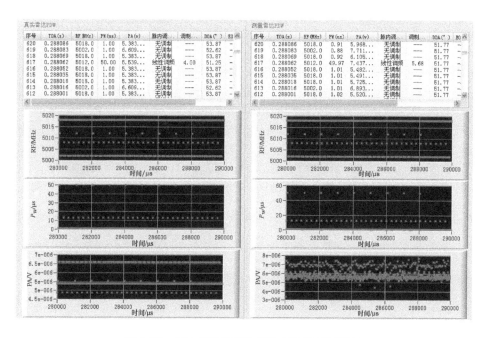

图 3.56 雷达信号侦察处理仿真结果(见彩图)

图 3.57 为仿真时间长度 1s 时,对仿真场景设置的 4 个雷达辐射源信号进行侦察处理仿真结果数据的统计,包括对正确截获脉冲和丢失脉冲个数的统计,对脉冲到达时间、频率、脉宽、脉幅、脉冲到达方位角和俯仰角(EOA)等信号脉冲参数测量的均方根误差统计值。从仿真结果可以看出,在设定的仿真场景下,雷达侦察载荷仿真模型能实现对叠加在一起的 4 个雷达辐射源信号进行正常的侦察处理,雷达脉冲的截获概率为 98.6%,对脉冲参数测量精度满足设计要求。

雷达侦察结果分析	
截获脉冲个数	73383
丢失脉冲个数	1015
TOA测量误差/ns	22
RF测量误差/MHz	0.020
PW测量误差/μs	0.047
PA测量误差/dB	0.51
DOA测量误差/(°)	1.955
EOA测量误差/(°)	2.427

图 3.57 仿真时间为 1s 的对 4 个雷达辐射源信号侦察处理结果数据统计图

参考文献

[1] 赵国庆. 雷达对抗原理[M]. 西安:西安电子科技大学出版社,1999.
[2] 熊群力. 综合电子战—信息化战争的杀手锏[M]. 北京:国防工业出版社,2008.
[3] 边少锋,柴洪洲,金际航. 大地坐标与大地基准[M]. 北京:国防工业出版社.2005.
[4] 余锐. 基于STFT数字信道化的雷达脉冲参数测量[J]. 电子设计工程,2009(4).
[5] 宋云朝. 雷达信号细微特征提取方法研究[D]. 成都:电子科技大学,2008.
[6] 陈兵. 宽带雷达信号参数估计算法与DSP实现研究[D]. 成都:电子科技大学,2008.
[7] 张英龙. 基于DSP的雷达信号参数估计及其硬件实现[D]. 南京:南京航空航天大学,2007.
[8] 雷琴,等. 复杂电磁信号环境下的雷达信号分选技术[J]. 舰船电子对抗,2007(4).
[9] 薄志华. 雷达脉冲分选算法的研究[D]. 哈尔滨:哈尔滨工程大学,2005.

第 4 章
雷达对抗装备的系统建模与仿真

4.1 雷达对抗装备仿真的基本方法

雷达对抗是为削弱、破坏敌方雷达的使用效能所采取的措施和行动的总称。它以雷达为主要作战对象,通过电子侦察获取敌方雷达、携带雷达的武器平台和雷达制导武器系统的技术参数及军事部署情报,并利用电子干扰、电子欺骗和反辐射攻击等软、硬杀伤手段,削弱、破坏雷达的作战效能而进行电磁斗争[1]。

雷达对抗包含雷达侦察、雷达干扰、反辐射攻击、雷达隐身和综合雷达对抗五大部分。其中,前 3 个是传统的雷达对抗领域,后 2 个是近些年发展起来的领域。雷达干扰是通过辐射、转发、反射或吸收电磁能量,以削弱或破坏敌方雷达探测和跟踪能力的战术技术措施,是雷达对抗的重要组成部分,是雷达对抗中的进攻性手段[1]。按照干扰信号产生的原理,雷达干扰分为有源干扰和无源干扰两类。有源雷达干扰是使用雷达干扰设备辐射或转发干扰电磁波,使雷达探测不到目标信号,或使其探测、跟踪错误的目标信号。无源雷达干扰是使用本身不产生电磁辐射的器材来散射、反射或吸收敌方雷达辐射的电磁波,从而阻碍雷达对真目标的探测或使其产生错误跟踪[1]。本章关于雷达对抗装备的系统建模与仿真主要是针对雷达有源干扰设备而言,下面介绍的雷达对抗装备特指雷达有源干扰设备。

雷达对抗装备由侦察引导、干扰产生和显示控制器三大部分组成,如图 4.1 所示[1]。侦察引导部分的组成与雷达侦察设备的组成基本相同,但由于这里的侦察设备是专门用于引导干扰信号产生的,所以对信号响应时间的要求特别高,属于电子支援类的侦察设备。干扰产生部分由干扰信号产生器、干扰信号放大器和干扰发射天线组成。干扰信号产生器根据侦察引导部分得到的目标信息,产生特定调制的干扰信号,然后经过功率放大后由天线辐射出去。干扰信号产生器需要与侦察引导部分的信号处理机协同工作,以便根据信号处理识别出的雷达信号特征,产生与之在时域、频域、调制域等多个域上相匹配的干扰信号。雷达对抗装备干扰效果的好坏、干扰效率的高低,在很大程度上取决于干扰信号的样式和参数。干扰样式可分为噪声干扰、欺骗干扰和复合干扰三大类。噪声

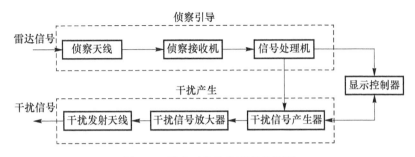

图 4.1 雷达对抗装备原理结构图

干扰以发射噪声信号为主,又称为压制性干扰,其目的是掩盖目标回波信号,降低雷达对目标的检测概率,或降低雷达对目标的参数测量精度,甚至使雷达无法实现对目标的有效检测或跟踪。欺骗干扰以发射脉冲信号为主,样式种类较多,包括拖引式干扰、角度干扰、多假目标干扰、有源雷达诱饵等,其目的是引起雷达大的跟踪误差或改变雷达的工作状态,或者使雷达截获或跟踪假目标而丢失真目标,或者用假目标参数引导跟踪雷达或制导武器,降低雷达制导武器摧毁保护目标的概率。复合干扰是噪声干扰与多种欺骗干扰的组合,其目的是增加雷达识别干扰和采取抗干扰措施的难度和复杂性,提高干扰效能。目前在雷达对抗装备中应用最多的是数字射频存储器(DRFM),它存储雷达信号的样本,然后再在这个样本的基础上加以复制、调制后形成灵巧噪声干扰、假目标欺骗干扰等各种各样的干扰信号[1]。显示控制部分除了对整个系统进行管理控制外,还提供对干扰样式选择和干扰状态控制的人工干预手段,以便在复杂的对抗环境中可以利用人的智能或经验来准确选择对抗目标和干扰信号样式。但在一些体积较小、自动化程度较高的雷达对抗装备,例如弹载干扰机,显示和人工干预部分可被省略。

根据作战使用方式,可将雷达对抗装备分为支援干扰设备和自卫干扰设备两大类。用作支援干扰的雷达对抗装备,其装载平台与被保护目标不在一起,最典型的支援手段是专用电子干扰飞机和地面干扰站。对电子干扰飞机而言,在作战使用中又分为远距离支援干扰和随队支援干扰。远距离支援干扰是指电子干扰飞机在敌方武器火力打击范围外的地方对战区内的敌方防空雷达进行干扰,掩护己方作战飞机的接敌飞行;随队支援干扰是指电子干扰飞机在随突防机群一起飞行的过程中对敌方防空雷达实施干扰,掩护机群突防。用作自卫干扰的雷达对抗装备实施干扰的目的是使敌方雷达不能发现或者不能跟踪雷达对抗装备的自身装载平台,从而避免自身载机平台遭到敌方火力打击。根据装载平台类型,雷达对抗装备又可分为机载干扰设备、舰载干扰设备、车载干扰设备、弹载干扰设备、星载干扰设备、无人机载干扰设备、投掷式干扰设备等。

虽然由于雷达对抗装备的用途不同、装载平台不同,导致装备性能、组成结构、采用的技术体制和设备模块器件等也不尽相同,但从雷达对抗装备的基本工作原理看,都包含了图4.1所示的侦察、干扰和控制三个部分。因此,对雷达对抗装备的建模仿真也主要是围绕侦察、干扰和控制这三个部分的具体处理流程,建立雷达信号侦察处理、系统控制决策和干扰信号产生发射的关键处理环节或功能模块的仿真模型。

雷达对抗装备作为一个典型的电子信息装备,干扰信号产生是雷达对抗装备的核心部分,侦察引导和显示控制都是为干扰信号产生服务的,以便使干扰设备在期望的时间、期望的方向,对选定的目标施放足够功率的、指定样式的干扰信号,因此这里把对雷达干扰信号产生过程建模的细致度作为雷达对抗系统仿真方法分类的基本依据,并由此将雷达对抗装备系统仿真方法分为两大类:功能级仿真和信号级仿真。

4.1.1 雷达对抗装备功能级仿真方法

雷达对抗装备功能级仿真方法研究的主要问题是对雷达信号侦察处理和干扰样式信号产生发射过程进行抽象建模。从雷达对抗装备的基本工作原理上看,任何类型或型号的雷达对抗装备都包括侦察、干扰和控制三个部分,而且从雷达对抗装备的工作过程来看,只有对威胁雷达信号实现了有效侦察,才可能对其实施有针对性的干扰,因此对雷达对抗装备的功能级仿真过程,实质上是建立其对威胁雷达信号的截获模型、对威胁目标的干扰决策模型和施放干扰样式信号的特征提取模型,仿真流程如图4.2所示。

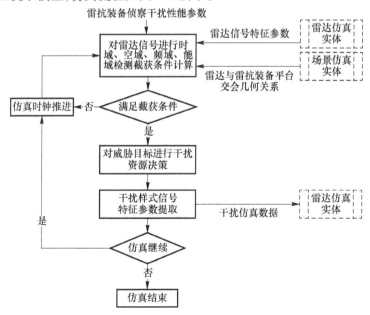

图4.2 雷达对抗装备功能级仿真流程图

为了便于下面的叙述,这里把雷达对抗装备的侦察部分称为雷达侦察设备,把干扰部分称为雷达干扰设备。

4.1.1.1 雷达侦察功能级仿真

图4.2中,对雷达信号进行时域、频域、空域、能量域检测截获条件计算及判决过程,实际上是对雷达侦察设备的信号侦收处理过程的功能抽象建模,重点关注的是雷达侦察设备对雷达信号的截获能力,弱化侦察接收机的信号参数测量能力和信号处理机的信号分选能力对建模过程的影响,因为只有有效截获雷达信号,才可能实现后续的信号参数测量和分选识别功能。对雷达信号的有效截获是指从时域、空域、频域和能量域四个维度上都满足检测要求。

1) 频域检测模型

根据雷达侦察设备工作频率覆盖范围,若接收的雷达信号频率分布在侦察频率覆盖范围内,则对该雷达信号的频域检测满足要求。

2) 空域检测模型

对雷达信号的空域检测主要是检测雷达侦察设备对雷达辐射源信号的侦收是否满足视距条件。仿真中可利用下式计算雷达侦察设备对雷达信号侦收的最大视距 $R_{s\,max}$ (km):

$$R_{s\,max} \approx 4.12(\sqrt{h_a} + \sqrt{h_t}) \tag{4.1}$$

式中:h_a 为雷达对抗装备平台高度为,h_t 为雷达辐射源天线高度(含辐射源平台高度),都是以m为单位。

假设雷达对抗装备平台与雷达辐射源平台的相对距离为 R,若 $R \leqslant R_{s\,max}$,则满足空域检测条件,否则不满足空域检测条件。

3) 能量域检测模型

能量域检测模型可以采用两种方式来建立。

方式一:利用雷达侦察方程计算雷达侦察设备对雷达信号的侦察距离,雷达信号侦察距离是指雷达侦察设备能够检测和测量雷达信号的最大距离。雷达信号侦察距离与雷达的辐射功率和雷达侦察设备的性能有关。设雷达侦察设备的工作灵敏度为 S_0,则雷达侦察设备的作用距离 R_i 可表达为

$$R_i = \left[\frac{P_t G_t G_j \lambda^2}{(4\pi)^2 S_0 L_{Tx} L_p}\right]^{\frac{1}{2}} \tag{4.2}$$

式中:P_t 为雷达的发射功率;G_t 为雷达发射天线在侦察平台方向上的增益;G_j 为侦察天线在雷达平台方向上的增益;λ 为雷达信号的波长;L_{Tx} 为雷达信号在侦察接收机内的处理损失;L_p 为侦察天线接收雷达信号的极化损失。

假设雷达对抗装备平台与雷达辐射源平台的相对距离为 R,若 $R \leqslant R_i$,则满

足能量域检测条件,否则不满足能量域检测条件。

方式二:利用能量方程计算雷达辐射源信号到达雷达侦察接收机输入端的信号功率 P_i,计算公式如下:

$$P_i = \frac{P_t G_t G_j \lambda^2}{(4\pi R)^2 L_{Tx} L_p} \quad (4.3)$$

式中:P_t 为雷达的发射功率;G_t 为雷达发射天线在侦察平台方向上的增益;G_j 为侦察天线在雷达平台方向上的增益;λ 为雷达信号的波长;L_{Tx} 为雷达信号在侦察接收机内的处理损失;L_p 为侦察天线接收雷达信号的极化损失;R 为雷达对抗装备平台与雷达辐射源平台的相对距离。

假设雷达侦察设备的工作灵敏度为 S_0,若 $S_0 \leq P_i$,则满足能量域检测条件,否则不满足能量域检测条件。

4)时域检测模型

时域检测模型用于近似模拟雷达侦察设备的信号分选能力,即建立雷达侦察设备对雷达信号的有效侦收概率模型来近似等效信号分选能力。侦收概率模型主要考虑 3 个因素的影响:侦察接收机自身的信号侦收能力、信号环境密度和信号环境的复杂度。侦察接收机的信号侦收能力用百分比表示,以要仿真的雷达侦察设备大量试验数据的统计值为基础,通常取 95%。信号环境密度主要考虑当前时间长度内的信号环境脉冲密度(脉冲数量/s)对接收机信号环境适应能力的影响,若信号环境密度小于接收机能适应的信号环境密度,则影响因子取为 1;信号环境的复杂度主要考虑不同辐射源信号在时域和频域上是否重叠,若雷达信号在时域和频域上都不重叠,则信号环境的复杂度对侦收概率造成的影响因子取为 1;若雷达信号在时域和频域上都重叠,或只在时域上重叠,则影响因子根据具体情况可取 0~1 之间的值。

侦察接收机的有效侦收概率 P_s 数学表达式为

$$P_s = P_r \times P_{ed} \times P_{ec} \quad (4.4)$$

式中:P_r 为侦察接收机自身的侦收概率,P_{ed} 为当前信号环境密度对侦收概率的影响因子,P_{ec} 为当前信号环境复杂度对侦收概率的影响因子。

将计算得到的有效侦收概率 P_s 与成功分选所需要的侦收概率下限 $P_{s\min}$ 进行比较,若 $P_s \geq P_{s\min}$,则满足时域检测条件,否则不满足时域检测条件。

需要注意的是,若仿真的输入数据不能满足时域检测模型中各影响因子的计算条件,或者雷达侦察设备对成功分选所要求的侦收概率下限也没有统计值作为检测门限,则对雷达侦察设备的信号截获能力仿真可以不考虑时域检测条件,即只要满足频域、空域和能量域检测条件即可。

图 4.2 中,对威胁目标进行干扰资源决策,是对雷达侦察设备的雷达信号识

别功能和系统控制部分的威胁排序、干扰决策功能的抽象建模,可以将侦收的雷达信号特征参数与仿真加载的雷达威胁库数据进行匹配处理,以确定该雷达的类型、状态、威胁等级等属性信息,然后根据雷达干扰设备的干扰资源限制能力,按照干扰资源最大化使用原则,对其中威胁等级大的雷达目标进行优先干扰,并实现对雷达对抗装备工作状态的转换控制。对雷达对抗装备工作状态的转换控制应依据雷达对抗装备的工作时序进行,从时间轴上看,其工作时序由侦察时间和干扰时间组成。

4.1.1.2 雷达干扰功能级仿真

图4.2中,对干扰样式信号特征参数提取的处理过程,实际上是对雷达干扰设备的干扰样式信号产生、发射过程进行抽象建模。雷达干扰设备根据侦察结果和系统控制给出的干扰引导信息,产生指定的干扰样式信号,经过发射机功率调制后由发射天线辐射出去。所以干扰样式信号特征参数提取模型包括两方面内容,一方面根据干扰样式信号的时域、频域属性,提取干扰样式信号的特征描述参数,另一方面根据发射机和发射天线方向图特性,将雷达对抗装备针对威胁雷达目标施放的干扰信号强度反映在干扰样式信号的特征描述参数上。目前雷达干扰设备中通常使用的干扰样式主要分为3类:噪声干扰、欺骗干扰和组合干扰,因此干扰样式信号的特征参数可按干扰样式类型进行分类提取。

1) 噪声干扰样式

噪声干扰样式主要包括:射频噪声干扰、调幅噪声干扰、调频噪声干扰、调相噪声干扰、扫频噪声干扰等。噪声干扰样式信号的特征描述参数主要包括:信号功率、信号中心频率、信号带宽(指噪声带宽)。

2) 欺骗干扰样式

欺骗干扰样式主要包括:距离拖引干扰、速度拖引干扰、距离速度同步拖引干扰、角度欺骗干扰、自动增益控制(AGC)干扰、多假目标干扰等。欺骗干扰样式信号的特征描述参数主要包括:信号功率、信号中心频率、干扰脉冲个数、干扰脉冲宽度、干扰脉冲间隔、干扰脉冲调制参数。其中,对于距离拖引干扰,干扰脉冲调制参数是指拖距速率($\mu s/s$);对于速度拖引干扰和距离速度同步拖引干扰,干扰脉冲调制参数是指拖速速率(kHz/s);对于角度欺骗干扰,干扰脉冲调制参数是指挖空占空比(%),即干扰方波被挖空的空缺时间与方波周期之比;对于AGC干扰,干扰脉冲调制参数是指通断幅度比(%)和通断工作比(%);对于多假目标干扰,干扰脉冲调制参数是指在干扰脉冲上调制的多普勒频率(kHz)。

3) 组合干扰样式

组合干扰样式是通常是指噪声干扰样式与欺骗干扰样式的组合。组合干扰样式信号的特征参数是噪声干扰样式信号特征参数与欺骗干扰样式信号特征参数的合集。

需要说明的是,特征参数中的信号功率是指雷达干扰设备实际输出的有效辐射功率(ERP),即干扰信号在雷达对抗装备发射天线口面处的功率。

由于雷达对抗装备的干扰效果是在被干扰的雷达对象上体现的,而功能级仿真中雷达与雷达对抗装备之间交互的都是信号的特征参数,所以雷达与雷达对抗装备的功能级仿真建立的是基于能量方程的解析模型或基于经验数据的统计模型,而且一般只能采用面对面的仿真方法,因此雷达对抗装备模型发送给雷达模型的干扰样式信号特征参数中通常要包含干扰样式类型,以便雷达模型根据干扰样式类型选择相应的仿真处理流程和与之匹配的抗干扰效果抽象模型。

4.1.2 雷达对抗装备信号级仿真方法

雷达对抗装备信号级仿真方法研究的核心问题是对雷达对抗装备的雷达信号侦察处理及干扰样式信号产生发射的全过程进行建模。对雷达对抗装备进行信号级仿真的过程,实际上是复现雷达对抗装备通过侦收作战环境中的雷达辐射源信号进行威胁识别及干扰决策并在合适的时间启动干扰资源对威胁雷达实施有效干扰的全过程,而且在这个过程中,仿真处理的基本元素有两类,一类是包含雷达信号典型参数的脉冲描述字(PDW)数据流,另一类是既包含振幅又包含相位的雷达/干扰中频信号的数字采样信号流。也就是说,采用基于信号/数据流处理的仿真技术,通过对典型型号雷达对抗装备系统组成、工作流程、使命任务、系统性能、主要技术战术指标、侦察技术体制、信号处理算法、干扰引导策略、侦察干扰控制时序、干扰技术产生器等进行详细分析基础上,建立雷达信号侦察处理、侦察干扰时序控制及干扰样式信号产生发射等各个关键环节的仿真模型,实现对雷达对抗装备内部信息处理及外部信息对抗过程中信息流动与信息交互的全流程仿真。因此,雷达对抗装备信号级仿真的理论基础是雷达对抗原理和信号处理理论。

与雷达对抗装备的功能级仿真相比,对雷达对抗装备进行信号级仿真要复杂得多。这是因为要实现对雷达对抗装备的信号级仿真,首先必须全面了解被仿真的雷达对抗装备使命任务、技术特点、工作流程、系统组成、详细技术战术指标及侦察干扰信号处理算法,雷达对抗装备技术资料掌握得越深入,对该装备建模的逼真度就越高。

从现代雷达对抗装备的系统功能组成来看,基本上都包括雷达支援侦察、雷达干扰和系统控制管理3个部分。通常把雷达支援侦察部分称为电子支援侦察(ESM)设备,把干扰部分称为电子干扰(ECM)设备,侦察部分主要承担威胁告警、引导干扰任务,干扰部分实施各种干扰措施。在雷达对抗装备中,有的ESM

与 ECM 在物理上是不可分的,有的是分开的或可以分开的。例如,在机载自卫干扰系统中,承担雷达侦察任务的设备可能是机载雷达告警接收机(RWR),也可能是与雷达干扰设备密切配合使用的电子支援侦察设备。雷达告警接收机用于在威胁雷达向其关联的武器发出射击指令之前就探测到该威胁雷达,电子支援侦察设备用于在电磁环境中敌方平台还未来得及探测到我方平台之前就探测敌方平台的存在。但不管侦察部分的形式如何,其组成、任务和功能基本相同。系统控制部分负责威胁排序、干扰决策,控制干扰部分进行有效的干扰。有的雷达对抗装备有专门的系统管理控制器,有的则没有,其功能由侦察部分的信号处理器或干扰部分的功率管理器承担。由于 ESM 与 ECM 承担的任务完全不同,所以其组成也不相同。因此,对雷达对抗装备进行信号级仿真时,可分别针对 ESM 和 ECM 的信号/数据处理流程建立相应的仿真模型,而对雷达对抗装备的系统管理控制器,则可根据其任务特点抽象为干扰决策与仿真控制模型。这样,对任何类型或型号的雷达对抗装备进行信号级仿真时,都可以采用图 4.3 所示的仿真处理流程。

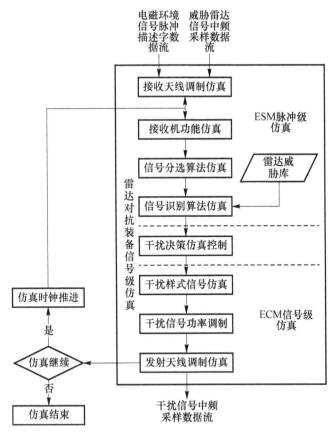

图 4.3 雷达对抗装备信号级仿真流程图

雷达支援侦察设备有两类:RWR 和 ESM。RWR 的主要作战对象是与武器系统关联的雷达,主要用途是自卫告警,为平台操作员或指挥人员提供制定行动策略的依据,以便选择安全的区域或航线作机动规避或实施有源、无源干扰。ESM 除了具有 RWR 的所有功能外,还要在敌方雷达没发现保护目标前,完成战区所有雷达辐射源的探测,并把整个威胁环境呈现给指战员,为制定对抗策略和组织对抗资源提供必要的信息。但无论是 RWR 还是 ESM,它们都是一种通过被动测量和分析威胁雷达信号来提示威胁方位、类型和工作状态等信息的设备,其使用的雷达信号侦察处理流程也是基本相同的。所以在对雷达对抗装备ESM 部分建模时,可根据实际仿真的雷达支援侦察设备性能、功能、技术特点等进行差异化建模。例如 RWR 的工作灵敏度较低,信号参数测量精度较低,且能测量的信号参数种类较少,而 ESM 的工作灵敏度较高,信号参数测量精度较高,且能测量的信号参数种类较多。从图 4.3 可见,对雷达对抗装备的 ESM 部分采用脉冲级仿真方法,核心是基于脉冲描述字数据的信号分选和识别仿真,而对于设备前端的雷达信号脉冲参数测量功能的仿真则简化为根据型号装备的脉冲参数测量精度,对真实脉冲描述字数据添加参数测量误差,并建立来自多个雷达的脉冲交叠情况的仿真模型。也就是说,对雷达对抗装备的 ESM 仿真,主要通过对接收的雷达发射信号脉冲描述字数据进行雷达对抗装备接收天线方向图调制、接收灵敏度检测、雷达信号参数测量后,形成综合的雷达信号脉冲描述字序列,包括信号载频、脉冲宽度、脉冲幅度、脉冲到达时间、脉冲到达角等,然后对该脉冲描述字序列进行信号的分选和识别,最终输出威胁雷达的信号特征参数以用来引导雷达干扰仿真模块产生相应的干扰信号。具体实现方法见 3.1 节内容。

雷达对抗装备的 ECM 部分主要由功率管理单元、引导控制单元、干扰技术产生器、干扰发射机及发射天线组成。功率管理是指以准确的频率、准确的方位、恰当的时间和最佳的干扰样式同时对多部雷达实施有效干扰的技术[1]。引导控制主要是对干扰信号的频率引导,因为对雷达实施有效干扰的必要条件是干扰信号的频率必须对准雷达的工作频率。干扰技术产生器是干扰信号产生器,其功能是在功率管理的控制下实时地产生干扰所需的、满足特定参数要求的干扰波形。从图 4.3 可见,对雷达对抗装备的 ECM 部分采用信号级仿真方法,核心是在深入分析各种干扰样式信号产生机理的基础上,运用数学方法和信号处理理论并考虑干扰设备中某些处理环节的影响,建立各种典型干扰样式信号仿真模型,以产生与实际的干扰样式信号有相同特征和形式的中频采样信号,并在此过程中使用与实际型号装备相同的干扰样式控制时序。典型干扰样式信号模型主要包括:具有不同分布特性的噪声干扰仿真模型、距离拖引干扰仿真模型、速度拖引干扰仿真模型、距离速度同步拖引干扰仿真模型、多假目标欺骗干扰仿真模型、组合干扰仿真模型等。由于仿真生成的干扰信号与实际装备产生的干扰信号有着相同或相似的时频特性,所以这种信号经过空间传播和雷达接收天线调制后,进入到雷达接收机、信号处理和数据处理模块后产生的效果与实际干扰样式信号产生的效果是相同或相似的,因此采用信号级仿真方法对干扰技术进行建模,对验证和评估干扰样式信号对雷达系统性能的影响效果是准确的。而对 ECM 部分的功率管理和引导控制功能的仿真统一归结到对系统管理控制功能的仿真,由干扰决策与仿真控制模型来完成。也就是说,对雷达对抗装备的 ECM 仿真,主要是对雷达对抗装备所能产生的各种干扰样式信号波形、频谱进行数学建模,利用雷达侦察仿真输出的干扰引导数据,产生相应干扰样式的干扰信号中频采样数据流,并对干扰信号中频采样数据流进行发射功率调制、发射天线方向图调制后,最终形成在雷达对抗装备发射天线口面处的干扰信号中频采样数据流。

4.2　雷达对抗装备信号级仿真模型

雷达对抗装备的信号级仿真模型根据典型的雷达对抗装备处理流程建模,实现从雷达信号侦收处理到干扰信号产生发射的全过程仿真。

雷达对抗装备的侦察接收机一般都是宽开的,中频带宽也较宽,根据奈奎斯特采样定理需要的采样频率也很大,如果侦察接收机直接处理中频信号采样数据,会提高系统整体的采样频率,使仿真运算速度大大降低,所以可以根据仿真需求对侦察接收机部分的仿真模型进行简化,采用在输入的雷达信号脉冲描述字上添加测量误差的方式来模拟侦察接收机的信号参数测量功能。因此雷达对抗装备的信号级仿真模型是基于信号流和数据流的仿真,输入数据包含两类:雷达信号脉冲描述字数据和雷达中频信号采样数据。典型雷达对抗装备信号级仿真的处理流程框图如图 4.4 所示。

4.2.1　天线仿真模型

雷达对抗装备天线方向图的仿真与雷达天线方向图的仿真方法类似,都可以采用近似的数学函数来模拟天线方向图,但是由于雷达对抗装备的天线波束通常比较宽,所以雷达对抗装备天线方向图的仿真通常只需要考虑主瓣和平均副瓣。例如采用辛克函数模拟天线方向图时,其数学表达式为

$$F(\theta) = \begin{cases} \dfrac{\sin(\alpha\theta/\Delta\theta_0)}{\alpha\theta/\Delta\theta_0} & |\theta| \leqslant \theta_0 \\ g_1 & |\theta| > \theta_0 \end{cases} \quad (4.5)$$

式中:$\alpha = 2.783$;$\Delta\theta_0$ 为主瓣 3dB 波束宽度;g_1 为平均副瓣电平;$\theta_0 = \pi\Delta\theta_0/\alpha$ 是波束主瓣右零点。

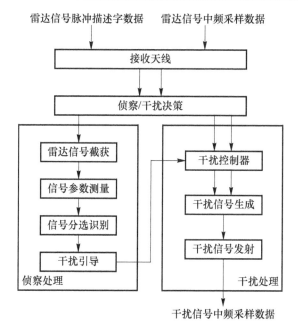

图 4.4　典型雷达对抗装备信号级仿真处理流程框图

4.2.2　侦察接收通道仿真模型

侦察接收通道仿真模型是基于雷达信号脉冲描述字数据流的仿真,对接收到的雷达脉冲描述字数据进行信号截获、参数测量、信号分选、信号识别处理,最终形成被干扰对象(威胁雷达)的干扰引导信息。侦察接收通道仿真模型的具体算法可以参考 3.3 节的接收机功能级仿真模型、雷达信号分选模型和雷达信号识别模型。

4.2.3　干扰样式信号仿真模型

按照干扰效果划分,干扰一般分为噪声干扰和欺骗干扰两大类。

噪声干扰通常是用低频噪声对射频信号进行调幅、调频、调相,所以噪声干扰又可以分为噪声调幅干扰、噪声调频干扰、噪声调相干扰、射频噪声干扰等几种。大多数噪声干扰采用引导式干扰方式,使用直接数字合成器(DDS)生成干扰信号波形。直接数字合成器是以数字的方式直接生成信号波形数据,对频率引导的精度有一定要求,以使干扰信号能进入雷达接收机。

欺骗干扰包括距离欺骗、速度欺骗、距离门拖引、速度门拖引、角度欺骗等干扰样式。一般情况下,欺骗干扰为转发式干扰,采用数字储频存储器(DRFM)技术将截获到的雷达信号存储在数字存储器中,需要的时候,读取出来再经过一定的变换后转发出去。

4.2.3.1 射频噪声干扰

用合适的滤波器对白噪声滤波,并经放大器放大得到的有限频带的噪声,称为射频噪声,又称直接放大的噪声[2]。

射频噪声干扰可以用下式表示。

$$s(n) = A \cdot s_n(n) \cdot \cos(2\pi f_0 nT_s) \tag{4.6}$$

式中:$s_n(n)$为调制噪声,均值为0,方差为σ_n^2;f_0为信号载频;A为常数;$T_s = 1/f_s$,f_s为采样频率。

如果调制噪声$s_n(n)$的带宽为ΔF_n,则调制后的射频噪声干扰信号$s(n)$的带宽为$B_n = 2 \cdot \Delta F_n$。

由于白噪声的概率分布服从正态分布,射频噪声的概率分布也服从正态分布,其概率密度为

$$p(x) = \frac{1}{\sqrt{2\pi}\sigma} \exp\left(-\frac{(x-u)^2}{2\sigma^2}\right) \quad x \geqslant 0 \tag{4.7}$$

式中:u为均值;σ^2为方差。

射频噪声干扰信号的产生方法如图4.5所示。

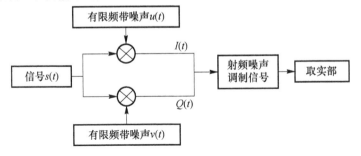

图 4.5 射频噪声干扰信号产生框图

射频噪声干扰信号产生的方法如下:

(1) 产生需要调制的射频信号$s_0(n)$

$$s_0(n) = \exp(j \cdot 2\pi f_0 \cdot nT_s) \tag{4.8}$$

式中:f_0为信号射频频率;$T_s = 1/f_s$,f_s为采样频率。

(2) 射频噪声调制信号可以用下式计算

$$s(n) = s_0(n) \cdot s_n(n) \tag{4.9}$$

式中:$s_n(n)$为调制噪声,是一个有限频带噪声信号,$s_n(n) = u(n) + i \cdot v(n)$,$u(n)$、$v(n)$是两个一定带宽的随机信号。如果调制噪声$s_n(n)$的带宽为$\Delta F_n$,则

调制后的射频噪声干扰信号带宽为 $B_n = 2 \cdot \Delta F_n$。

（3）最后输出信号 $s(n)$ 的实部，得到所需的射频噪声干扰信号。

有限频带噪声信号可以用高斯白噪声经过低通滤波器后得到，具体的产生方法如下：

（1）产生高斯白噪声信号，其频谱可以表示为

$$S(n) = x_1(n) + i \cdot x_2(n) \qquad 0 \leq n < N \tag{4.10}$$

式中：$x_1(n)$、$x_2(n)$ 是均值为 0，方差为 1 的正态分布的随机数序列；N 为采样点数。

（2）噪声调制后的信号带宽如果为 B_n，则要产生的噪声带宽应为 $B_n/2$，计算其在频谱上的采样点数为

$$N_n = N \cdot \left(\frac{B_n}{2f_s}\right) \tag{4.11}$$

（3）将 $S(n)$ 中 $N_n \leq n < N - N_n$ 区间内的数据置为 0，亦即对 $S_n(n)$ 加矩形窗做低通滤波，得到

$$S_n(n) = \begin{cases} S(n) & 0 \leq n < N_n \\ S(n) & N - N_n \leq n < N \\ 0 & N_n \leq n < N - N_n \end{cases} \tag{4.12}$$

（4）对 $S_n(n)$ 做逆傅里叶变换就可以得到时域的有一定带宽的噪声信号，即

$$s_{n0}(n) = \text{ifft}(S_n(n)) \tag{4.13}$$

（5）对得到的 $s_{n0}(n)$ 进行归一化，使其方差为 1

$$s_n(n) = \frac{s_{n0}(n)}{\sigma_0} \tag{4.14}$$

式中：σ_0^2 为随机序列 $s_{n0}(n)$ 的方差，由实际计算得到，$\sigma_0^2 = \frac{1}{N}\sum_{i=1}^{N}(x_i - \overline{x})^2$，$\overline{x}$ 为随机数序列 $s_{n0}(n)$ 的均值。

采样频率 f_s 为 100MHz，采样点数 N 为 10000，信号中心频率 f_0 为 10MHz，射频噪声调制信号带宽 B_n 为 2MHz，则调制噪声信号带宽应为 1MHz，采用上述方法产生的调制噪声如图 4.6(a) 所示，射频噪声调制信号如图 4.6(b) 所示。

4.2.3.2 噪声调幅干扰

信号幅度随着调制噪声的变化而变化，这种调制过程称为噪声调幅。噪声调幅干扰可以用下式表示。

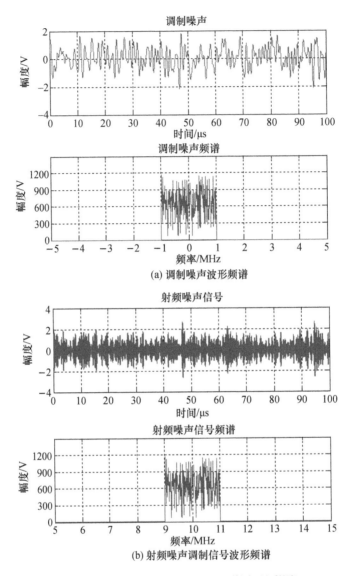

图 4.6 射频噪声干扰信号波形频谱图(见彩图)

$$s(n) = [A_0 + s_n(n)] \cdot \cos(2\pi f_0 n T_s) \quad (4.15)$$

式中:$s_n(n)$为调制噪声,均值为 0,方差为 σ_n^2;f_0 为信号载频;A_0 为常数;$T_s = 1/f_s$,f_s 为采样频率。

如果调制噪声 $s_n(n)$ 的带宽为 ΔF_n,则调制后的噪声调幅干扰信号 $s(n)$ 的带宽为 $B_n = 2 \cdot \Delta F_n$。

最大调制系数 m_A 定义为

$$m_A = \frac{A_{n\,max}}{A_0} \tag{4.16}$$

式中：$A_{n\,max}$ 为噪声最大值；A_0 为载波幅度。一般情况下 $m_A \leq 1$，$m_A > 1$ 时将产生过调制。[2]

有效调制系数 m_{Ae} 定义为

$$m_{Ae} = \frac{\sigma_n}{A_0} \tag{4.17}$$

式中：σ_n 为调制噪声的标准偏差。

因此最大调制系数 m_A 可以表示为

$$m_A = \frac{A_{n\,max}}{\sigma_n} m_{Ae} \tag{4.18}$$

当 $m_A = 1$ 时，$m_{Ae} = \frac{\sigma_n}{A_{n\,max}} = \frac{1}{4} \sim \frac{1}{3}$。

噪声调幅干扰信号产生的方法如下：

(1) 产生需要调制的射频信号 $s_0(n)$

$$s_0(n) = \exp(j \cdot 2\pi f_0 \cdot nT_s) \tag{4.19}$$

式中：f_0 为信号射频频率；$T_s = 1/f_s$，f_s 为采样频率。

(2) 噪声调幅干扰信号可以用下式计算

$$s(n) = [A_0 + s_n(n)] \cdot \cos(2\pi f_0 nT_s) \tag{4.20}$$

式中：$s_n(n)$ 为有限频带噪声信号，均值为 0，方差为 σ_n^2，其产生方法见 4.2.3.1 节中有限频带噪声信号产生方法。A_0 的取值需满足最大调制系数 $m_A \leq 1$ 的条件，一般至少为 σ_n 的 3~4 倍。

(3) 最后输出信号 $s(n)$ 的实部，得到所需的噪声调幅干扰信号。

采样频率 f_s 为 100MHz，采样点数 N 为 10000，信号中心频率 f_0 为 10MHz，噪声调幅信号带宽 B_n 为 2MHz，则调制噪声信号带宽应为 1MHz，调制噪声方差 $\sigma_n^2 = 1$，$A_0 = 3$，采用上述方法产生的调制噪声如图 4.7(a) 所示，噪声调幅信号如图 4.7(b) 所示。

4.2.3.3 噪声调频干扰

如果信号载频随着调制噪声的变化而变化，这种调制过程称为噪声调频。噪声调频信号可以用下式表示：

$$s(n) = A \cdot \cos\left(2\pi f_0 nT_s + 2\pi K_{FM} \int_0^{nT_s} s_n(n)\,dn\right) \tag{4.21}$$

式中：$s_n(n)$ 为调制噪声，均值为 0，方差为 σ_n^2；f_0 为信号载频；A 为常数；K_{FM} 为调

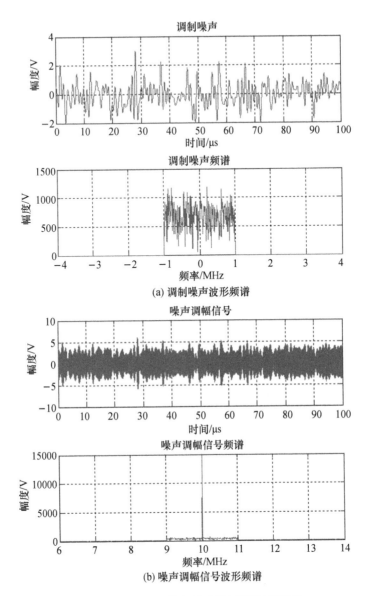

(a) 调制噪声波形频谱

(b) 噪声调幅信号波形频谱

图 4.7 噪声调幅干扰信号波形频谱图（见彩图）

频斜率；$T_s = 1/f_s$，f_s 为采样频率。

假设调制噪声 $s_n(n)$ 带宽为 ΔF_n，$m_{fe} = K_{FM}\sigma_n/\Delta F_n$ 为有效调制指数，调制后的噪声调频信号带宽与 m_{fe} 的取值有关。

当 $m_{fe} \gg 1$ 时，噪声调频信号带宽为

$$B_n = 2\sqrt{2\ln 2} \cdot K_{FM} \cdot \sigma_n = 2.35 \cdot K_{FM} \cdot \sigma_n \tag{4.22}$$

当 $m_{fe} \ll 1$ 时，噪声调频信号带宽为

$$B_{n} = \pi m_{fe}^{2} \Delta F_{n} \qquad (4.23)$$

将式(4.22)和式(4.23)中噪声调频信号带宽 B_n 表示为有效调制指数 m_{fe} 的函数,并画出 B_n 与 m_{fe} 的关系曲线,两条曲线相交于 $m_{fe}=0.75$ 处,所以 B_n 可以用下式近似计算

$$\begin{cases} B_{n} = 2.35 \cdot K_{FM} \cdot \sigma_{n} & m_{fe} \geqslant 0.75 \\ B_{n} = \pi m_{fe}^{2} \Delta F_{n} & m_{fe} < 0.75 \end{cases} \qquad (4.24)$$

噪声调频干扰信号产生的方法如下:

(1) 产生调制噪声 $s_n(n)$,产生方法见 4.2.3.1 节中有限频带噪声信号产生方法,生成噪声后只取实部用于后续计算。噪声带宽 ΔF_n 及噪声方差 σ_n^2 要根据噪声调频信号带宽 B_n、有效调制指数 m_{fe} 和调频斜率 K_{FM} 确定。

当 $m_{fe} \geqslant 0.75$ 时,根据

$$\begin{cases} B_{n} = 2.35 \cdot K_{FM} \cdot \sigma_{n} \\ m_{fe} = K_{FM} \sigma_{n} / \Delta F_{n} \end{cases} \qquad (4.25)$$

得到

$$\begin{cases} \Delta F_{n} = \dfrac{B_{n}}{2.35 \cdot m_{fe}} \\ \sigma_{n} = \dfrac{B_{n}}{2.35 \cdot K_{FM}} \end{cases} \qquad (4.26)$$

当 $m_{fe} < 0.75$ 时,根据

$$\begin{cases} B_{n} = \pi m_{fe}^{2} \Delta F_{n} \\ m_{fe} = K_{FM} \sigma_{n} / \Delta F_{n} \end{cases} \qquad (4.27)$$

得到

$$\begin{cases} \Delta F_{n} = \dfrac{B_{n}}{\pi \cdot m_{fe}^{2}} \\ \sigma_{n} = \dfrac{B_{n}}{\pi \cdot m_{fe} \cdot K_{FM}} \end{cases} \qquad (4.28)$$

(2) 计算噪声 $s_n(n)$ 的积分 $s'_n(n)$,计算方法为

$$s'_{n}(n) = \sum_{k=1}^{n} s_{n}(k) \cdot T_{s} \qquad (4.29)$$

式中: T_s 为采样间隔, $T_s = 1/f_s$, f_s 为采样频率。

(3) 采用下式计算噪声调频信号

$$s(n) = A \cdot \cos[2\pi f_{0} n T_{s} + 2\pi K_{FM} \cdot s'_{n}(n)] \qquad (4.30)$$

采样频率 f_s 为 100MHz,采样点数 N 为 10000,信号中心频率 f_0 为 10MHz,噪声调频信号带宽 B_n 为 2MHz,$m_{fe}=1$,$K_{FM}=10000$,采用上述方法产生的调制噪声如图 4.8(a)所示,噪声调频信号如图 4.8(b)所示。

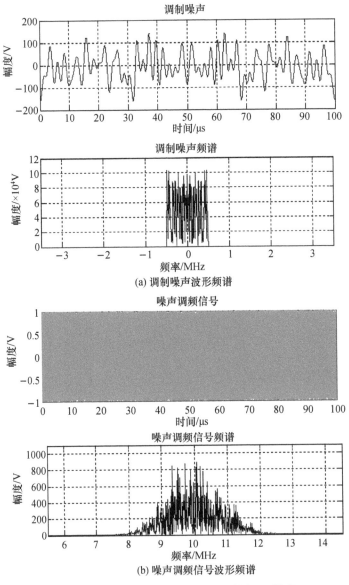

图 4.8 噪声调频干扰信号波形频谱图(见彩图)

4.2.3.4 噪声调相干扰

如果信号相位随着调制噪声的变化而变化,这种调制过程称为噪声调相。

噪声调相信号可以用下式表示为

$$s(t) = A \cdot \cos[2\pi f_0 n T_s + K_{PM} u(t)] \tag{4.31}$$

式中：$s_n(n)$ 为调制噪声，均值为 0，方差为 σ_n^2；f_0 为信号载频；A 为常数；K_{PM} 为常数，$T_s = 1/f_s$，f_s 为采样频率。

假设调制噪声 $s_n(n)$ 带宽为 ΔF_n，$D = K_{PM}\sigma_n$ 为有效相移，调制后的噪声调相信号带宽与 D 的取值有关。

当 $D \gg 1$ 时，噪声调相信号带宽为

$$B_n = 2\sqrt{2\ln 2} \cdot \sqrt{\frac{D^2 \Delta F_n^2}{3}} = 1.36 \cdot D \cdot \Delta F_n \tag{4.32}$$

当 $D \ll 1$ 时，噪声调相信号带宽为

$$B_n = 2 \cdot \Delta F_n \tag{4.33}$$

噪声调相干扰信号产生的方法如下：

（1）产生调制噪声 $s_n(n)$，产生方法见 4.2.3.1 节中有限频带噪声信号产生方法，生成噪声后只取实部用于后续计算。噪声带宽 ΔF_n 及噪声方差 σ_n^2 要根据噪声调相信号带宽 B_n 和有效相移 D 来确定。

当 $D \gg 1$ 时，根据式（4.32）得到

$$\Delta F_n = \frac{B_n}{1.36 \cdot D} \tag{4.34}$$

当 $D \ll 1$ 时，根据式（4.33）得到

$$\Delta F_n = B_n/2 \tag{4.35}$$

（2）采用下式计算生成噪声调相信号

$$s(n) = A \cdot \cos[2\pi f_0 n T_s + K_{PM} \cdot s_n(n)] \tag{4.36}$$

采样频率 f_s 为 100MHz，采样点数 N 为 10000，信号中心频率 f_0 为 10MHz，噪声调相信号带宽 B_n 为 2MHz，$K_{PM} = 5$，$\sigma_n = 1$，采用上述方法产生的调制噪声如图 4.9(a) 所示，噪声调相信号如图 4.9(b) 所示。

4.2.3.5 DRFM 噪声干扰

DRFM 噪声干扰就是用数字储频技术来生成噪声干扰信号，属于一种灵巧噪声干扰，生成的噪声干扰信号与雷达发射波形匹配度高，并且干扰信号的频率总是能够准确地对准被干扰雷达的频率，在雷达匹配滤波器中产生比较好的响应输出。DRFM 噪声干扰信号带宽比较窄，干扰能量都集中在雷达信号带宽内，能够更有效地利用干扰功率。

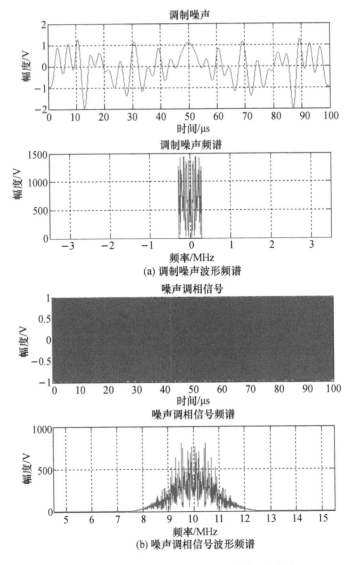

图 4.9 噪声调相干扰信号波形频谱图(见彩图)

DRFM 噪声干扰的实现方法就是在存储复制的雷达信号上调制具有一定带宽的噪声。假设经 DRFM 存储复制的雷达信号为 $s_r(t)$,则 DRFM 噪声干扰 $s(t)$ 为

$$s(t) = A \cdot s_r(t) \cdot s_n(t) \tag{4.37}$$

式中:A 为干扰信号幅度;$s_n(t)$ 为具有一定带宽的噪声。

图 4.10 为 DRFM 噪声干扰的仿真示例,截获的雷达信号为线性调频信号,调制带宽为 4MHz,信号脉宽为 5μs,调制噪声带宽为 2MHz。

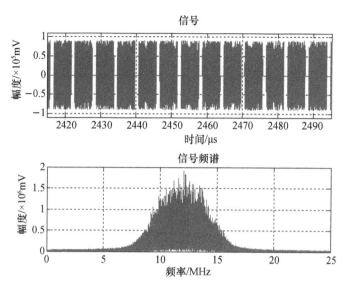

图 4.10　DRFM 噪声干扰信号波形和频谱图(见彩图)

4.2.3.6　距离欺骗干扰

距离欺骗干扰是指假目标的距离不同于真目标,能量往往强于真目标,而其余参数则近似等于真目标。[3]

距离欺骗干扰通常都是转发式干扰,将数字射频存储器(DRFM)截获并存储的雷达信号进行复制,再经过一定的时间延迟后转发出去。采用这种方式形成的干扰信号波形与雷达目标回波信号波形是一样的,只是延迟时间不同,而使雷达检测到的目标距离不同,达到距离欺骗的目的。距离欺骗干扰信号时序如图 4.11 所示,复制的干扰脉冲可以是多个,以形成多假目标干扰效果。

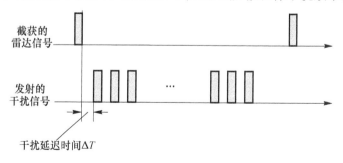

图 4.11　距离欺骗干扰信号时序

图 4.12 是多假目标距离欺骗干扰的波形和频谱图,在截获到雷达脉冲信号后,经复制转发了多个干扰脉冲信号。

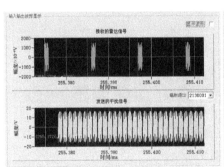
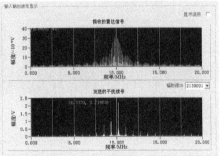

图 4.12　距离欺骗干扰信号波形和频谱图(见彩图)

4.2.3.7　速度欺骗干扰

速度欺骗干扰是指假目标的多普勒频率不同于真目标,而能量强于真目标,而其余参数近似等于真目标[3]。但是因为单纯的速度欺骗干扰的干扰效果较差,所以很少使用,一般都配合距离欺骗干扰一起使用,所以是距离加速度干扰。

速度欺骗干扰是将 DRFM 存储的信号经过一定的时间延迟和多普勒移频处理后转发出去,其实现过程如图 4.13 所示。由于截获的雷达信号为实信号,所以在移频前要通过希尔伯特变换将实信号转换为复信号,再乘以 $\exp(j \cdot 2\pi f_d t)$,其中 f_d 为要调制的多普勒频移,最后取信号实部发送出去。

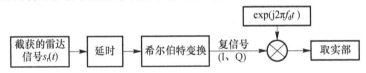

图 4.13　速度欺骗干扰处理流程框图

速度欺骗干扰可以实现单速度欺骗,也可以实现多速度欺骗,即在信号中调制多个多普勒频移,实现方法为

$$s_j(t) = \sum_{k=0}^{N} [s(t) \cdot \exp(j \cdot 2\pi f_{dk} t)] \tag{4.38}$$

式中:$s(t)$ 为经延时和希尔伯特变换后的复信号;f_{dk} 为第 k 个多普勒频移;N 为要调制的多普勒频率个数。

4.2.3.8　距离门拖引干扰

距离门拖引干扰主要是破坏雷达距离波门跟踪系统。其方法是在雷达回波脉冲前沿之后产生一个越来越落后于目标回波的强拖距脉冲信号,把雷达距离跟踪波门向后拖,拖到一定的距离后就停止发射拖距脉冲。由于雷达跟踪波门被拖离了目标回波所在位置,所以无法跟踪目标回波,经过一定时间后,雷达会重新进入搜索状态以全程搜索目标回波。如果雷达距离波门重新捕获目标回波,它会再次跟踪目标回波,但距离跟踪波门会很快被再一次拖离目标回波,从而使得雷达距离波门不能对目标回波建立稳定的跟踪。[1]

距离拖引干扰在一个拖引周期内分为停拖期、拖引期和关闭期,如图4.14所示,停拖期时间段为$[t_1 t_2)$,拖引期时间段为$[t_2, t_3)$,关闭期时间段为$[t_3, t_4)$。

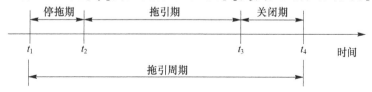

图4.14 拖引周期

在停拖期内,假目标和真目标出现的空间和时间近似重合,而且假目标的能量高于真目标,雷达很容易检测和捕获到假目标,停拖期时间段长度对应于雷达检测和捕获目标所需的时间。

在拖引期内,假目标与真目标在距离上逐渐分离,假目标相对真目标的距离延迟随时间不断递增。

在关闭期内,干扰发射关闭,使得假目标突然消失,造成雷达跟踪信号中断。在一般情况下,雷达跟踪系统还会再等待一段时间,如果信号重新出现,则雷达可以继续进行跟踪。如果信号消失达到一定时间,雷达确认丢失目标,会重新进入搜索。关闭期时间段长度取决于雷达跟踪中断后的等待时间,一般关闭期长度会大于雷达等待时间,让雷达重新进入搜索状态,使得雷达无法对目标建立稳定的跟踪。

距离门拖引干扰是在距离欺骗干扰基础上,增加对假目标距离的拖引控制,距离拖引干扰时序图与距离欺骗类似,如图4.11所示,只是发射的干扰延迟时间ΔT_d随着干扰时间变化。在停拖期干扰延迟时间ΔT_d近似为零,在拖引期内干扰延迟时间可以用式(4.39)计算

$$\Delta T_d = v_{rgp} \cdot (t - t_2) = v_{rgp} \cdot \Delta t_p \quad (4.39)$$

式中:v_{rgp}为拖距速率;t为当前时间;t_2为拖引期开始时间;$\Delta t_p = t - t_2$为拖引时间长度。

4.2.3.9 速度门拖引干扰

速度门拖引干扰与距离门拖引干扰类似,速度拖引干扰主要是对雷达的速度门进行拖引。速度门拖引干扰模型也是在距离欺骗干扰模型基础上,增加对假目标的速度拖引控制,即对复制的脉冲信号进行移频处理,而且偏移的频率随

着时间不断增大或减小。

速度门拖引干扰在一个拖引周期内也分为停拖期、拖引期和关闭期。在停拖期内,干扰信号偏移的频率近似为零,在拖引期内拖引的频率偏移 ΔF_d 可以用下式计算,为

$$\Delta F_d = v_{vgp} \cdot (t - t_2) = v_{vgp} \cdot \Delta t_p \tag{4.40}$$

式中:v_{vgp} 为拖速速率;t 为当前时间;t_2 为拖引期开始时间;$\Delta t_p = t - t_2$ 为拖引时间长度。

4.2.3.10 同步拖引干扰

目标的径向速度 v_r 是距离对时间的导数,而多普勒频移也与径向速度有关。

$$v_r = \frac{dR}{dt} = \frac{\lambda f_d}{2} \tag{4.41}$$

式中:v_r 为目标径向速度;R 为目标距离;f_d 为多普勒频率;λ 为雷达发射信号波长。

对于同时具有距离和速度二维检测能力的雷达(例如脉冲多普勒雷达),如果只在距离或速度进行一维的拖引干扰,或者二维拖引的参数不一致,雷达通过距离微分与多普勒频率一致性检测就可以识别出假目标,从而达不到预期的干扰效果。所以如果对这种体制的雷达实施拖引干扰,就需要在距离和速度两维同时进行拖引,且拖引速度表现在距离和多普勒频移上必须一致,这种干扰方式就是同步拖引干扰。

同步拖引干扰对距离和速度的拖引必须匹配,所以拖引的时间延迟和频率偏移的计算是有关联的。首先确定拖速速率 v_{vgp},经过拖引时间 Δt_p 后多普勒频移为

$$\Delta F_d = v_{vgp} \cdot \Delta t_p \tag{4.42}$$

则径向速度 v_r 经过拖引时间 Δt_p 后的变化量为

$$\Delta v_r = \frac{\lambda \Delta F_d}{2} = \frac{\lambda v_{vgp} \cdot \Delta t_p}{2} \tag{4.43}$$

所以径向速度 v_r 的变化率为

$$\frac{dv_r}{dt} = \frac{\lambda v_{vgp}}{2} \tag{4.44}$$

径向速度 v_r 的变化率也同时是距离变化的加速度,所以距离变化的加速度为

$$a_{\mathrm{r}} = \frac{\lambda v_{\mathrm{vgp}}}{2} \quad (4.45)$$

则距离变化量为

$$\Delta R = \frac{1}{2} a_{\mathrm{r}} \Delta t_{\mathrm{p}}^2 = \frac{\lambda v_{\mathrm{vgp}} \Delta t_{\mathrm{p}}^2}{4} \quad (4.46)$$

所以拖引的时间延迟为

$$\Delta T = \frac{2\Delta R}{c} = \frac{\lambda v_{\mathrm{vgp}} \Delta t_{\mathrm{p}}^2}{2c} \quad (4.47)$$

式中:c 为光速。

4.2.3.11 角度欺骗干扰

角度欺骗干扰是对雷达角度跟踪系统进行干扰,使其检测的目标方位角或俯仰角偏离真实目标所在方向。雷达测角方法不同,对其干扰的方法也不一样。常用的角度检测和跟踪的方法有:圆锥扫描角度跟踪、线性扫描角度跟踪和单脉冲角度跟踪等。

1) 角度波门挖空干扰

暴露式线性扫描角度跟踪系统天线扫描调制的包络也表现在其发射信号中,比较容易被雷达侦察机检测和识别出来,所以对暴露式线性扫描角度跟踪系统的主要干扰样式为角度波门挖空干扰。[3]

角度波门挖空干扰是在干扰方波的有效时间 T 内产生一个宽度为 τ 的空缺,$\tau = T/4 \sim T/5$,该空缺的位置和变化将影响角度跟踪波门的能量重心。

设空缺的时间中心为 τ_0,方波的时间中心为 T_0,则角度波门挖空干扰信号 $s_{\mathrm{j}}(t)$ 可以表示为

$$s_{\mathrm{j}}(t) = A \cdot \left[\mathrm{rect}\left(\frac{t - T_0}{T}\right) - \mathrm{rect}\left(\frac{t - \tau_0}{\tau}\right) \right] \cdot s(t) \quad (4.48)$$

式中:A 为干扰信号幅度;$s(t)$ 为干扰机接收到的雷达信号;T 为有效时间(即方波周期);τ 为空缺宽度(由挖空占空比和方波周期决定)。

图 4.15 为角度波门挖空干扰的一个仿真示例,方波周期 T 为 2ms,占空比为 0.2,空缺宽度 τ 为 0.4ms,接收的雷达信号为线性调频信号,调制带宽为 4MHz。

2) 交叉眼干扰

现代雷达常用单脉冲技术进行角度跟踪,单脉冲雷达测角的原理是利用多个天线同时接收目标的回波信号,然后再比较这些信号的参数,从中获取角误差信息。单脉冲雷达依据每一个回波脉冲形成角误差估值,系统对回波信号的幅

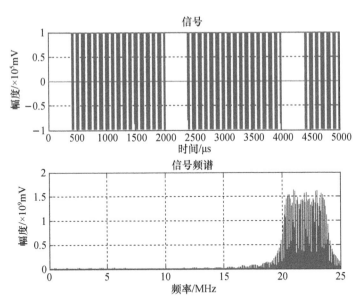

图 4.15 波门挖空干扰波形和频谱图(见彩图)

度波动不敏感,所以单脉冲角度跟踪系统具有良好的抗单点源干扰的能力。一种能有效对付这种角度跟踪系统的技术就是交叉眼干扰技术。

交叉眼干扰机是一种双相干源角度干扰技术的典型应用实例,可用来干扰单脉冲雷达的角度跟踪系统。单脉冲雷达总是跟踪目标回波的相位波前的等相面,交叉眼干扰技术能保证两个相干干扰源辐射的信号到达被干扰雷达的天线时,其幅度是相匹配的,相位相差 $180°$。如图 4.16 所示,两个相位相差 $180°$ 的信号在雷达天线处形成的等相面不再与目标和雷达的连线垂直,而是与该直线形成一个很小的角度,雷达跟踪这个扭了一定角度的相位波前,雷达天线指向将偏离目标和雷达连线,而不是对准目标,从而破坏了雷达对目标的跟踪,这种干扰方式对破坏单脉冲跟踪雷达的角度跟踪系统十分有效。

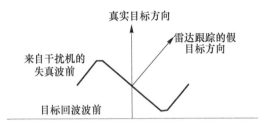

图 4.16 雷达跟踪的相位波前示意图

由单脉冲雷达测角原理可知,在和波束方向图的 3dB 范围内,差波束方向图是近似线性的,所以两个干扰源发射的干扰信号经雷达接收天线调制后形成的和信号($u_{\Sigma 1}$,$u_{\Sigma 2}$)、差信号($u_{\Delta 1}$,$u_{\Delta 2}$)可以用下式表示

$$\begin{cases} u_{\Delta 1} = k\theta_1 \cdot u_{\Sigma 1} \\ u_{\Delta 2} = k\theta_2 \cdot u_{\Sigma 2} \end{cases} \tag{4.49}$$

式中:k 为坐标因子;θ_1 和 θ_2 分别表示两个干扰源偏离雷达瞄准轴的角度。则单脉冲角度跟踪系统测量到的角度为

$$\theta = \frac{1}{k} \cdot \frac{u_{\Delta 1} + u_{\Delta 2}}{u_{\Sigma 1} + u_{\Sigma 2}} = \frac{\theta_1 u_{\Sigma 1} + \theta_2 u_{\Sigma 2}}{u_{\Sigma 1} + u_{\Sigma 2}} \tag{4.50}$$

因为 $u_{\Sigma 2}/u_{\Sigma 1} = ae^{j\varphi}$,其中 a 是两个干扰源发射的干扰信号的幅度比,φ 是两个干扰源发射的干扰信号的相位差,所以式(4.50)可表示为

$$\theta = \frac{\theta_1 + \theta_2 ae^{j\varphi}}{1 + ae^{j\varphi}} \tag{4.51}$$

在式(4.51)右边乘上 $\frac{1 + ae^{-j\varphi}}{1 + ae^{-j\varphi}}$,可以得到

$$\theta = \theta_m - \frac{\Delta\theta}{2} \cdot \frac{1 - a^2 - j2a\sin\varphi}{1 + 2a\cos\varphi + a^2} \tag{4.52}$$

式中:$\theta_m = (\theta_1 + \theta_2)/2$;$\Delta\theta = (\theta_1 - \theta_2)$。

式(4.52)中实部表示受到两个干扰源干扰的单脉冲雷达测量到的角,为

$$\text{Re}(\theta) = \theta_m - \frac{\Delta\theta}{2} \cdot \frac{1 - a^2}{1 + 2a\cos\varphi + a^2} \tag{4.53}$$

所以交叉眼干扰产生的假目标与真实目标间的偏离距离 D_e 为

$$D_e = R \cdot \tan\left(\frac{\Delta\theta}{2} \cdot \frac{1 - a^2}{1 + 2a\cos\varphi + a^2}\right) \tag{4.54}$$

式中:R 为干扰机与跟踪雷达之间的距离。在小角度时,$\tan(\theta) \approx \theta$,且 $\Delta\theta = L\cos\psi/R$,于是得到

$$D_e = \frac{L\cos\psi}{2} \cdot \frac{1 - a^2}{1 + 2a\cos\varphi + a^2} \tag{4.55}$$

式中:L 为两个干扰源之间的距离(即基线长度),ψ 是两个干扰源连线中点垂线与雷达瞄准轴之间的夹角,如图 4.17 所示。

定义交叉眼干扰增益 G_{CE} 为

$$G_{CE} = \frac{1 - a^2}{1 + 2a\cos\varphi + a^2} \tag{4.56}$$

则交叉眼干扰产生的假目标偏离真实目标的距离,即交叉眼干扰的诱偏距

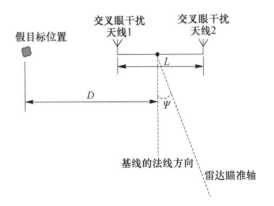

图 4.17 交叉眼干扰示意图

离 D_e 可以表示为

$$D_e = \frac{L\cos\psi}{2} \cdot G_{CE} \tag{4.57}$$

交叉眼干扰技术的工程实现方框图如图 4.18 所示,交叉眼干扰系统包含两个独立的转发支路,每一支路都有收、发天线,连接天线的传输线,和产生干扰信号的放大器。此外,其中一个支路含有一个 180°移相器,以便在受干扰雷达信号的到达方向上产生一个干涉仪零点。而且,在一个支路中包含相位和幅度控制装置,所以能调节两个转发支路以保证相位和幅度匹配。

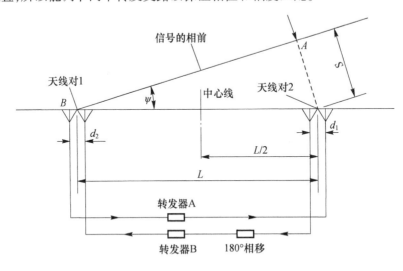

图 4.18 交叉眼干扰系统结构组成示意图

交叉眼干扰技术的优点是它能保证两个相干干扰源辐射的信号能幅度匹配、相位相差 180°地到达要干扰的雷达,而与雷达信号到达干扰机的角度无关。

如果没有用交叉眼干扰结构,则雷达接收的两干扰信号之间存在着等于 $L\sin\Psi/\lambda$ 的差分相移,这是由于信号偏轴时一个干扰信号相对于另一个干扰信号多走了一个额外路程所致。如果不予以补偿,交叉眼干扰增益则可能降至可忽略不计的数值。在图 4.18 所示的交叉眼干扰结构下可以得到,在干扰机处接收与发射相前都是平行的,因此可补偿偏轴引起的差分相移。进行这种补偿的代价是在转发支路中增加了额外的延迟,进而增大了雷达在干扰信号到达之前跟踪真实信号脉冲前沿的可能性。

交叉眼干扰技术的应用有一个很关键的技术参数就是交叉眼干扰的辐射功率,因为两个干扰源辐射的信号相位是相反的,而相位相反的信号往往会互相抵消从而导致雷达接收到的干扰信号功率下降。而当交叉眼干扰被设计用来和目标回波信号竞争时,即干扰信号必须与真实的目标回波信号竞争以捕获雷达的角跟踪装置,由于雷达既能收到目标回波又能收到干扰信号,则雷达在一定条件下还是可能从目标回波信号中提取角误差信息进行角度跟踪,使干扰破坏雷达角度跟踪的能力受到很大限制,所以要成功地进行交叉眼干扰所需的干信比会非常大。

4.2.3.12 切片转发干扰

现代雷达为了解决最大作用距离和距离分辨力的矛盾,经常采用大时宽、大带宽的信号,而在接收时进行脉冲压缩处理得到窄脉冲,从而在满足探测距离要求下,保证了距离分辨力的精度。对于这种大时宽带宽积的信号如果采用常规的距离欺骗方法,将整个脉冲存储下来,再复制转发出去,经过雷达脉冲压缩处理后,生成的假目标会非常稀疏,而且由于干扰脉冲信号前沿与雷达回波脉冲信号前沿之间的时间差很大(大于一个雷达脉冲宽度),导致干扰形成的假目标与真目标之间的距离差也会非常大,不能满足干扰的要求。为了在真目标周围产生密集的多假目标干扰信号,可以采用切片转发的干扰方式,在雷达信号脉宽内,以一定的周期切割存储雷达信号,存储的信号切片在雷达信号脉宽内就可以复制转发出去。

切片转发干扰示意图如图 4.19 所示,干扰机以宽度为 τ,周期为 T 的脉冲信号对雷达信号进行切割存储,在 (τ,T) 时间窗内将存储的信号切片复制转发出去,转发的信号切片可以是一个也可以是多个。在雷达脉冲信号持续时间之后,以一定的复制间隔转发最后一个信号切片。

切割脉冲宽度 τ 和周期 T 的取值会影响最终生成的假目标的个数、幅度和间隔等参数。图 4.20 和图 4.21 是切片转发干扰的仿真结果,切割脉冲宽度 $\tau = 0.25\mu s$,周期 $T = 1\mu s$,占空比 τ/T 为 25%,雷达信号为线性调频信号,脉宽为 $100\mu s$,调制带宽为 4MHz,图 4.20 是雷达信号和干扰信号的波形图,图 4.21 是经雷达脉冲压缩处理后的结果。

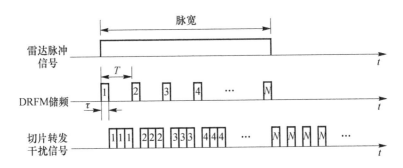

图 4.19 切片转发干扰示意图

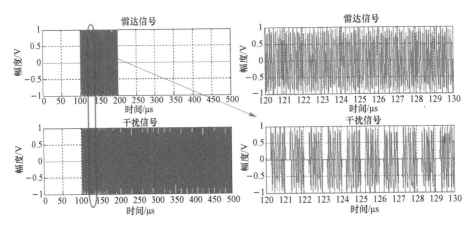

图 4.20 雷达信号和切片转发干扰信号波形图（$\tau=0.25\mu s, T=1\mu s$）（见彩图）

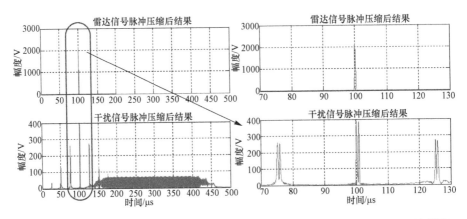

图 4.21 雷达信号和切片转发干扰信号脉冲压缩后结果（$\tau=0.25\mu s, T=1\mu s$）（见彩图）

改变切割脉冲宽度 τ 和周期 T 的取值，$\tau=1\mu s$，$T=4\mu s$，占空比 τ/T 为 25%，仿真结果如图 4.22 和图 4.23 所示。

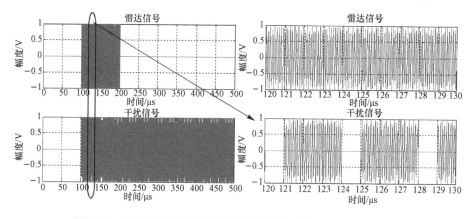

图 4.22　雷达信号和切片转发干扰信号波形图($\tau=1\mu s, T=4\mu s$)

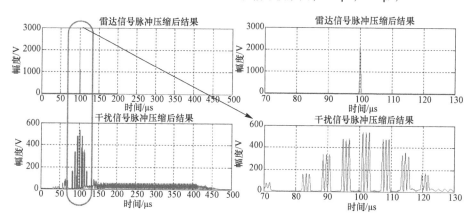

图 4.23　雷达信号和切片转发干扰信号脉冲压缩后结果($\tau=1\mu s, T=4\mu s$)(见彩图)

4.2.3.13　AGC 干扰

除了对雷达探测距离、速度和角度进行干扰之外,还可以对雷达的 AGC 控制系统进行干扰。AGC 干扰可以采用通断调制干扰,实现的方法就是周期性地接通、断开干扰发射机,使雷达接收机的 AGC 控制系统在强、弱信号之间不断发生控制转换,造成雷达接收机工作状态和输出信号的不稳、检测跟踪中断或性能下降。

设 AGC 干扰的通断周期为 T,在通断周期内 AGC 干扰的弱信号与强信号幅度比为

$$D_A = \frac{A_1}{A_2} \tag{4.58}$$

式中:A_1 为 AGC 干扰弱信号脉冲幅度;A_2 为 AGC 干扰强信号脉冲幅度。

通断工作比 D_T 为

$$D_T = \frac{T_0}{T} \tag{4.59}$$

式中：T_0 为强信号持续时间；T 为通断周期。

假设通断周期 T 取值为 2ms，通断工作比 D_T 为 0.2，则 AGC 干扰信号波形如图 4.24 所示，发射的干扰信号在强、弱信号之间不断地切换，强信号持续时间为 0.4ms，弱信号持续时间为 1.6ms。

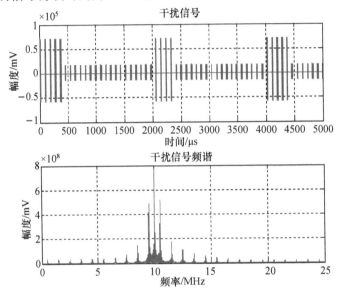

图 4.24　AGC 干扰信号波形和频谱图

4.2.3.14　组合干扰

单纯使用一种干扰样式的干扰效果往往不好，所以经常将多种干扰样式组合在一起使用，也就是组合干扰。最常用的组合干扰是噪声干扰加欺骗干扰，既能达到对真目标压制的效果，又能使雷达检测到假目标从而达到欺骗目的。也可以将多种欺骗干扰组合在一起，同时在距离、速度、角度等多个维度对雷达进行欺骗。在干扰样式的使用上，可以采用多种干扰样式循环切换的方式进行组合，在不同时间段采用不同的干扰样式，破坏雷达对目标的持续检测和跟踪。

4.2.4　干扰发射通道仿真模型

干扰发射通道仿真模型主要实现对干扰机发射中频信号流的幅度控制，使得发射出去的信号功率等于设定的干扰功率。

4.2.4.1 干扰信号幅度调制模型

根据干扰机的发射功率、天线增益、发射损耗等对干扰信号幅度进行控制，发射天线输出端的干扰信号幅度可以用下式计算，为

$$V_j = \sqrt{\frac{P_j G_j(\theta)}{L_t L_p} \cdot Z} \qquad (4.60)$$

式中：V_j 为干扰机输出的干扰信号幅度；P_j 为干扰机的发射功率；$G_j(\theta)$ 为干扰机天线在被干扰雷达方向（θ 方向）上的增益；L_t 为干扰机的发射损耗；L_p 为干扰机与雷达的天线极化损耗；Z 为干扰机的天线匹配阻抗，一般取 50Ω。

因为常规的单点频正弦波信号平均电压等于电压最大值的 $\sqrt{2}/2$ 倍，所以功率与幅度（电压）最大值之间的关系为

$$P = \frac{V_m^2}{2 \cdot Z} \qquad (4.61)$$

式中：V_m 为信号幅度（电压）最大值；P 为功率。所以要控制正弦波信号的幅度使其功率等于设定值，可以用下式计算幅度，再将信号流按最大值归一化后乘以下式计算的幅度值即可。

$$V_m = \sqrt{2PZ} \qquad (4.62)$$

但是对于比较复杂的信号，其功率与电压之间没有显式的解析表达式，不能通过上述方式进行功率调制。

干扰机发射的干扰信号经过一些调制和处理后，信号形式比较复杂，而且其功率通常也不等于1，所以要对干扰信号进行功率归一化处理，使其功率等于1后再按式（4.60）对其幅度进行调制。

因为信号功率等于信号采样序列的方差，所以要将信号功率归一化，只需要将信号的方差归一化即可。信号方差可以用下式计算

$$P = \sigma^2 = \frac{1}{N} \sum_{n=1}^{N} [x(n) - \bar{x}]^2 \qquad (4.63)$$

式中：N 为信号采样点数；σ^2 为信号方差；$\bar{x}$ 为信号均值，$\bar{x} = \sum_{n=1}^{N} x(n)$，一般情况下，信号均值等于零，所以上式可以简化为

$$P = \sigma^2 = \frac{1}{N} \sum_{n=1}^{N} x^2(n) \qquad (4.64)$$

但是对于脉冲信号，只能计算脉冲持续时间内的方差，不能将脉冲间断期间的采样点数计入信号点数 N 中，否则计算出来的将是整个信号的平均功率。

所以对干扰信号进行功率归一化处理，可以用下式计算

$$s_o(t) = \frac{s_i(t)}{\sigma} \tag{4.65}$$

式中:$s_i(t)$为输入信号;$s_o(t)$为经功率归一化后输出的信号。

将干扰信号进行功率归一化处理后,只需乘以式(4.60)计算出来的幅度值,即可完成干扰信号的功率调制。

现在的干扰机通常采用组合干扰方式,用两个发射通道(DDS 通道和 DRFM 通道)同时产生信号,将两个通道输出信号叠加在一起后发射出去。在仿真中,如果将两个通道信号先叠加,再进行功率调制,由于 DDS 通道通常产生的是噪声信号,是一种连续信号,而 DRFM 通道经常为脉冲信号,脉冲信号的功率归一化与连续信号略有不同,所以将两个通道信号先叠加再归一化与干扰装备实际情况不符。因此先将两个通道信号分别进行功率归一化,然后按照各自在信号功率中占的比例进行幅度调制后再叠加在一起。假设 DDS 通道输出信号和 DRFM 通道输出信号在整个发射功率所占比例分别为K_{DDS}和K_{DRFM},$K_{DDS}+K_{DRFM}=1$,两个通道信号调制的幅度为

$$\begin{cases} V_{DDS} = \sqrt{\dfrac{K_{DDS}P_j G_j(\theta)}{L_t L_p} \cdot Z} \\ V_{DRFM} = \sqrt{\dfrac{K_{DRFM}P_j G_j(\theta)}{L_t L_p} \cdot Z} \end{cases} \tag{4.66}$$

4.2.4.2 宽带噪声功率等效模型

为了增强雷达的抗干扰能力,现代雷达工作频率大多采用频率捷变的方式,对其实施噪声压制干扰时,选用的噪声带宽也必须是宽带的,要能覆盖雷达频率捷变的范围。而基于中频信号采样的信号级仿真模型,其采样频率一般为几十兆赫,小于宽带噪声的带宽,不满足奈奎斯特采样定理,所以建模仿真时要对宽带噪声干扰信号进行等效处理。

常规雷达的瞬时工作带宽是窄带的,远小于宽带噪声干扰信号带宽,经过雷达接收机匹配滤波器滤波后,宽带噪声干扰信号功率为

$$P_{jo} = \frac{P_{ji} \cdot B_r}{B_j} = \rho_j \cdot B_r \tag{4.67}$$

式中:P_{ji}为输入的宽带噪声干扰信号功率;B_j为输入的宽带噪声干扰带宽;B_r为雷达接收机带宽;$\rho_j = P_{ji}/B_j$为宽带噪声干扰信号的功率谱密度。

因为宽带噪声干扰信号频谱一般都是均匀的,所以在仿真中只需以采样频率的一半作为带宽产生噪声干扰信号即可,但是生成的信号功率要根据实际生成的信号带宽计算,使得经过雷达接收机滤波处理后的噪声信号功率与式(4.67)中的功率一致。所以仿真中产生的宽带噪声干扰信号带宽为$f_s/2$,f_s为采样频率,

宽带噪声干扰信号的等效功率为

$$P_\mathrm{j} = \rho_\mathrm{j} \cdot \frac{f_\mathrm{s}}{2} \tag{4.68}$$

4.3 雷达对抗装备信号级仿真系统设计

虽然由于雷达对抗装备的用途不同、装载平台不同,导致装备性能、工作流程、组成结构、主要战术技术指标参数、关键处理算法、采用的技术体制和设备模块器件等也不尽相同,但从雷达对抗装备的基本工作原理和系统功能组成上看,都包含了侦察、干扰和控制三个部分,用于完成对雷达辐射源的方向、频率、信号特征参数、威胁程度等相关数据的测量、分选与识别,并根据所辖干扰资源的配置和能力来选择最佳的干扰样式和干扰时机对威胁雷达进行干扰,因此对不同类型雷达对抗装备的建模仍然可以采用相同的技术途径,建立雷达对抗装备信号级系统的通用软件框架,以实现对各种类型雷达对抗装备从电磁环境侦收、信号分选识别、侦察引导到干扰样式信号产生发射的全过程动态仿真。

4.3.1 仿真系统功能结构设计

雷达对抗装备信号级仿真系统软件功能结构组成如图 4.25 所示,主要包括雷达对抗装备信号级仿真、雷达对抗装备模型参数管理和雷达对抗装备仿真运行显示三个功能项。其中,雷达对抗装备信号级仿真功能是雷达对抗装备信号级仿真系统的核心功能,是以典型型号雷达对抗装备为原型,实现对该型雷达对抗装备的信号侦收处理过程和有源干扰过程的仿真,需要在具体型号雷达对抗装备的详细技术情报资料的深入分析基础上构建相应的模型算法软件模块。而雷达对抗装备模型参数管理功能和雷达对抗装备仿真运行显示功能则属于雷达对抗装备信号级仿真系统的辅助支撑功能,用于实现雷达对抗装备仿真系统的人机交互、仿真数据的输入/输出、仿真过程的可视化显示等目的。

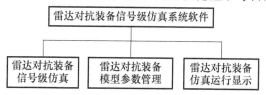

图 4.25 雷达对抗装备信号级仿真系统功能结构图

4.3.1.1 雷达对抗装备信号级仿真

雷达对抗装备信号级仿真功能由雷达对抗装备仿真核心模型软件来实现。

雷达对抗装备仿真核心模型软件的组成结构如图4.26所示,主要包括接收/发射天线仿真软件模块、雷达侦察处理仿真软件模块、干扰样式信号仿真软件模块和干扰决策与仿真控制软件模块。

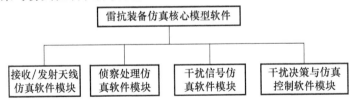

图4.26 雷达对抗装备仿真核心模型软件组成图

虽然不同类型或型号雷达对抗装备的核心模型软件均采用如图4.26所示的软件组成结构,但由于不同类型、不同型号雷达对抗装备所体现出的整体差异性主要反映在核心模型软件模块实现的具体细节上,因此对图中所示的每个仿真软件模块设计的细节上要依据具体类型或型号雷达对抗装备的技术情报资料进行差异性建模。具体而言,对不同类型或不同型号雷达对抗装备的建模,是在详细而深入地分析该雷达对抗装备的系统组成、工作流程、侦察干扰时序控制策略、主要的技战术性能指标、加载的威胁数据库、干扰引导策略、干扰样式及其参数、信号分选识别算法的基础上,按照雷达信号侦察、干扰引导、干扰信号产生与发射的信息处理流程,采用基于信号/数据流处理的仿真技术体制,建立雷达对抗装备从信号侦收处理到干扰信号产生发射的全过程仿真模型。

在以下针对图4.26所示的各个仿真软件模块功能设计论述中,所涉及的仿真模型具体实现算法可参考4.2节"雷达对抗装备信号级仿真模型"的相关内容。

1) 天线仿真软件模块

天线仿真软件模块用于生成雷达对抗装备仿真所需要的接收/发射天线方向图数据。在没有实测方向图数据的情况下,对雷达对抗装备天线方向图的仿真通常采用数学函数拟合的方法。一般常用的天线方向图数学模型包括辛克函数、余弦函数、高斯函数等,仿真系统中可根据实际需要进行选择。

在信号级仿真中通常采用振幅方向图 $F(\theta)$,而在功能级仿真中通常采用功率方向图 $G(\theta)$,它们之间是一个平方关系:$G(\theta) = F^2(\theta)$。对于归一化天线振幅方向图,令主瓣半功率波束宽度为 θ_{3dB},平均副瓣电平为 g_1,可以得到辛克函数天线方向图简化数学模型如下为

$$F(\theta) = \begin{cases} \dfrac{\sin(\alpha\theta/\theta_{3dB})}{\alpha\theta/\theta_{3dB}} & |\theta| \leq \theta_0 \\ g_1 & |\theta| > \theta_0 \end{cases}$$

式中:$\alpha = 2.783$;θ_{3dB}为主瓣3dB波束宽度;g_1为平均副瓣电平;$\theta_0 = \pi\Delta\theta_0/\alpha$ 是主瓣波束右零点。

2)侦察处理仿真软件模块

雷达侦察处理仿真软件模块通过对接收的雷达发射信号脉冲描述字数据进行接收天线方向图调制、雷达信号截获检测、雷达信号脉冲参数测量、雷达信号脉冲分选和识别处理后,最终输出威胁雷达的信号特征描述数据,包括信号载频、脉冲宽度、重复周期、威胁等级等,以用来引导雷达干扰信号的仿真。

雷达侦察处理仿真软件模块组成如图4.27所示,主要由接收天线方向图调制仿真、雷达信号截获检测仿真、雷达信号脉冲参数测量仿真、雷达信号脉冲分选识别仿真等软件模块组成。虽然各种类型的雷达对抗装备均可采用图4.27所示的侦察处理仿真软件模块组成结构,但各软件模块的内部设计则需要根据具体型号装备的技术参数和实际算法进行差异化建模。

图4.27 侦察处理仿真软件模块组成图

(1)接收天线方向图调制仿真软件模块。接收天线方向图调制仿真软件模块用于实现对接收的雷达信号进行天线方向图调制处理。在对接收的雷达信号进行天线方向图调制处理时,首先根据当前仿真时刻雷达对抗装备平台与仿真场景中各雷达平台之间的相对空间位置关系计算各雷达信号到达方向,然后根据当前仿真时刻接收天线指向及雷达信号到达方向,通过天线方向图数学模型计算得到在雷达信号方向上的天线增益值,最后将该增益值与雷达信号幅度相乘,即完成了对雷达信号的接收天线方向图调制处理。

(2)雷达信号截获检测仿真软件模块。经过雷达对抗装备接收天线方向图调制处理后的雷达信号脉冲描述字数据,需要经过频域截获检测和接收灵敏度检测,只有满足了频域截获条件,且信号强度超过接收灵敏度检测门限的雷达信号才能送入雷达信号参数测量模块。

频域截获是指如果接收的雷达信号频率在接收机频率覆盖范围内,则该信号满足频域截获条件。接收灵敏度检测是指根据给定的接收灵敏度(接收灵敏度应根据型号装备的系统灵敏度指标而定),判断到达接收机输入端的雷达信号能否被接收机处理。如果雷达信号功率低于侦察接收机灵敏度,则该雷达信号就被去除掉,不再参与后续的仿真处理流程。

(3)雷达信号参数测量仿真软件模块。雷达信号脉冲参数测量模块根据雷达对抗装备侦察接收机对雷达信号参数的测量精度,在满足信号截获检测条件的雷达信号脉冲描述字数据基础上,产生带有脉冲参数测量误差的雷达信号脉冲描述字序列,作为雷达信号脉冲分选识别模块的输入数据。

脉冲参数的测量误差应根据型号装备的信号参数测量精度而定。其中,测频、测角、测脉宽、测脉幅和测脉冲到达时间均按正态分布的均方根误差计算。

(4) 雷达信号分选识别仿真软件模块。雷达信号分选识别仿真软件模块由分选模块和识别模块组成。

雷达信号分选模块完成对雷达信号脉冲描述字序列的去交错分选功能,得到该序列所包含的雷达个数、每个雷达的信号参数及参数变化范围。若雷达信号脉冲分选模块无输出结果,即不能实现对雷达信号脉冲序列的有效分选,则雷达侦察仿真后续处理流程终止,仿真时钟推进到下一个侦察帧处理起始时刻。

雷达信号识别模块根据加载的雷达威胁库数据,对雷达信号分选模块输出的雷达信号特征参数采用模板匹配法进行识别,最终输出与雷达威胁库匹配的威胁雷达信号特征数据,以引导雷达干扰仿真模块产生相应的干扰信号。若分选输出的雷达信号与雷达威胁库数据不能匹配,则不输出雷达侦察仿真结果数据,维持雷达对抗装备侦察工作状态不变,仿真时钟推进到下一个侦察帧处理起始时刻。

对雷达信号进行威胁识别,是将雷达信号分选结果与预先加载的雷达威胁库数据进行比对,以确定该雷达的类型、状态、威胁等属性信息,最终输出的识别结果就是雷达对抗装备的侦察告警结果。

信号分选结果在与雷达威胁库的数据记录进行比对时,可利用信号相似度计算公式:

$$S = W_{pw} \times S_{pw} + W_{pa} \times S_{pa} + W_{rf} \times S_{rf} + W_{pri} \times S_{pri} + W_{mod} \times S_{mod}$$

式中:W_{pw}、W_{pa}、W_{rf}、W_{pri}、W_{mod} 分别表示脉宽、幅度、载频、重频、脉内调制类型的相似度权重;S_{pw}、S_{pa}、S_{rf}、S_{pri}、S_{mod} 分别表示脉宽、幅度、载频、重频、脉内调制类型的相似度。

由于不同型号装备的信号分选算法存在差异性,所以需要针对具体型号装备实际使用的信号分选算法进行适应性改造或再编程实现。

3) 干扰决策与仿真控制软件模块

干扰决策与仿真控制软件模块根据雷达侦察仿真结果数据、仿真场景数据、干扰技术仿真参数,对雷达对抗装备工作状态的转换控制和干扰目标分配做出决策,输出干扰决策引导数据,供雷达干扰信号仿真模块使用,同时对雷达对抗装备的侦察与干扰工作流程进行同步控制。

对雷达对抗装备工作状态的转换控制依据雷达对抗装备的工作时序进行，从时间轴上看，雷达对抗装备的工作时序由侦察时间 T_s 和干扰时间 T_j 组成。在仿真过程中，雷达对抗装备侦察时间和干扰时间的相对比例保持不变。若雷达侦察仿真结果只识别出一部威胁雷达，则干扰机把整个干扰时间都分配给该雷达；若仿真结果识别出两部威胁雷达，则将干扰时间按等比例时间分配给两部雷达，如图 4.28 所示。

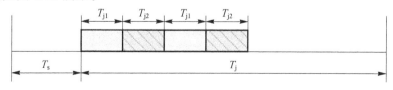

图 4.28　雷达对抗装备工作时序控制示意图

由于雷达对抗装备的干扰资源有限，为了保证将有限的资源最大化使用，所以干扰资源决策模型将根据侦察结果数据，按照干扰资源最大化使用原则，对其中威胁等级大的雷达目标进行优先干扰。

4）干扰信号仿真软件模块

干扰信号仿真模块根据雷达信号侦察仿真结果数据（即威胁雷达的信号特征描述数据）、仿真试验场景数据和干扰决策引导数据，对威胁雷达实施有源干扰的仿真，仿真输出干扰样式信号中频采样数据流，并对干扰样式信号中频采样数据流进行干扰发射功率调制、干扰发射天线方向图调制，最终形成在雷达对抗装备发射天线口面处的干扰信号中频采样数据流。

干扰信号仿真软件模块组成如图 4.29 所示，主要由干扰样式时序控制仿真、干扰样式信号仿真、发射通道功率调制仿真和发射天线方向图调制仿真等软件模块组成。虽然各种类型的雷达对抗装备均可采用图 4.29 所示的干扰信号仿真软件模块组成结构，但各软件模块的内部设计则需要根据具体型号装备的技术参数和实际算法进行差异化建模。

图 4.29　干扰信号仿真软件模块组成图

（1）干扰时序控制仿真软件模块。干扰时序控制仿真软件模块根据干扰决策引导数据，对威胁雷达进行干扰时间窗长度控制、干扰样式切换控制和不同干扰目标间的干扰资源切换控制，以实现雷达对抗装备对威胁雷达实施干扰的时序控制。

仿真模型设计中,对干扰时间窗长度的设置、干扰样式切换控制策略和不同目标间干扰资源切换控制方法都需要根据具体型号装备实际使用的技术参数和控制策略及方法而定。

(2)干扰样式信号仿真软件模块。干扰样式信号仿真软件模块由各种干扰样式信号模型软件模块组成,以实现对各种干扰样式信号的仿真。干扰样式模型软件模块根据所仿真的干扰样式特点、参数和干扰样式控制时序,对该样式信号的波形及频谱进行建模和时域调制,产生相应样式信号的中频采样数据流。

根据雷达对抗装备采用的干扰样式,建模仿真的干扰样式主要包括压制干扰和欺骗干扰两大类。压制干扰是用噪声或类噪声的干扰信号遮盖或淹没有用信号,阻止敌方用电磁波获取目标信息,干扰的预期目的是妨碍或阻止雷达检测目标。压制干扰的主要干扰信号形式是噪声,这是最古老但仍有前途的一种干扰信号,在功率足够的条件下,它能干扰任何体制的雷达。噪声干扰的主要优点是只需了解关于被干扰雷达很少的信息就可实施。

欺骗干扰是采用假的目标信息作用于雷达的目标检测和跟踪系统,使雷达不能正确地检测真实目标或者不能正确地测量真实目标的参数信息,从而达到迷惑和扰乱雷达对真实目标检测和跟踪的目的。

欺骗干扰与压制干扰的根本区别在于:压制干扰的预期效果是遮盖有用信号,使雷达得不到目标的准确信息,增加目标检测时的不确定性;欺骗干扰的预期效果是产生假目标,以假乱真,欺骗或迷惑雷达。欺骗干扰信号有着与目标回波信号相似的特性,但又包含雷达难以识别的欺骗信息,因而雷达受干扰后,一般不易觉察到干扰的存在,可能把干扰信号当作目标回波信号,提供"目标"的位置信息等,但提供的是错误的信息,当这样的雷达控制武器系统时,将导致武器系统的命中率降低。

对压制干扰的仿真,以噪声干扰为主。噪声干扰仿真模型根据用于引导干扰的威胁雷达侦察结果数据和当前要干扰的雷达发射信号脉冲描述字数据,针对雷达对抗装备的测频精度、噪声带宽,考虑适当的干扰时延量而产生相应的噪声干扰信号中频采样数据流。

对欺骗干扰的仿真,以拖引干扰和多假目标干扰为主。多假目标干扰仿真模型对接收到的雷达脉冲信号进行存储,然后按照要求的干扰脉冲间隔和复制的周期数,经过必要的时间延迟和时域/频域调制后发射出去,以产生距离/速度上的多假目标信号。拖引干扰仿真模型是在距离假目标干扰仿真模型基础上,增加对假目标在距离和速度上的拖引控制仿真,输出干扰信号中频采样数据流。

对以上各种干扰样式仿真的具体实现算法见4.2节"雷达对抗装备信号级

仿真模型"相关内容。

(3) 发射通道功率调制仿真软件模块。发射通道功率调制仿真软件模块用于实现对干扰信号强度的控制,根据具体型号雷达对抗装备发射机峰值功率、发射通道损耗、极化损耗等,计算干扰信号的强度。

计算干扰信号在发射机输出端的信号功率 P_{jr}(dBm)可采用下式:

$$P_{jr} = \lg(P_j \times 10^3) + L_j + L_p$$

式中:P_j 为干扰机的发射功率(W);L_j 为干扰发射通道的馈线损耗(dB);L_p 为干扰信号极化损耗(dB)。

(4) 发射天线方向图调制仿真软件模块。发射天线方向图调制仿真软件模块用于对经过发射通道功率调制处理后的干扰样式信号中频采样数据流进行基于发射天线方向图的调制处理,仿真输出在雷达对抗装备发射天线口面处的干扰信号中频采样数据流。

在对发射的干扰信号进行天线方向图调制处理时,首先根据当前仿真时刻雷达对抗装备平台与要干扰的雷达平台之间的相对空间位置关系计算雷达目标方向角,然后通过天线方向图模型计算得到在雷达目标方向上的发射天线增益值,最后将该增益值与干扰信号幅度相乘,即完成了对干扰信号的发射天线方向图调制处理。

4.3.1.2 雷达对抗装备模型参数管理

雷达对抗装备模型参数管理功能通过人机交互界面提供对雷达对抗装备模型参数和雷达威胁库数据的管理,包括加载、编辑和保存功能。

1) 模型参数管理

考虑到对不同类型、不同型号雷达对抗装备在模型参数设计上会存在较大差异性,而且同一个雷达对抗装备模型面对不同应用需求时,其向用户开放的模型参数也会不同,所以在仿真系统设计中选择 XML 文件存储雷达对抗模型参数具有很好的实用性,不但接口设计和数据传输、存储更加方便,而且还可以充分利用 XML 文件所具有的简单性、可扩展性、易操作性、开放性等优点。对雷达对抗装备模型参数 XML 文件的生成和解析采用与雷达模型参数 XML 文件相同的方法,具体内容参见 2.4.1.2 小节。

在仿真系统软件启动时,可以自动加载默认文件名的雷达对抗装备仿真参数 XML 文件,也可以通过人机界面操作,从用户指定的 XML 文件中加载雷达对抗装备仿真参数。在仿真系统软件人机界面上以图表方式提供对雷达对抗装备模型参数的修改、编辑功能,并能将修改后的雷达对抗装备模型参数保存到用户指定存储目录下指定文件名的 XML 文件中。

2) 雷达威胁库管理

雷达威胁库采用 Microsoft Access 数据库创建,雷达威胁库数据存储在.mdb 文件中。在仿真系统软件启动时,可以自动加载默认文件名的雷达威胁库数据文件,也可以通过人机界面操作,从用户指定的.mdb 文件中加载雷达威胁库数据。在仿真系统软件人机界面上以图表方式提供对雷达威胁库数据的修改、编辑功能,并能将修改后的雷达威胁库数据保存到用户指定存储目录下指定文件名的.mdb 文件中。

4.3.1.3 雷达对抗装备仿真运行显示

雷达对抗装备仿真运行显示功能由雷达对抗装备仿真界面层软件模块来实现,用于实现各种类型、型号雷达对抗装备仿真模型面向用户操作的人机交互功能,一般包括五类人机交互功能:模型参数/雷达威胁库设置、接收/发射信号波形/频谱显示、分选识别结果显示、干扰引导信息显示、雷达对抗装备操作指令响应。雷达对抗装备仿真运行显示功能是雷达对抗装备信号级仿真系统设计中的一项重要功能,虽然不同类型或不同型号雷达的仿真模型在界面层软件模块的具体实现要素上有所侧重,但界面层软件模块实际上定制了雷达对抗装备模型软件的整体界面风格,不但要在功能设计上便于用户灵活操作,而且在软件设计上要着重考虑软件模块的标准化、通用化和可复用性,易于模块功能升级。

1) 模型参数/雷达威胁库设置

雷达对抗装备模型参数、雷达威胁库数据设置界面用于实现雷达对抗装备仿真所需要的装备模型参数、雷达威胁库数据的编辑、保存和加载等管理功能的人机交互接口。

雷达对抗装备模型参数的加载、保存功能直接在仿真系统软件主界面上通过功能按钮操作实现,模型参数以编辑框的方式提供用户修改,修改完毕直接更新到底层仿真模型组件中。考虑到仿真应用的灵活性,对部分雷达对抗装备模型参数,例如发射功率、天线增益、接收损耗、发射损耗等,应提供在仿真运行过程中可以修改的能力。

雷达威胁库数据文件的加载直接在仿真系统软件主界面上通过功能按钮操作实现。为了方便用户操作,对雷达威胁库数据项的编辑、修改及保存功能可以在一个单独的弹出式非模态对话框中实现,如图 4.30 所示。

2) 信号波形/频谱显示

在仿真系统软件主界面上以图形方式动态显示雷达对抗装备接收的雷达信号波形/频谱及发射的干扰信号波形/频谱图。波形图和频谱图显示在同一个控件区域内,可以通过鼠标右键进行切换查看,其界面示意图如图 4.31 所示。

第 4 章 雷达对抗装备的系统建模与仿真

图 4.30 雷达威胁库数据编辑界面(原图)

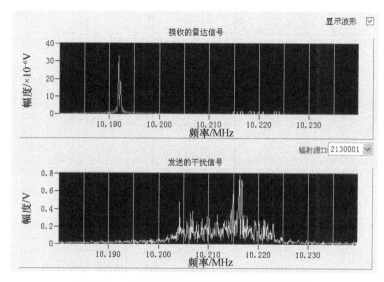

图 4.31 信号波形/频谱显示示意图(见彩图)

3) 分选识别结果显示

在仿真系统软件主界面上以表格方式提供对雷达对抗装备侦察分选识别结果数据的动态显示,以便于用户分析雷达信号分选识别算法的性能。

4) 干扰引导信息显示

在仿真系统软件主界面上以表格方式提供对雷达对抗装备干扰引导信息的动态显示,以便于用户查看雷达对抗装备目前要干扰的雷达数量和用于引导干扰的相关数据情况。

5) 装备操作指令响应

在仿真系统软件主界面上以图形化方式提供雷达对抗装备操作面板,并在仿真过程中实时响应用户通过操作面板对装备侦察/干扰工作状态切换、干扰样式切换、侦察/干扰天线指向选择等的控制指令。

· 245 ·

4.3.2 仿真系统处理流程设计

任何类型或型号雷达对抗装备的信号级仿真系统都可以采用图 4.32 所示的软件处理流程。从图中可见,雷达对抗装备仿真系统软件处理流程分为两个阶段:仿真运行前的数据准备阶段、仿真运行中的模型解算与信息显示阶段。其

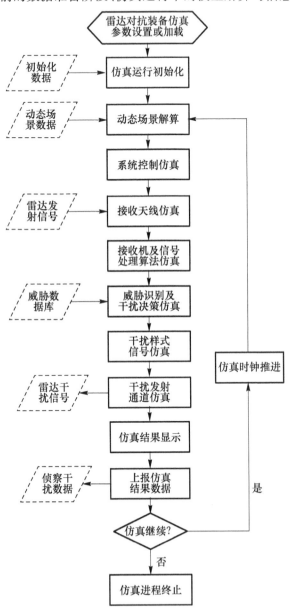

图 4.32 雷达对抗装备信号级仿真系统软件处理流程图

中,仿真运行中的模型解算与信息显示阶段是一个按照时间步长推进的循环过程,每个循环的时间步长是一帧,如果设定的仿真时间已经达到,则仿真运行过程结束,否则开始下一帧的仿真循环。

在仿真运行前的数据准备阶段,用户通过雷达对抗装备仿真系统提供的人机交互功能,对雷达对抗装备仿真模型参数进行设置,并将设置好的模型参数保存到用户指定文件名的 XML 文件中;或者用户可以通过人机界面加载已生成的雷达对抗装备模型参数 XML 文件,也可以对加载的模型参数进行编辑、修改和保存。用户通过人机界面加载雷达威胁库数据.mdb 文件,也可以对加载的雷达威胁库数据进行编辑、修改和保存。由于雷达对抗装备仿真系统的仿真运行需要与外部仿真系统进行协同,所以在雷达对抗装备仿真运行前的数据准备阶段,还需要建立与外部仿真系统主控软件之间的网络通信连接关系,即雷达对抗装备仿真系统软件作为客户端,以具有唯一性的身份标志(ID 号)向主控软件服务器提出连接请求,建立与主控服务器的网络通信连接关系。

在仿真运行中的模型解算与信息显示阶段,首先通过接收外部主控软件发送的仿真场景数据进行雷达对抗装备仿真运行的初始化处理,对当前仿真时刻的场景数据进行解算,即通过空间坐标系变换计算仿真场景中自身装备平台与各雷达辐射源平台的相对空间位置关系和相对运动关系,然后根据雷达对抗装备仿真控制策略,确定当前的工作状态是侦察还是干扰。如果是侦察状态,则接收外部雷达仿真系统发送的雷达信号脉冲描述字数据流,经过接收天线方向图调制处理后,进行接收机截获检测及信号参数测量仿真处理,并经过信号分选算法仿真后,完成威胁识别和干扰决策仿真,若满足干扰决策条件,则将工作状态切换到干扰状态,否则继续维持侦察状态不变,直到满足干扰决策条件为止;如果是干扰状态,则接收外部雷达仿真系统发送的雷达信号中频采样数据流和脉冲描述字数据流,经过接收天线方向图调制处理后,根据干扰引导信息,仿真生成指定干扰样式信号的中频采样数据流,经过发射通道功率调制和发射天线方向图调制处理后,形成到达雷达对抗装备发射天线口面处的干扰信号中频采样数据流,并通过网络发送给被干扰的外部雷达仿真系统软件,同时将仿真结果数据通过网络上报给外部系统主控软件。以上处理过程循环往复,直到仿真运行结束。图 4.32 中,用虚线框表示的数据均是与外部仿真系统通过网络交互的数据。

4.3.3 仿真系统运行方式设计

雷达对抗装备的作战对象主要是敌方各种装载平台的雷达系统,如地基雷达、舰载雷达、机载雷达等。从雷达对抗装备的工作过程来看,只有侦察到了威胁雷达信号,才可能对其实施有针对性的干扰,而且干扰效果最终体现在威胁雷达对雷达对抗装备欲保护目标探测性能的影响程度,因此从雷达对抗装备仿真应用需求来看,雷达对抗装备仿真系统必须与外部的雷达仿真系统建立信息交互关系,将雷达与雷达对抗装备置于同一个仿真场景下,雷达对抗装备仿真软件与外部的主控软件、雷达仿真系统软件一起联网运行,采用基于客户/服务器(C/S)的分布式网络结构,通过 TCP/IP 协议的网络信息交互关系,实现雷达与雷达对抗装备间信息对抗仿真过程的协同控制。

在雷达电子战仿真系统中,雷达对抗装备信号级仿真系统软件设计为一个相对独立的 EXE 文件,可运行在 Windows 2000、Windows XP、Windows Server 2003、Windows 7 等标准视窗操作系统平台上,采用通用软件开发平台 Visual C++ 来实现软件编制。在计算机屏幕上双击该 EXE 文件,即可进入雷达对抗装备信号级仿真系统软件的图形用户控制界面,它所提供的各种显示控制功能均可通过用户界面上的工具条和功能按钮来实现。图 4.33 给出了雷达对抗装备信号级仿真系统软件人机界面示意图。

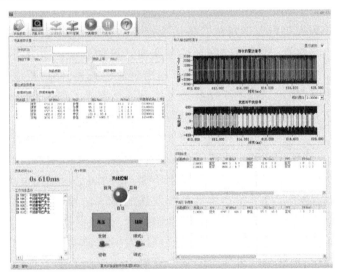

图 4.33　雷达对抗装备信号级仿真系统软件人机界面示意图(见彩图)

4.3.4　仿真系统数据接口设计

4.3.4.1　内部接口设计

雷达对抗装备仿真系统软件采用面向对象分析技术和模块化设计技术,以层次化模块调用方式构建仿真系统,其内部接口关系如图 4.34 所示,描述组成雷达对抗装备仿真系统的两大类功能软件模块之间的信息交互关系。

雷达对抗装备仿真系统软件的内部信息交互接口要素描述如表 4.1 所列。

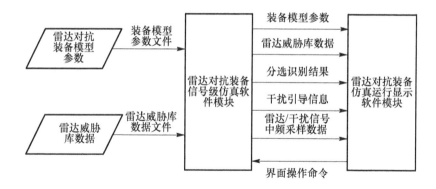

图 4.34 雷达对抗装备信号级仿真系统软件内部接口关系

表 4.1 雷达对抗装备仿真系统软件内部接口描述

序号	接口名称	接口内容	信息形式	传输方式	发送方	接收方
1	雷达对抗装备模型参数	发射功率、工作频段、天线方向图参数等	结构体	读写内存	雷达对抗装备信号级仿真软件模块	雷达对抗仿真运行显示软件模块
2	雷达威胁库数据	威胁雷达信号参数,包括载频、重频、脉宽等	结构体	读写内存	雷达对抗装备信号级仿真软件模块	雷达对抗仿真运行显示软件模块
3	分选识别结果数据	雷达信号载频、脉宽、重频等	结构体	读写内存	雷达对抗装备信号级仿真软件模块	雷达对抗仿真运行显示软件模块
4	干扰引导信息	雷达信号载频、脉宽、重频、干扰样式等	结构体	读写内存	雷达对抗装备信号级仿真软件模块	雷达对抗仿真运行显示软件模块
5	雷达信号中频采样数据	接收的雷达信号中频采样数据流	结构体	读写内存	雷达对抗装备信号级仿真软件模块	雷达对抗仿真运行显示软件模块
6	干扰信号中频采样数据	发射的干扰信号中频采样数据流	结构体	读写内存	雷达对抗装备信号级仿真软件模块	雷达对抗仿真运行显示软件模块
7	界面操作命令	工作状态切换、天线指向选择、干扰样式切换等指令	结构体	读写内存	雷达对抗仿真运行显示软件模块	雷达对抗装备信号级仿真软件模块

4.3.4.2 外部接口设计

雷达对抗装备仿真系统软件的外部接口包括两部分：雷达对抗装备仿真系统软件与主控软件接口、雷达对抗装备仿真系统软件与雷达仿真系统软件接口。雷达对抗装备仿真系统软件外部接口关系如图4.35所示。

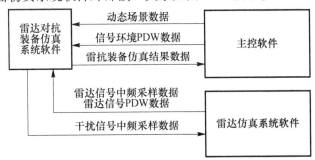

图 4.35 雷达对抗装备信号级仿真系统软件外部接口关系

雷达对抗装备仿真系统软件与主控软件的接口要素描述如表4.2所列。

表 4.2 与主控软件接口描述

序号	接口名称	接口内容	信息形式	传输方式	发送方	接收方
1	动态场景数据	雷达对抗装备平台ID号 雷达对抗装备平台在地心坐标系下的 $X/Y/Z$ 轴坐标及坐标轴方向上的速度分量	二进制数据包	SOCKET 实时传输	主控软件	雷达对抗装备仿真系统软件
2	信号环境PDW数据	PDW数据个数 PDW数据,包含载频、脉幅、脉宽、脉冲到达时间、脉冲到达角、脉内调制类型、脉内调制参数	二进制数据包	SOCKET 实时传输	主控软件	雷达对抗装备仿真系统软件
3	雷达对抗装备仿真结果数据	雷达对抗平台ID 分选识别后的数据,包含雷达ID、威胁等级、信号参数、是否干扰标志 干扰数据包括被干扰雷达ID、干扰样式、干扰样式参数	二进制数据包	SOCKET 实时传输	雷达对抗装备仿真系统软件	主控软件

雷达对抗装备仿真系统软件与雷达仿真系统软件的接口要素描述如表4.3所列。

表 4.3　与雷达仿真系统软件接口描述

序号	接口名称	接口内容	信息形式	传输方式	发送方	接收方
1	雷达信号PDW数据	雷达平台ID PDW数据个数 PDW数据，包含载频、脉幅、脉宽、脉冲到达时间、脉冲到达角、脉内调制类型、脉内调制参数	二进制数据包	SOCKET实时传输	雷达仿真软件	雷达对抗装备仿真系统软件
2	雷达信号中频采样数据	雷达平台ID 信号采样点个数 信号采样点幅度	二进制数据包	SOCKET实时传输	雷达仿真软件	雷达对抗装备仿真系统软件
3	干扰信号中频采样数据	雷达对抗平台ID 信号采样点个数 信号采样点幅度	二进制数据包	SOCKET实时传输	雷达对抗装备仿真系统软件	雷达仿真软件

4.4　雷达对抗仿真应用实例

现代战争中，要取得战争的主动权，必先取得区域制空权，要获得区域制空权，必先具备空中优势作战飞机，而其生存能力就成为保障战争主动权的重要因素。机载自卫雷达对抗装备（也称机载自卫干扰机）是各国军用飞机普遍配备的一种航空电子设备，用于对直接威胁载机安全的地面（舰载）炮瞄雷达、导弹制导雷达和机载火控雷达等进行威胁告警并施放干扰，而其性能的优劣将直接影响作战飞机的生存能力和作战能力。

现代电子战装备日益复杂，难以用简单直观的分析方法进行模拟和评估，而单纯依靠外场试验来检验装备系统的性能，则要耗费大量的人力、物力和财力，而且受制于试验环境。所以，采用计算机仿真技术来实现对电子战装备的建模仿真具有很大的经济性和灵活性。而且，对机载自卫雷达对抗装备进行基于信号/数据流处理的建模仿真，使得对装备的仿真不但能覆盖对装备系统整体性能的评估，还可以分析装备内部各信息处理模块或环节的性能影响，进而利用在此基础上构建的仿真系统开展仿真试验，不但能实现对机载自卫雷达对抗装备作战效能的评估，还可以对干扰设备中的各种干扰样式进行干扰有效性分析，从而为雷达对抗装备干扰样式的优化设计和技术改进提供先进的研究手段和仿真试验环境。

机载自卫雷达对抗装备由电子支援(ESM)和电子干扰(ECM)两部分组成,从其信息处理的角度来看,主要包括对雷达信号的侦收、分选、识别处理、干扰时序控制和干扰信号的产生及发射,所以对机载自卫雷达对抗装备的仿真,应从其接收天线方向图特性开始,到产生相应的干扰信号至发射天线输出为止,建立尽可能完整的基于信号/数据流处理的仿真模型及其处理流程,如图 4.36 所示。

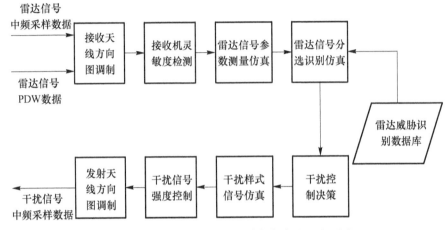

图 4.36 机载自卫雷达对抗装备仿真处理流程图

从图 4.36 中可见,对机载自卫雷达对抗装备实现信号/数据流处理的仿真过程,实质上是对机载自卫雷达对抗装备信息处理过程的数字映射,是对雷达信号侦察、引导及干扰信号产生过程的详细建模。

下面将结合具体仿真试验场景,针对机载自卫雷达对抗装备所采用的几种典型干扰样式进行动态仿真试验,并根据仿真试验数据,分析总结各种干扰样式信号对机载脉冲多普勒雷达(以下简称机载 PD 雷达)的干扰效果[4]。

机载自卫雷达对抗装备与机载 PD 雷达对抗仿真试验场景如图 4.37 所示,在仿真过程中,两架飞机均按平面匀速直线飞行,飞行高度为 8000m,干扰载机 RCS 取为 $12m^2$。机载 PD 雷达的主要仿真参数:工作频率 10GHz,发射功率 1600W,天线主瓣增益 38dB,天线第一副瓣电平 -30dB,天线波束宽度 $1.8° \times 1.8°$,恒虚警处理方式采用单元平均选大,跟踪滤波采用自适应 $\alpha-\beta$ 滤波算法,雷达信号波形为常规相参脉冲串,脉宽为 $1\mu s$,脉冲重复周期分别为 $9\mu s$、$10\mu s$ 和 $11\mu s$,搜索状态下利用三个重频解距离模糊,跟踪状态下根据对目标距离遮挡效应的预测来自动切换重频。

第 4 章 雷达对抗装备的系统建模与仿真

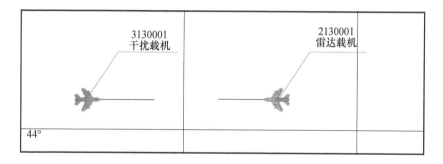

图 4.37 对抗仿真试验场景示意图(见彩图)

仿真试验中,机载 PD 雷达对目标检测过程分为搜索和跟踪两个状态,雷达从搜索状态进入跟踪状态,既可以采用人工指定跟踪目标的方式,也可以采用雷达自动截获目标的方式。

4.4.1 噪声压制干扰仿真试验

噪声压制干扰实施的条件:仿真运行开始后,雷达侦察设备仿真模型首先要对雷达发射信号进行侦察,对侦察时间长度内的雷达信号脉冲描述字数据流进行接收处理和分选,若无分选结果,则继续侦察,直到有分选结果输出;将分选结果与预先加载的雷达威胁数据库进行匹配处理,完成对雷达信号的威胁识别。若有识别结果,则用雷达侦察结果数据对雷达干扰设备仿真模型进行引导,若没有识别结果,则继续进行侦察,直到有引导数据输出为止。雷达干扰设备仿真模型根据侦察引导数据,产生相应调制参数的噪声干扰信号,并经过干扰信号强度控制和空间传播仿真处理后,送入机载 PD 雷达仿真系统。

仿真试验中,噪声压制干扰采用基于 DDS 的窄带噪声干扰信号波形,噪声带宽为 5MHz,干扰信号仿真中频为 10MHz,窄带噪声干扰信号的波形图及频谱图如图 4.38 所示。

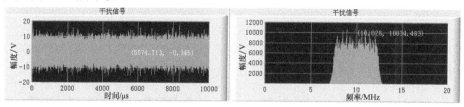

图 4.38 窄带噪声干扰信号波形图和频谱图(见彩图)

仿真试验中,噪声压制干扰主要针对机载 PD 雷达的搜索状态进行干扰。当满足干扰实施条件后,干扰仿真信号进入到雷达仿真系统,雷达各关键处理节点(雷达接收机输入端信号、雷达中放输出信号、雷达脉冲多普勒滤波器组输出信号、雷达恒虚警处理输出信号)的信号波形图或频谱图如图 4.39、图 4.40 所示。

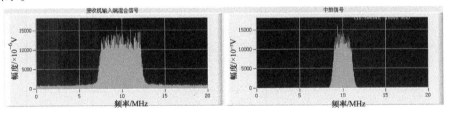

图 4.39　机载 PD 雷达接收机输入端和中放输出信号的频谱(见彩图)

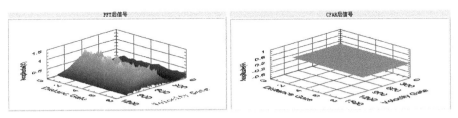

图 4.40　机载 PD 雷达 FFT 和 CFAR 输出信号(见彩图)

图 4.39 中,左图是干扰信号、目标回波信号分别经过雷达接收天线方向图调制后,与雷达接收机热噪声信号进行叠加后的混合信号;右图是对左图混合信号进行中放滤波后的信号,即中频放大器输出的信号。从图中可见,经过中放处理后,带外信号被滤掉了。

图 4.40 中,左图是雷达做距离门 FFT 后的输出信号,右图是雷达 CFAR 输出的结果。从图中可见,噪声干扰信号对雷达的目标检测起到了压制作用,使雷达检测不到目标。

仿真试验结论:在上述干扰仿真试验条件下,基于 DRFM 的窄带噪声干扰信号能对机载 PD 雷达目标检测过程产生压制性干扰的效果。

4.4.2　假目标欺骗干扰仿真试验

假目标欺骗干扰实施的条件与噪声压制干扰实施的条件一致。

仿真试验中,假目标欺骗干扰采用基于 DRFM 的多假目标干扰信号波形,干扰信号仿真中频为 10MHz,干扰信号的波形图及频谱如图 4.41 所示。

图 4.41　假目标干扰信号波形图和频谱图(见彩图)

仿真试验中,假目标干扰主要针对机载 PD 雷达的搜索状态进行干扰,图 4.42 是机载 PD 雷达在假目标干扰条件下的目标检测结果。

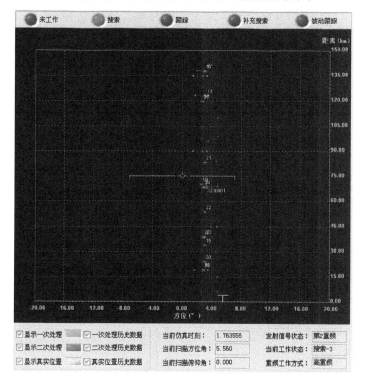

图 4.42　机载 PD 雷达搜索状态下的目标检测仿真结果(见彩图)

仿真试验结论:在上述干扰仿真试验条件下,基于 DRFM 的假目标干扰能对雷达目标检测过程起到欺骗作用,使雷达检测到多个虚假点迹。

4.4.3　波门拖引欺骗干扰仿真试验

波门拖引欺骗干扰实施的条件与噪声压制干扰实施的条件一致,只是由于仿真试验中拖引干扰是针对机载 PD 雷达跟踪状态实施的,所以在雷达搜索状态下干扰设备一直处于无线电静默状态,不发射干扰信号,直到雷达进入对干扰载机目标的连续跟踪时才实施干扰。

仿真试验中,波门拖引欺骗干扰采用距离速度同步拖引干扰信号波形,干扰信号仿真中频为 10MHz,干扰信号的波形图及频谱图如图 4.43 所示。

根据干扰仿真试验结果数据,可以得到如图 4.44 所示的机载 PD 雷达跟踪干扰信号过程中的目标距离、速度和角度跟踪误差统计图。

仿真试验结论:在上述干扰仿真试验条件下,距离速度同步拖引干扰信号能

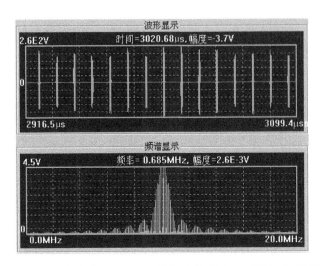

图 4.43 距离速度同步拖引干扰信号波形图和频谱图(见彩图)

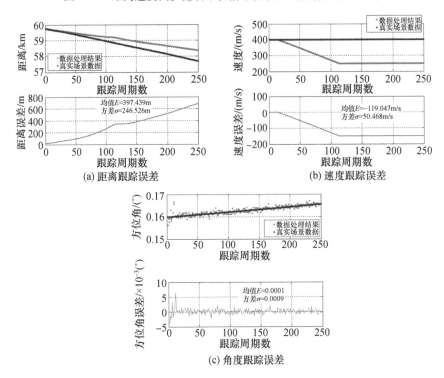

图 4.44 机载 PD 雷达对目标距离、速度、角度跟踪误差的统计结果(见彩图)

对机载 PD 雷达的距离和速度跟踪波门起到拖引效果,使雷达对真实目标的距离和速度跟踪误差越来越大。但该干扰信号对雷达角度跟踪环路的影响不大,雷达在方位上能始终跟踪目标。

参考文献

[1] 熊群力. 综合电子战——信息化战争的杀手锏[M]. 北京:国防工业出版社,2008.
[2] 林象平. 雷达对抗原理[M]. 西安:西北电讯工程学院出版社,1985.
[3] 赵国庆. 雷达对抗原理[M]. 西安:西安电子科技大学出版社,1999.
[4] 安红. 机载脉冲多普勒跟踪雷达干扰仿真研究[J]. 中国电子科学研究院学报,2008(1).

第 5 章
雷达电子战仿真系统架构

5.1 雷达电子战仿真系统构建方法

军用仿真主要分为两个方面：武器装备仿真和作战仿真。作战仿真是在武器装备仿真基础上发展起来的，通常是作战部门使用的，既可以用来进行作战推演研究，也可以用于指战人员的军事训练。武器装备仿真的覆盖面很广，既可以被装备研制与生产部门使用，也可以被装备发展与规划部门使用，还可以用于部队官兵的装备操作培训。事实上，武器装备仿真与作战仿真是相互渗透、密不可分的关系，武器装备仿真是作战仿真的基础，没有武器装备仿真，作战仿真就只是"空中楼阁"。同样，作战仿真是武器装备仿真需求的牵引，因为武器装备只有通过作战或对抗才能发挥其作用，因此武器装备仿真需要在一个真实的虚拟战场环境中通过作战仿真来实现，或者也可以说，武器装备的技术决定了其作战使用的边界条件，而作战使用的边界条件又与武器装备作战效能的发挥有着直接的必然联系，有什么样的技术，就需要有与之相匹配的战术动作，才能最大程度地发挥武器装备的作战效能，从这个意义上讲，可以把武器装备仿真划入作战仿真的范畴之中，也可以认为武器装备仿真就是武器装备技战术紧密结合的狭义的作战仿真。

在本书的 1.2 章节中，将雷达电子战装备的典型仿真应用分为两类：一类是与装备作战行动和作战过程密切相关的装备仿真，仿真研究关注的重点是装备系统的作战能力和由装备平台构成的装备体系对整个作战过程及作战结果的影响程度，称为面向作战应用的装备仿真；而另一类虽然也将装备置于一个典型的虚拟作战场景中，但仿真研究更侧重于对装备系统功能及性能的检验和评估，称为面向系统性能的装备仿真。虽然这两类仿真应用都涉及对装备及其作战对象的系统建模仿真，也包含了对作战场景及装备作战应用的建模仿真，但由于仿真应用的具体需求不同，所以对装备系统的建模粒度要求和仿真系统构建的方式上也存在着较大的差异性。

面向作战应用的装备仿真系统通常是一个规模和结构都比较复杂的系统。

例如在构建面向综合电子战系统作战效能研究的仿真系统时,首先要针对综合电子战系统的概念,开展综合电子战作战要素及仿真需求研究。从概念上看,综合电子战系统由陆、海、空、天(即卫星)、弹等多种平台的电子战装备构成,由电子战作战指挥控制中心统筹管理,适合陆海空三军区域协同作战。从作战要素上讲,作战中必须综合应用雷达对抗、通信对抗和光电对抗,才能充分发挥综合电子战整体的巨大威力。从仿真需求看,要从装备体系建模角度来实现体系作战仿真要求,并能在构建的典型仿真场景下开展"体系对体系"的对抗仿真试验研究。例如,可构建如下的综合电子战作战仿真场景:以红蓝双方攻防对抗作为仿真的作战背景,红方在远距离支援干扰飞机、地面雷达干扰站和通信干扰站的掩护下,出动由随队掩护干扰飞机、具有自卫干扰能力的歼击机和轰炸机组成的进攻编队,沿预定航线向蓝方重点目标进发;当蓝方地面远程警戒雷达或空中预警机雷达发现红方进攻编队后,引导拦截飞机编队进行空中拦截;在红方编队飞机进入蓝方地空导弹和防空高炮火力拦截区后,将遭到蓝方地空导弹和高炮的攻击;突防后的红方轰炸机对蓝方地面重点目标进行攻击,蓝方则使用精密制导武器对己方重点目标进行防护。在整个攻防对抗过程中,红方通过运用雷达对抗,使蓝方地面警戒雷达和空中预警雷达的发现概率降低,使目标跟踪雷达的测量误差增大,降低了蓝方空空拦截和地空拦截能力;红方通信对抗力量的加入,使蓝方预警机空空通信和空地通信受到破坏,降低了预警机对己方拦截飞机编队引导成功概率,并影响预警机对地面跟踪制导雷达的引导能力;红方光电对抗力量的加入,使进攻飞机提高了在被蓝方红外制导空空导弹和地空导弹攻击下的生存概率。从中可以看出,在这类典型的作战场景中,某种武器装备,例如雷达、电子战装备,只是整个作战系统中一个很小的组成部分,为了保证仿真系统可实现性及仿真运行的速度和效率,对武器装备通常采用抽象建模方法来建立粗粒度的功能级仿真模型,即通过理论分析建立数学模型,或利用实战演练、外场试验获得的经验数据建立统计模型,因此可以把面向作战应用的雷达电子战仿真系统称之为雷达电子战功能级仿真系统。

  从目前国内外已建立的用于综合电子战作战概念研究、作战训练研究、综合电子战系统体系作战效能研究等面向装备作战应用的功能级仿真系统体系结构看,几乎全部都采用了分布式仿真结构。仿真系统体系结构,从20世纪80年代末90年代初的异构型网络互连的分布式交互仿真DIS、聚合级仿真协议ALSP,发展到目前大量使用的通用技术框架的高层体系结构HLA,使仿真模型和仿真应用具有良好的可重用性和互操作性,可避免因仿真模型重复开发和仿真系统重复建设而带来研制费用的急剧增长,极大地促进了仿真系统建设的规范性、开放性,以及仿真系统间的互联、互通、互操作性。

  HLA于2000年9月被确定为国际分布仿真通用标准IEEE1516,为复杂系统的建模与仿真提供了通用的、公共的支撑框架。HLA 通过仿真应用与底层通信支撑结构的分离,提高了不同仿真应用之间的互操作性和建模与仿真资源的可重用性。HLA 体系结构是一个开放的、面向对象的体系结构,最显著的特点就是通过提供通用的、相对独立的运行支撑服务程序 RTI 将应用层与其底层支撑环境功能分离开,隐蔽了各自的实现细节,可以使这两部分独立地开发,最大程度地利用各自领域的最新技术,并保证联邦范围内的互操作和重用[1]。所谓联邦(Federation),是指由若干有交互关系的联邦成员、一个共同的联邦对象模型 FOM 以及 RTI 构成的集合,作为一个整体来达成某一特定的仿真目的。联邦的定义比较抽象,其实可以把联邦简单地理解为是一个仿真系统。联邦成员(Federate)简称邦员,是指参与联邦的所有应用,如用于联邦数据采集的数据记录器成员,用于联邦管理的联邦管理成员,用于和实物接口的实物代理成员,使用实体模型来获得实体动态行为的仿真应用成员等。可以把联邦成员理解为仿真系统中具有相对独立功能的软件或软件模块,如数据记录采集模块、仿真运行管理模块、实体装备仿真代理软件、雷达仿真软件、雷达对抗装备仿真软件等。FOM 用于定义某个具体联邦中各个联邦成员之间交换信息的内容及其格式,可以把 FOM 理解为仿真系统内部接口数据交互关系。RTI 作为联邦执行的核心,为联邦成员提供运行时所需的各种服务,包括联邦管理、声明管理、对象管理、所有权管理、时间管理和数据分发管理等六大服务,并通过应用接口层和网络接口层将仿真应用、底层支撑和 RTI 的功能模块相分离,如图 5.1 所示[2]。

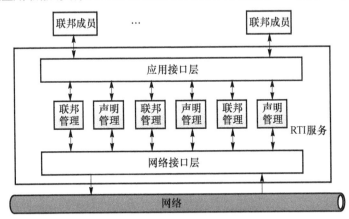

图 5.1　RTI 内部逻辑结构示意图

RTI 按照 HLA 接口规范标准进行开发,是基于 HLA 的仿真系统进行分层管理控制、实现分布式仿真可扩展性的支撑基础。随着 HLA 规范被广泛采用,国内外许多公司、组织机构也相继开发了自己的 RTI 系列产品并投入了使用。目前市场上获得用户广泛认可的 RTI 产品主要有:美国 MAK 公司的 Mak – RTI,

瑞典 Pictch AB 公司的 pRTI，国内国防科学技术大学的 KD-RTI，中国航天科工集团第二研究院的 SSS-RTI 等。

目前国内外基于 HLA 体系框架的雷达电子战功能级仿真系统构建技术已比较成熟，有成熟的 RTI 系列产品可供仿真系统研制时使用，不但省掉了仿真系统底层控制逻辑、数据分发管理、运行时间管理等软件开发的工作量，同时也在很大程度上保证了仿真系统运行的可靠性。

这里以综合电子战作战效能仿真系统为例，简要说明雷达电子战功能级仿真系统构建的一般方法和流程。综合电子战作战效能仿真系统采用基于 HLA 体系框架的客户/服务器（C/S）结构以实现分布式仿真计算。仿真系统由 11 台 PC 机联网组成，以 Windows XP 作为网络操作系统，网络通信协议采用 TCP/IP。其中，系统主控计算机作为服务器，负责完成仿真系统的控制管理，其他 PC 机作为客户端，分别完成仿真场景想定、仿真场景态势显示、仿真数据记录与回放、对抗效能分析评估、雷达与雷达对抗仿真、雷达对抗态势显示、通信与通信对抗仿真、通信对抗态势显示、光电与光电对抗仿真、光电对抗态势显示功能。仿真系统的硬件结构见图 5.2 所示。

图 5.2　综合电子战作战效能仿真系统硬件结构图

综合电子战作战效能仿真系统的工作流程如图 5.3 所示[3]。

（1）作战场景想定软件根据仿真意图设置攻防作战中各参战单元的初始位置、运动航迹、对抗目标、保卫目标、平台装载配置等数据，生成仿真预案并保存在场景部署数据库中。

（2）系统主控软件加载场景部署数据库中保存的仿真预案，并进行系统初始化，将相关装备性能数据及装载平台配置数据通过网络分发给相关仿真邦员完成仿真初始化处理。

（3）随着仿真时钟的推进，系统按照航迹、截获、决策、反应、交战等仿真决

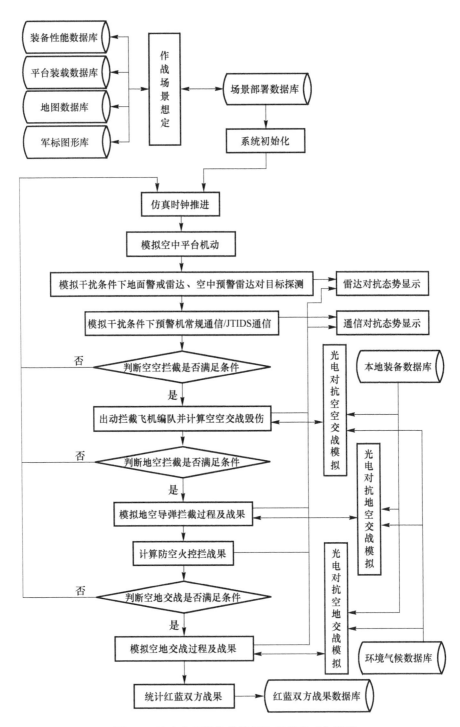

图 5.3 综合电子战作战效能仿真系统工作流程

策规则依次对各参战单元进行模型解算:计算地面警戒雷达和空中预警机雷达在干扰条件下对来袭目标的探测概率并生成动态的目标探测区数据,通过以网络分发给雷达对抗态势显示软件进行图形化显示;计算空中预警机常规通信和JTIDS通信系统在干扰条件下的动态通信畅通区并生成数据,通过网络分发给通信对抗态势显示软件进行图形化显示。

(4) 随着仿真时钟的推进,模拟蓝方防御系统对红方进攻编队实施三级防空拦截:空空飞机拦截、地空导弹拦截和防空火炮拦截。空空拦截分为空域待战飞机拦截和地面机场飞机拦截,当进攻歼击机携带红外诱饵或红外干扰机,拦截歼击机携带空空红外制导导弹时,系统主控软件以网络实时通信方式将空空交战双方飞机的基本参数分发给光电与光电对抗仿真邦员来进行拦截过程的模拟,将仿真结果发送给光电对抗态势显示软件进行图形化显示。地空导弹拦截分为雷达制导导弹拦截和红外制导导弹拦截,雷达制导导弹拦截过程模拟由雷达与雷达对抗仿真邦员完成,并按照仿真时间步长将导弹运动轨迹数据通过网络分发给雷达对抗态势显示软件进行图形化显示;红外制导导弹拦截过程模拟由光电与光电对抗仿真邦员完成,将仿真结果发送给光电对抗态势显示软件进行图形化显示。

(5) 当红方进攻编队成功突防后,对蓝方重点目标进行轰炸,仿真进入空地交战阶段。当蓝方地面部署有精密制导防护系统,系统主控软件以网络实时通信方式将进攻编队基本参数发送给光电与光电对抗仿真邦员来完成交战模拟,并接收模拟结果进行空地作战的最终战果运算。

(6) 仿真结束后,系统将当前预案的仿真结果保存到数据库中。使用者可修改电子战系统配置及战术使用方式、电子战装备性能数据和作战意图,生成新的仿真预案进行反复模拟试验,通过对多次仿真过程数据和仿真结果数据的统计计算来定量分析采用不同的电子战武器平台、不同的电子战手段而取得的电子战作战效果。

在综合电子战作战效能仿真系统中,雷达对抗态势显示软件和通信对抗态势显示软件用于电子对抗条件下攻防作战的全过程演示,在地图背景上显示各参战单元的平面图标和飞行航迹,以不同颜色描绘地面警戒雷达在远距离支援干扰飞机干扰压制下目标探测区的动态变化、空中预警机雷达在地面雷达干扰站干扰压制下目标探测区的动态变化、预警机常规通信和JTIDS通信在地面通信干扰站干扰压制下通信畅通区的动态变化,如图5.4所示,用户也可通过人机交互方式随时改变态势图的显示方式,如取消某个参战单元的显示、关闭或打开某个雷达探测区域的显示等。光电对抗态势显示软件用于再现空空红外导弹对抗过程、地空红外导弹拦截过程、精密制导防护系统对重要目标保护过程中的交战态势。

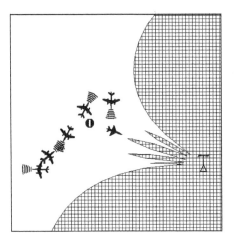

图 5.4 雷达对抗态势显示画面

作战效能分析评估软件用于对综合电子战系统在整个作战过程中所起的作用和效果进行度量。在综合电子战作战效能仿真系统中,作战效能评估是在电子软杀伤和武器硬摧毁相结合的层次上,分别从定性和定量两个层面来评估综合电子战系统的作战效能。例如,雷达干扰可以形成对敌方雷达探测区的压制,减小搜索雷达的探测距离,干扰压制的程度可从雷达对抗态势显示画面上动态地描绘出来,以实现对雷达对抗作战效能定性评估的目的。同时,雷达干扰也降低了雷达的引导距离,减少敌机的拦截次数,增大跟踪雷达的测量和跟踪误差,降低雷达制导导弹的命中概率等,即所有电子对抗手段最终体现的是红方突防飞机的生存概率或突防概率的增减量,以及红蓝双方损伤的变化趋势,因此采用红蓝双方在作战过程中各作战阶段(空中拦截、地空导弹拦截、防空高炮拦截)毁伤情况的统计数据和红方进攻编队的任务完成概率来定量描述综合电子战系统的作战效能是合理的。

通过以上分析可以看出,对面向作战应用的雷达电子战功能级仿真系统的构建已有一套比较成熟的方法,而且在仿真系统研制过程中也有配套的系列化商业软件工具作为支撑,因此关于雷达电子战功能级仿真系统的架构设计不是本章要论述的重点。

本章主要针对面向装备系统性能的雷达电子战信号级仿真系统,从体系结构和功能设计两个方面入手,建立仿真系统通用平台架构,以便将电磁信号环境仿真模型、各种体制雷达仿真模型、各类雷达对抗装备仿真模型建立在统一的系统架构上。同时,该系统架构应能支持各种雷达对抗装备与各种体制雷达在典型作战场景下的"一对一"、"一对多"、"多对一"、"多对多"对抗仿真试验,可支持仿真系统规模的不断扩充、系统功能的不断升级,可提供对满足系统框架控制协议和数据接口标准的雷达、电子战装备模型软件的快速接入能力。

5.2 雷达电子战信号级仿真系统架构

好的系统架构可以有效提高仿真系统软件开发效率、缩短研制周期,同时也保证了软件系统具有良好的开放性、可靠性和重用性,是研制各类雷达电子战仿真系统都必须关注的重要内容。建立仿真系统通用架构的好处主要体现在以下几个方面:

1) 统一仿真系统开发过程,提高软件开发效率,降低系统开发风险

由于在雷达电子战系统通用架构中,对仿真系统的硬件配置结构和软件功能结构设计都有明确的规定,而且根据软件工程的管理思想,将仿真系统的软件开发流程规范化,因此无论针对何种体制雷达的对抗仿真系统都可以据此将系统开发过程统一,使仿真软件能够并行开发,减少因系统间信息交互而进行的技术协调工作量。通过借鉴以前原型系统的成功经验,或复用以往仿真系统的标准组件,设计者可以不必从头做起,而是将主要精力放在本系统中具有创造性的工作上,这将大大提高软件的开发效率,降低仿真系统的开发风险。

2) 统一仿真系统设计风格,提高软件重用性,降低系统开发工作量

如果雷达电子战仿真系统采用统一的系统架构,则从使用者的视角上看,所有仿真系统都是由系统控制、雷达仿真和雷达对抗装备仿真三个部分组成,尽管可能因雷达体制的不同、干扰技术研究的目的不同、对抗试验的场景不同等,会造成仿真系统提供的功能各不相同,但通用系统架构中统一的软件设计风格往往有助于使用者快速掌握对仿真系统的操作。我们知道,一种干扰技术对不同体制雷达的干扰效果可能会有所不同,如果对每种体制雷达都从头开始建立一套干扰仿真软件,则势必造成软件的重复开发,带来软件资源的巨大浪费,而在通用系统架构的指导下,雷达干扰仿真设计者将主要进行软件模块化设计,将能够独立出来的干扰仿真模块进行组件封装,从而将雷达干扰仿真软件尽可能做到通用化,即使以后因任务不同而需做较大改动,设计者也能在以前原型系统的基础上快速生成所需要的软件变体,降低了系统开发的工作量。

3) 有利于仿真系统模型库建设,减轻系统维护工作量

通用系统架构的实现基础是软件组件化技术,所谓组件是一个被封装的规范的可重用的软件模块,是组成软件系统的基本单位。因此,采用通用系统架构的雷达电子战仿真系统实质上是一个基于组件的软件系统。在此系统中,虽然组件的存在形式可以是多种多样的,如 OCX、DLL、COM 等,但这些组件的核心内容是仿真模型,也就是说组件是构成仿真系统的各种模型软件模块实现的封装体,所以软件系统组件库的建设过程实质上是对仿真系统模型库不断扩充和完善的过程。应用软件组件化技术,有利于仿真系统模型库建设,减轻系统维护工作量。

本节对雷达电子战信号级仿真系统架构的设计,主要从仿真系统的体系结构、功能结构、软件组成结构、运行结构、系统接口等多个方面展开。

首先分析在电子对抗过程中信息交互的关系和信息处理的过程:雷达通过发射电磁波照射目标,然后接收目标的回波信号来探测目标,而雷达对抗装备则通过对接收到的雷达信号进行检测、测量、分选、识别处理,做出干扰决策,选择干扰样式,产生满足干扰样式参数要求的干扰波形并发射出去,以破坏雷达对目标的探测能力。也就是说,无论何种体制的雷达系统,它总是在无意或有意的噪声/杂波/干扰环境中通过对目标回波信号的检测和处理来实现对有用目标的探测;同样,无论何种类型的雷达对抗装备,也都是通过对战场电磁信号环境的侦察,并利用侦察结果,选择合适的威胁目标和最佳的干扰技术来实现对威胁目标的有效干扰。将电子对抗过程中的信息流动关系进行数字映射,就建立了雷达电子战仿真系统中信号/数据流处理的基本流程,即雷达仿真模型软件根据当前动态场景产生雷达发射信号、目标回波信号和环境杂波信号,雷达对抗装备仿真模型软件对接收到的雷达信号进行侦收处理后产生相应的干扰信号,干扰信号、目标回波信号、环境杂波信号经空间传播处理后被雷达仿真模型软件接收并做相应信号处理和数据处理,从而实现了干扰环境下雷达对目标探测过程的仿真。在整个仿真过程中,雷达与雷达对抗装备模型间的信息交互是通过系统控制软件来完成的,同时系统控制软件也保证了整个仿真系统的连续运转和各个仿真模型软件间的协同运行。

由此可见,尽管不同工作体制的雷达系统和雷达对抗装备,在其使命任务、系统性能和具体的信号/数据处理流程上存在较大差异,但在电子对抗过程中,雷达和雷达对抗装备之间的信息交互关系和系统内部的信息处理过程是大体相同的。因此,从构建雷达电子战信号级仿真系统体系结构的顶层视角上看,仿真系统总是包括战场电磁信号环境仿真、雷达仿真、雷达对抗装备仿真等核心业务模型。从仿真系统内部核心业务模型之间的信息交互关系上看,主要分为控制指令数据、雷达/干扰信号仿真数据、电磁信号环境仿真数据三大类信息。从仿真系统软件组成结构上看,主要由系统控制分系统软件、雷达仿真分系统软件和雷达对抗装备仿真分系统软件3个部分组成。从仿真系统的工作流程来看,主要包括仿真运行前的仿真场景想定、仿真运行过程中的系统控制和仿真模型解算(主要指电磁信号环境仿真模型、雷达信号级仿真模型、雷达对抗装备信号级仿真模型、动态场景仿真模型等)、仿真运行结束后的仿真结果分析评估三个典型阶段。

综上所述,在雷达电子战信号级仿真系统架构设计中,将充分利用分布交互式仿真技术,采用基于客户/服务器(C/S)模式的总线型网络拓扑结构的计算机联网方案,将分布在不同计算节点上的各种雷达仿真模型软件、雷达对抗装备仿真模型软件以及电磁信号环境仿真模型软件通过网络信息交互关系实现基于统一仿真场景下的协同运行。

5.2.1 系统体系结构设计

雷达电子战信号级仿真系统采用业界通用的分层软件体系结构,仿真系统由软件环境、仿真数据(数据文件或数据库)、基础服务软件、应用支撑软件、业务模型算法软件、业务应用软件和软件集成框架等7个部分构成,如图5.5所示。

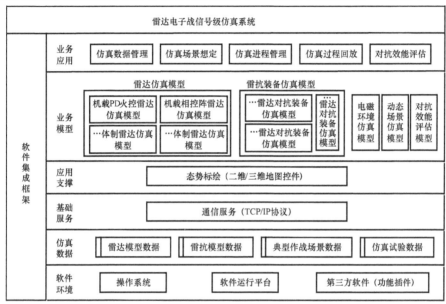

图5.5 雷达电子战信号级仿真系统软件体系结构图

从图5.5可见,雷达电子战信号级仿真系统在软件环境的支撑下,通过软件集成框架,实现对各种体制雷达和各种类型雷达对抗装备在典型作战场景下的对抗仿真及仿真试验数据分析。

1) 软件环境层

软件环境是雷达电子战信号级仿真系统运行的基础环境,包括操作系统(Windows 2000、Windows XP、Windows Server 2003、Windows 7等标准视窗操作系统)、软件运行及开发平台(Microsoft Visual C++ 6.0及以上版本)以及第三方商业软件(如QT运行库、BCGControlBar运行库、NI函数库及控件库、Intel IPP函数库等)。

2) 仿真数据层

仿真数据层主要以数据文件(如二进制文件、XML文件等)和数据库文件(如MDB文件、DB文件)形式存在,为雷达电子战信号级仿真系统提供模型参数加载、雷达威胁库数据加载、仿真场景数据加载及仿真试验分析的数据源。

3）基础服务层

基础服务层为雷达电子战信号级仿真系统的运行提供各种基础服务,主要是基于网络 TCP/IP 协议的点对点数据通信服务。

4）应用支撑层

应用支撑层为雷达电子战信号级仿真系统的业务应用提供支撑,主要由能支持态势标绘及其二次开发能力的二维/三维地图控件组成。

5）业务模型层

业务模型层为雷达电子战信号级仿真系统提供用于对抗仿真试验的各类模型算法软件,包括各种体制雷达仿真模型软件、各种类型雷达对抗装备仿真模型软件、复杂电磁信号环境仿真模型软件、动态场景仿真模型软件、对抗效能评估算法模型软件等。

6）业务应用层

业务应用层为雷达电子战信号级仿真系统的用户提供各种应用,主要由仿真数据管理、对抗仿真试验场景想定、对抗仿真试验进程管理控制、对抗仿真试验过程回放、对抗效能仿真评估等软件功能模块或功能组件构成。

7）软件集成框架

软件集成框架为雷达电子战信号级仿真系统的构建提供系统集成联试及协同仿真运行的规范、方法和工具,以实现对各种体制雷达仿真模型软件、各类雷达对抗装备仿真模型软件的无缝接入功能。

5.2.2 系统功能结构设计

雷达电子战信号级仿真系统软件功能结构组成如图 5.6 所示,主要由仿真场景想定、仿真运行控制、动态场景仿真、电磁信号环境仿真、雷达系统信号级仿真、雷达对抗装备信号级仿真、仿真场景态势显示、仿真试验数据存储、仿真试验过程可视化回放、雷达对抗效能定量评估等十类典型功能组成。

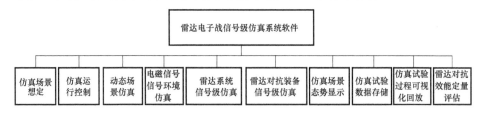

图 5.6　雷达电子战信号级仿真系统软件功能结构图

1）仿真场景想定功能

仿真场景想定用于实现雷达辐射源数据库管理、仿真场景的图形化设置、仿真场景数据管理和仿真场景动态推演功能。

雷达辐射源数据库管理功能用于实现对各种背景雷达辐射源数据表的管理,以人机交互方式实现对背景雷达辐射源数据库中数据的增加、修改和删除操作,以表格方式提供对背景雷达辐射源数据表内容的查询和浏览功能。数据库管理软件选用开源的嵌入式关系型数据库 SQLite,SQLite 是一款轻量级的数据管理系统,最初由 D. Richard Hipp 为美国海军舰载反导系统设计,提供免安装、免维护的数据存储管理能力。在仿真系统中选择 SQLite 数据库主要考虑有以下优点:①整个数据库由磁盘上的一个文件构成,可以直接删除,或移动到其他任何目录或载体中。②占用资源非常低,一般只需要几百 KB 的内存,如果再在编译时去掉一些不必要的特性,则能被减小到170KB。③处理速度快,没用中间服务器进程,访问数据库的程序直接从磁盘上的数据库文件读写,具有较好的实时性。④功能完善,支持多表和索引、视图、触发器,支持嵌套 SQL,支持多种编程语言和多种操作系统平台。⑤使用简单,基本的数据操作只需要几个核心的 API 函数就可以完成。⑥SQLite 数据库不需要安装和配置,只需要带上一个动态库就可以使用,不需要考虑仿真系统软件发布安装时各种支持库文件的版本问题。⑦可靠性好,不会出现数据丢失现象。⑧存储容量大,最高能支持 2TB 的数据库文件,足够满足仿真系统中对背景雷达辐射源数据存储的容量要求。

仿真场景图形化设置功能以人机交互的图形化方式实现对仿真对象实体在二维数字地图背景上的空间位置部署、运动航迹规划以及典型工作参数编辑等功能,并提供对仿真场景数据的预分析功能,如图 5.7 所示,便于用户对仿真场景数据进行快速调整。

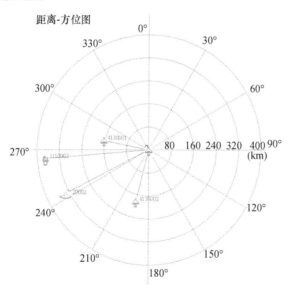

图 5.7 仿真场景数据预分析功能软件人机界面(见彩图)

仿真场景数据管理功能实现对仿真场景数据的加载、修改、保存、另存等操作，包括对设置完毕的仿真场景以 XML 数据库文件格式进行本地化保存，对已生成的仿真场景 XML 数据文件进行加载解析、图形化显示及数据修改、保存或另存功能。

仿真场景动态推演功能用于对加载的仿真场景进行快速推演，主要目的是观察仿真场景中仿真对象实体平台的运动轨迹在整个仿真时间长度内的变化情况，以方便用户对平台运动轨迹进行调整。为了降低场景仿真模型解算的工作量，对运动轨迹由多个直线段组成的平台，在仿真场景动态推演过程中不对各拐弯点做平滑处理，如图 5.8 所示。

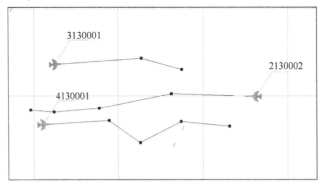

图 5.8　仿真场景动态推演显示界面（见彩图）

仿真场景中，仿真对象实体类别主要分为背景雷达辐射源、雷达系统、雷达对抗装备、目标、雷达网数据融合中心、雷达对抗协同指控中心共六类。其中，目标是指雷达对抗装备要保护的重要目标，包括各类飞机、舰艇、导弹和地面重要目标，作为场景中雷达系统的探测目标，它在仿真系统中只贡献雷达散射截面积（RCS），既不发射信号，也不接收信号。

背景雷达辐射源在仿真系统中只对其发射信号进行仿真，并不对其信号接收处理过程进行仿真，由电磁信号环境仿真模型软件来实现。仿真场景中多个背景雷达辐射源发射的信号构成了雷达对抗装备所面临的战场复杂电磁信号环境，作为雷达对抗装备仿真模型软件的输入数据，以用于考察雷达对抗装备在复杂电磁信号环境中的侦察及干扰引导能力。

雷达系统在仿真系统中既要对其发射信号进行仿真，也要对其回波信号接收处理过程进行仿真，由相应的雷达系统信号级仿真模型软件来实现，作为雷达对抗装备所要对抗的威胁目标。

雷达网数据融合中心作为一个仿真对象实体类别，它与仿真场景中设置的雷达系统相关联，仿真过程中通过接收组成雷达网的各个雷达系统信号级仿真模型软件上报的目标点迹/航迹数据，实现对目标数据的融合处理，所以仿真场景想定中的雷达网数据融合中心站的参数设置主要包括两个方面:一个是雷达网数据融合中心站的空间位置数据,即经度、纬度和高度;另一个是选择需要上报目标点迹/航迹数据的雷达系统(用 ID 号标识)。而雷达网数据融合中心更详细的仿真参数则由相应的雷达网数据融合中心仿真模型软件来定义。

雷达对抗协同指控中心作为一个仿真对象实体类别,它与仿真场景中设置的雷达对抗装备相关联,仿真过程中通过与之具有关联关系的雷达对抗装备进行数据交互处理,实现协同对抗的指挥控制功能,所以仿真场景想定中的协同对抗指控中心的参数设置主要包括两个方面:一个是雷达对抗协同指控中心的空间位置数据,即经度、纬度和高度;另一个是选择与雷达对抗协同指控中心有关联的雷达对抗装备(用 ID 号标识)。而雷达对抗协同指控中心更详细的仿真参数则由相应的雷达对抗协同指控中心仿真模型软件来定义。

仿真对象实体平台类别主要分为固定平台和运动平台两类。对于固定平台,只需定义其在大地坐标系下的空间位置数据;对于运动平台,除需要定义其初始的空间位置数据外,还要定义其空间运动轨迹数据。

仿真的装备类型按照仿真对象实体类别和装载平台类别进行划分,主要分为地基雷达、舰载雷达、机载雷达、弹载雷达、雷达网融合中心站、地面雷达对抗装备、舰载雷达对抗装备、机载雷达对抗装备、弹载雷达对抗装备、雷达对抗协同指控中心站、飞机目标、舰艇目标、导弹目标、地面目标共 14 种。

2) 仿真运行控制功能

仿真运行控制基于统一调度机制,实现对参与仿真试验的各类模型软件的同步运行和基于网络的数据交换(包含仿真事件交互指令、装备实体仿真交互数据等)功能,同时还实时响应用户通过人机界面对仿真运行进程的暂停、继续和终止等操作指令。

3) 动态场景仿真功能

动态场景仿真用于在仿真运行过程中实时计算当前仿真时刻所有仿真对象实体平台在地心坐标系下的空间位置数据和运动数据,用数据结构 $(X_n, Y_n, X_n, V_x, V_y, V_z)$ 来描述,分别代表在地心直角坐标系 X, Y, Z 轴上的坐标值及速度分量。对于平台运动轨迹是由多个直线段组成的情况,动态场景仿真需要对各拐弯点数据进行基于空气运动学和动力学原理的平滑处理。

在仿真场景想定中,对仿真对象实体平台的部署是在大地坐标下进行的,用数据结构 $(L, B, H, v, \theta, \phi)$ 来描述平台在某个仿真时刻的空间位置和运动数据,分别代表经度、纬度、高度、速率、航向角、倾斜角。其中,航向角 θ 以平台所在位置的正北方向为 $0°$、顺时针旋转 $0° \sim 360°$ 进行定义;倾斜角 ϕ 以大地水平面为 $0°$,向上为正、向下为负,在 $-90° \sim 90°$ 范围内取值。

在仿真运行过程中,每个仿真对象实体都需要知道在以自身平台为坐标原点的本地直角坐标系(如东北天坐标系)下其他仿真实体平台的坐标值,以便计算两者间的相对空间位置关系。由于从大地坐标系不能直接转换到本地直角坐标系,所以需要把大地坐标系先转换为地心直角坐标系,然后再将地心直角坐标系进行坐标系的平移和旋转处理,才能转换到本地直角坐标系,得到该实体平台相对于观测平台的坐标值。因此,动态场景仿真需要针对每个仿真对象实体平台完成从大地坐标向地心坐标的空间坐标系转换处理。

4) 电磁信号环境仿真功能

电磁信号环境仿真用于模拟雷达对抗装备所面临的战场复杂电磁信号环境,生成仿真场景条件下由各个背景雷达辐射源发射信号组成的电磁信号环境仿真数据流。

电磁信号环境仿真模型软件根据仿真场景中设置的背景雷达辐射源的信号波形参数、天线方向图数据及扫描方式、发射机参数、装载平台空间位置及运动数据等,仿真生成当前仿真时间步长内的雷达发射信号脉冲描述字数据流。同时,根据仿真场景中当前仿真时刻该辐射源平台与各雷达对抗装备平台的空间位置关系,对发射给雷达对抗装备的雷达信号脉冲描述字数据进行空间传播衰减和距离延时处理,即仿真输出的是到达每个雷达对抗装备接收天线口面处的雷达信号仿真数据。需要注意的是,仿真场景中对每部背景雷达辐射源设置了起始工作时刻,因此当雷达辐射源起始工作时刻大于当前仿真时刻时,才产生该雷达信号的脉冲描述字数据流。

5) 雷达系统信号级仿真功能

以指定的典型技术体制或型号雷达装备为原型系统,在对该雷达的系统组成、工作流程、工作模式及控制策略、主要的技术战术性能指标和波形设计参数、信号处理算法、目标跟踪滤波方法等技术情报资料详细而深入分析的基础上,进行基于信号/数据流处理过程的数字建模,实现对该雷达从信号发射到回波信号接收处理、目标点迹检测与航迹跟踪滤波的全过程仿真。

6) 雷达对抗装备信号级仿真功能

以指定类型或型号雷达对抗装备为原型系统,在对该雷达对抗装备的系统组成、工作流程、侦察干扰时序控制策略、主要的技术战术性能指标、信号分选识别算法、加载的威胁数据库、干扰引导策略、干扰样式及其参数等技术情报资料详细而深入分析的基础上,进行基于信号/数据流处理过程的数字建模,实现对该雷达对抗装备从电磁信号环境侦收、信号分选识别、干扰引导到干扰样式信号产生发射的全过程仿真。

7) 仿真场景态势显示功能

场景态势显示用于仿真运行过程中,在二维/三维数字地图背景上,以态势图标绘方式动态显示各仿真对象实体平台的运动轨迹、雷达探测区域、干扰波束指向等信息,并以表格方式显示仿真过程中各仿真对象实体平台空间位置及运动数据(经度、纬度、高度、运动速度、航向角和倾斜角),如图5.9所示。对背景雷达辐射源、雷达系统、雷达对抗装备、目标、雷达网融合中心、雷达对抗协同指控平台分别以不同图标和颜色进行区分。在每个仿真时刻,雷达对抗装备的天线指向、雷达天线波束的扫描方向或跟踪指向以图形方式进行显示并动态刷新。其中,雷达天线扫描的0°指向为雷达平台的运动方向,即以雷达运动方向为0°方向顺时针旋转(机械圆周扫描)或顺时针/逆时针旋转(机械扇形扫描)或按一定规律跳变(相控阵天线扫描)。

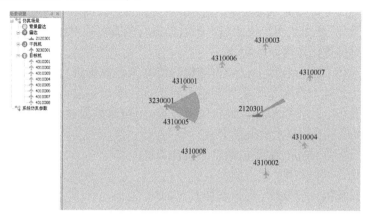

图5.9　仿真场景态势显示画面示意图(见彩图)

8) 仿真试验数据存储功能

仿真数据存储功能用于记录仿真运行过程中各仿真对象实体通过网络上报的仿真试验数据,实现对仿真试验数据的本地化保存,并与仿真场景建立关联关系,以用于雷达对抗效能的事后分析评估和对抗过程的快速回放。

在系统仿真运行过程中需要记录的仿真试验数据以追加方式存储在相应的二进制文件中,需要记录存储的数据主要包括以下几类:

(1) 动态场景数据。动态场景数据是动态场景仿真模型软件在仿真运行过程中的每个仿真时刻产生的仿真对象实体平台空间位置数据和运动数据。

(2) 仿真平台节点工作状态及重要检测数据。在仿真运行过程中的每个仿真时刻,各个雷达系统仿真实体节点和雷达对抗装备仿真实体节点向系统主控上报各自的工作状态信息和重要检测数据。

(3) 雷达天线扫描数据。在仿真运行过程中的每个仿真时刻,背景雷达辐射源和雷达仿真实体节点向系统主控上报各自的天线波束指向信息。

(4) 雷达对抗装备天线指向数据。在仿真运行过程中的每个仿真时刻,雷达对抗装备仿真实体节点向系统主控上报各自的天线指向信息。

9) 仿真试验过程可视化回放功能

在系统仿真运行结束后,通过加载仿真场景数据和仿真试验数据,实现对仿真过程的可视化快速回放功能和回放操作控制功能,包括回放暂停、加减速、时间拖拽等人机交互操作。

在系统仿真运行过程中,需要实时记录每个仿真时间步长内各仿真实体平台的空间位置数据及运动状态数据、雷达天线扫描数据、雷达系统仿真实体节点和雷达对抗装备仿真实体节点的工作状态数据及重要检测数据。仿真过程回放软件以一定的时间步进对这些数据进行可视化快速回放,以用于直观显示整个仿真运行过程中的仿真场景态势,以及雷达对目标的探测结果、雷达对抗装备的侦察干扰数据,从而给用户提供对干扰效果进行更直观地对比分析的手段。

10) 对抗效能定量评估功能

通过对仿真运行过程中记录和存储的仿真试验数据进行统计计算,实现对仿真场景下雷达对抗装备侦察告警能力和干扰效果的定量评估,自动生成仿真分析评估报告。用户可根据该报告模板内容,将仿真试验过程中录取的相关图形、表格数据等添加补充到报告中。

仿真分析评估报告主要包括以下内容条目:

(1) 仿真试验目的(用户添加)。

(2) 试验时间及场所(用户添加)。

(3) 参试单位及人员(用户添加)。

(4) 仿真试验条件(含场景数据文件名、仿真场景数据,自动生成,用户可修改、补充)。

(5) 雷达仿真参数(自动生成,用户可补充)。

(6) 雷达对抗装备仿真参数(自动生成,用户可补充)。

(7) 仿真试验结论(自动生成,用户可修改、补充):

① 侦察告警能力评估;

② 有源干扰能力评估。

(8) 专家意见(用户添加)。

对雷达对抗装备侦察告警能力的评估,主要针对威胁目标识别率、干扰引导准确率评估指标进行基于仿真试验数据的统计计算;对有源干扰能力的评估,主要针对噪声压制成功率、假目标干扰效能、拖引干扰效能评估指标进行基于仿真试验数据的统计计算。

5.2.3 系统组成结构设计

5.2.3.1 系统软件组成结构

雷达电子战信号级仿真系统的软件组成如图 5.10 所示,由主控分系统软件、雷达仿真分系统软件和雷达对抗装备仿真分系统软件组成。

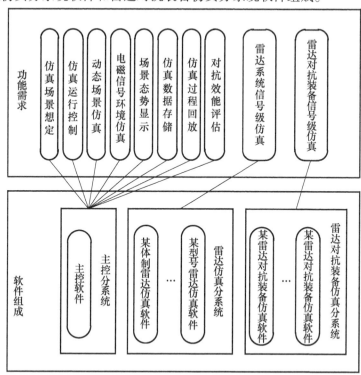

图 5.10　雷达电子战信号级仿真系统软件组成图

　　主控分系统软件是雷达电子战信号级仿真系统的管理控制核心,主要完成仿真场景的想定、仿真运行的控制、动态场景数据的仿真、复杂电磁信号环境的仿真、仿真场景的态势显示、仿真数据的记录存储、仿真过程的快速回放和对抗效能的分析评估等功能。在系统仿真运行前,以人机交互方式提供用户对仿真场景数据的可视化编辑及存储功能,或者通过加载解析仿真场景 XML 数据文件,以图形化方式对仿真场景数据进行修改和完善;在系统仿真运行过程中,能够对参与对抗仿真试验的各仿真对象实体节点实现仿真进程的控制管理,对当前时刻的仿真场景数据进行动态解算,对场景中各雷达对抗装备所面临的复杂电磁信号环境进行仿真,对仿真运行的场景态势进行显示,对仿真过程中各仿真对象实体上报的仿真试验数据进行本地化存储;在系统仿真运行结束后,通过加载仿真运行过程中记录存储的仿真试验数据,能够实现对仿真过程的可视化快速回放,以及基于仿真试验数据的对抗效能评估,并自动生成仿真分析报告。

　　雷达仿真分系统软件由各种典型技术体制或型号的雷达仿真模型软件(又称雷达仿真软件)组成,是各种体制或型号雷达的仿真模型软件集合体,实现对各种体制或型号雷达系统信号发射与回波信号接收处理过程的信号级建模仿真功能。

雷达对抗装备仿真分系统软件由各种类型或型号的雷达对抗装备仿真模型软件(又称雷达对抗装备仿真软件)组成,是各种类型或型号雷达对抗装备的仿真模型软件集合体,实现对各种类型或型号雷达对抗装备电磁信号环境侦察与干扰信号产生发射过程的信号级建模仿真功能。

5.2.3.2 系统软件结构设计

在图 5.10 所示的雷达电子战信号级仿真系统中,无论是主控软件,还是各种雷达仿真软件和雷达对抗装备仿真软件,在软件结构设计上均采用图 5.11 所示的分层结构图。图中,界面层软件模块用于实现面向用户操作的人机交互功能,模型层软件模块是各软件的核心模块,用于实现各种算法模型的模型解算功能,通信层软件模块用于实现仿真运行过程基于网络的信息交互功能。

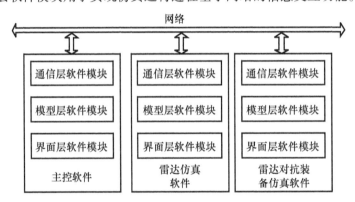

图 5.11 雷达电子战信号级仿真系统软件分层结构设计图

1) 软件代码框架设计

在主控软件、雷达仿真软件和雷达对抗装备仿真软件设计中,充分利用面向对象技术和软件组件化技术,采用自顶向下设计和自底向上构造的软件开发方法。自顶向下的设计是根据软件的具体功能需求,设计和创建系统组件。系统组件通常可设计成三级结构:基础组件、通用组件和专用组件,而基础组件→通用组件→专用组件的创建过程是自底向上的构造过程,是组件对组件的直接复用或间接复用。

(1) 基础组件。基础组件处于仿真系统的底层,是仿真系统软件功能实现的基础。在雷达电子战信号级仿真系统中,把雷达和雷达对抗装备基于信号/数据流处理的最基本的功能仿真模块封装成基础组件,例如:信号处理中常用的FFT、逆 FFT 算法作为基础组件来设计,数字仿真中常用的高斯分布、均匀分布、瑞利分布等随机数产生方法构建成基础组件,目标回波信号仿真中常用的斯威林Ⅰ型、Ⅱ型、Ⅲ型、Ⅳ型仿真模型封装成基础组件,动态场景仿真中常用的几种坐标系转换函数封装为基础组件等。

(2) 通用组件。通用组件作为高一级的组件,是通过对基础组件直接或间接复用来实现的。通用组件是面向通用功能而设计的,目的是简化软件设计过程。例如,在雷达电子战信号级仿真系统中,探针功能是实现对关键仿真节点信号波形图和频率图显示,由于该探针功能在任何一种雷达仿真软件中都要用到,所以作为通用组件来设计。在雷达仿真分系统软件中,根据雷达发射信号调制方式的不同,分别对常规信号、线性调频信号、巴克码信号、M码信号等建立信号仿真模型并封装成通用组件供任何体制雷达仿真软件调用。在雷达对抗装备仿真分系统中,对某些干扰样式的建模实际上是对相应样式信号波形或频谱的建模,所以把某些干扰样式信号(例如:射频噪声、调频噪声、调相噪声、调幅噪声、DRFM假目标等)的仿真模型封装成通用组件,并将信号模型可变参数作为组件入口参数以提高组件的灵活性和可复用性。

(3) 专用组件。不同体制雷达的信息处理流程存在着差异性,即使是同一种体制的雷达由于其作战任务使命、工作模式要求的不同,其信息处理流程也可能存在较大的差异;同样,由于雷达对抗装备的任务目的、作战背景及威胁对象的不同,其雷达侦察和雷达干扰的信息处理流程也可能明显不同,因此可以把针对特殊用途的软件功能或模型算法设计成专用组件。例如,"雷达终端显示"是雷达仿真软件必备的基本功能,但由于用户需求的不同、雷达技术体制的不同、空间坐标系的不同等,往往会使不同雷达仿真软件的终端显示界面存在较大差异,所以可将雷达终端显示界面构建为专用组件,在后续系统的类似功能模块研制中,能复用的就可以直接复用,不能复用的也只需对该专用组件进行局部修改就能达到设计目的,从而缩短软件开发周期,提高软件开发效率。

(4) 组件的实现方法。仿真系统中组件的存在形式可以是多样的,如OCX、DLL、COM等,但从使用上讲,它们有各自的特点,可根据具体需求选择不同的组件封装方式。一般而言,涉及用户界面的,建议使用OCX方式,例如信号的波形图、频谱图、时频瀑布图显示等。涉及接口数据输入输出的,建议使用DLL方式,例如雷达信号的生成、干扰信号的生成、系统热噪声的生成、杂波的生成、目标回波的生成、线性调频信号的压缩处理等等。目前的OCX技术、DLL技术、COM技术等都比较成熟,所以组件的实现具有良好的技术基础。由于Microsoft Visual C++软件开发平台能够很好地支撑这些技术,而且对基于这些技术的组件开发过程也有比较详细的范例可寻,因此雷达电子战信号级仿真系统的软件开发平台主要选用Microsoft Visual C++,但在仿真模型设计中,对模型算法性能的检验或验证可结合SystemVue、Matlab等专用仿真工具软件一同使用,可提高模型算法设计的效率。

2) 主控软件结构设计

主控软件结构设计图如图 5.12 所示。界面层软件模块由仿真场景想定、场景态势显示和仿真过程回放软件模块组成,每个软件模块都提供了人机交互界面功能;模型层软件模块由信号环境仿真、动态场景仿真、对抗效能评估、仿真数据存储和仿真运行控制软件模块组成,每个软件模块都提供了模型调用接口,但均不提供人机交互界面。

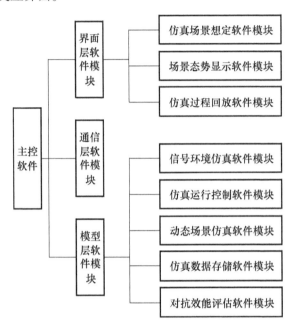

图 5.12 主控软件分层结构设计图

3) 雷达仿真软件结构设计

无论何种体制或型号的雷达,其仿真软件均采用图 5.13 所示的软件结构图。界面层软件模块由模型参数设置、节点信号显示、雷达终端显示、仿真结果回放和仿真结果评估软件模块组成,每个软件模块都提供了人机交互界面功能;模型层软件模块由信号仿真、天线仿真、接收机仿真、信号处理仿真、数据处理仿真和雷达控制算法软件模块组成,每个软件模块都提供了模型调用接口,但均不提供人机交互界面。

4) 雷达对抗仿真软件结构设计

无论何种类型或型号的雷达对抗装备,其仿真软件均采用图 5.14 所示的软件结构图。界面层软件模块由模型参数设置、雷达威胁库设置、信号时域频域波形显示、侦察仿真结果显示和装备操作控制界面软件模块组成,每个软件模块都提供了人机交互界面功能;模型层软件模块由接收/发射天线仿真、侦察处理仿

第 5 章 雷达电子战仿真系统架构

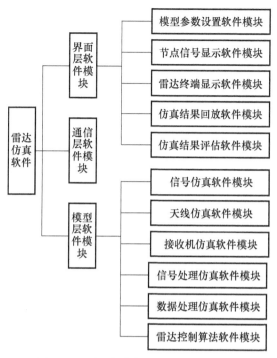

图 5.13　雷达仿真软件分层结构设计图

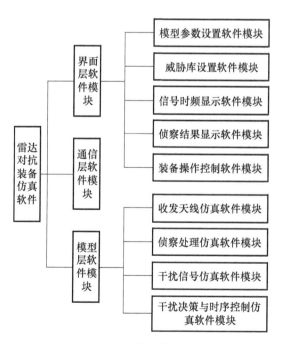

图 5.14　雷达对抗装备仿真软件分层结构设计图

真、干扰信号仿真、干扰决策与时序控制仿真软件模块组成,每个软件模块都提供了模型调用接口,但均不提供人机交互界面。

5) 底层通信组件设计

在图 5.11~图 5.14 中,通信层软件模块用于实现系统仿真运行过程中主控软件、雷达仿真软件、雷达对抗装备仿真软件之间基于网络的控制指令和仿真数据交互接口,由于提供的是基于网络协议的底层数据通信服务,所以可封装为一个可被仿真系统中各个软件调用的公共底层通信组件。

一般常用的网络传输协议有传输控制协议(TCP)和用户数据报协议(UDP),两者都是基于 IP 的协议。IP 是网络上计算机之间相互传递信息所使用的协议,而 TCP 和 UDP 则是这些计算机上运行的应用程序之间相互通信时使用的协议。TCP 协议提供的是面向连接、可靠的字节流服务,通信双方必须先建立 TCP 连接后才能进行彼此的可靠通信。而 UDP 协议是一种面向非连接的传输层协议,提供不可靠的数据传输服务。TCP 具有高可靠性,确保传输数据的正确性,不允许出现数据丢失或乱序现象。UDP 具有较高的实时性,传输效率较 TCP 协议高。由于受网络传输中 IP 数据包大小的限制,传输速度和可靠性通常来说是矛盾的。对可靠性要求高的通信服务往往使用 TCP 协议传输数据,而对于视频、语音这些时效性比可靠性重要的传输服务来说,UDP 协议显然更合适,因为即使在传输过程中丢失几个数据包也不会对接收结果产生太大影响。总之,TCP 传输可靠,UDP 传输速度快,应根据不同的应用需求选择适合的网络传输协议。在雷达电子战信号级仿真系统中,由于各个分系统软件之间的网络信息交互必须保证数据传输的可靠性,所以底层通信组件采用 TCP/IP 网络通信协议。

雷达电子战信号级仿真系统采用基于客户/服务器(C/S)的分布式网络结构,主控软件是服务器,参与仿真运行的各个雷达仿真软件、雷达对抗装备仿真软件是客户端。由于 C/S 模式下,服务器是网络的控制核心,客户端之间不能直接通信,而需要通过服务器进行中转,所以通信效率降低,有可能产生网络瓶颈。在雷达电子战信号级仿真系统运行过程中,除了主控软件要与各个雷达仿真软件、雷达对抗装备仿真软件进行网络数据交互外,各个雷达仿真软件与雷达对抗装备仿真软件之间也要进行频繁的网络数据收发,所以仿真系统中既要保证 C/S 模式有效运转,也要实现点对点(P2P)通信要求,以提高仿真系统网络节点间的通信效率,使仿真运行中的网络数据交互不会成为系统运行速度提升的瓶颈问题。

P2P 称为点对点连接或对等网络,是一种全新的互联网络技术,它允许处于网络上的任意两个节点既扮演客户端的角色,又扮演服务器的角色,从而实现对等访问,支持任意两个节点间的直接通信。图 5.15,给出两种模式节点之间的信息交互方式示意图。

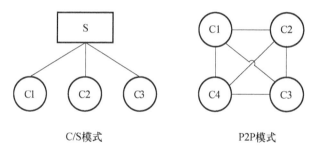

图 5.15 C/S 模式与 P2P 模式节点通信方式对比

综上所述,底层通信组件的设计采用 TCP/IP 网络通信协议,在 C/S 模式基础上建立 P2P 连接方式,实现点对点通信。底层通信组件提供统一的使用接口和函数调用接口,包括初始化接口、一对一发送接口、一对多发送接口、获取网络连接关系接口、数据发送完成通知函数、网络数据到达通知函数、网络连接通知函数、网络连接断开通知函数、系统命令通知函数等。

5.2.3.3 系统硬件结构设计

雷达电子战信号级仿真系统采用基于 C/S 的分布式网络结构,由若干台具有较高性能的 PC 商用计算机(PC 服务器或 PC 工作站)组成总线型局域网,网络操作系统采用 Windows 系列标准视窗操作系统,网络通信协议采用 TCP/IP 协议。

雷达电子战信号级仿真系统的硬件设备连接示意图如图 5.16 所示。

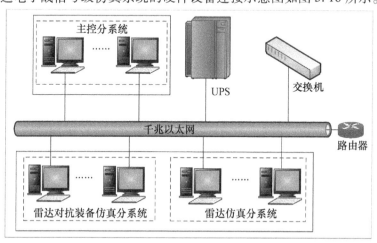

图 5.16 雷达电子战信号级仿真系统硬件部署示意图(见彩图)

图中,运行主控分系统"仿真运行控制"软件的计算机为雷达电子战信号级仿真系统的运行服务器,而运行其他分系统软件的计算机均为客户端。主控分系统既可以运行在1台计算机上,也可以根据需要运行在多台计算机上,主要用于完成仿真运行前的仿真场景想定、仿真运行中的仿真进程管控与显示,仿真运行后的回放与评估功能。雷达仿真分系统由若干台计算机构成,主要用于运行各种体制或型号雷达仿真软件。雷达对抗仿真分系统由若干台计算机构成,主要用于运行各种类型或型号雷达对抗装备仿真软件。在一次仿真运行中的系统硬件规模依据仿真场景复杂度而定,如果仿真场景中只部署了一部雷达对抗装备与一部雷达系统进行对抗,则仿真运行需要主控计算机1台、雷达仿真计算机1台、雷达对抗装备计算机1台共3台计算机,当然这3个软件也可以部署在同一台计算机上,只是仿真系统运行速度会受到影响。

5.2.4 系统工作流程设计

雷达电子战信号级仿真系统的工作流程如图5.17所示,分为仿真运行前的试验场景设计、仿真运行过程中的雷达与雷抗装备信号级对抗仿真试验、仿真运行结束后的试验结果分析3个阶段。

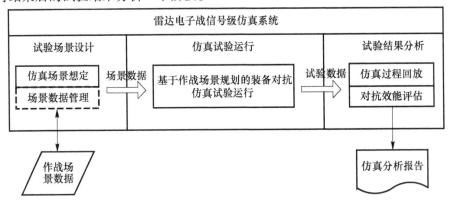

图5.17 雷达电子战信号级仿真系统工作流程图

在仿真试验场景设计阶段,用户根据仿真试验目的、装备平台作战使用要求以及可用的仿真资源(指仿真实现的雷达和雷达对抗装备模型)进行仿真试验场景规划,生成相应的仿真场景数据文件;也可以通过加载外部系统发送的作战场景数据文件进行场景推演,检查场景是否满足试验目的。

在仿真试验运行阶段,主控分系统软件根据加载的仿真场景数据,建立与雷达仿真分系统软件、雷达对抗装备仿真分系统软件的网络信息交互通道,发送初始化运行指令,雷达及雷达对抗装备仿真分系统软件根据初始化指令完成仿真初始化操作。主控分系统软件根据仿真场景数据进行电磁信号环境仿真和动态场景数据仿真,并按照仿真节拍,向雷达仿真分系统软件发送运行控制指令、动态场景数据和雷达对抗装备的干扰信息,雷达仿真分系统软件根据仿真运行控制指令,对目标探测过程进行动态仿真,并将雷达信号信息和工作过程数据上报主控分系统软件;主控分系统软件按照仿真节拍向雷达对抗装备仿真分系统软件发送运行控制指令、动态场景数据和雷达信号信息,雷达对抗装备仿真分系统软件根据仿真运行控制指令,对雷达侦察、干扰过程进行动态仿真,并将干扰信号信息和工作过程数据上报主控分系统软件;主控分系统软件对雷达仿真分系统软件及雷达对抗装备仿真分系统软件上报的工作过程数据进行采集存储;上述过程按照仿真节拍循环往复直到仿真运行时间结束。

在仿真试验结果分析阶段,用户可通过加载仿真过程中记录存储下来的仿真试验数据进行仿真过程的快速回放,分析雷达对抗装备对威胁雷达的干扰效果;仿真系统也可以通过对仿真试验数据进行统计计算,得到雷达对抗装备效能评估指标值,并根据定制的文档模板自动生成仿真分析报告。

5.2.5　系统运行结构设计

雷达电子战信号级仿真系统采用基于 C/S 的分布交互式仿真运行结构,通过制订标准的逻辑控制接口和网络数据交互接口,实现对各种体制雷达仿真模型软件、各种类型雷达对抗装备仿真模型软件的无缝接入功能。

雷达电子战信号级仿真系统的仿真运行控制时序如图 5.18 所示。图中,主控分系统软件作为服务器,雷达仿真分系统软件和雷达对抗装备仿真分系统软件作为客户端,在系统仿真运行前,雷达仿真分系统软件和雷达对抗装备仿真分系统软件需要通过网络与主控分系统软件建立连接关系,从而实现在系统仿真运行过程中主控与各分系统软件之间的控制指令与仿真数据的交互能力。雷达仿真分系统由参与仿真试验的雷达仿真实体组成,每个雷达仿真实体都是一个独立的针对具体型号或技术体制雷达建模实现的仿真模型软件实体,每个雷达仿真实体都采用相同的如图 5.18 所示的控制逻辑和数据交互关系,从而保证不同体制或不同型号雷达仿真软件的无缝接入能力。雷达对抗装备仿真分系统由参与仿真试验的雷达对抗装备仿真实体组成,每个雷达对抗装备仿真实体都是一个独立的针对具体型号雷达对抗装备建模实现的仿真模型软件实体,每个雷达对抗装备仿真实体都采用相同的如图 5.18 所示的控制逻辑和数据交互关系,从而保证不同型号雷达对抗装备仿真软件的无缝接入能力。

5.2.6　系统接口交互设计

5.2.6.1　主要数据分析

雷达电子战信号级仿真系统的输入输出数据、关键和重要的中间数据分布如图 5.19 所示。

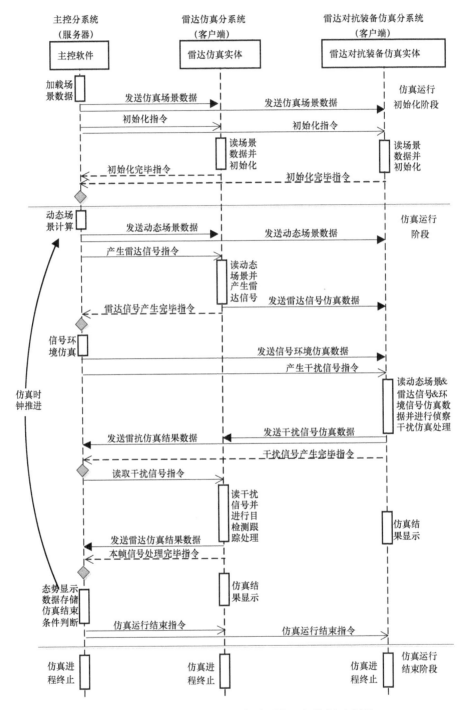

图 5.18 雷达电子战信号级仿真系统运行控制时序图

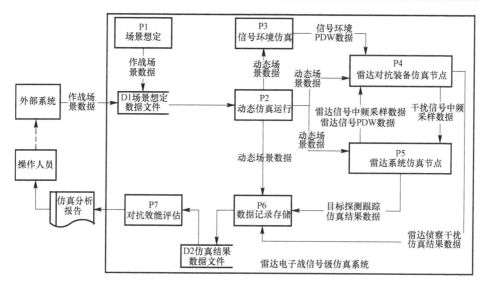

图 5.19 雷达电子战信号级仿真系统顶层数据流图

由图 5.19 可见，雷达电子战信号级仿真系统既可以利用处理过程"P1 场景想定"，由操作人员根据仿真试验需求自定义仿真场景想定数据，也可以加载外部系统按照数据结构要求生成的作战场景数据。作战场景数据以 XML 数据文件方式存储在"D1 场景想定数据文件"，便于后期场景想定的修改和重新加载。处理过程"P2 动态仿真运行"开始之前，需加载来自"D1 场景想定数据文件"的场景想定数据。在动态仿真的过程中，处理过程"P2 动态仿真运行"按照仿真时间步长生成当前仿真时刻的动态场景数据，并通过网络分发给"P3 信号环境仿真""P4 雷达对抗装备仿真节点""P5 雷达系统仿真节点"和"P6 数据记录存储"；处理过程"P3 信号环境仿真"根据接收的动态场景数据，经过信号环境仿真模型解算，通过网络向"P4 雷达对抗装备仿真节点"发送雷达辐射源信号 PDW 数据；处理过程"P5 雷达系统仿真节点"根据接收的动态场景数据，经过信号仿真模型解算，通过网络向"P4 雷达对抗装备仿真节点"发送雷达信号中频采样数据和雷达信号 PDW 数据；处理过程"P4 雷达对抗装备仿真节点"根据接收的动态场景数据、雷达辐射源信号 PDW 数据、雷达信号中频采样数据和雷达信号 PDW 数据，经过雷达侦察干扰仿真模型解算，通过网络向"P5 雷达系统仿真节点"发送干扰信号中频采样数据，并将雷达侦察干扰仿真结果数据通过网络发给主控分系统的"P6 数据记录存储"；处理过程"P5 雷达系统仿真节点"根据接收的动态场景数据、干扰信号中频采样数据，经过回波信号接收处理仿真模型解算，将目标探测跟踪仿真结果数据通过网络发送给主控分系统的"P6 数据记录存储"；处理过程"P6 数据记录存储"将"动态场景数据""雷达仿真结果数据"

和"雷达对抗装备仿真结果数据"以二进制数据文件方式存储在"D2 仿真结果数据文件"。仿真运行结束后,处理过程"P7 对抗效能评估"就可以利用动态场景数据、雷达仿真结果数据和雷抗装备仿真结果数据进行统计计算,其结果以 Word 文档方式自动生成仿真分析报告(模板),供仿真系统操作人员进行后续的补充、修改和完善。

5.2.6.2 内部接口设计

雷达电子战信号级仿真系统的内部信息关系如图 5.20 所示,主要是仿真运行过程中主控分系统的"仿真运行控制节点"、雷达仿真分系统的"雷达仿真实体节点"、雷达对抗装备分系统的"雷达对抗装备仿真实体节点"之间通过局域网的动态数据交互接口。

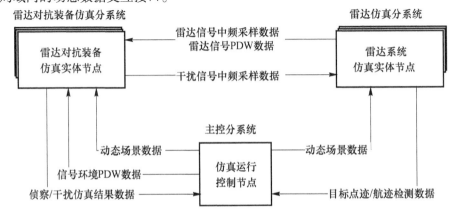

图 5.20 雷达电子战信号级仿真系统内部接口关系

雷达电子战信号级仿真系统内部信息交互接口要素描述如表 5.1 所列。

表 5.1 雷达电子战信号级仿真系统内部接口描述

序号	接口名称	接口内容	信息形式	传输方式	发送方	接收方
1	动态场景数据	仿真实体平台 ID 号 仿真实体平台在地心坐标下的 $X/Y/Z$ 轴坐标及坐标轴方向上的速度分量	二进制数据包	SOCKET 实时传输	主控软件	雷达仿真软件 雷达对抗装备仿真软件
2	信号环境PDW数据	PDW 数据个数 PDW 数据,包含载频、脉幅、脉宽、脉冲到达时间、脉冲到达角、脉内调制类型、脉内调制参数	二进制数据包	SOCKET 实时传输	主控软件	雷达对抗装备仿真软件

(续)

序号	接口名称	接口内容	信息形式	传输方式	发送方	接收方
3	雷达信号PDW数据	雷达平台ID；PDW数据个数；PDW数据，包含载频、脉幅、脉宽、脉冲到达时间、脉冲到达角、脉内调制类型、脉内调制参数	二进制数据包	SOCKET实时传输	雷达仿真软件	雷达对抗装备仿真软件
4	雷达信号中频采样数据	雷达平台ID；信号采样点个数；信号采样点幅度	二进制数据包	SOCKET实时传输	雷达仿真软件	雷达对抗装备仿真软件
5	干扰信号中频采样数据	雷达对抗装备平台ID；信号采样点个数；信号采样点幅度	二进制数据包	SOCKET实时传输	雷达对抗装备仿真软件	雷达仿真软件
6	雷达仿真结果数据	雷达平台ID；航迹数据包括目标批号、距离、方位角、俯仰角、径向速度	二进制数据包	SOCKET实时传输	雷达仿真软件	主控软件
7	雷达对抗装备仿真结果数据	雷达对抗装备平台ID；分选识别后的数据，包含雷达ID、威胁等级、信号参数、是否干扰标志；干扰数据包括被干扰雷达ID、干扰样式、干扰样式参数	二进制数据包	SOCKET实时传输	雷达对抗装备仿真软件	主控软件

5.2.6.3 外部接口设计

雷达电子战信号级仿真系统软件可以独立运行,利用系统内部的仿真场景想定功能设计仿真试验场景,采用分布交互式仿真结构实现仿真场景中各种雷达与雷达对抗装备之间信息交互的对抗仿真试验,最后利用仿真试验数据进行统计计算并自动生成仿真分析报告,输出给用户使用。雷达电子战信号级仿真系统软件也可以提供外部输入接口,能够加载外部系统按照数据结构要求生成的作战场景数据开展对抗仿真试验,并最终输出仿真分析报告,如图5.21所示。无论是仿真系统内部产生的仿真场景数据,还是外部系统生成的仿真场景数据,都采用XML数据文件方式进行存储和交互。

图 5.21　雷达电子战信号级仿真系统外部接口关系

5.3　雷达电子战仿真应用实例

5.3.1　组网雷达对抗仿真试验分析

雷达组网技术通过将一定区域内的多部不同体制、不同频段、不同极化方式的雷达站进行适当部署,并把各雷达站获得的目标信息(原始视频信号、目标点迹、目标航迹等)实时上报到雷达网融合中心站进行综合处理、控制和管理,充分发挥网内雷达站的各自优势,最终形成整个雷达网覆盖区域内的雷达情报信息和战略态势,使组网雷达系统的整体作战能力得到极大提高。由于组网雷达能够实现情报的信息共享和目标点迹/航迹的融合处理,使传统的"单对单"点源压制干扰效果大打折扣,而且雷达组网之后对单部雷达实施的欺骗干扰易被组网系统识别,从而大大降低了欺骗干扰的效果。由于组网雷达可以构成全方位、立体化、多层次的目标探测体系,具有多信号形式、多工作方式等技战术性能,所以组网雷达系统具备反隐身、反干扰、反辐射、反低空突防的"四抗"能力,尤其是在抗干扰方面具有先天的优势。如何突破组网雷达的"四抗"能力,特别是如何战胜组网雷达的抗干扰优势,已成为现代电子战系统必须攻克的难关。从目前的技术研究情况来看,分布式协同干扰是解决组网雷达干扰瓶颈的有效手段之一,通过建立分布式协同对抗体系,实现"以多对多""以网制网"的综合对抗目的。

由于组网雷达的体系对抗过程非常复杂,涉及诸多不确定因素,而且电子信息装备自身的复杂性及其对电磁信号环境的依赖性,使得传统的数学解析分析法难以满足对抗效能的评估要求,而统计实验分析法需要耗费大量的人力、物力和财力,且规模和数量都十分有限,往往难以构建满足体系对抗要求的复杂试验环境。随着计算机技术的飞速发展,特别是近年来电子信息装备都在快速地向数字化方向发展,为利用数字仿真技术实现对电子信息装备的高逼真建模创造了条件,因此数字仿真分析法是实现组网雷达体系对抗效能研究的有效方法,具有方便、灵活、省时、经济等诸多难以用其他方法和手段代替的优点。

进行组网雷达对抗仿真,首先要针对仿真对象进行深入分析。按照雷达站的载体平台类型,雷达网可分为陆基雷达网、舰基雷达网、空基雷达网、天基雷达网四类。根据作战任务的不同,雷达网可分为对空情报雷达网、导弹防御雷达网、火控/制导雷达网等。根据信息处理方式的不同,雷达网可分为集中式雷达网、分布式雷达网和混合式雷达网三类。集中式雷达网是将各个雷达站检测的目标点迹数据上传到融合中心,由融合中心统一进行处理和融合,优点是没有信息损失,融合结果是最优的,缺点是需要很宽的传输带宽来传输原始数据,并且需要有较强处理能力的中心处理器;分布式雷达网是指网中的每部雷达都有自己的数据处理单元,完成各自的目标航迹跟踪滤波,再将目标航迹数据传送到融合中心,由融合中心进行时间空间配准、航迹关联和航迹融合,最终生成目标的航迹,具有系统可靠性高、各雷达站与融合中心站通信量小等优点。混合式雷达网同时传输目标点迹和航迹数据,可看作是集中式与分布式的组合。这里主要针对由地面警戒雷达组成的对空情报雷达网进行建模,组网的地面警戒雷达包括两坐标警戒雷达、三坐标警戒雷达,雷达网融合中心采用基于点迹的数据融合处理方法。

其次,利用数字仿真技术,通过对典型体制两坐标警戒雷达、三坐标警戒雷达、雷达对抗装备、雷达网融合中心站的信息处理及信息交互过程建立信号级仿真模型,并在统一的雷达电子战信号级仿真系统软件框架下,利用基于网络的标准控制协议和数据交互接口,构建系统规模随仿真试验场景变化的动态闭环的组网雷达对抗仿真系统。通过设置仿真场景开展对抗仿真试验,可实现对战场复杂电磁信号环境下雷达对抗装备原型系统性能的仿真试验验证、对地面警戒雷达网协同干扰技术机理的仿真试验分析和对雷达对抗装备干扰效能的定量评估。

组网雷达对抗仿真系统采用基于 C/S 的分布式仿真结构,系统硬件组成如图 5.22 所示,图中所有仿真软件运行的硬件设备均为高性能 PC 机,各 PC 机之间由高速以太网联接以实现网络通信,网络通信协议采用 TCP/IP 协议。仿真

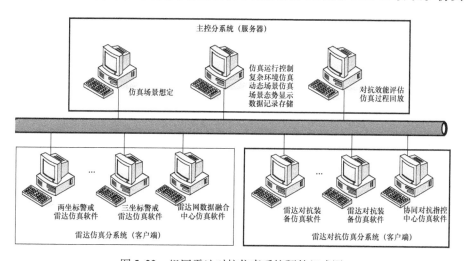

图 5.22 组网雷达对抗仿真系统硬件组成图

系统的硬件规模可根据组网雷达对抗仿真试验研究的作战场景需求进行编配，既可以实现"一对一"的单装对抗仿真，也可以实现"一对多""多对一"或"多对多"的编队/组网对抗仿真。

图 5.22 中，雷达网数据融合中心仿真软件用于实现融合中心对组成雷达网的各个警戒雷达站上报的目标探测点迹数据进行融合处理过程的仿真，并将融合处理后的数据显示出来。在图 5.23 所示的雷达网数据融合中心仿真处理流程中，目标数据空间配准模块将各雷达站仿真实体节点通过网络上报的目标点迹数据进行空间坐标变换，将目标数据变换到融合中心站的统一参考坐标系下；目标数据时间配准模块利用各雷达站上报的目标点迹数据的时间标签，根据一定的处理准则将这些目标数据进行分类归并或丢弃处理；目标分选处理模块对同一时刻出现的多个目标点迹进行目标分选及聚类处理；目标点迹融合处理模块将同一时刻同一目标的多个点迹融合为一个点迹；目标航迹跟踪处理模块通过航迹预测、点迹关联、点迹生成、航迹滤波、航迹状态参数更新等一系列处理，实现对目标航迹的跟踪滤波。

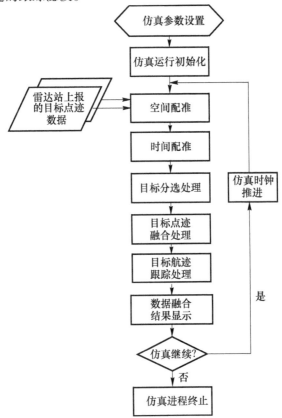

图 5.23　雷达网数据融合中心仿真处理流程图

协同对抗指控中心仿真软件用于实现协同对抗指挥控制中心数据处理及协同对抗指令数据分发处理的仿真。在图 5.24 所示的协同对抗指控中心仿真处理流程中侦察数据预处理模块对各雷达对抗装备仿真实体节点通过网络上报的雷达侦察结果数据(即经过雷达信号分选识别后的雷达信号特征数据)进行时间与空间配准处理,将雷达侦察结果数据统一到指控中心的参考坐标系下;雷达信号综合识别模块对经过预处理后的雷达侦察结果数据进行进一步的综合识别处理;雷达信号情报分析模块对经过综合识别处理后的雷达信号特征数据进行雷达情报分析处理,形成基于整个战场态势感知的雷达情报数据;协同对抗决策处理模块根据战场雷达情报数据和各个雷达对抗装备的使命任务、平台态势进行协同对抗的决策处理,形成协同干扰的任务决策,并通过网络将协同对抗指控数据及命令分发给相应的雷达对抗装备仿真实体平台,以实现对威胁雷达进行协同干扰的目的。

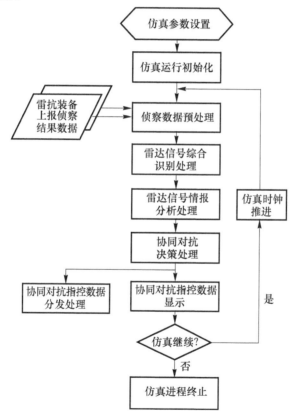

图 5.24　协同对抗指控中心仿真处理流程图

下面将结合具体仿真试验场景,简要介绍雷达电子战信号级仿真系统在组网雷达对抗技术仿真研究中的应用实例。结合该应用实例,重点说明仿真系统所具备的组网雷达对抗仿真研究能力,而并不针对具体的干扰效果进行定量分析[4]。

首先利用主控分系统软件的仿真场景想定功能,根据仿真试验目的,通过人机交互方式设置组网雷达对抗仿真试验场景。在图 5.25 所示的仿真试验场景中部署了 2 部两坐标警戒雷达、1 部三坐标警戒雷达和 1 个雷达网数据融合中心站,3 个雷达站在仿真运行过程中通过网络将各自探测到的目标点迹数据实时上报融合中心站进行数据融合处理以实现对目标航迹的跟踪滤波;场景中还设置了 12 架作战飞机,其中 1 架飞机具有自卫干扰能力。

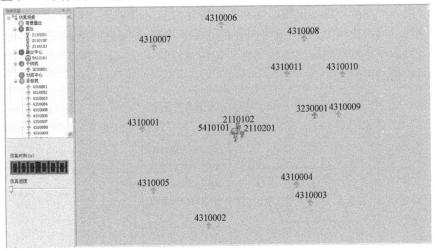

图 5.25 组网雷达对抗仿真试验场景示意图(见彩图)

然后根据仿真场景,依次启动雷达网数据融合中心仿真软件、1 个三坐标警戒雷达仿真软件、2 个两坐标警戒雷达仿真软件和 1 个机载雷达对抗装备仿真软件,各自建立与主控分系统软件的网络连接关系,并根据试验要求完成各自模型参数的加载功能后,由主控分系统软件启动仿真运行进程。在仿真运行过程中,各模型软件均可以对仿真进程执行暂停、继续操作,以方便用户对仿真试验数据的详细分析。

在该仿真场景中,机载雷达对抗装备采用密集假目标干扰技术,通过对雷达信号环境的侦收处理结果引导干扰机对威胁雷达实施干扰。仿真试验中可以通过对机载雷达对抗装备加载的威胁数据库进行设计,使其只对雷达网中的 2 部两坐标警戒雷达进行干扰,各雷达站目标探测跟踪仿真结果如图 5.26 所示。通过分析各雷达站目标探测跟踪数据可以看出,未受干扰的三坐标警戒雷达能够对场景中 12 架作战飞机目标实现有效的航迹跟踪(图 5.26(a)),而 2 部受到干扰的两坐标警戒雷达对干扰载机及其邻近空域的另一架作战飞机均无法实现有效的航迹跟踪,出现大量短暂的虚假航迹段,但可以对其他空域 10 架作战飞机进行稳定的航迹跟踪(图5.26(b)、(c))。

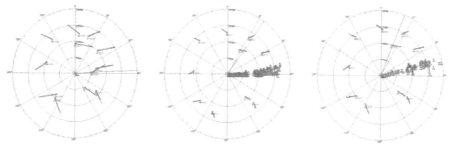

(a)三坐标雷达检测结果(未受干扰) (b)二坐标雷达1检测结果(受干扰) (c)二坐标雷达2检测结果(受干扰)

图5.26　各雷达站目标探测跟踪仿真结果(见彩图)

在仿真过程中,3部雷达站各自通过网络将探测的目标点迹上报融合中心站进行融合处理,融合中心站的仿真结果如图5.27所示。通过分析融合中心站的目标航迹跟踪结果可以看出,融合中心站在未采用相应的抗干扰措施条件下,虽然干扰载机只对2部二坐标雷达实施了干扰,但融合中心站仍然无法实现对干扰载机航迹的有效跟踪(图5.27(a)),而当融合中心站采用了某种抗干扰措施后,融合中心站则能够对干扰载机进行有效的航迹跟踪(图5.27(b))。

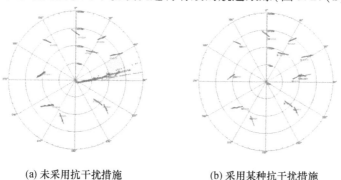

(a) 未采用抗干扰措施　　　　　(b) 采用某种抗干扰措施

图5.27　雷达网数据融合中心站仿真结果(见彩图)

5.3.2　双机闪烁干扰仿真试验分析

现代雷达导引头通常采用单脉冲测角技术。这种技术通过比较两个或多个同时天线波束的接收信号来获得精确的目标角位置信息[5]。由于同时多波束具有从单个回波脉冲形成角误差估值的能力,所以能有效克服回波脉冲幅度波动对角误差提取带来的影响。目前对单脉冲雷达的干扰技术一般分为两类,一类是依赖于可被干扰机利用的单脉冲雷达设计和制造中的缺陷,如镜像干扰、交叉极化干扰等;另一类是多点源技术,目的是使到达单脉冲雷达天线的电磁波到达角失真,使单脉冲跟踪器的指向偏离目标方向,或者虚假调制被引入跟踪器的伺服系统引起失锁,如闪烁干扰、编队干扰、交叉眼干扰等。

在多点源干扰技术中,闪烁干扰是一种多源非相干干扰,分为同步闪烁和异步闪烁两大类,目的是破坏雷达角度跟踪环路的动态特性。这里,双机闪烁干扰是指两部在空间上分开,但都位于跟踪雷达天线主瓣波束内的干扰机,以一定转换速率对干扰发射信号进行通断控制,而且两干扰源间的信号相位特性是随机的。双机同步闪烁干扰意味着两干扰机间的干扰信号通断控制时序是严格同步的,即当一部干扰机处于干扰发射状态时,另一部干扰须处于干扰关断状态,反之亦然,如图 5.28 所示,图中 T_1、T_2 表示通断周期,且 $T_1 = T_2$;P_1 表示干扰机 1;P_2 表示干扰机 2。

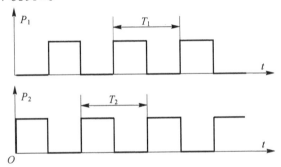

图 5.28 双机同步闪烁干扰通断控制示意图

双机异步闪烁干扰是指两部干扰机按照各自的转换速率对干扰发射状态进行通断控制,即在某一时刻,可能只有一部干扰机在发射信号,也可能两部干扰机都在发射信号或者都没有发射信号,如图 5.29 所示,图中 T_1、T_2 表示通断周期,且 $T_1 \neq T_2$。当两干扰机交替发射干扰信号时,跟踪雷达从一个干扰源转向另一个干扰源就激励了角跟踪伺服装置的步进响应,则雷达天线将在两个干扰源之间移动。

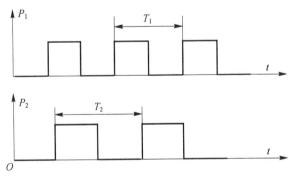

图 5.29 双机异步闪烁干扰通断控制示意图

对单脉冲雷达导引头进行双机闪烁干扰仿真研究,需要建立单脉冲雷达导引头角度跟踪环路仿真模型,以及双机同步闪烁干扰和异步闪烁干扰仿真模型,并在统一的雷达电子战信号级仿真系统软件框架下,利用基于网络的标准控制协议和数据交互接口,构建单脉冲雷达导引头闪烁干扰仿真系统。通过设置仿真试验场景,开展对单脉冲雷达导引头的双机同步闪烁干扰和异步闪烁干扰的动态仿真试验,可实现对闪烁干扰技术机理的仿真试验分析,优化干扰技术参数设计。

单脉冲雷达导引头闪烁干扰仿真系统采用基于 C/S 的分布式仿真结构,系统硬件组成如图 5.30 所示,图中所有仿真软件运行的硬件设备均为高性能 PC 机,各 PC 机之间由高速以太网联接以实现网络通信,网络通信协议采用 TCP/IP 协议。

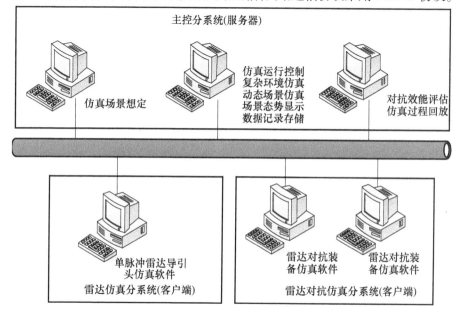

图 5.30　单脉冲雷达导引头闪烁干扰仿真系统硬件组成图

图 5.30 中,单脉冲雷达导引头仿真软件用于实现振幅和差式单脉冲雷达导引头从信号发射、回波信号接收处理、目标检测跟踪到引导导弹飞行的全过程动态仿真。雷达对抗装备仿真软件用于实现从雷达信号侦收处理到闪烁干扰信号产生发射的全过程动态仿真。其中,对闪烁干扰信号的仿真包括干扰样式信号仿真和干扰信号通断控制仿真两个部分。在以下的仿真试验中,干扰样式采用调频噪声干扰,利用数学方法产生一定带宽的调频噪声信号中频采样数据流作为干扰发射信号,并根据预先设置的闪烁周期,在仿真过程中进行干扰信号选通或关断的时间调制。图 5.31 是仿真生成的调频噪声干扰信号波形和频谱图。

下面将结合具体仿真试验场景,针对振幅和差式单脉冲雷达导引头分别进行双机同步闪烁干扰和双机异步闪烁干扰动态仿真试验,并根据仿真试验数据,分析

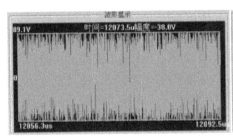
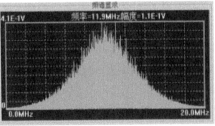

图 5.31 调频噪声干扰信号波形和频谱图(原图)

双机闪烁干扰对单脉冲雷达导引头的干扰效果,最后给出仿真试验结论[7]。

仿真场景为一枚空空导弹以尾追方式攻击两部干扰飞机,机上干扰设备对弹上主动雷达导引头实施闪烁干扰以实现载机自卫,如图5.32所示。在初始仿真时刻,两架干扰飞机相对导弹的方位张角为4°,俯仰张角为0°(即弹目间高度差为0m),导引头天线与弹体轴线重合并指向两架干扰飞机在空间位置的几何中心,导弹与干扰飞机1间的弹目距为14.260km,弹目间的径向速度为589m/s;导弹与干扰飞机2间的弹目距为14.437km,弹目间的径向速度为598m/s。

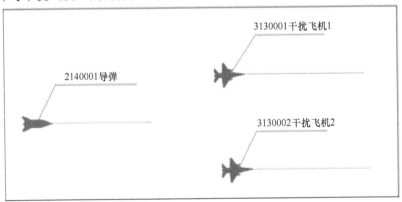

图 5.32 双机闪烁干扰仿真试验场景示意图(见彩图)

仿真实现的振幅和差式单脉冲雷达导引头采用高重频脉冲多普勒工作方式。主要仿真参数:工作频率为10GHz,发射功率为1600W,天线主瓣增益为20dB,半功率波束宽度为15°×15°,第一副瓣电平为-18dB,恒虚警处理方式采用单元平均选大,导引头角伺服带宽为8Hz,天线最大偏置角为30°,目标距离的跟踪滤波采用自适应$\alpha-\beta$滤波算法,发射信号波形为常规相参脉冲串,脉宽为1μs,脉冲重复周期分别为9μs、10μs和11μs。跟踪状态下,导引头根据预测的距离遮挡效应选择相应的发射信号重频。导弹采用修正比例导引律,导弹进入惯性飞行距离为250m(该参数表示当导引头测量的弹目距小于导弹惯性飞行距离后,导引头跟踪目标任务结束,导弹按惯性弹道飞向目标),导弹杀伤半径为

16m,目标的雷达截面积为 $12m^2$。

在以下仿真试验中,当导弹脱靶量小于导弹杀伤半径时,即判为导弹能有效攻击目标。雷达导引头的抗干扰措施为跟踪噪声源,即当导引头信号处理无法检测到目标的距离和速度时,则利用数据处理预测的目标距离门和速度门信号解目标的角度误差,并采用自适应 $\alpha-\beta$ 滤波算法对目标航迹进行外推。

1) 无干扰条件下的仿真试验

无干扰条件下,导引头能正确跟踪其中一架目标飞机并引导导弹飞至惯性飞行距离之内,导弹能进入有效杀伤区,如图 5.33 所示,给出了导弹攻击过程仿真回放图。

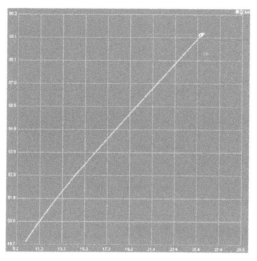

图 5.33 无干扰条件下导弹尾追攻击过程仿真回放(见彩图)

根据仿真试验结果数据,可以得到图 5.34 所示的单脉冲雷达导引头对目标跟踪过程的仿真回放图,图中左半区用于显示两个目标相对导引头的真实距离和角度数据,右半区用于显示导引头检测跟踪的目标距离和角度数据。从图中可见,导引头对目标的跟踪过程分为 3 个阶段:第 1 阶段,导引头对两个目标的角度跟踪呈周期性跳跃;第 2 阶段,导引头跟踪上了其中 1 个目标,但角跟踪误差要稍微大一些;第 3 阶段,导引头能稳定跟踪目标,并引导导弹飞至惯性飞行区域,此后导弹沿惯性飞行弹道成功进入杀伤区。

2) 双机同步闪烁干扰条件下的仿真试验

在双机同步闪烁干扰的 3 次仿真试验中,闪烁周期分别设置为 60ms、120ms 和 240ms,根据仿真试验结果数据,可分别得到图 5.35 所示的导引头角度跟踪数据统计图。在图 5.35 所示的 3 张图中,每幅图的上半部分给出了两架飞机相对雷达导引头的真实方位值(见图中两条变化比较连续的曲线)和导引头跟踪

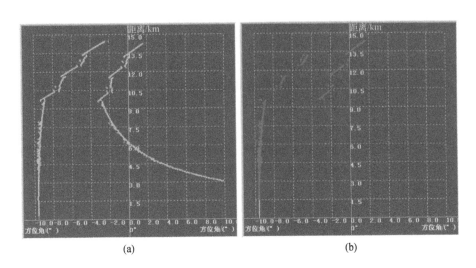

图 5.34 无干扰条件下雷达导引头对目标跟踪过程的仿真回放（见彩图）

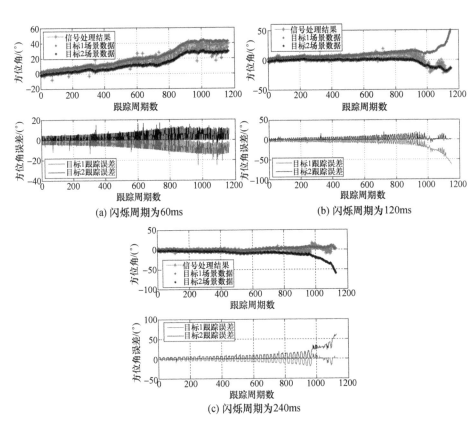

图 5.35 双机同步闪烁干扰条件下导引头角度跟踪数据统计图（见彩图）

测量解算出的目标方位值(见图中呈跳跃性变化的曲线),下半部分用于显示导引头对目标方位的测量值与两目标真实方位值之间的差值。从图 5.35 可见,导引头对目标角度的跟踪随着干扰闪烁周期做周期性跳跃,闪烁周期越短,导引头角度跟踪跳跃得越频繁,随着弹目距离的接近,导引头在角度上逐渐跟踪上了其中 1 个目标,但由于受到双机闪烁干扰的影响,角跟踪误差较大,这在闪烁周期较短的仿真试验中表现明显。

图 5.36 是 3 次同步闪烁干扰仿真试验中导弹攻击过程的仿真回放图,图中两条直线表示两架飞机的飞行航迹,一条曲线表示导弹的攻击轨迹。从中可见,双机同步闪烁干扰成功的概率较高。

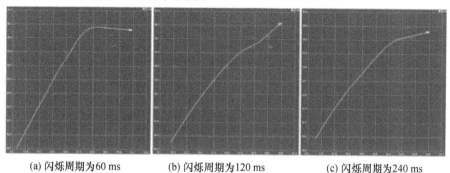

(a) 闪烁周期为60 ms　　(b) 闪烁周期为120 ms　　(c) 闪烁周期为240 ms

图 5.36　双机同步闪烁干扰条件下导弹攻击过程的仿真回放(见彩图)

3) 双机异步闪烁干扰条件下的仿真试验

在双机异步闪烁干扰的 3 次仿真试验中,两个干扰机的闪烁周期分别设置为 60 ms 和 50 ms、120 ms 和 100 ms、240 ms 和 220 ms,根据仿真试验结果数据,可分别得到如图 5.37 所示的导引头角度跟踪数据统计图(图 5.37 所示含义与图 5.35 相同)。从中可见,导引头跟踪两目标之间角度的概率较大。

图 5.38 是 3 次异步闪烁干扰仿真试验中导弹攻击过程的仿真回放图。从中可见,异步闪烁干扰的效果没有同步闪烁干扰效果好。

通过对以上仿真试验数据的分析并结合大量仿真试验的结果,可初步得到如下试验结论:

(1) 无电子干扰条件下,对两个均处于导引头天线主瓣波束内且距离和径向速度都在导引头跟踪波门内的目标,导引头能逐渐稳定跟踪上其中一个目标,并最终成功引导导弹攻击该目标。在初始跟踪阶段,导引头的角度跟踪会呈现周期性跳跃的现象,周期性跳跃的持续时间与两目标相对导引头的距离差、速度差和角度差大小有关。若两架飞机之间相对导引头的距离差、速度差和角度差都较大,则导引头从一开始就能跟踪上其中一个目标,而且对该目标的跟踪会很快变得比较稳定,其角度、速度和距离的跟踪误差都会越来越小。

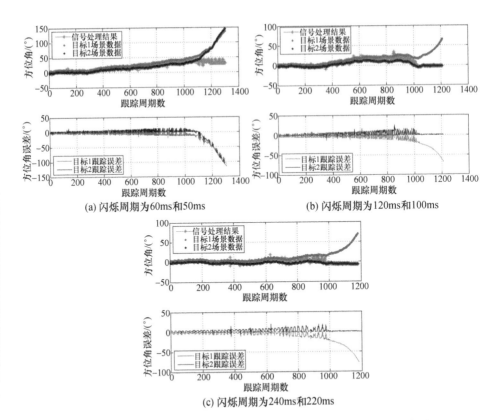

图 5.37 双机异步闪烁干扰条件下导引头角度跟踪数据统计图(见彩图)

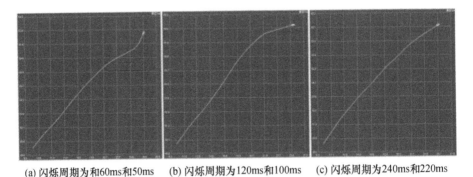

(a) 闪烁周期为和60ms和50ms   (b) 闪烁周期为120ms和100ms   (c) 闪烁周期为240ms和220ms

图 5.38 双机异步闪烁干扰条件下导弹攻击过程的仿真回放(见彩图)

(2)在双机闪烁干扰实施的初始阶段,两架飞机都必须位于导引头天线主瓣波束内,使导引头能对两架交替发射干扰信号的干扰飞机进行角度的跳跃式跟踪。

(3)闪烁干扰采用调频噪声干扰样式,可对导引头的目标检测起到压制效果,使导引头的信号处理得不到目标的距离和速度信息,而只能依靠导引头数据处理的跟踪滤波算法来外推目标的距离和速度值,并用外推预测的目标距离和速度单元信号提取目标的角偏离误差。若导引头在跟踪过程始终得不到目标的速度信息,则会使导弹飞控系统无法使用修正比例导引律,这在一定程度上将影响导弹弹道性能的改善。

(4)采用同步闪烁干扰时,在导引头的任何一个相干处理周期内都能保证有干扰信号进入,这可以实现对导引头目标检测过程产生连续性的压制作用,使导引头对目标距离、速度预测误差越来越大而最终导致目标回波信号不能进入导引头的距离和速度跟踪波门内,即导引头跟踪波门内只有干扰信号。而异步闪烁干扰的优点是工程实现较同步闪烁干扰容易,而且在一个雷达相干处理周期内有两个来自不同角度的干扰信号进入的概率要大一些,这使导引头对每个目标的连续角度跟踪时间变短,但从试验结果看,应尽量减少两个干扰机同时处于干扰关断状态的时间,因为若导引头主动发射信号,则导引头在这段时间内可能会检测到目标真实的距离和速度信息,这将有助于提高导弹引导精度。

(5)闪烁干扰条件下,随着弹目距离的逐渐接近,导引头在角度上可能会最终跟踪其中一个目标。若导引头对该目标的角度跟踪比较稳定,则导弹攻击目标的成功概率比较大;若导引头对该目标的角度跟踪误差较大,则导弹一般都不能有效攻击目标。闪烁周期的长短对伺服系统控制导引头天线跟踪目标的稳态性能有影响,闪烁速率太高,则导引头天线总在两目标之间的角度位置徘徊;闪烁速率太低,则导引头天线能交替地稳定跟踪每个目标。

参考文献

[1] 周彦,等. HLA仿真程序设计[M]. 北京:电子工业出版社,2002.
[2] 王春财. 联合建模与仿真环境(JMASE)与HLA仿真系统的互连研究[D]. 长沙:国防科学技术大学,2004.
[3] 安红,邓扬建,吕连元. 综合电子战作战效能仿真系统研究[J]. 计算机仿真,2002,(1).
[4] 安红,杨莉,高由兵. 组网雷达对抗数字仿真系统的设计与实现[J]. 航天电子对抗,2013(4).
[5] 王德纯,丁家会,程望东,等. 精密跟踪测量雷达技术[M]. 北京:电子工业出版社,2006.
[6] Schleher D C. Electronic Warfare in the Information Age[M]. Artech House. 1999.
[7] 安红,杨莉,王春丽. 单脉冲雷达导引头双机闪烁干扰仿真[C]. 中国电子学会电子对抗分会第16届学术年会论文集,2009.

第 6 章
雷达对抗效能的仿真评估

6.1 雷达对抗效能评估的一般方法

根据国军标 GJB1364—92 对武器装备效能的定义,效能是指武器装备在规定的条件下达到规定使用目标的能力。效能又称为装备在一定工作环境或条件下,满足特定任务要求或目标程度的度量,相当于装备的工作状态落入可完成使命状态的概率,表示实际能力与任务或使命的匹配程度[1]。效能综合了武器装备系统的使用目标或任务要求、技术性能、战术性能及使用维护性能等因素。

效能评估是评价装备满足规定要求的程度,或预测装备满足规定要求的程度。目前对武器装备效能通常分为单项效能、系统效能、作战效能三个指标层次进行评估研究[2-4]:

1) 单项效能

单项效能是指运用装备系统时,达到单一使用目标的程度,单项效能对应的作战行动是目标单一的行动,是作战过程中的基本环节。例如,防空武器系统的目标探测效能、火力打击效能等。

2) 系统效能

系统效能是指装备系统在一定条件下,满足一组特定任务要求的可能程度,是对武器系统效能的综合评价,又称为综合效能指标。根据美国工业界武器系统效能咨询委员会(WSEIAC)对武器系统效能模型的定义:系统效能 = 固有能力×可用性×可信性。其中,可用性是指系统在任意时刻可投入使用或正常工作的概率;可信性是指系统在初始状态给定情况下,在执行任务过程中,处于正常或完成规定功能的概率;固有能力是指系统在任务期间状态给定情况下,完成规定作战任务的概率。

3) 作战效能

作战效能是指在规定的作战环境下,运用武器装备系统及其相应的兵力执行规定的作战任务时,所能达到的预期目标的程度,又称兵力效能指标。另外,美国海军对武器系统作战效能定义为"表示系统能在规定的环境条件下和规定的时间内完成规定任务程度的指标",美国航空无线电研究公司对系统作战效能定义为"在规定条件下,系统在规定时间内满足作战需求的概率"。可见,作战效能是武器装备系统的最终效能,蕴涵着一种比较关系,可用所能完成任务与要求完成任务的比值来表示。武器装备系统所能完成的任务是由系统现有作战能力决定的,即所能完成的任务是现有作战能力的函数。为了便于分析,可近似认为系统所能完成的任务与其现有作战能力成正比的线性关系,系统要求完成的任务与其要求的作战能力也呈正比的线性关系,并由此可将作战效能表示为:作战效能≈(现有作战能力/要求作战能力)×可用性×可信性。

从以上分析可以看出,对武器装备系统而言,其实在很多情况下系统效能与作战效能是难以有清晰的界面划分的,因为无论是系统效能评估,还是作战效能评估,都是对武器装备系统在一定作战条件下其实际达到的作战能力的评估,都是站在系统层面上对其作战能力的综合评估。不过,对武器装备系统作战效能评估更多是强调武器装备系统对整个作战行动所起的作用和效果的评估,这在针对综合电子战系统作战效能评估问题上尤为明显,例如美国军方采用"减少损失率"评估方法,即运用电子战系统前后整个作战行动减少损失的比例来衡量电子战系统的作战效能。从目前国内外在武器装备系统效能评估研究的公开文献中也可以看出,对系统效能和作战效能的评估方法、评估准则和评估指标体系往往是不加以明确区分的,基本的评估思路都是基于对单项效能评估的聚合建模分析,采用层次分析法、灰色评估法、WSEIAC 模型法等对系统效能或作战效能进行综合评判。也可以说,单项效能评估是系统效能评估和作战效能评估的基础。

本书中,雷达对抗效能是指雷达对抗装备(这里特指雷达有源干扰设备)效能,雷达对抗效能评估侧重于对雷达对抗装备单项效能的评估,是对雷达对抗装备的侦察能力、干扰能力的评估,一般用侦察效果、干扰效果描述。因此,评估雷达对抗装备效能,实际上是评估雷达对抗装备在规定条件下,执行侦察、干扰任务的能力满足规定使用目标的程度,由侦察效果评估和干扰效果评估两部分组成,但重点放在对雷达干扰效果的评估方面。

6.1.1 干扰效果评估的基本概念[5]

在电子对抗领域,干扰效果是指电子对抗装备实施干扰后,对被干扰对象即作战对象(例如雷达、通信设备等)所产生的干扰、损伤或破坏效应。干扰效果评估是对实施电子干扰后所产生的干扰、损伤或破坏效应的定性或定量评价。干扰效果评估方法包括干扰效果试验(或检测)方法和干扰效果评估准则。

干扰效果试验方法是为客观、准确考核评价电子对抗装备对某种作战对象的干扰效果而制订出合理、可行的试验方法。干扰效果评估准则是指在评估电子对抗装备的干扰效果时所遵循或依据的基本要素的总和,具体解决的问题是确定用于量化干扰效果的评估指标和干扰效果等级。

干扰效果评估指标是指在评估干扰效果时,需要检测的被干扰对象与干扰效应有关的,或会受干扰影响的关键性能指标。例如,当被干扰对象是雷达制导武器时,其制导精度或弹着点的脱靶量是反映武器系统战术性能的关键指标,对制导武器实施电子干扰时,直接影响到其制导精度和弹着点的脱靶量。所以,在评估电子干扰对制导武器的干扰效果时,评估指标可以选择为制导武器的制导精度或弹着点的脱靶量,通过检测制导武器受电子干扰后其制导精度或弹着点脱靶量的变化情况来评估干扰效果。干扰效果等级是指根据评估指标量值大小,对被干扰对象系统性能或完成规定任务能力的影响程度,确定出的干扰无效、有效或一级、二级、三级等用以表征干扰效果达到的不同程度的量化等级,以及与各等级相对应的评估指标量值。

显然,对于不同的试验环境或试验条件、不同种类的电子干扰、不同类型的干扰对象,也就有着不同的干扰效果试验方法和干扰效果评估准则。由于干扰效果直接体现在被干扰对象性能或能力的变化上,所以决定干扰效果评估准则的主导因素是被干扰对象,应从被干扰对象即作战对象的角度出发,以电子干扰作用前后,被干扰对象易受干扰影响的关键性能的变化为依据,来确定干扰效果评估指标并划分干扰效果等级。

6.1.2 干扰效果评估的主要方法[6-8]

由于电子干扰的种类不同、干扰的作战对象不同、电子干扰欲保护的目标不同以及干扰效果评估的目的不同,则具体的干扰效果评估方法也不同,所以对干扰效果评估方法的全面研究是一项大工程,也是一项长期的、持续的基础性研究工作。

目前在雷达电子战领域,对干扰效果评估采用的方法和手段,归纳起来主要有以下3种。

1) 数学解析分析法

数学解析分析法是以数学分析、线性代数、概率论等数学原理为工具,通过严格的数学推理、分析获得确切的效能评价数据的处理过程。该方法的主要任务是建立雷达在复杂电磁环境中评估其抗干扰性能的数学模型或度量公式,例如雷达抗干扰改善因子(EIF)、雷达抗干扰品质因素(Q_{ECCM})、雷达综合抗干扰能力(AJC)等,或评估雷达对抗装备所取得的各种干扰效果的数学模型或度量公式,例如干扰效果因素(Q_{ECM})、遮盖性干扰有效性度量因子等。

解析分析法的特点是根据描述效能指标与给定条件之间函数关系的解析表达式来计算效能指标值。由于这类评估方法通常涉及太多的不确定因素,考虑的因素较少,且有严格的条件限制,所以比较适合简化对抗条件下武器装备系统效能评估。例如,美国工业界武器系统效能咨询委员会建立的 WSEIAC 模型就被普遍用做武器装备系统效能评估的通用解析式,以及采用兰彻斯特战斗理论建立的电子战装备效能评估模型等。

2）统计实验分析法

统计实验分析法是以武器系统实物为基础,通过内场或外场实验获取大量实验数据,然后对实验数据进行数理统计分析获得评价结论的处理过程。该方法以大量实测数据为依据,进行效能评估指标的计算和效能与影响因素的相关分析,具有较高的可信度。这些数据不但是进行统计分析的基础,也是验证数学解析分析法中所得出解析式的有效性与可靠性的重要依据。

内场实验的特点是实验环境可控,实验可多次重复进行,但不如外场实验真实,难以反映外场的真实气象、地形地貌等自然环境因素对电磁传播特性的影响。外场实验的特点是在接近实战的情况下检验被试品的技术战术性能,能较真实地反映外界环境的影响,但实验周期长、费用高。虽然统计实验分析法需要耗费大量的人力、物力和财力,而且实验的规模、种类和数量也有限制,但仍是世界各国对雷达电子战装备进行实装系统性能测试和效能评估普遍采用的手段。美国早在20世纪90年代就已经颁布了电子战实验与鉴定的条例、条令,其标准也得到了北约成员国的广泛认可。目前美国已建立了数量众多的实验场,能涵盖各种类型的电子战靶场。美军电子战靶场设施完善,采用大量先进的模拟设备,能模拟接近真实的战场环境,承担电子战武器装备研制实验、鉴定评估、作战训练等主要任务。

3）仿真模拟分析法

仿真模拟分析法是随着计算机技术的不断发展应运而生的一种研究方法。它以实际武器装备系统的仿真模型为基础,以数字计算机为运算工具,通过设置仿真场景并给定初始数值条件运行仿真模型来开展仿真试验,对仿真试验过程中记录存储的仿真结果数据进行计算或统计分析得到系统效能指标估计值。该方法具有方便、灵活、省时、经济等诸多难以用其他方法和手段替代的优点,是目前研究武器装备系统效能的主要手段之一。对武器装备系统的效能评估,要求全面考虑对抗条件和交战对象,包括各种武器装备的协同使用、影响武器装备系统效能的诸因素在作战过程中的体现等,而仿真模拟分析法能较详细地考虑影响实际作战过程的诸多因素,特别是通过对武器装备作战过程的动态仿真,可以充分利用和调度已有的雷达抗干扰性能评估或雷达干扰效果评估的有限资源,克服数学解析法所暴露的通常只能进行静态分析的局限性,因而特别适于进行武器装备系统效能的预测评估。仿真模拟分析法的难点是建立具有合理逼真度的系统模型。

6.1.3 干扰效果评估的一般准则

干扰效果评估准则[5,6,8,9]是进行干扰效果评估所必需的依据。在确定了干扰效果评估准则后,通过检验实施电子干扰后被干扰对象评估指标的量值,并对照干扰效果等级划分标准,便可以确定电子对抗装备对相应干扰对象的干扰是否有效以及所达到的干扰效果等级。

在雷达电子战领域,国内外开展了大量的研究工作,并根据干扰样式和被干扰对象种类,提出了多种类型的干扰效果评估准则,如功率准则、概率准则、效率准则等。这些准则中,有的依据干扰样式类型,有的则是依据抗干扰措施种类,有的是工程实用性强,而有的则是理论性强,也有准则是针对全系统而提出的。然而,干扰效果评估是一个很复杂的问题,涉及诸多要素,而且各要素间存在着耦合效应或非线性关系,至今仍没有一个能被广泛认可和接受并在工程实际中能有效达到预期目标的评估准则。

6.1.3.1 功率准则

功率准则有时也称能量准则、干信比准则或信息损失准则,通常用于对雷达系统的压制性干扰效果评估,一般用压制系数 K_s 表征,即对雷达实施有效压制干扰或使被压制干扰的雷达产生指定的信息损失时,在雷达接收机输入端所需要的最小干扰信号功率 $P_{j\min}$(或能量 $E_{j\min}$)与目标回波信号功率 P_s(或能量 E_s)之比:

$$K_s = \frac{P_{j\min}}{P_s} \text{ 或 } K_s = \frac{E_{j\min}}{E_s} \tag{6.1}$$

由式(6.1)可知,站在雷达抗干扰能力评估角度,当对不同雷达采用同一种干扰时,压制系数越大,表示有效干扰该雷达所需要的干扰信号功率越大,则该雷达抗干扰能力越强;相反,压制系数越小,表示有效干扰该雷达所需要的干扰信号功率越小,则该雷达抗干扰能力越弱。因此,压制系数可以有效反映雷达的抗干扰能力。同理,站在雷达干扰效果评估角度,当对某个雷达采用不同样式的压制干扰时,若压制系数越小,则表示干扰样式信号的干扰效率越高,因此可以利用压制系数对干扰样式的优劣进行排序。但压制系数仅能确定对某型雷达有效干扰时所要求的最小干扰功率,而不能反映干信比低于压制系数时的干扰效果,例如假目标欺骗干扰并不需要与目标回波拼功率,而只需与雷达接收机内部噪声拼功率,所以压制系数通常用于压制性干扰效果评估。

雷达类型不同,有效干扰的含义不同。对于警戒雷达、目标指示雷达,有效干扰指的是使雷达的发现概率下降到某一数值。例如,在没有干扰的情况下,当发现概率为90%时,雷达的作用距离为200km,有干扰的情况下,在200km处,雷达的发现概率降到20%,就认为干扰有效。对于火控雷达、制导雷达、跟踪雷达,有效干扰指的是使其跟踪误差增大到一定程度,或使雷达失去跟踪能力,或者使脱靶量大于武器的杀伤半径。在对噪声压制效果进行度量时,有时可以把干扰效果按等级来划分。例如把发现概率降到60%时,记为Ⅰ级干扰;发现概率降到50%时,记为Ⅱ级干扰;发现概率降到40%时,记为Ⅲ级干扰。

功率准则有时也称信息损失准则,是指从信息损失的角度来度量干扰效果。造成的信息损失主要表现为对雷达目标回波信号的遮盖、模拟或产生误差,甚至中断有用信息进入等。当被干扰对象特性与干扰信号特性相符时,被干扰系统的信息丢失量很大;而当被干扰系统特性与干扰信号特性不相符时,被干扰系统的信息丢失量较少,甚至干扰毫无效果,所以信息损失的特性取决于干扰信号和被干扰对象的特性。信息损失准则的基本思想是利用干扰前后雷达输出信息中所含目标信息量的变化来评估干扰效果。例如,可以利用被干扰覆盖的雷达观测空间体积(或面积)与雷达整个观测空间体积(或面积)之比来度量。

功率准则是目前应用最广泛的一种干扰效果评估准则,凡是需要与目标回波比拼功率的干扰,都可以用压制系数判断干扰是否有效,其特点如下:

(1) 功率准则反映的是对被干扰对象的干扰效果达到一定程度时,所需要的最小干扰功率与目标回波信号功率之比,因此更适用于评估被干扰对象的抗干扰能力。

(2) 功率准则用于评估干扰效果时,通常只适用于对雷达系统的压制性干扰效果评估,可以给出干扰是否有效的粗略判断。

(3) 应从对干扰不利情况来确定压制系数。压制系数与虚警概率有关,虚警概率越大,要求的压制系数越大,一般用雷达要求的最大虚警概率来计算压制系数。

6.1.3.2 概率准则

概率准则有时也称战术运用准则或效能准则,是从被干扰对象(雷达或无线电制导导弹武器系统)在电子干扰条件下,完成给定任务的概率来评估干扰效果。一般是通过比较被干扰对象在有无干扰条件下,完成同一任务(或性能指标)的概率来评估干扰效果。比较的基准值是无干扰条件下,被干扰对象完成同一任务的概率。

对于警戒雷达、目标指示雷达,可以采用目标发现概率作为干扰效果评估指标,以雷达发现概率的下降程度来评估干扰效果。例如,压制性干扰通常以各种调制的噪声干扰为基本样式,强干扰作用于雷达接收机后,可使雷达接收机通道中的信噪比降低,造成雷达的信号检测系统无法提取出目标信息。因此,压制性干扰的本质是降低搜索雷达对目标的发现概率。一般情况下,当搜索雷达的发现概率下降到小于0.2,即可判定干扰有效;当发现概率大于0.8时,干扰无效;而当发现概率介于0.2~0.8之间时,可采用蒙特卡罗(Monte Carlo)法,取随机数决定干扰是否有效。

对于无线电制导导弹武器系统,其战术技术指标中以对目标的杀伤概率为一级指标,所有性能指标受干扰后最终都会反映到杀伤概率的变化上,所以可以选择杀伤概率作为干扰效果评估指标。依据导弹武器系统在有无干扰条件下对目标的杀伤概率之比来评估电子干扰对导弹武器系统的干扰效果。例如,1966年在越南战场上,越南军队的地空导弹武器系统在美军的电子干扰下,杀伤概率下降到0.7%,而在正常情况下可达90%,有无干扰条件下导弹武器系统杀伤概率的比值为0.0077。此后,当越军采取反干扰措施后,导弹的杀伤概率又上升到30%,有无干扰条件下导弹杀伤概率的比值上升到0.33。

杀伤概率直接反映了导弹武器系统攻击目标的有效程度,概率准则将电子干扰对导弹武器系统的干扰效果和导弹的作战使命联系起来,通过比较导弹武器系统在有无干扰条件下的杀伤概率,可以直观反映电子干扰的战术效果。因此,概率准则也称为战术运用准则或效能准则。

战术运用准则是评价武器优劣和作战行动策略有效性的准则,是一种极其通用的准则,既可以用于干扰效果评估,也可以用于抗干扰效果评估,还可以用于其他军事领域。战术运用准则在电子战系统效能评估中的应用有两种情况,一种是从作战的总体效果出发,综合评价电子战系统与敌作战系统对抗的总体效能,例如使用己方作战飞机的突防概率或突防损失率来度量,一般在实际作战、实战演练、作战仿真中使用;另一种则使用具有概率形式的战术指标来度量,例如发现概率、引导概率、杀伤概率等。

应用概率准则存在的主要问题在于:

(1) 在雷达会受电子干扰影响的各项性能指标中,除了上述搜索雷达的发现概率、导弹武器系统的杀伤概率等本来就是以概率形式给出的少数指标外,大多数指标都不是以概率形式表征的。如果将这些指标改用完成给定任务的概率来表征,既不直观,也未必可行,而且即使可行,也可能存在较大的数据处理难度和工作量。因此,对于这些性能指标,就不适合应用概率准则来评估干扰效果。

(2) 概率指标是统计指标,必须建立在大量的统计数据的基础上,需要在相同条件下进行多次重复试验才能获得。但是在许多情况下,特别是外场试验或实战演练,由于试验环境不可控制,或者试验条件、试验费用以及时间所限等各种因素,不可能开展多次重复试验,所以也就不适合应用概率准则。

由此可见,概率准则并非在任何情况下都适用于干扰效果评估,其应用需要考虑具体的试验条件。但是概率准则也有自身优点,它能将整个电子战系统、雷达系统与作战效果、干扰效果结合起来,并考虑了作战过程中电子战行动的各个作用阶段,干扰效果评估较为详细且全面,既适用于压制性干扰效果评估,也适用于欺骗性干扰效果评估,既可以使用统计实验分析法来研究,也可以使用仿真模拟分析法来研究。

6.1.3.3 效率准则

效率准则通过比较被干扰对象在有无干扰条件下同一性能指标的变化来评估干扰效果。一般可以采用有无干扰条件下同一性能指标的比值来表征干扰效果。因此,效率准则的比较基准是被干扰对象在无干扰条件下同一性能指标的值。例如,可以依据受干扰后雷达对目标的探测距离相对于无干扰条件下的探测距离下降的程度来评估干扰效果。

电子干扰的目的是使被干扰对象的工作性能下降,所以应用效率准则评估干扰效果具有直观明了的显著特点。利用效率准则,通过直接比较被干扰对象在有无干扰条件下同一性能指标的检测数据,就可以得出对干扰效果的评估结果,因此效率准则具有计算简便、工程易用的优点。

效率准则采用的干扰效果评估指标可以是被干扰对象的任何一项会受电子干扰影响的技术战术指标,而不论其是否具有概率特性。在这些指标中,不具有概率特性的指标不需要特意变换为概率形式,所以也就不需要通过大量重复试验去检测,或经过复杂的数据处理而得到。因此,与概率准则相比,采用效率准则评估干扰效果更为直观、简单和方便。

如果效率准则采用的干扰效果评估指标是具有概率特性的性能指标,则这种效率准则同时也属概率准则,因此概率准则可以看作效率准则的一种特例,故而有时也将概率准则称为效率准则。但是效率准则也存在一些不足,如各项评估指标使用的比较基准不一致,评估指标值是相对值,没有考虑具体干扰方式的目的性等。

6.1.3.4 基本结论

综合以上对各种干扰效果评估准则的分析结果,效率准则和概率准则具有普适性,即无论何种类型的电子干扰和被干扰对象,都可以应用效率准则和概率准则评估干扰效果。特别是效率准则,由于包含了概率准则,所以效率准则的适用性最为普遍,不论对何种性能指标都可以应用,而且效率准则也是最为直观、简单和方便的一种干扰效果评估准则。

从以上分析也可以看出,目前的干扰效果评估研究基本上都是基于被干扰对象来度量和评价干扰效果,将有干扰与无干扰条件下雷达的某些技术战术性能指标变化量作为评估指标,例如用雷达最大探测距离、雷达探测区域、雷达发现概率、导弹杀伤概率等指标的变化量来度量干扰效果。但是这种干扰效果的评估方法只适用于装备论证、装备性能测试、装备定型试验、装备外场演练等应用场合,因为这些应用场合下的被干扰雷达具有配合的属性。这里的所谓"配合"是指干扰效果可以从被干扰的雷达设备上直接观察到或测量到,干扰效果评估指标可以采用在无干扰和有干扰条件下雷达设备的某些指标参数的变化率来描述,也就是说干扰效果评估指标值或评估所需要的数据可以从被干扰的雷达方直接获取。这种具有配合属性的干扰效果评估方法是一种客观的评估方法,目前的应用已经比较成熟,特别是在国内外电子信息装备测试场、试验靶场、试验基地等,都有相应的测试评估试验条例、规格,甚至标准。

6.2 雷达对抗效能的仿真评估技术

雷达与雷达干扰是一对相互博弈的矛盾体,没有抗不了的干扰,也没有干扰不了的雷达,雷达干扰和雷达抗干扰效能应针对作战需求和作战对象能力进行评估。而且,雷达与雷达对抗装备都是典型的电子信息装备,由于其自身系统的复杂性和对电磁信号环境的依赖性,依靠单纯的理论分析或有限的经验数据来评估雷达电子战装备的作战效能已无法满足现代武器装备作战应用的需求和评估的精度要求。这不仅是因为现代电子战装备面临的战场电磁信号环境越来越复杂,而且电子战装备与作战对象之间的对抗过程以及装备系统所处的外界环境都是动态变化的,采用静态的数学解析分析方法难以描述动态过程的变化情况。而外场试验和实战演练,虽然能满足评估精度的要求,但其昂贵的代价往往使得采用这类统计实验分析方法进行武器装备效能评估变得十分有限,而且还存在试验规模受限、保密性差、易受环境条件制约等缺点。另外,采用内外场试验方式,往往是等装备研制出来了才能进行试验,通过试验发现问题再回过头修改系统设计,将导致装备系统在研制过程中不能一次成功,需要多次反复,从而造成巨大的浪费和研制周期的加长。采用仿真模拟分析方法对电子战装备效能进行预测评估,其根本目的是减少电子战装备设计中的盲目性,并希望在装备设计阶段就能发现问题,从而可以及时改进系统方案,提高装备研制的成功率,缩短研制周期,节约研制经费。因此,利用仿真技术模拟战场电磁信号环境和雷达、电子战等电子信息装备的工作过程,实现对雷达电子战装备效能的动态评估是一条切实可行的技术途径。特别是近年来,以雷达、电子战装备为代表的电子信息装备都在快速地向数字化方向发展,为采用计算机仿真技术实现对电子信息装备的高逼真度建模创造了条件。

6.2.1 雷达对抗效能评估指标体系

雷达对抗效能评估指标是度量雷达对抗效能的具体标志,建立合理的评估指标是对雷达对抗效能进行仿真试验评估的依据和基础。建立的评估指标应满足可计算性要求，即评估指标值可利用仿真试验数据直接计算或统计计算得出。

雷达对抗效能评估是指雷达对抗装备效能评估，主要针对雷达对抗装备的侦察能力和干扰能力进行评估，由侦察效果评估、干扰效果评估和作战效能评估三部分组成，需要针对每个部分建立相应的评估指标。

建立的雷达对抗效能评估指标体系如图 6.1 所示。

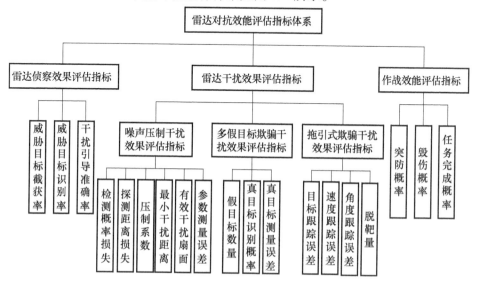

图 6.1　雷达对抗效能评估指标体系

6.2.2　侦察效果评估指标

侦察效果评估是对雷达对抗装备的侦察引导能力进行评估，侦察引导能力主要与信号检测截获能力、信号分选识别能力、干扰引导能力有关。针对雷达侦察效果建立的评估指标主要有威胁目标截获率、威胁目标识别率、干扰引导准确率。

1）威胁目标截获率 r_c

威胁目标截获率可以表征雷达侦察设备对威胁雷达信号检测、测量和分选能力，对威胁目标的有效截获是对威胁目标实施干扰的前提条件。

对仿真过程中输出的雷达信号分选结果数据进行遍历，将截获的雷达信号数据与仿真场景中设置的威胁雷达信号数据进行循环匹配和比对，利用预先设置的信号频率、重频、脉宽等多维信息的容限值，判断威胁雷达目标是否被雷达侦察设备有效截获，并统计出有效截获的威胁雷达数量。

威胁目标截获率 r_c 定义为雷达侦察设备有效截获的威胁雷达数量 N_c 与仿真场景中实际威胁雷达数量 N 之比：

$$r_c = \frac{N_c}{N} \times 100\% \tag{6.2}$$

2) 威胁目标识别率 r_i

威胁目标识别率可以表征雷达侦察设备对威胁雷达的识别能力。雷达侦察设备对雷达信号的识别主要采用模板匹配方法，将信号分选模块输出的雷达信号特征参数与预先加载的雷达威胁库数据进行匹配，以确定该雷达的类型、状态、威胁等级等属性信息，最终输出侦察告警结果数据。

对仿真过程中输出侦察告警结果数据进行遍历，将识别的雷达数据与仿真场景中设置的威胁雷达数据进行循环匹配和比对，判断威胁雷达目标是否被雷达侦察设备有效识别，并统计出有效识别的威胁雷达数量。

威胁目标识别率 r_i 定义为雷达对抗装备识别出的威胁雷达数量 N_i 与仿真场景中实际威胁雷达数量 N 之比为

$$r_i = \frac{N_i}{N} \times 100\% \tag{6.3}$$

3) 干扰引导准确率 r_g

雷达对抗装备对威胁雷达实施干扰时，需要侦察接收机对威胁信号环境进行信号检测、分选和威胁识别，并形成干扰引导信息，干扰信号产生装置根据干扰引导信息产生特定调制的干扰信号，准确引导是实现有效干扰的必要条件。准确引导是指干扰引导参数满足干扰设备要求的干扰引导精度。例如，准确的干扰方向引导要求引导误差小于干扰天线波束宽度的一半。干扰引导准确率可以表征雷达对抗装备的侦察引导能力，这里主要从干扰引导信息对干扰信号产生器在目标时频域维度信息引导的准确性来评估侦察引导能力，引导信息包括信号脉宽、重频、频率等时频域参数。

根据仿真过程中输出的干扰引导数据和仿真场景中实际威胁雷达信号数据，分别计算目标参数（频率、脉宽和重频）的引导准确率，计算公式为

$$F_g = \left(1 - \frac{|F - F_r|}{F}\right) \times 100\% \tag{6.4}$$

式中：F_g 为频率引导准确率；F 为场景中威胁雷达的信号频率；F_r 为分选识别输出的威胁雷达的信号频率。

脉宽引导准确率 PW_g 和重频引导准确率 PRF_g 的计算公式与上式类似，这里不再累述。

干扰引导准确率 r_g 定义为频率引导准确率 F_g、脉宽引导准确率 PW_g 和重

频引导准确率 PRF_g 的加权求和,为

$$r_g = W_F \times F_g + W_{pw} \times \text{PW}_g + W_{\text{PRF}} \times \text{PRF}_g \tag{6.5}$$

式中:W_F、W_{pw}、W_{PRF} 分别为频率引导准确率、脉宽引导准确率、重频引导准确率的权系数,即重要度,且

$$W_F + W_{pw} + W_{\text{PRF}} = 1 \tag{6.6}$$

上式中的权系数取值,应依据要产生的干扰样式信号对干扰引导信息的依赖程度而定。例如,基于直接数字频率综合器(DDS)的窄带瞄频噪声干扰,其对频率引导信息的依赖程度远远大于对脉宽和重频的依赖程度。

6.2.3 干扰效果评估指标

干扰效果评估是对雷达对抗装备的干扰能力进行评估,干扰能力不仅与所采用的干扰样式及其使用方式有关,还与干扰对象及保护对象有关。对于不同的电子干扰和不同的干扰对象,有着不同的干扰效果评估指标,因此需要针对具体的干扰样式和干扰对象建立与之相匹配的干扰效果评估指标。为了方便论述,本书将干扰样式分为噪声压制干扰、多假目标欺骗干扰和拖引式欺骗干扰3类,将干扰方式分为自卫式干扰和支援式干扰两类,将干扰对象分为雷达和雷达控制的武器或武器系统两类,将雷达分为搜索雷达和跟踪雷达两类,并针对3类干扰样式分别建立干扰效果评估指标。

6.2.3.1 噪声压制干扰效果评估指标

压制性干扰以噪声为主,从理论上讲,噪声能干扰所有体制的雷达及其所有工作状态,能同时干扰雷达的目标检测、参数测量和目标跟踪环节,迄今为止的雷达抗干扰措施还不能完全消除噪声干扰的影响。噪声压制性干扰样式主要包括射频噪声、调频噪声、调幅噪声、调相噪声、灵巧噪声等,其作用是压制或掩盖目标回波信号,使雷达检测概率下降,从而破坏雷达对目标的探测和跟踪能力。目标检测和参数测量是所有体制雷达的两项基本功能,衡量两者的效率指标分别为检测概率和参数测量精度(或参数测量误差),因此噪声压制干扰效果评估指标的建立也主要从这两方面入手。

1)检测概率损失

检测概率是雷达的重要技术战术指标且受压制性干扰影响,可作为压制性干扰效果评估指标。检测概率与虚警概率、干信比和目标起伏类型有关,雷达领域定义了3种检测概率:基于单个脉冲的检测概率,基于1次扫描的脉冲积累检测概率和基于多次扫描的积累检测概率。搜索雷达通常是在多个脉冲积累基础上检测目标或在多次天线扫描中发现目标。

基于雷达检测概率的干扰效果评估指标可以采用以下两种方式：

（1）干扰条件下的检测概率 P_{dj}。设雷达完成作战任务要求达到的最低检测概率为 P_{dst}，雷达在干扰条件下实际达到的检测概率为 P_{dj}，若 $P_{dj} < P_{dst}$，表示干扰有效，否则表示干扰无效。因此干扰条件下的检测概率 P_{dj} 是一个绝对指标值，可直接用于判断干扰是否有效。

（2）检测概率损失度 E_{JP}[10]。不同干扰样式，或同一干扰样式不同的干扰参数，会使雷达检测概率下降程度不一样，所以检测概率下降程度能够度量对搜索雷达的压制性干扰效果。设 P_d 为雷达正常工作（即无干扰条件下）时的检测概率，P_{dj} 为雷达受到压制性干扰时的检测概率，则用检测概率损失度 E_{JP} 来衡量雷达检测概率的下降程度，为

$$E_{JP} = \frac{P_d - P_{dj}}{P_d} \tag{6.7}$$

因此，检测概率损失度 E_{JP} 是一个相对指标值，可用于比较在相同使用条件下的不同噪声压制性干扰样式性能优劣，或对同一干扰样式的不同参数所取得的干扰效果进行排序，从而优化干扰样式参数的设计。

2）探测距离损失

雷达探测距离是雷达的主要威力指标，雷达探测距离与雷达接收的信噪比（或信干比）有关。对雷达实施噪声压制性干扰，能使雷达接收到的信干比下降，从而使雷达对目标的探测能力下降，因此可以用雷达探测距离的损失来表征压制性干扰效果。

基于雷达探测距离的干扰效果评估指标可以采用以下两种方式：

（1）干扰条件下的探测距离 R_j。设雷达完成作战任务要求达到的最小探测距离为 R_{st}，雷达在干扰条件下实际达到的探测距离为 R_j，若 $R_j \leq R_{st}$，表示干扰有效，否则表示干扰无效。因此干扰条件下的探测距离 R_j 是一个绝对指标值，可直接用于判断干扰是否有效。

（2）最大探测距离损失度 E_{JR}[10]。不同干扰样式，或同一干扰样式不同的干扰参数，会使雷达探测距离下降程度不一样，所以探测距离下降程度能够度量对搜索雷达的压制性干扰效果。设 R_{max} 为雷达正常工作（即无干扰条件下）时的目标探测距离，R_j 为雷达受到压制性干扰后的目标探测距离，则用探测距离损失度 E_{JR} 来衡量雷达探测距离的下降程度，为

$$E_{JR} = \frac{R_{max} - R_j}{R_{max}} \tag{6.8}$$

因此，探测距离损失度 E_{JR} 是一个相对指标值，可用于比较在相同使用条件下的不同噪声压制性干扰样式性能优劣，或对同一干扰样式的不同参数所取得

的干扰效果进行排序，从而优化干扰样式参数的设计。

3）压制系数 K_s

雷达检测概率是干信比或信干比的函数，可以把评价干扰有效性的检测概率指标转换成对干信比的要求。在指定目标情况下，影响雷达检测概率的主要因素是干信比和虚警概率，只要已知其中的任意两个，就能根据它们之间的关系得到另一个。虚警概率是雷达的设计指标，而检测概率是干扰有效性评估指标，由作战要求事先确定，由此可从满足检测概率与虚警概率要求的角度来确定干信比即压制系数，从而将检测概率评估指标转换成干信比评估指标。把干扰有效性的检测概率评估指标转换成对压制系数的要求后，就可以根据干信比来评估压制性干扰对雷达目标检测的干扰有效性。

设压制系数为 K_s，雷达在遭受噪声压制性干扰时，其接收机内部的干信比为 r_{js}，若 $r_{js} \geq K_s$，表示干扰有效，否则表示干扰无效。因此压制系数 K_s 是一个绝对指标值，可直接用于判断干扰是否有效，同时压制系数 K_s 也是一个相对指标指，可用于比较在相同使用条件下的不同噪声压制性干扰样式性能优劣，或对同一干扰样式的不同参数所取得的干扰效果进行排序，从而优化干扰样式参数的设计。

4）最小干扰距离 $R_{j\min}$

最小干扰距离是指雷达接收机输入端的干扰信号功率与目标回波信号功率之比等于压制系数时，被保护目标到雷达的距离，或者说干扰有效时，被保护目标与雷达之间的最小距离。也可以说干扰条件下，雷达刚好发现目标时的距离，又称雷达烧穿距离。只要雷达与目标间的距离大于最小干扰距离，雷达就不能探测到目标，也意味着干扰有效。最小干扰距离是雷达对抗装备的主要技术战术指标，在战术应用或外场试验中，常用来表征自卫式干扰的效能。

最小干扰距离 $R_{j\min}$ 可作为相对指标值，以用于比较在相同使用条件下的不同干扰样式性能优劣，最小干扰距离越小，表示干扰样式性能越好。在面向作战应用的雷达电子战功能级仿真系统中，常用最小干扰距离判断目标是否被雷达有效探测。例如，设干扰条件下被保护目标与雷达的距离为 R_t，若 $R_t > R_{j\min}$，表示干扰有效，雷达不能检测到目标，否则干扰无效，雷达能够检测到目标。

5）有效干扰扇区 S_j

如果干扰保护目标或目标群的尺寸或其活动范围小于被干扰雷达的角分辨单元，则最小干扰距离就能反映干扰效果，否则就需要用有效干扰扇区来表示干扰效果。最小干扰距离是有效干扰扇区等于雷达天线方位波束宽度的特殊情况，常用于表征自卫干扰效果。有效干扰扇面是指雷达有源干扰设备对雷达实施干扰时，雷达在多大的方位扇区内不能发现被保护目标[1]。有效干扰扇区也称为有效压制区，是雷达对抗装备的主要技术战术指标，常用来表征对搜索雷达实施的随队掩护干扰效果或远距离支援干扰效果。

有效干扰扇区 S_j 可作为相对指标值,以用于比较在相同使用条件下的不同干扰样式性能优劣,有效干扰扇区越大,表示干扰样式性能越好。在面向作战应用的雷达电子战功能级仿真系统中,常用有效干扰扇区判断目标是否被雷达有效探测。例如,若干扰条件下被保护目标位于有效干扰扇内,则表示干扰有效,雷达不能检测到目标,否则干扰无效,雷达能够检测到目标。

6) 目标参数测量误差 σ_j

搜索雷达和跟踪雷达的搜索状态既要确定有无目标存在,又要测量已发现目标的位置参数和运动参数。噪声压制性干扰既能干扰雷达的目标检测,降低其发现目标的概率,又能干扰雷达的目标参数测量,增加参数测量误差。目标参数测量误差(测量精度)是雷达的重要战术指标且受干扰影响,所以能够表征干扰效果,可作为干扰效果评估指标。

在雷达电子战功能级仿真系统中,可以根据雷达参数、干扰设备参数、目标参数以及它们之间的空间位置关系,计算得到雷达接收机输入端的干信比,然后再根据干信比计算出雷达对目标距离、速度、方位角和俯仰角测量误差。在雷达电子战信号级仿真系统中,可以将仿真场景中的真实目标数据与雷达仿真输出的目标检测结果数据进行匹配和比对,利用预先设置的目标距离、方位角、俯仰角、速度等多维信息的容限值,判断雷达检测的目标是真实目标,还是虚假目标。若是真实目标,则统计雷达对真实目标参数测量误差。这些误差就是依据单个参数测量维度确定的压制性干扰效果评估指标,参数测量误差越大,意味着干扰效果越好。

设雷达完成作战任务所能允许的最大测量误差为 σ_{st},雷达在干扰条件下实际达到的测量误差为 σ_j,若 $\sigma_j > \sigma_{st}$,表示干扰有效,否则表示干扰无效。因此干扰条件下的目标参数测量误差是一个绝对指标值,可直接用于判断干扰是否有效。

6.2.3.2 多假目标欺骗干扰效果评估指标

多假目标欺骗干扰作为一种重要的欺骗干扰样式,其意图是给敌方雷达提供许多与真实目标距离不同的假目标,使得雷达不能区分真假目标或因难以判断而延缓识别真目标的时间。

1) 假目标数量 N_F

与噪声压制性干扰不同,多假目标欺骗干扰不是以干扰功率取胜,而是以假目标数量取胜。如果雷达不能区分真假目标,而只能以等概率录取真假目标,则可用雷达能检测到的假目标数量来评估干扰效果。

多假目标干扰能使雷达在目标检测环节丢失真目标和发现假目标,丢失真目标等效于发生漏警,发现假目标等效于虚警。如果雷达检测到的真假目标总数大于它能处理的最大目标数,其数据处理器就可能会过载。如果雷达没有信号或数据处理过载的保护措施,则过载会使雷达丧失目标检测能力,相当于漏警概率为 100%,那么在这种情况下可用雷达能检测到的真假目标总数来表征干扰效果。

设雷达能处理的最大目标数为 N_{st},雷达检测到的真假目标总数为 N_F,若 $N_F > N_{st}$,表示干扰有效,否则表示干扰无效。

2)真目标识别概率 P_T

现代雷达大多都有防止信号或数据处理过载的保护措施,例如雷达会限定在每个波位上或波束驻留期间所检测的目标数量,当一个波位上的目标数超过限定值时,只处理规定数量的目标,或只处理近距离的目标数据,对于这种雷达就不能用假目标数量来评估多假目标干扰效果。

在多假目标干扰条件下,搜索雷达或目标指示雷达除了录取真目标外,还可能录取大量假目标,但只能选择少量高威胁等级的目标引导跟踪雷达,其余的或者留下继续观察或者清除。如果雷达不能区分真假,则真目标可能被留下,那么留下的真目标不会被跟踪和摧毁,对武器系统来说这些真目标相当于丢失,所以在雷达的目标识别和引导环节中可用真目标识别概率来表征干扰效果。

设雷达能处理的最大目标数为 N_{st},雷达检测到的真假目标总数为 N_F,其中真目标数为 N_T,真目标数量可以从仿真输出的雷达目标检测结果数据中获得,则真目标识别概率 P_T 为

$$P_T = \begin{cases} \dfrac{N_T}{N_{st}} & 若 N_F \geqslant N_{st} \\ \dfrac{N_T}{N_F} & 若 N_F < N_{st} \end{cases} \tag{6.9}$$

设雷达完成作战任务要求达到的真目标识别概率最低为 $P_{T\min}$,若 $P_T < P_{T\min}$ 表示干扰有效,否则表示干扰无效。

3)真目标参数测量误差 σ_j

多假目标干扰会影响雷达对目标参数的测量能力,增加目标参数测量误差,所以真目标参数测量误差可作为干扰效果评估指标。

在仿真输出的雷达目标检测结果数据中,通过与仿真场景中真实目标数据的匹配和比对,利用预先设置的目标距离、方位、俯仰、速度等多维信息的容限值,判断雷达检测的目标是真实目标,还是虚假目标。若是真实目标,则计算雷达对真实目标参数测量误差;若是虚假目标,则统计虚假目标数量。

设雷达完成作战任务所能允许的最大测量误差为 σ_{st},雷达在干扰条件下实

际达到的测量误差为 σ_j，若 $\sigma_j > \sigma_{st}$，表示干扰有效，否则表示干扰无效。

6.2.3.3 拖引式欺骗干扰效果评估指标

拖引式欺骗干扰主要用于干扰跟踪雷达，这类跟踪雷达通常是武器或武器系统的控制雷达，如地空导弹系统的跟踪制导雷达、空空导弹的导引头雷达。干扰条件下，雷达控制的武器或武器系统的射击诸元误差主要由雷达提供的目标状态参数测量误差引起，这是干扰跟踪雷达能阻止武器发射或使发射的武器脱靶的主要原因。拖引式欺骗干扰样式主要包括距离拖引干扰、速度拖引干扰和距离速度同步拖引干扰，其目的是使雷达控制的武器系统不能发射武器或发射的武器脱靶，因此可以根据跟踪雷达受干扰程度来评估干扰效果，也可以根据干扰对整个武器系统作战能力的综合影响来评估干扰效果。

1) 目标跟踪误差 σ_t

拖引式欺骗干扰主要针对雷达的跟踪器，增大雷达的目标跟踪误差。当跟踪误差大到一定程度可使发射的武器脱靶，也可使雷达不能稳定跟踪目标，无法控制武器发射，还能改变雷达的工作状态，使其从跟踪转入搜索。无论何种形式的拖引式欺骗干扰效果都与雷达的目标跟踪误差有关，跟踪误差是跟踪雷达的重要技术战术指标，可用于表征干扰效果。跟踪误差包括距离跟踪误差、速度跟踪误差、角度跟踪误差。

在仿真输出的雷达目标跟踪结果数据中，通过与仿真场景中真实目标数据的匹配和比对，以时间为横轴，计算雷达每个处理帧输出的目标测量值与真实值的差值，并统计计算跟踪精度的变化情况，包括均方根误差和最大误差。

设雷达执行引导武器发射任务所要求的目标跟踪误差为 σ_{st}，雷达在干扰条件下用于引导武器发射的实际跟踪误差为 σ_t，若 $\sigma_t > \sigma_{st}$，表示干扰有效，否则表示干扰无效。因此干扰条件下的目标跟踪误差是一个绝对指标值，可直接用于判断干扰是否有效。

2) 脱靶量 R_t

当对与武器系统直接关联的导引头雷达实施干扰时，干扰效果等同于作战效果，则干扰效果最直接的评估指标来自于对武器系统作战效能的要求，而作战效能的评价指标就是作战要求的摧毁概率。

以地空导弹为例，单发导弹对特定目标的摧毁概率 P_1 是导弹有效杀伤半径 R_{st} 和导弹脱靶量 R_t 的函数，常用下式表示：

$$P_1 = 1 - 0.5^{\frac{R_{st}}{R_t}} \tag{6.10}$$

有效杀伤半径与导弹的火药重量等因素有关，是导弹的设计指标，在导弹定型时就已经确定，因此导弹的毁伤概率主要由导弹脱靶量决定，故可使用干扰条件下导弹的脱靶量来表征拖引式欺骗干扰效果。导弹脱靶量是指导弹与目标之间的最小距离,代表导弹偏离目标的大小。导弹脱靶量可利用仿真试验数据直接计算得到。

设武器系统设计的有效杀伤半径为 R_{st},干扰条件下武器系统实际的脱靶量为 R_t,若 $R_t > R_{st}$ 表示干扰有效,否则表示干扰无效。因此干扰条件下的武器系统脱靶量是一个绝对指标值,可直接用于判断干扰是否有效。

需要说明的是,当对导引头雷达实施噪声压制性干扰或多假目标欺骗干扰时,对这两类干扰样式同样可以采用脱靶量作为干扰效果评估指标。

6.2.4 作战效能评估指标

雷达对抗作战效能评估是指站在雷达对抗装备系统体系的高度,从"系统对系统""体系对体系"的作战层次上,对由不同雷达对抗装备组成的电子战系统在整个作战过程中所起的作用和效果进行度量。雷达对抗装备作为一种特殊的武器装备系统,其作战效果虽然属于电子软杀伤的范畴,即通过辐射电子干扰信号扰乱或阻断敌方雷达对己方目标的探测和跟踪,减小搜索雷达的探测距离,降低目标指示雷达的引导距离,增大跟踪制导雷达的测量和跟踪误差。与此同时,降低了雷达的探测或引导距离,就意味着减少了敌方飞机或武器系统的拦截次数,增大了跟踪制导雷达的测量和跟踪误差,也意味着降低了敌方武器系统的命中概率等,即所有电子对抗手段最终体现的是在整个作战过程中己方作战飞机的生存概率或突防概率的增减量,以及敌、己双方战斗力量损伤的变化趋势,因此可以采用作战过程中各作战阶段毁伤情况的统计数据和己方进攻编队的突防概率、任务完成概率等来定量评估雷达对抗作战效能。

雷达对抗作战效能评估指标主要有突防概率、毁伤概率、任务完成概率等,都属于概率形式的指标。由于概率指标是统计指标,必须建立在大量的统计数据的基础上,需要在相同条件下进行多次重复试验才能获得,因此对雷达对抗作战效能的评估可以采用蒙特卡罗多次仿真运行方式,然后根据多次仿真运行的结果数据进行评估指标的统计计算。蒙特卡罗法也称统计试验法,通过依据某种预定概率分布随机抽样来模拟各种随机现象,由于影响作战过程的因素大多是随机的,所以在面向作战应用的雷达电子战仿真系统中普遍采用蒙特卡罗模拟法。

6.2.5 雷达对抗效能仿真评估流程

6.2.5.1 面向作战应用的雷达对抗效能仿真评估流程

在面向作战应用的雷达电子战装备仿真系统中,雷达对抗效能评估的重点是雷达对抗装备的作战能力和由装备平台构成的雷达对抗装备系统体系对整个作战过程及作战结果的影响程度,因此主要采用作战效能评估指标,通过蒙特卡罗多次仿真运行,最终得出红蓝对抗双方作战毁伤、突防概率和任务完成率的统计平均值。

从雷达对抗作战效能评估的角度出发,首先要建立雷达、电子战及其相关的武器装备系统仿真模型。模型是构成仿真系统的基础,建立的模型既要能客观地反映武器装备实体的物理特性,又要能满足作战仿真运行的要求。在作战仿真中,雷达、电子战装备可能只是整个作战系统中的一个很小的组成部分,为了保证仿真系统可实现性及仿真运行的速度和效率,对雷达、电子战等武器装备通常采用面向装备作战能力的功能级建模方法,即在充分研究装备系统功能、性能及作战使用原则的基础上,根据其在作战环境中的主要物理特性和重要技术战术参数建立或抽象出数学解析模型,或利用实战演练、外场试验获得的试验数据、经验数据,甚至利用实战数据等建立数理统计模型,因此这类仿真模型具有高度的抽象性,通常不涉及装备系统内部处理的详细细节,具有模型解算速度快的特点,也因此面向装备作战应用的仿真系统一般都能实现实时或超实时仿真。建立的武器装备模型要通过情报数据、半实物仿真数据、军事演练数据,甚至实战数据进行不断修正和反复检验,以达到客观、真实地反映武器装备物理特性和作战行为的目的。

根据战场环境、作战预案和装备作战使用原则,将建立的这些武器装备平台级功能模型,通过作战关系和信息交互关系,聚合为系统对抗模型,再按照一定的作战想定和战术准则对作战过程进行仿真推演。在仿真推演过程中,雷达、电子战装备以及与作战相关的飞机、导弹、火炮等武器或武器系统,按照雷达方程、雷达干扰方程、武器平台的运动学方程、动力学方程、导弹制导规律等,发生截获、决策、交战等系列事件,最后得出以红、蓝对抗双方作战力量损伤和作战任务完成情况为基础的作战效能评估指标数据统计值。

面向作战应用的雷达电子战装备仿真系统可以灵活方便地构建各种雷达电子战交战场景,可以模拟以实际作战需求为背景的复杂作战群体,可以模拟未来电子战装备的各种作战模式,定量评估采用不同的电子战武器平台、不同的电子战手段所取得的电子战效果,为电子战装备系统体系结构研究、作战效能研究和雷达对抗装备作战能力论证提供仿真分析与演示验证手段。

面向作战应用的雷达对抗效能仿真评估流程如图 6.2 所示。

6.2.5.2 面向系统性能的雷达对抗效能仿真评估流程

在面向系统性能的雷达电子战装备仿真系统中,仿真研究的重点是装备在

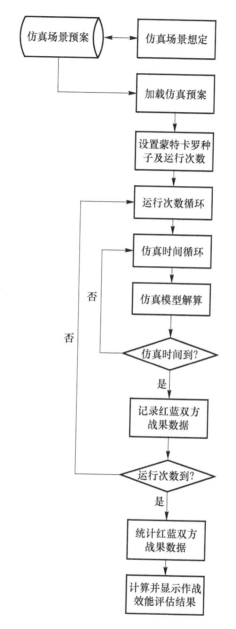

图 6.2　面向作战应用的雷达对抗效能仿真评估流程

实际作战或对抗过程中系统性能的变化规律以及装备在作战使用中可能暴露的系统弱点,因此雷达对抗效能评估主要针对雷达对抗装备的侦察能力和干扰能力,在一定的作战背景下,面向具体的雷达对象开展对抗仿真试验,利用仿真过程中记录存储的仿真试验数据,对侦察效果评估指标和干扰效果评估指标进行统计计算，以实现对雷达对抗装备侦察干扰效能的定量评估。

由于雷达、电子战装备都工作在复杂的电磁信号环境中，是通过对电磁信号环境的侦收与处理来完成各自的使命任务，因此在面向系统性能的雷达电子战装备仿真系统中，对雷达、电子战装备通常采用面向系统性能的信号级建模方法，即针对装备系统的信号/数据处理过程进行详细建模，尽可能反映组成装备的各个关键模块性能对整个装备系统性能的影响以及装备系统内部信息处理和外部信息交互的逻辑性和映射关系。由于信号级仿真模型的解算涉及大量的信号产生与处理过程的复杂运算，而且模型之间存在网状的、多频次的大量数据通信服务和协同运行要求，所以面向装备系统性能的仿真系统较难满足实时性要求，一般只能实现非实时仿真。但是可以在不断优化模型算法的基础上，通过引入并行计算技术，充分利用和挖掘高性能计算机硬件平台优势，将仿真系统中多个模型的复杂运算和协同交互关系，合理有效地分解到高性能计算机的多个处理节点上，分配给各处理节点的任务要均衡，尽量减少节点间的通信，以达到提高仿真运行效率的目的。

在面向系统性能的雷达电子战装备仿真系统中，不仅要建立雷达、电子战装备内部基于信号/数据流处理的仿真模型，也要实现对战场复杂电磁信号环境的仿真，同时在进行仿真场景设置、仿真参数选择时也应尽可能贴近实际装备的作战使用状态，以保证仿真试验场景的真实性。典型仿真试验场景通常是单个或多个雷达对抗装备对单部或多部雷达的对抗仿真，也就是说，可以模拟"一对一"的干扰效果，也可以模拟"多对一"的分布式干扰效果，还可以模拟"一对多"的多目标干扰效果，以及"多对多"的干扰效果，如对组网雷达的协同对抗仿真。在仿真运行过程中，各个雷达、雷达对抗装备仿真模型实体通过网络按照仿真节拍上报各自的仿真结果数据，由系统主控软件实现对仿真结果数据的本地化保存，同时系统主控软件也会记录存储每个仿真时刻的真实场景数据，并与加载的仿真场景建立关联关系，以用于雷达对抗效能的事后分析评估。

由于面向系统性能的雷达电子战装备仿真系统能够比较逼真地模拟雷达对抗装备所面临的复杂电磁信号环境、雷达干扰信号的产生过程、雷达对回波信号/环境杂波/干扰信号的接收与处理过程，以及雷达与雷达对抗装备平台相对运动关系对作战效果的影响，因此仿真结果具有较高的真实性和可靠性。通过分析仿真试验结果数据，雷达设计师可以得到雷达抗有源干扰能力的定性和定量评估结果，从而为改进雷达设计，提高雷达的抗干扰性能提供技术支撑；同样，雷达对抗装备设计师也可以得到装备干扰能力的定性和定量评估结果，从而为改进雷达对抗装备设计，提高雷达对抗装备的干扰效能提供技术支撑。

面向系统性能的雷达对抗效能仿真评估流程如图6.3所示。

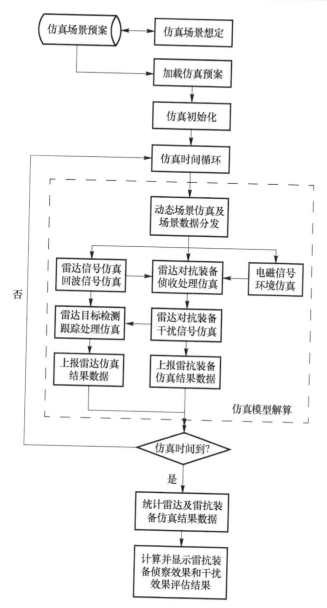

图 6.3 面向系统性能的雷达对抗效能仿真评估流程

6.3 雷达对抗效能评估应用实例

随着雷达技术的进步,雷达系统性能得到了不断的提升,特别是现代雷达组网技术的应用,使得传统的单部干扰机或多部独立工作的干扰机难以实现对组网雷达、分布式雷达的有效干扰,因而分布式协同干扰已成为雷达对抗领域的一个重要发展方向。分布式协同干扰是指将多部干扰机资源整合起来,按照一定的工作模式实现一种高效的"多对多"的干扰方式,可根据具体的战场电磁态势来确定干扰机的数量、空间排布方式、采用的干扰样式、干扰频率、干扰功率、干扰波束指向等策略。这里以分布式协同干扰机对抗分布式雷达为例,通过构建干扰效能评估指标体系和多层次模糊评估模型,并利用具体试验场景获取的试验数据,对分布式协同干扰效能进行定量评估[11]。

6.3.1 协同干扰试验场景

为了检验协同干扰对抗分布式雷达的干扰效能,设置如图 6.4 所示的试验场景。试验场景中,分布式雷达由三个雷达站点组成,三个雷达站点部署在一条直线上,雷达站点之间通过光纤连接,实现时间同步控制和多节点数据融合处理。协同干扰系统由两部干扰机组成,干扰机之间通过数传电台实现协同干扰控制。其中,干扰站 1 是主站,干扰站 2 是从站,由干扰站 1 引导干扰站 2 实现协同干扰,两个干扰站可以按试验要求发射噪声压制干扰信号或假目标欺骗干扰信号,干扰频段覆盖分布式雷达的工作频点。试验场地选在有固定民航航线的附近,将民航飞机作为分布式雷达的观测目标。

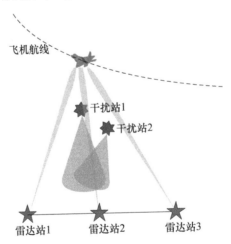

图 6.4 协同干扰试验场景示意图(见彩图)

试验的科目设置见表 6.1,包括 5 个试验科目,分为单干扰站对抗分布式雷达和多干扰站协同对抗分布式雷达两大类;单干扰站干扰试验包括噪声压制干扰试验、假目标欺骗干扰试验,多干扰站协同干扰试验包括协同噪声压制干扰试验、协同假目标欺骗干扰试验和协同组合干扰试验。

表 6.1 协同干扰试验科目设置功能和参数

试验科目编号	试验内容	备注
U_1	单干扰站噪声压制干扰试验	干扰站1发射噪声压制干扰信号
U_2	单干扰站假目标欺骗干扰试验	干扰站1发射假目标欺骗干扰信号
U_3	多干扰站协同噪声压制干扰试验	干扰站1和干扰站2都发射噪声压制干扰信号
U_4	多干扰站协同假目标欺骗干扰试验	干扰站1和干扰站2都发射假目标欺骗干扰信号
U_5	多干扰站协同组合干扰试验	干扰站1发射噪声压制干扰信号,干扰站2发射假目标欺骗干扰信号

6.3.2 干扰效能评估指标体系

结合协同干扰和分布式雷达的技术战术特点,综合使用功率准则、概率准则和效率准则来构建评估指标体系,如图 6.5 所示,选取的评估指标具有可测量性或可计算性。图中,第二层的 U1~U5 对应表 6.1 中的试验科目编号。

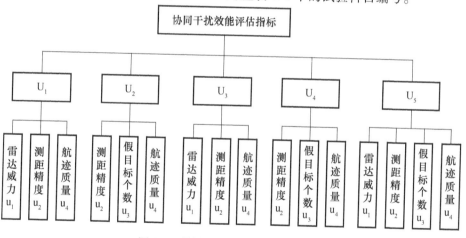

图 6.5 协同干扰效能评估指标体系

(1) 雷达威力。根据设定的对抗试验场景,分别记录分布式雷达系统对民航飞机等典型目标在无干扰和有干扰条件下的探测距离,即为雷达威力。雷达威力主要用来衡量噪声压制干扰的效果。

(2) 测距精度。在设定的试验场景下,一方面通过 ADS-B 系统获得民航飞机目标的真实航路信息(经度、纬度和高度等),结合雷达站点的位置信息,可以获得飞机目标相对于雷达的真实距离;另一方面,通过雷达系统可以获得飞机目标距离的测量值。对测量值和真实值进行统计计算,获得测距精度。噪声压制干扰和假目标欺骗干扰都可以影响雷达的测距精度。

(3) 假目标个数。统计雷达观测数据中的总目标个数,根据设定的试验场景,去除飞机目标的数量,剩余的即为假目标个数。该指标主要用来衡量假目标欺骗干扰的效果。

(4) 航迹质量。对雷达目标回波数据进行积累、检测后,获取目标点迹。这里使用的航迹质量统计方法为,取 7 帧雷达目标回波数据 $\{d_{n-3}, d_{n-2}, d_{n-1}, d_n, d_{n+1}, d_{n+2}, d_{n+3}\}$ 进行积累检测,如果 7 帧数据都检测出正确的目标点迹,则第 n 点的航迹质量值为7,缺少一个正确点迹或者出现错误点迹,则航迹质量值减1,第 n 点的最差航迹质量值为 0。噪声压制干扰和假目标欺骗干扰都可以影响航迹质量。

6.3.3 多层次模糊评估模型

对干扰效能的评估通常要涉及多个因素和多个指标,对协同干扰效能评估而言,这种情况会更加复杂。从模糊数学的观点看,协同干扰效能评估是一个多因素综合评估问题,由于影响干扰效能的因素空间与干扰效能评价空间之间的关系具有很强的不确定性和模糊性,难以用数学解析式进行明确表达,所以可采用层次分析法,先对各因素集建立单级模糊评估模型,然后从下往上逐级进行单级模糊评判,最后通过综合模糊评估模型就可以对协同干扰效能得出一个模糊评判结果。

多层次模糊评估模型基于层次分析法设计。层次分析法(AHP)是美国运筹学家 A. L. Saaty 教授提出的一种定性与定量相结合的决策分析方法。AHP 方法能客观反映人们基于感性的定性认知到基于理性的定量认知的思维模式,具有将非结构化的不确定性语言描述转化成为结构化的数学描述,从而使对问题的研究得以简化和清晰。AHP 方法首先针对问题建立层次分析结构模型,然后通过构造判断矩阵、层次排序等典型步骤来计算各层次构成因素对于总目标的组合权重,从而得出不同方案的综合评价值,可为优选方案提供依据。

基于 AHP 进行多层次模糊评估的基本步骤包括:

(1) 因素分层:将影响评估结果的各种因素进行分层;

(2) 单因素分析:对底层的 n 个因素依次进行单因素分析,针对上层第 k 个因素给出每个因素的隶属度,得到隶属度矢量 $\boldsymbol{S}_k = (S_{k1}, S_{k2}, \cdots, S_{kn})$。

(3) 确定评价集:根据用户需要和价值判断确定评价集 $\boldsymbol{V} = (V_1, V_2, \cdots, V_m)$。

(4) 计算模糊矩阵:通过选择合适的隶属函数,得到一个从隶属度矢量 $\boldsymbol{S}_k$ 到评价集 $\boldsymbol{V}$ 的模糊映射,$f: S \rightarrow \varphi(V)$,设 $s_{ki} \mid \rightarrow f(s_{ki}) = (r_{i1}, r_{i2}, \cdots, r_{im}) \in \varphi(V)$。由模糊映射 f 可得到模糊关系 $\boldsymbol{R}_k$,$R_k(s_{ki} v_j) = r_{ij}$,其中 r_{ij} 为因素集中第 i 个元素

对评价集中第 j 个元素的隶属度,从而得到上层第 k 个因素模糊矩阵为

$$\boldsymbol{R}_k = \begin{pmatrix} r_{11} & \cdots & r_{1m} \\ \vdots & & \vdots \\ r_{n1} & \cdots & r_{nm} \end{pmatrix} \quad (6.11)$$

(5)确定权重矢量:通过确定权重的方式,将评估过程中的一些定性概念进行定量化。首先,建立判断矩阵 $\boldsymbol{M} = (a_{ij})_{n \times n}$,其中 a_{ij} 是下层元素 u_i, u_j 相对于上层元素的重要性 1~9 标度量化值;其次,求矩阵 $\boldsymbol{M}$ 的最大特征根 $\lambda_{\max}$,$\lambda_{\max}$ 对应的特征矢量 $\boldsymbol{W}$ 的归一化矢量即权重矢量;然后,进行一致性检验。偏差一致性指数 $CI = \dfrac{\lambda_{\max} - n}{n - 1}$,随机一致性指数 RI 如表 6.2 所列,一致性指数 $CR = \dfrac{CI}{RI}$。当 $CR < 0.1$ 时,可以认为判断矩阵满足一致性要求;当 $CR \geq 0.1$ 时,不满足一致性要求,应重新调整判断矩阵的元素,直到满足一致性要求为止。

表 6.2 随机一致性指数表

n	1	2	3	4	5	6	7	8	9	10
RI	0	0	0.58	0.90	1.12	1.24	1.32	1.41	1.45	1.49

(6)选择合适的算子:根据综合评判模型 $\boldsymbol{B} = \boldsymbol{A} \cdot \boldsymbol{R}$,得出一级评判结果 $\boldsymbol{B}$。

(7)利用一级评判结果建立二级评判模糊矩阵,重复步骤(4)和(5),得出二级评判结果,并依次类推就可以得出最终评判结果。

6.3.4 干扰效能评估计算过程

1)评估指标计算

通过对表 6.1 中 5 个科目的试验数据进行统计分析,得到每个科目的评估指标值见表 6.3,每个指标的计算都分为无干扰和有干扰两种情况。

表 6.3 评估指标计算结果表

评估指标		试验科目				
		U_1	U_2	U_3	U_4	U_5
雷达威力/km	无干扰	115				
	有干扰 u_1	67	115	63	115	30
测距精度/m	无干扰	100				
	有干扰 u_2	219.4	341.9	5000	224.2	5000
假目标个数/个	无干扰	0				
	有干扰 u_3	0	400	0	800	500
航迹质量	无干扰	5.2				
	有干扰 u_4	3.1	4.03	0	4.55	0

2）重要性矩阵确定及权重计算

综合专家评价意见，建立如下重要性矩阵。5 个试验科目 U_1、U_2、U_3、U_4、U_5 之间的重要性矩阵为

$$M = \begin{pmatrix} 1 & 1 & 1/3 & 1/3 & 1/5 \\ 1 & 1 & 1/3 & 1/3 & 1/5 \\ 3 & 3 & 1 & 1 & 1/2 \\ 3 & 3 & 1 & 1 & 1/2 \\ 5 & 5 & 2 & 2 & 1 \end{pmatrix}$$

在评估 U_1 和 U_3 科目时，3 个评估指标 u_1、u_2、u_4 之间的重要性矩阵为

$$M_1 = M_3 = \begin{pmatrix} 1 & 7 & 9 \\ 1/7 & 1 & 3 \\ 1/9 & 1/3 & 1 \end{pmatrix}$$

在评估 U_2 和 U_4 科目时，3 个评估指标 u_2、u_3、u_4 之间的重要性矩阵为

$$M_2 = M_4 = \begin{pmatrix} 1 & 1/3 & 3 \\ 3 & 1 & 9 \\ 1/3 & 1/9 & 1 \end{pmatrix}$$

在评估 U_5 科目时，4 个评估指标 u_1、u_2、u_3、u_4 之间的重要性矩阵为

$$M_5 = \begin{pmatrix} 1 & 3 & 1 & 9 \\ 1/3 & 1 & 1/3 & 3 \\ 1 & 3 & 1 & 9 \\ 1/9 & 1/3 & 1/9 & 1 \end{pmatrix}$$

对重要性矩阵求解最大特征值和特征矢量，进行一致性检验，并归一化处理后，得到权重分配如下：

$A = (0.0759, 0.0759, 0.2196, 0.2196, 0.4089)$

$A_1 = A_3 = (0.7854, 0.1488, 0.0658)$

$A_2 = A_4 = (0.2308, 0.6923, 0.0769)$

$A_5 = (0.4091, 0.1364, 0.4091, 0.0455)$

3）隶属度计算

雷达威力、测距精度、假目标个数和航迹质量 4 个评估指标，既可以用来评估雷达的抗干扰效能，也可以用来评估干扰机的干扰效能。雷达威力越大、测距

精度越高、假目标个数越少、航迹质量越好,雷达的抗干扰性能越好;反之,雷达威力越小、测距精度越低、假目标个数越多、航迹质量越差,干扰效能越好。因此,建立4个评估指标的隶属度如下:

$$s_1(n) = \frac{115 - u_1(n)}{115} \quad n = 1,2,\cdots,5 \quad (6.12)$$

$$s_2(n) = \frac{u_2(n) - 100}{\max(u_2(n))} \quad n = 1,2,\cdots,5 \quad (6.13)$$

$$s_3(n) = \frac{u_3(n)}{\max(u_3(n))} \quad n = 1,2,\cdots,5 \quad (6.14)$$

$$s_4(n) = \frac{5.2 - u_4(n)}{5.2} \quad n = 1,2,\cdots,5 \quad (6.15)$$

由上面的定义可知,隶属度 $s_1(n) \sim s_4(n)$ 都属于 $[0,1]$ 的区间,且隶属度值越接近1,干扰效能越好,反之隶属度越接近0,干扰效能越差。

建立如表6.4所列的5级评价集,计算评估指标的隶属度在评价集每一个区段中的贡献值,这里采用梯形隶属函数,如图6.6所示。

表6.4 评价集

等级	1	2	3	4	5
干扰效能	差	较差	一般	较好	好
数值特征	0～0.2	0.2～0.4	0.4～0.6	0.6～0.8	0.8～1

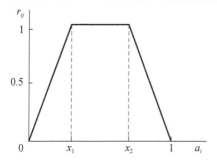

图6.6 梯形隶属函数

$$r_{ij} = \begin{cases} a_i/x_1 & 0 \leq a_i < x_1 \\ 1 & x_1 \leq a_i < x_2 \\ (1 - a_i)/(1 - x_2) & x_2 \leq a_i < 1 \end{cases} \quad (6.16)$$

式中:a_i 为每个隶属度值;x_1 和 x_2 顺次取 $(0,0.2)$、$(0.2,0.4)$、$(0.4,0.6)$、$(0.6,0.8)$、$(0.8,1)$。

由隶属度值、评价集和隶属函数得到 1 级评判模糊矩阵为

$$R_1 = \begin{pmatrix} 0.73 & 0.97 & 1 & 0.70 & 0.52 \\ 1 & 0.12 & 0.06 & 0.04 & 0.03 \\ 1 & 0 & 0 & 0 & 0 \\ 0.75 & 0.99 & 1 & 0.67 & 0.50 \end{pmatrix}$$

$$R_2 = \begin{pmatrix} 1 & 0 & 0 & 0 & 0 \\ 1 & 0.24 & 0.12 & 0.08 & 0.06 \\ 0.63 & 0.83 & 1 & 0.83 & 0.63 \\ 0.97 & 1 & 0.56 & 0.38 & 0.28 \end{pmatrix}$$

$$R_3 = \begin{pmatrix} 0.68 & 0.91 & 1 & 0.75 & 0.57 \\ 0.03 & 0.03 & 0.05 & 0.1 & 1 \\ 1 & 0 & 0 & 0 & 0 \\ 0 & 0 & 0 & 0 & 1 \end{pmatrix}$$

$$R_4 = \begin{pmatrix} 1 & 0 & 0 & 0 & 0 \\ 1 & 0.12 & 0.06 & 0.04 & 0.03 \\ 0 & 0 & 0 & 0 & 1 \\ 1 & 0.63 & 0.31 & 0.21 & 0.16 \end{pmatrix}$$

$$R_5 = \begin{pmatrix} 0.33 & 0.43 & 0.65 & 1 & 0.92 \\ 0.03 & 0.03 & 0.05 & 0.1 & 1 \\ 0.47 & 0.63 & 0.94 & 1 & 0.78 \\ 0 & 0 & 0 & 0 & 1 \end{pmatrix}$$

$R_1 \sim R_5$ 是试验科目 $U_1 \sim U_5$ 的干扰效能评判模糊矩阵,由综合评判模型 $B_i = A_i \cdot R_i$ 得出 1 级评判结果,将 A_i 和 R_i 值代入综合评判模型中,得二级模糊评判矩阵为

$$R = \begin{bmatrix} B_1 \\ B_2 \\ B_3 \\ B_4 \\ B_5 \end{bmatrix} = \begin{pmatrix} 0.77 & 0.85 & 0.86 & 0.60 & 0.45 \\ 0.74 & 0.71 & 0.76 & 0.62 & 0.47 \\ 0.54 & 0.72 & 0.79 & 0.61 & 0.66 \\ 0.31 & 0.08 & 0.04 & 0.03 & 0.71 \\ 0.33 & 0.44 & 0.66 & 0.83 & 0.88 \end{pmatrix}$$

对 B_i 进行归一化得

$B'_1 = (0.2187, 0.2403, 0.2444, 0.1695, 0.1271)$

$B'_2 = (0.2234, 0.2148, 0.2311, 0.1890, 0.1417)$

$B'_3 = (0.1630, 0.2174, 0.2387, 0.1827, 0.1982)$

$B'_4 = (0.2653, 0.0662, 0.0331, 0.0221, 0.6134)$

$B'_5 = (0.1048, 0.1397, 0.2096, 0.2653, 0.2805)$

为了更加直观准确地反映最终的评估结果,且信息损失最小,这里采用加权型算子,单科目干扰效能评价值为 $Q_n = B'_n \cdot w$,其中 $w = (0.2, 0.4, 0.6, 0.8, 1)$,评估结果如表 6.5 所列。

表 6.5 单项评估结果

	试验科目				
	U_1	U_2	U_3	U_4	U_5
评估结果	$Q_1 = 0.5492$	$Q_2 = 0.5622$	$Q_3 = 0.6071$	$Q_4 = 0.7304$	$Q_5 = 0.6954$

由 $B = A \cdot R$,得 $B = (0.4353, 0.4727, 0.5745, 0.5717, 0.7300)$,归一化得 $B' = (0.1564, 0.1698, 0.2063, 0.2053, 0.2622)$,再由 $Q = B' \cdot w$ 得到协同干扰系统总的干扰效能评估结果为 0.6494。

6.3.5 干扰效能评估结果分析

从上面的干扰效能评估计算结果可以看出:

(1) $Q_1 = 0.5492$,$Q_2 = 0.5622$,评估结果相近,表明干扰站 1 发射噪声压制干扰(U_1)与干扰站 1 发射假目标欺骗干扰(U_2)的干扰效能相当,根据表 6.4 中的评价集,U_1 和 U_2 的干扰效能评定为一般;

(2) $Q_3 = 0.6071$,$Q_4 = 0.7304$,根据表 6.4 中的评价集,协同噪声压制干扰(U_3)和协同假目标欺骗干扰(U_4)的干扰效能评定为较好,且协同假目标欺骗干扰效能优于协同噪声压制干扰;

(3) $Q_3 > Q_1$,$Q_4 > Q_2$,表明协同干扰时,两个干扰站同时发射噪声压制干扰或者同时发射假目标欺骗干扰的效能要分别优于单个干扰站发射相同干扰样式信号的效能。

(4) $Q_4 > Q_5 > Q_3$,表明协同干扰时,两个干扰站同时发射假目标干扰的效能最优,发射压制和欺骗组合干扰时的效能次之,两个干扰站同时发射压制干扰的效能最差。

(5) 协同干扰系统总的干扰效能评估结果为 0.6494,根据表 6.4 中的评价集,干扰效能可以评定为较好。

参考文献

[1] 熊群力. 综合电子战——信息化战争的杀手锏[M]. 北京:国防工业出版社,2008.
[2] 郭齐胜,等. 装备效能评估概论[M]. 北京:国防工业出版社,2005.
[3] 李云芝,罗小明,等. 航天装备体系作战效能评估研究[J]. 装备指挥技术学院学报,2003.2,14:24-28.
[4] 谢虹. 雷达干扰系统作战效能评估模型[J]. 航天电子对抗,2000.3:41-44.
[5] 高卫. 电子干扰效果一般评估准则探讨[J]. 电子信息对抗技术,2006.6,21:39-42.
[6] 李潮,张巨泉. 雷达抗干扰效能评估方法、现状和展望[J]. 电子对抗,2000.5:41-45.
[7] 张安,文革. 防区外导弹联合攻击武器系统作战效能评估方法[J]. 战术导弹技术,2003.4:1-7.
[8] 俞静一. 雷达干扰效果度量问题的探讨[J]. 舰船电子对抗,1999.4:15-18.
[9] 胡晓伟. 电子干扰效果评估方法[J]. 电子科技,2011.8 ,24:105-107.
[10] 黄高明,刘勤,等. 雷达遮盖性干扰效果评估度量方法研究[J]. 现代雷达,2005.8,27:10-13.
[11] 汤广富,安红,等. 基于层次分析法的协同干扰效能评估[J]. 电子信息对抗技术,2016.4,31:58-62.

主要符号表

A	振幅
A_0	载波幅度
$A_{0.01}$	降雨衰减量
A_k	当前时刻天线方位指向
A_{k-1}	上一时刻天线方位指向
A_{max}	天线方位扫描范围上限
A_{min}	天线方位扫描范围下限
A_{nmax}	噪声最大值
A_p	衰减强度
A_r	回波信号幅度
a	地球椭球的长半轴
a_m	IIR 滤波器的系数
B	信号带宽
	大地纬度
B_0	相控阵天线阵面法线方向上的波束宽度
B_e	相位编码信号等效带宽
B_j	干扰信号带宽
B_L	线性调频信号调制带宽
B_n	噪声带宽
	调制后噪声干扰信号带宽
B_r	中放带宽
B_s	相控阵天线波束宽度
b	地球椭球的短半轴
b_k	M 序列码线性反馈移位寄存器状态
b_m	IIR 滤波器的系数
c	光速
c_i	M 序列码线性反馈移位寄存器权值
D	脉冲压缩比

	有效相移
D_0	雷达检测因子
D_A	AGC 干扰信号幅度比
D_e	交叉眼干扰产生的假目标与真实目标间的偏离距离
D_T	AGC 干扰通断工作比
d	信号到达角的真实值
d_m	信号到达角的测量值
E	能量
E_{JP}	检测概率损失度
E_{JR}	探测距离损失度
$E_{j\min}$	雷达接收机输入端所需要的最小干扰信号能量
$E_{\min}$	天线俯仰扫描范围下限
E_s	目标回波信号能量
e	地球椭球的第一偏心率
e'	地球椭球的第二偏心率
F_g	频率引导准确率
F_n	接收机噪声系数
$\boldsymbol{F}(k)$	状态转移矩阵
f	信号载频
f_0	雷达发射信号的载频
f_c	杂波谱 3dB 宽度
f_d	多普勒频率
f_{dm}	主瓣杂波多普勒频率
f_{IF}	接收通道中频频率
f_r	脉冲重复频率
f_s	仿真系统的采样频率
G	雷达天线增益
G_0	相控阵天线阵面法线方向上的增益
G_a	天线主瓣增益
G_b	第一副瓣增益
G_c	平均副瓣增益
G_{CE}	交叉眼干扰增益
G_{IF}	雷达中放增益
G_j	干扰发射天线增益
G_r	雷达天线接收增益

符号	含义
G_s	相控阵天线增益
G_t	雷达天线发射增益
g_1	天线第一副瓣电平
g_2	天线平均副瓣电平
H	大地高度
$\boldsymbol{H}(k)$	量测矩阵
h_a	雷达对抗装备平台的高度
h_R	雨层高度
h_S	辐射源海拔高度
h_t	雷达辐射源天线高度
I	降雪强度
K_C	脉冲压缩修正因子
K_{DDS}	DDS 通道输出信号在整个发射功率所占比例
K_{DRFM}	DRFM 通道输出信号在整个发射功率所占比例
K_{FM}	调频斜率
K_I	脉冲积累修正因子
K_j	处理增益
K_{ji}	脉冲积累增益
K_{jpc}	脉冲压缩增益
K_L	线性调频信号调制斜率
K_R	距离相关波门尺寸
K_s	压制系数
K_θ	方位角的相关波门尺寸
K_φ	俯仰角的相关波门尺寸
$K(k+1)$	航迹滤波增益
k	玻耳兹曼常数
k_f	天线方向图在 θ_f 处的斜率
k_g	比例导引系数
L	天线间距
L	大地经度
L_f	电磁波在自由空间传播中的路程损耗
L_j	干扰机综合损耗
L_p	极化损失
L_r	接收损耗
L_S	降雨区域的斜距

符号	含义
L_s	系统损耗
L_t	发射损耗
L_{Tx}	雷达信号在侦察接收机内的处理损失
M	积累脉冲个数
m_A	最大调制系数
m_{Ae}	有效调制系数
m_{fe}	有效调制指数
N_c	雷达侦察设备有效截获的威胁雷达数量
N_F	假目标数量
N_g	有效导航比
N_i	雷达对抗装备识别出的威胁雷达数量
P	相位编码信号编码序列长度
P_1	单发导弹对特定目标的摧毁概率
P_d	检测概率
P_{dj}	干扰条件下的检测概率
P_{dst}	最低检测概率
P_{ec}	当前信号环境复杂度对侦收概率的影响因子
P_{ed}	当前信号环境密度对侦收概率的影响因子
P_{fa}	虚警概率
P_i	输入脉冲的峰值功率
P_j	干扰机发射功率
P_{ji}	输入的宽带噪声干扰信号功率
$P_{j\min}$	雷达接收机输入端所需要的最小干扰信号功率
P_{jo}	输出的宽带噪声干扰信号功率
P_o	输出脉冲的峰值功率
P_r	雷达接收的目标回波信号功率
P_r	侦察接收机自身的侦收概率
$P_{r\min}$	最小可检测信号功率
P_s	侦察接收机的有效侦收概率
	目标回波信号功率
$P_{s\min}$	成功分选所需要的侦收概率下限
P_T	真目标识别概率
P_t	雷达发射功率
$\boldsymbol{P}(k+1\mid k)$	预测协方差矩阵
PRF_g	重频引导准确率

PW_g	脉宽引导准确率
p_a	信号幅度真实值
pa_m	信号幅度测量值
pw	脉宽真实值
pw_m	脉宽测量值
$\boldsymbol{Q}(k)$	过程噪声协方差矩阵
$\dot{q}$	弹目视线角的转动角速度
R	目标距离
$R_{0.01}$	降雨率
R_{bw}	信号平方的带宽与信号带宽之比
R_e	地球有效半径
R_i	雷达侦察设备的作用距离
R_j	干扰机距离
R_{max}	雷达作用距离
$R_{s\,max}$	视距
R_{st}	导弹有效杀伤半径
R_t	导弹脱靶量
$\boldsymbol{R}(k+1)$	量测噪声协方差矩阵
r	信号加噪声的包络
$r_{0.01}$	降雨对信号的路径缩减因子
r_c	威胁目标截获率
r_g	干扰引导准确率
r_i	威胁目标识别率
rf	信号载频真实值
rf_m	信号载频测量值
S_j	有效干扰扇区
$\boldsymbol{S}(k+1)$	新息协方差矩阵
T	时间间隔
T_0	标准室温
T_d	雷达事件的驻留时间
T_P	雷达调度间隔长度
T_r	脉冲重复周期
T_s	仿真系统的采样周期
T_{subr}	群脉冲组信号组内脉冲重复周期
T_t	脉冲发射时间

符号	含义
t_a	信号到达时间真实值
t_{am}	信号到达时间测量值
t_r	目标的双程距离延迟时间
V_j	干扰信号幅度
V_m	A/D 转换器的信号幅度范围
V_m	能见度
V_m	信号幅度(电压)最大值
V_T	检测门限
$V(k)$	过程噪声
v_a	天线扫描速度
v_c	导弹与目标的相对速度
v_m	导弹速度
v_p	雷达载机速度
v_r	目标相对于雷达的径向速度
v_{rgp}	拖距速率
v_{vgp}	拖速速率
W_F	频率引导准确率的权系数
W_{PRF}	重频引导准确率的权系数
W_{PW}	脉宽引导准确率的权系数
$W(k+1)$	量测噪声
$X(k)$	状态矢量
$\bar{x}$	信号均值
x_{max}	输入信号最大值
x_{rms}	均方根误差
Z	负载阻抗
$\hat{Z}(k+1)$	量测值
$\hat{Z}(k+1 \mid k)$	量测的预测值
α	目标状态的位置分量的常滤波增益
	地球椭球的扁率
α_d	滤波器的群时延
α_s	正弦空间坐标系坐标分量
β	目标状态的速度分量的常滤波增益
β_s	正弦空间坐标系坐标分量
Δd	由多普勒频率引起的时间位移对应的距离误差

符号	含义
Δd	测向误差
ΔF_d	拖引的频率偏移
ΔF_n	调制噪声带宽
Δf	频率分辨力
ΔR	雷达的距离分辨力
ΔT	时间间隔
ΔT_d	拖引的干扰延迟时间
ΔT_r	路程传输延迟
Δpa	信号幅度测量误差
Δpw	脉宽测量误差
Δrf	信号载频测量误差
Δt	电磁波在自由空间传播中的时间延迟
Δt_a	信号到达时间测量误差
Δt_p	拖引时间长度
$\Delta \alpha$	信号入射角与天线法线方向的夹角
$\Delta \theta_0$	天线主瓣3dB波束宽度
$\Delta \theta_1$	天线第一副瓣3dB波束宽度
$\Delta \tau$	由多普勒频率引起的脉压主瓣峰值时间位移
δ	门限系数
φ_0	雷达发射信号的初始相位
φ_a	雷达天线主瓣波束指向的俯仰角
φ_f	天线子波束偏离等强信号轴的俯仰角
φ_p	阵面球坐标系的俯仰角
φ_t	目标偏离天线等强信号轴的俯仰角
ϕ	辐射源纬度
	相移
γ	目标状态的加速度分量的常滤波增益
γ_c	目标散射特性的振幅和相位
γ_R	降雨损耗率
θ_0	天线波束主瓣右零点
θ_1	天线波束右边第一副瓣中心
θ_2	天线波束右边第一副瓣右零点
θ_a	雷达天线主瓣波束指向的方位角
θ_a	主瓣波束宽度
θ_B	雷达天线半功率波束宽度

符号	含义
θ_b	第一副瓣波束宽度
θ_E	俯仰扫描间隔
θ_f	天线子波束偏离等强信号轴的方位角
θ_p	阵面球坐标系的方位角
θ_s	相控阵天线波束扫描角
θ_t	目标偏离天线等强信号轴的方位角
$\dot{\theta}$	导弹速度矢量的转动角速度
λ	信号波长
λ_m	机动指标
μ_f	天线方向图在 θ_f 处的归一化斜率
μ_n	杂波的均值
$\hat{\mu}$	杂波均值的估计值
ν	距离变化率
ρ_j	噪声干扰信号的功率谱密度
σ	目标的雷达散射截面积
$\bar{\sigma}$	目标的平均雷达散射截面积
σ_f	杂波频谱的均方根
σ_n	杂波的均方根
σ_n	调制噪声的标准偏差
σ_v	过程噪声的标准偏差
σ_w	量测噪声的标准偏差
$\hat{\sigma}_n$	杂波均方根的估计值
σ_{doa}^2	信号到达角测量值的均方根误差
σ_{pa}^2	信号幅度测量值的均方根误差
σ_{pw}^2	脉宽测量值的均方根误差
σ_R^2	测量距离的测量方差
$\sigma_{R,k+1/k}^2$	测量距离的预测方差
σ_r^2	量测噪声方差
σ_{rf}^2	信号载频测量值的均方根误差
σ_{toa}^2	信号到达时间测量值的均方根误差
σ_v^2	机动方差
σ_θ^2	方位角的测量方差
$\sigma_{\theta,k+1/k}^2$	方位角的预测方差
σ_φ^2	俯仰角的测量方差

$\sigma^2_{\varphi,k+1/k}$	俯仰角的预测方差
τ	脉宽
τ_0	相位编码信号子脉冲宽度
τ_e	信号脉冲压缩后的宽度
Ψ^2	噪声(杂波)的功率
Ω_a	雷达天线方位扫描速度
ω_0	带通滤波器的中心频率
ω_c	低通滤波器通带截止频率

缩略语

A/D	Analog to Digital	模/数转换
ADC	Analog to Digital Converter	模/数转换
AGC	Automatic Gain Control	自动增益控制
AHP	Analytic Hierarchy Process	层次分析法
AJC	Anti-jamming Capability	雷达综合抗干扰能力
ALSP	Aggregation Level Simulation Protocol	聚合级仿真协议
API	Application Programming Interface	应用程序编程接口
CA	Constant Acceleration	常加速度(也称为匀加速)
CA-CFAR	Cell-Averaging Constant False Alarm Rate	单元平均恒虚警率(也简称为单元平均恒虚警)
CDIF	Cumulative Difference Histogram	积累差直方图算法
CFAR	Constant False Alarm Rate	恒虚警率(也简称为恒虚警)
COM	Component Object Model	组件对象模型
C/S	Client/Server	客户端/服务器
CTP	Conventional Terrestrial Pole	协议地球极
CV	Constant Velocity	常速度(也称为匀速)
C^4ISR	Command Control Communication Computer Intelligence Surveillance Reconnaissance	自动化指挥系统(包括指挥、控制、通信、计算机、情报、监视、侦察七个子系统)
DB	Database	数据库文件
DBF	Digital Beam Forming	数字波束形成

DDS	Direct Digital Synthesizer	直接数字合成
DIS	Distributed Interactive Simulation	分布式交互仿真
DLL	Dynamic Link Library	动态链接库
DMTI	Digital Moving Target Indication	数字动目标显示
DOA	Direction of Arrival	到达方向
DRFM	Digital Radio Frequency Memory	数字射频存储器
DSP	Digital Signal Processing	数字信号处理
ECCM	Electronic Counter-Countermeasures	电子反对抗措施
ECM	Electronic Countermeasures	电子对抗措施(也称为电子干扰)
EIF	ECCM Improvement Factor	雷达抗干扰改善因子
ELINT	Electronic Intelligence	电子情报(也称为电子情报侦察)
EOA	Elevation of Arrival	脉冲到达俯仰角
ERP	Effective Radiated Power	有效辐射功率
ESM	Electronic Warfare Support Measures	电子战支援措施(也称为电子支援侦察)
EXE	Executable Program	可执行程序
FFT	Fast Fourier Transform	快速傅里叶变换
FIR	Finite Impulse Response	有限长单位冲激响应
FOM	Federate Object Model	联邦对象模型
GO-CFAR	Greatest of CFAR	单元平均选大恒虚警率(也简称为单元平均选大恒虚警)
GPS	Global Positioning System	全球定位系统
HLA	High Level Architecture	高层体系结构
ID	Identity	身份
IFFT	Inverse Fast Fourier Transform	逆快速傅里叶变换
IIR	Infinite Impulse Response	无限长单位冲激响应
JTIDS	Joint Tactical Information Distribution System	联合战术信息分配系统
LFM	Linear Frequency Modulation	线性调频
LRS	Long Range Search	远距离搜索

LVC	Live Virtual Constructive	实况、虚拟、构造
MDB	Microsoft Database	数据库文件
MFC	Microsoft Foundation Classes	微软基础类库
MOP	Modulation of Pulse	脉内调制
MTD	Moving Target Detection	动目标检测
MTI	Moving Target Indication	动目标显示
OCX	Object Linking and Embedding Control Extention	对象类别扩充组件
OS-CFAR	Order Statistic Constant False Alarm Rate	有序统计恒虚警率(也简称为有序统计恒虚警)
P2P	Peer to Peer	点对点
PA	Pulse Amplitude	脉冲幅度
PC	Personal Computer	个人计算机
PD	Pulse Doppler	脉冲多普勒
PDF	Probability Density Function	概率密度函数
PDW	Pulse Description Word	脉冲描述字
PI	Pulse Interval	脉冲间隔
PRF	Pulse Repetition Frequency	脉冲重复频率
PRI	Pulse Repetition Interval	脉冲重复间隔
PW	Pulse Width	脉冲宽度
RCS	Radar Cross Section	雷达散射截面积
RF	Radio Frequency	射频
RTI	Run-Time Infrastructure	运行支撑服务程序或运行支撑环境
RWR	Radar Warning Receiver	雷达告警接收机
RWS	Range while Search	边搜索边测距
SDIF	Sequential Difference Histogram	序列差直方图算法
SIRP	Spherically Invariant Random Process	球不变随机过程法
SNR	Signal to Noise Ratio	信噪比
SO-CFAR	Smallest of CFAR	单元平均选小恒虚警率(也简称为单元平均选小恒虚警)

STC	Sensitivity Time Control	灵敏度时间控制
STFT	Short-Time Fourier Transform	短时傅里叶变换
STT	Single Target Track	单目标跟踪
TAS	Track and Search	跟踪加搜索
TCP	Transmission Control Protocol	传输控制协议
TCP/IP	Transmission Control Protocol/Internet Protocol	传输控制协议/因特网互联协议(又名网络通信协议)
T/R	Transmit/Receive	收/发
TOA	Time of Arrival	到达时间
TWS	Track while Scan	边扫描边跟踪
UDP	User Datagram Protocol	用户数据报协议
VS	Velocity Search	速度搜索
VSR	Velocity Search and Range	速度搜索加测距
XML	eXtensible Markup Language	可扩展标记语言
ZMNL	Zero Memory Nonlinearity	零记忆非线性变换法

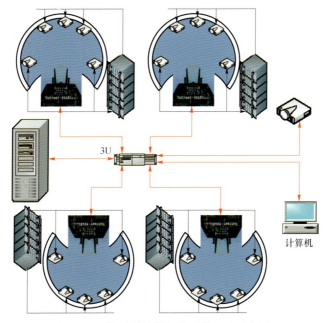

图1.3 飞行员训练模拟器系统配置示意图

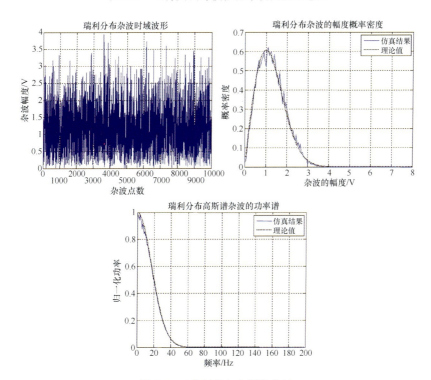

图2.16 瑞利分布高斯谱杂波

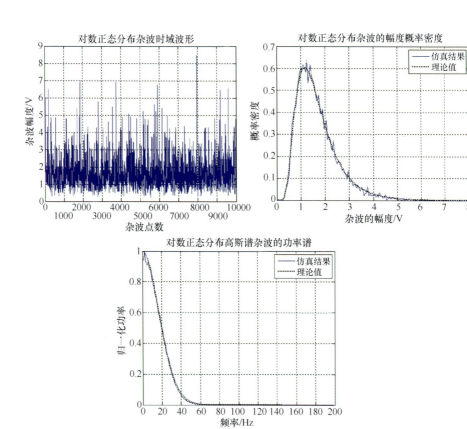

图 2.18 对数正态分布高斯谱杂波

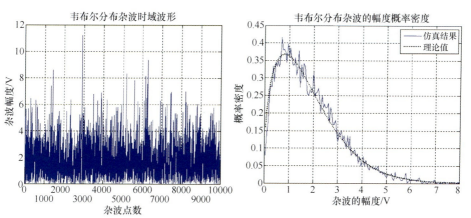
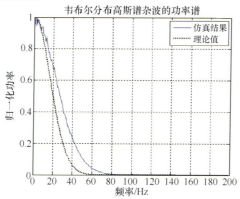

图 2.20 韦布尔分布高斯谱杂波

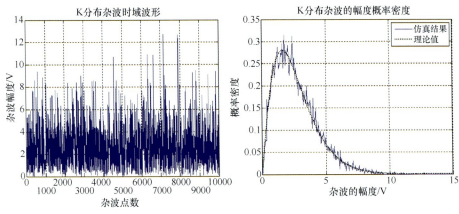
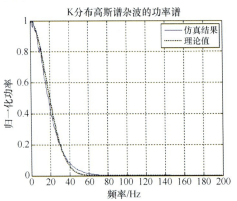

图 2.22 K 分布高斯谱杂波

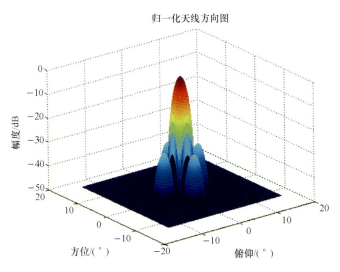

图 2.26 三维天线方向图

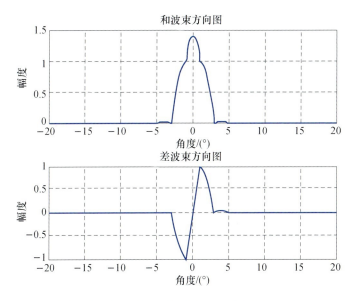

图 2.28　振幅和差单脉冲雷达二维天线方向图

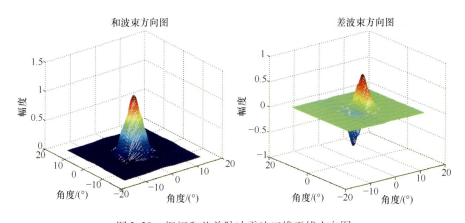

图 2.29　振幅和差单脉冲雷达三维天线方向图

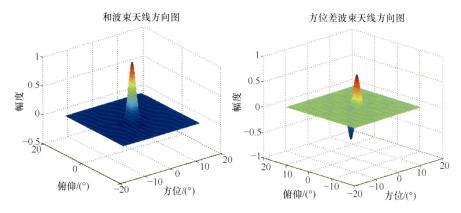

图 2.32　相位和差单脉冲雷达三维天线方向图

```
<?xml version="1.0" encoding="gb2312" ?>
- <雷达配置信息>
   - <网络通信参数>
      <主控IP地址>192.168.1.104</主控IP地址>
      <端口号>700</端口号>
      <本机作为服务器IP>192.168.1.104</本机作为服务器IP>
   </网络通信参数>
   - <系统参数>
      <雷达ID>2130001</雷达ID>
      <当前工作模式 说明="0-VSR, 1-RWS, 2-LRS">1</当前工作模式>
   </系统参数>
   - <工作参数1>
      - <基本参数>
         <搜索工作模式 说明="0-VSR, 1-RWS, 2-LRS">0</搜索工作模式>
         <跟踪工作模式 说明="0-STT, 1-TWS">0</跟踪工作模式>
         <重频类型 说明="0-低重频, 1-中重频, 2-高重频">2</重频类型>
         <发射功率 单位="W">20000.00</发射功率>
         <发射损失 单位="dB">2.00</发射损失>
         <接收损失 单位="dB">2.00</接收损失>
         <雷达作用距离 单位="m">150000.00</雷达作用距离>
         <雷达跟踪距离 单位="m">90000.00</雷达跟踪距离>
         <是否跟踪干扰源>1</是否跟踪干扰源>
         <是否检验距离微分与多普勒一致性>1</是否检验距离微分与多普勒一致性>
         <天线抗干扰措施 说明="0-无, 1-副瓣匿隐">1</天线抗干扰措施>
         <目标起伏类型 说明="0-不起伏, 1-SwerlingⅠ型, 2-SwerlingⅡ型, 3-SwerlingⅢ型, 4-SwerlingⅣ型">0</目标起伏类型>
         <发射重频数>5</发射重频数>
      </基本参数>
      - <天线参数>
         <天线增益 单位="dB">38.000</天线增益>
         <第一旁瓣电平 单位="dB">-30.000</第一旁瓣电平>
         <平均旁瓣电平 单位="dB">-40.000</平均旁瓣电平>
         <水平面波束宽度 单位="度">3.000</水平面波束宽度>
         <垂直面波束宽度 单位="度">3.000</垂直面波束宽度>
         <辅助天线增益 单位="dB">-10.000</辅助天线增益>
         <天线扫描方式 说明="1-一线扇扫, 2-二线扇扫, 3-四线扇扫">1</天线扫描方式>
         <方位扫描速度 单位="度/秒">50.000</方位扫描速度>
         <方位扫描范围下限 单位="度">-20.000</方位扫描范围下限>
         <方位扫描范围上限 单位="度">20.000</方位扫描范围上限>
         <俯仰扫描范围下限 单位="度">0.000</俯仰扫描范围下限>
         <俯仰扫描范围上限 单位="度">0.000</俯仰扫描范围上限>
      </天线参数>
      - <信号频率参数>
         <载频类型 说明="0-固定频率, 1-频率跳变">1</载频类型>
         <频率值 单位="MHz">9606.000000, 9615.000000, 9664.000000, 9739.000000, 9781.000000</频率值>
      </信号频率参数>
      - <搜索发射信号波形参数>
         <发射信号波形数目>6</发射信号波形数目>
         - <波形1>
```

图 2.64　雷达模型参数 XML 文档结构图

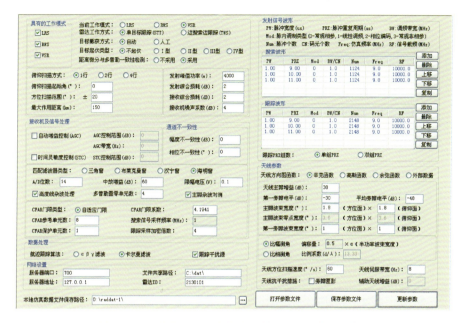

图 2.65　机载火控雷达仿真参数设置界面(表单方式)

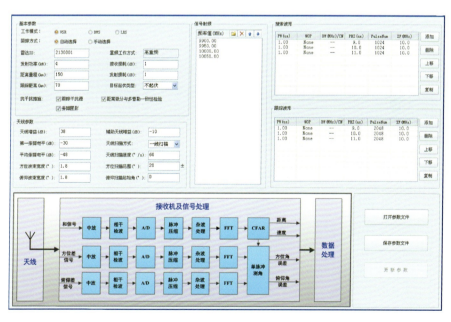

图 2.66　机载火控雷达仿真参数设置界面(图形化方式)

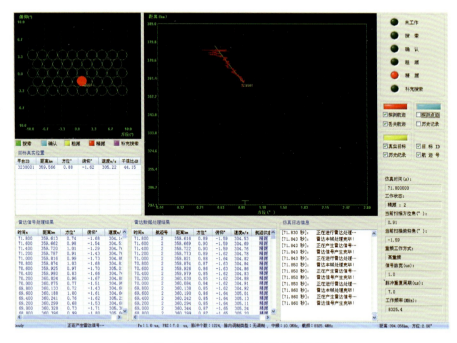

图 2.67 机载火控雷达仿真终端显示界面

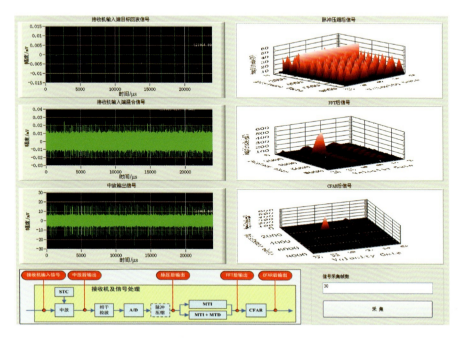

图 2.68 两坐标警戒雷达仿真关键处理节点信号显示界面

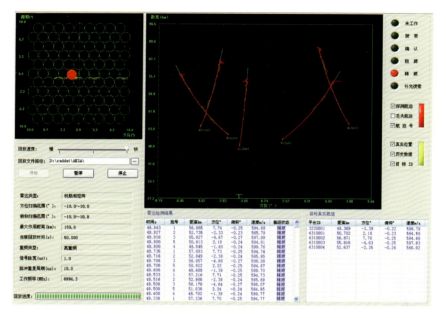

图 2.69　机载火控雷达仿真结果回放显示界面

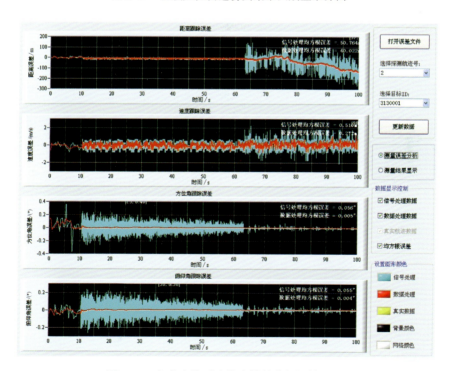

图 2.70　机载火控雷达仿真结果分析评估界面

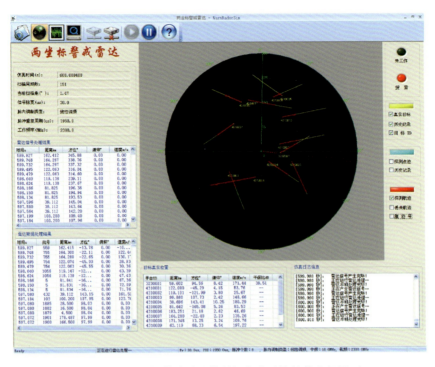

图 2.72　两坐标警戒雷达信号级仿真系统软件人机界面

图 2.77　三坐标警戒雷达仿真试验场景示意图

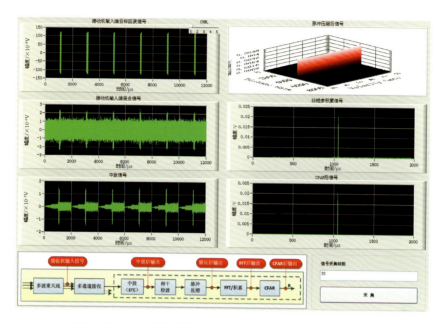

图 2.78　三坐标警戒雷达仿真关键处理节点信号显示界面

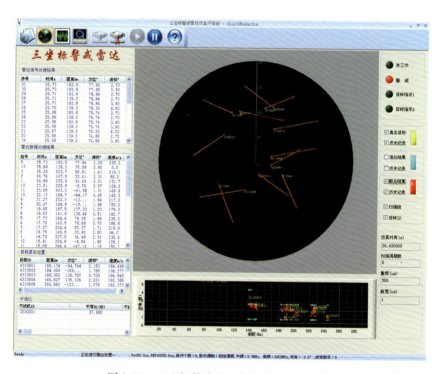

图 2.79　三坐标警戒雷达仿真终端显示界面

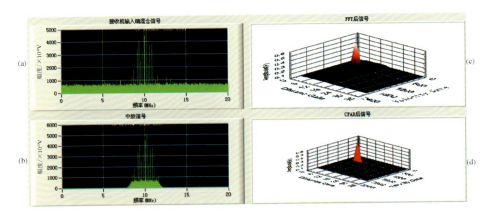

图 2.82　无电子干扰条件下导引头关键处理节点输出信号

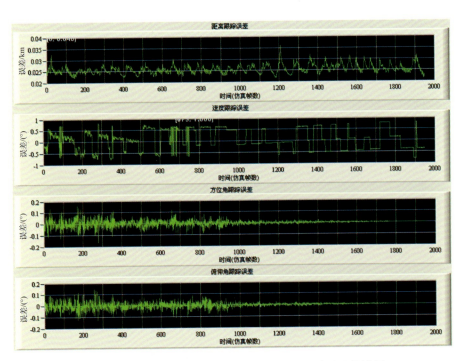

图 2.83　无电子干扰条件下导引头对目标的跟踪误差统计图

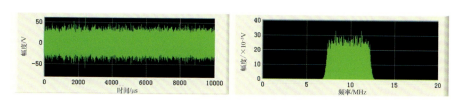

图 2.84 噪声干扰信号波形及频谱图

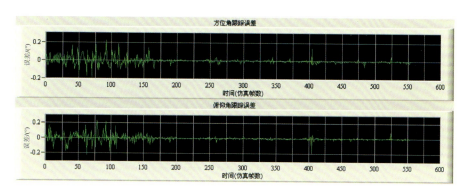

图 2.85 自卫电子干扰条件下导引头对目标的跟踪误差统计图

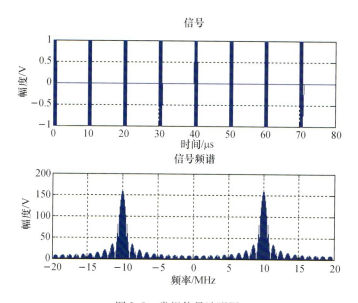

图 3.5 常规信号波形图

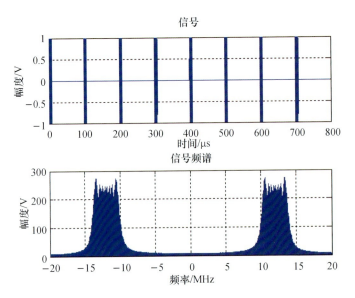

图 3.6　线性调频信号波形图

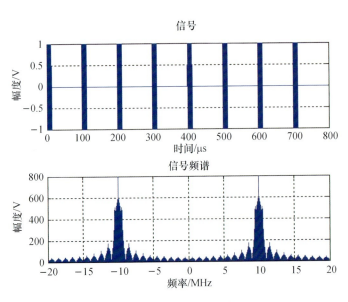

图 3.7　巴克码信号波形图

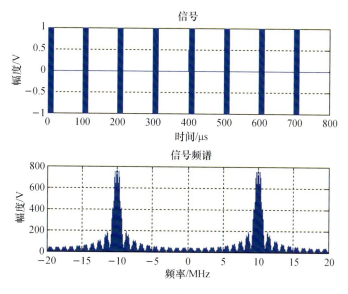

图 3.8 M 码信号波形图

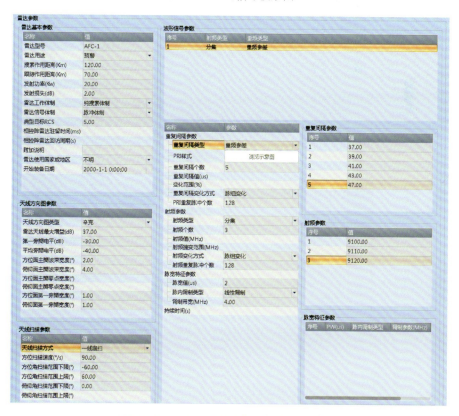

图 3.31 雷达辐射源数据表管理人机界面

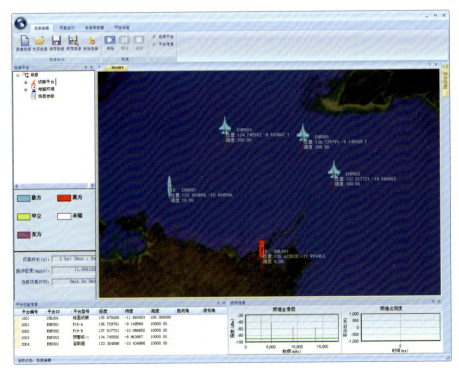

图 3.32 仿真场景想定人机交互界面

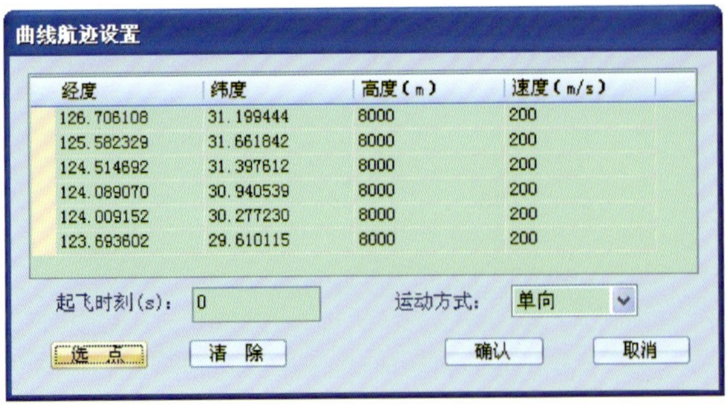

图 3.33 仿真实体平台(运动平台)曲线航迹参数设置界面

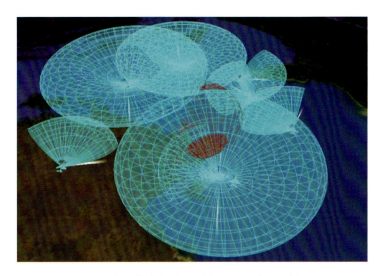

图 3.43 仿真场景三维态势显示效果示例

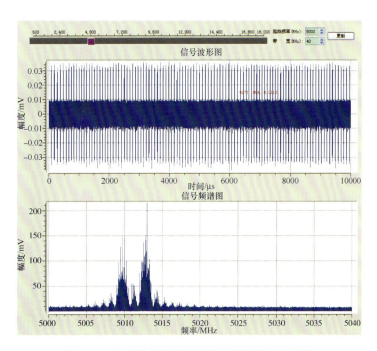

图 3.44 电磁信号波形及频谱分析软件界面示例

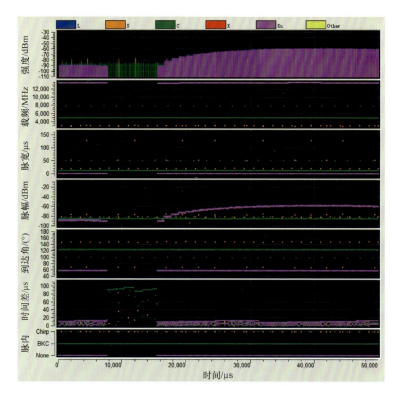

图 3.45　全脉冲数据在时间特征维度上的可视化分析界面

批号	频率类型	频率(MHz)	PRI类型	PRI(us)	脉宽(us)	调制类型	幅度(dBm)	到达角(°)	扫描类型	扫描周期	连续波标识	活动
1	固定	7800	固定	2000	50	线性调频	-79.2355	57.3508	圆扫	6	否	是
2	分集	1600	固定	2500	10	线性调频	-64.1669	61.1602	圆扫	4.8	否	是
3	捷变	13500	組变	9	1	常规	-72.1971	46.4378	扇扫	1.33333	否	是
4	捷变	5000	組变	67	13	相位编码	-80.4363	75.6551	圆扫	7.2	否	是
5	捷变	3000	固定	5000	127	线性调频	-67.3432	69.1644	跟踪	2	否	是
6	分集	9200	組变	67	1	常规	-83.6299	109.364	扇扫	1.33333	否	是
7	捷变	16600	組变	37	1	常规	-57.9206	92.1054	跟踪	0	否	是

属性	值	属性	值	属性	值	属性	值
批号	3	首次时间(ns)	480883350	脉宽类型	固定	重频类型	组变
工作体制	搜索	最新时间(ns)	11183328149	脉宽值(us)	1	重频值(us)	9
信号体制	脉冲	载频类型	捷变	脉宽最小值	1	重频最小值	9
经度(°)	120.51	载频值(MHz)	13500	脉宽最大值	1	重频最大值	13
纬度(°)	25.0338	载频最小值	13400	脉宽数量	1	重频数量	4
高度(Km)	10	载频最大值	13600	脉宽特征(us)	1.00;	连续波标识	否
距离(Km)	259.258	载频数量	1	扫描类型	扇扫	信号活动标识	活动信号
方位角(°)	46.4378	载频分集(MHz)	13500.00;	扫描周期(s)	1	0	0
信号强度(dBm)	-72.1971	脉内类型	常规	重频参差(us)	9.00;10.00;11.00;13.00;	0	0

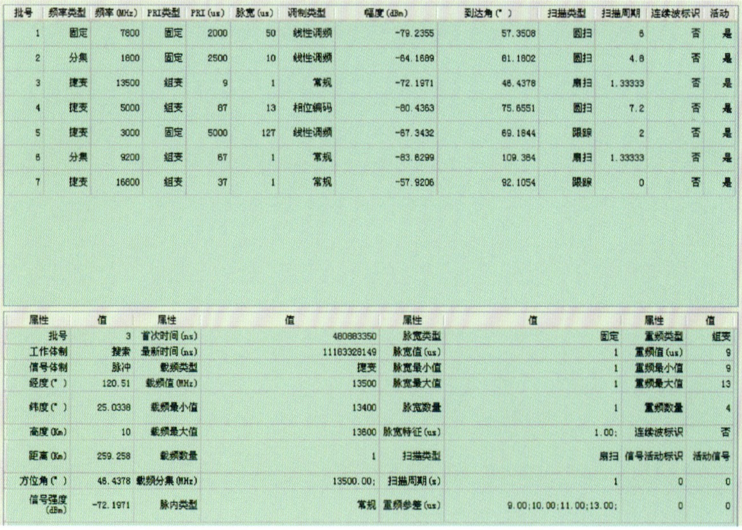

图 3.46　辐射源信号特征参数表格化显示界面

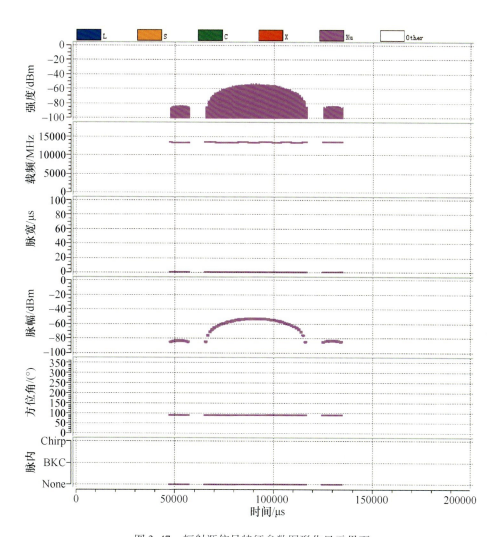

图 3.47 辐射源信号特征参数图形化显示界面

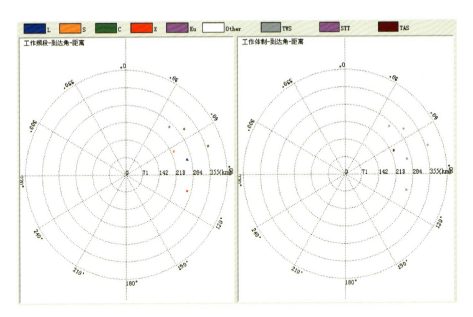

图 3.48 辐射源空间分布特征可视化显示界面

图 3.51 雷达侦察仿真系统软件人机界面示意图

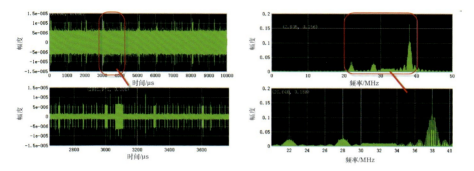

图 3.55 接收机输入端混合信号波形及频谱图

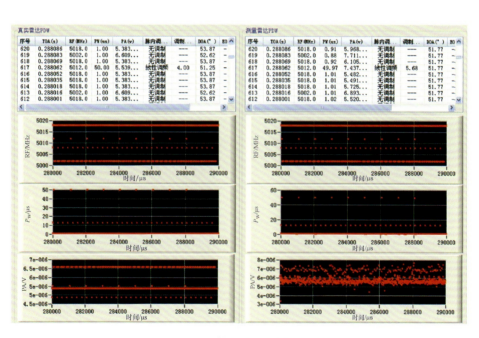

图 3.56 雷达信号侦察处理仿真结果

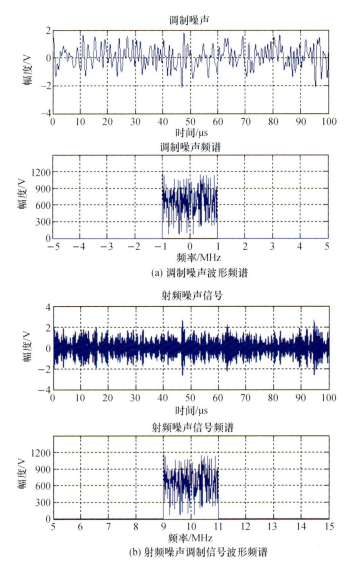

图 4.6 射频噪声干扰信号波形频谱图

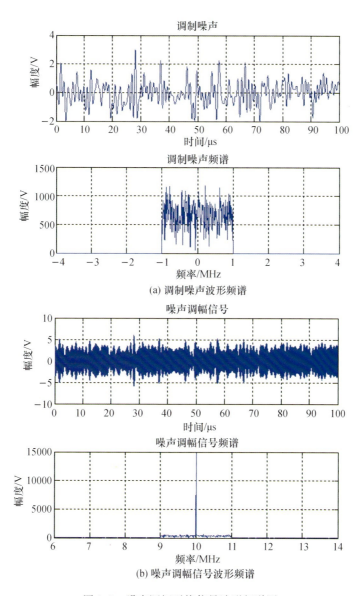

图 4.7 噪声调幅干扰信号波形频谱图

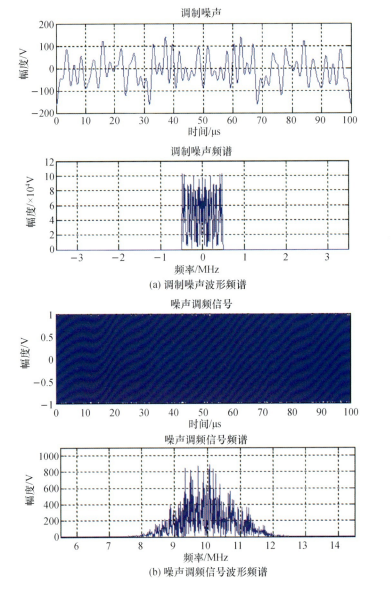

图 4.8 噪声调频干扰信号波形频谱图

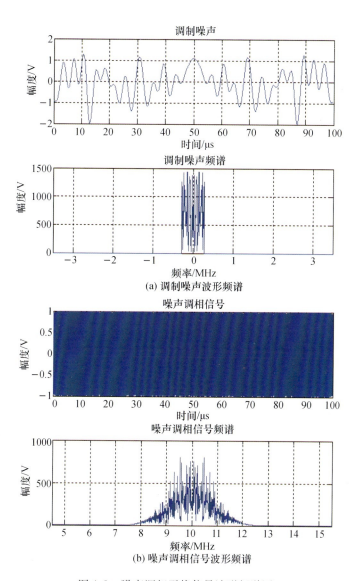

图 4.9 噪声调相干扰信号波形频谱图

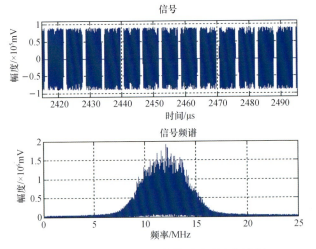

图 4.10　DRFM 噪声干扰信号波形和频谱图

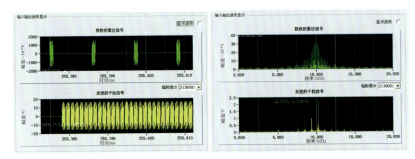

图 4.12　距离欺骗干扰信号波形和频谱图

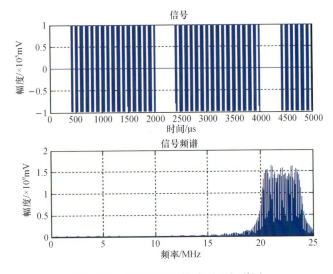

图 4.15　波门挖空干扰波形和频谱图

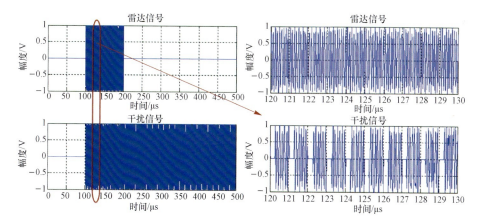

图 4.20 雷达信号和切片转发干扰信号波形图（$\tau=0.25\mu s, T=1\mu s$）

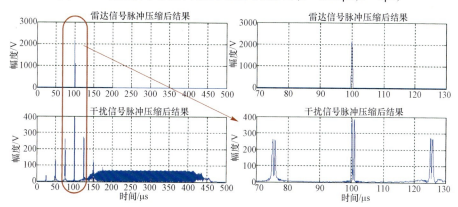

图 4.21 雷达信号和切片转发干扰信号脉冲压缩后结果（$\tau=0.25\mu s, T=1\mu s$）

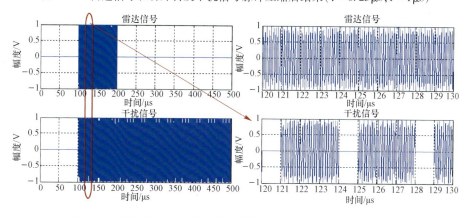

图 4.22 雷达信号和切片转发干扰信号波形图（$\tau=1\mu s, T=4\mu s$）

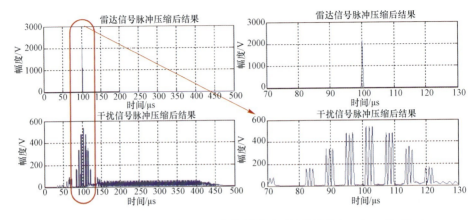

图 4.23 雷达信号和切片转发干扰信号脉冲压缩后结果($\tau=1\mu s, T=4\mu s$)

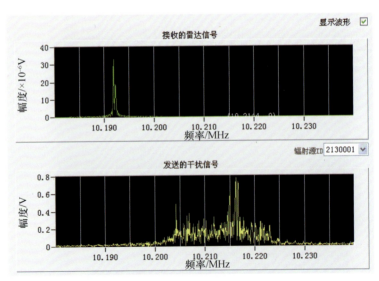

图 4.31 信号波形/频谱显示示意图

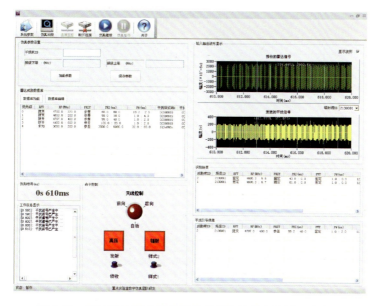

图 4.33　雷达对抗装备信号级仿真系统软件人机界面示意图

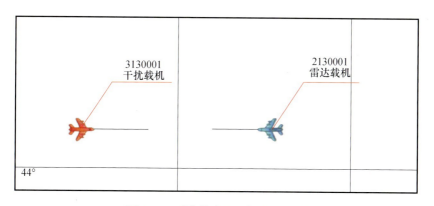

图 4.37　对抗仿真试验场景示意图

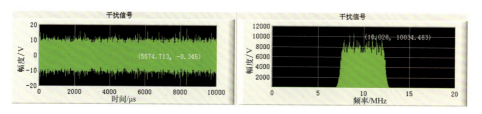

图 4.38　窄带噪声干扰信号波形图和频谱图

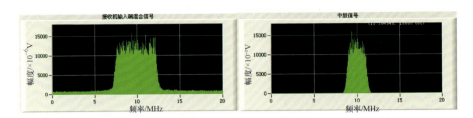

图 4.39　机载 PD 雷达接收机输入端和中放输出信号的频谱

图 4.40　机载 PD 雷达 FFT 和 CFAR 输出信号

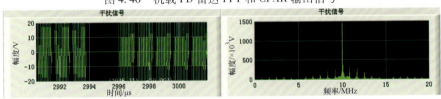

图 4.41　假目标干扰信号波形图和频谱图

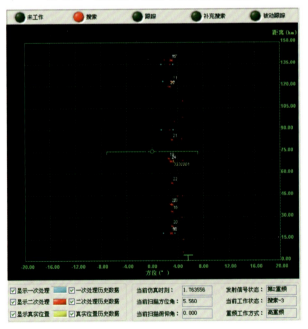

图 4.42　机载 PD 雷达搜索状态下的目标检测仿真结果

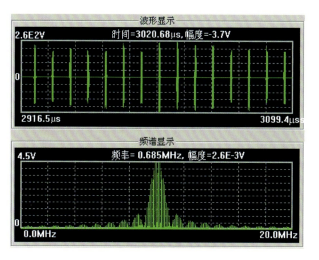

图 4.43 距离速度同步拖引干扰信号波形图和频谱图

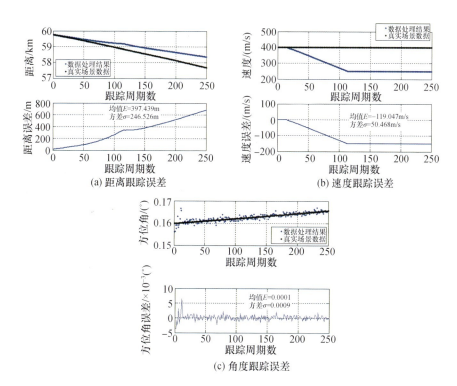

图 4.44 机载 PD 雷达对目标距离、速度、角度跟踪误差的统计结果

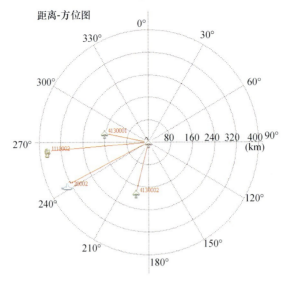

图 5.7 仿真场景数据预分析功能软件人机界面

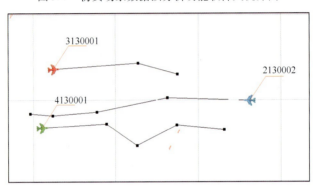

图 5.8 仿真场景动态推演显示界面

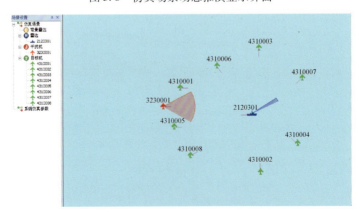

图 5.9 仿真场景态势显示画面示意图

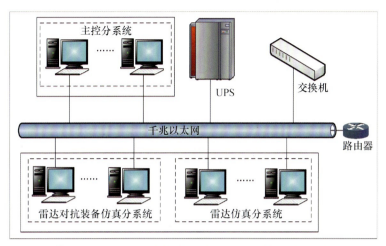

图 5.16　雷达电子战信号级仿真系统硬件部署示意图

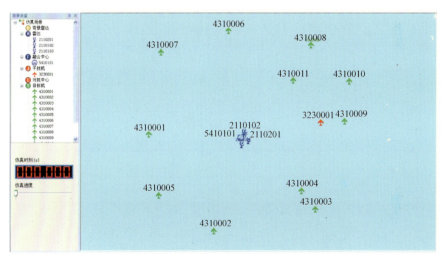

图 5.25　组网雷达对抗仿真试验场景示意图

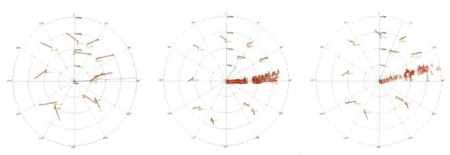

(a)三坐标雷达检测结果(未受干扰)　(b)二坐标雷达1检测结果(受干扰)　(c)二坐标雷达2检测结果(受干扰)

图 5.26　各雷达站目标探测跟踪仿真结果

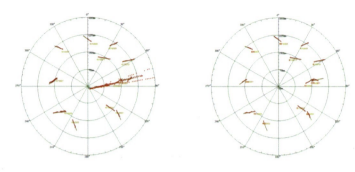

(a) 未采用抗干扰措施　　　　　(b) 采用某种抗干扰措施

图 5.27　雷达网数据融合中心站仿真结果

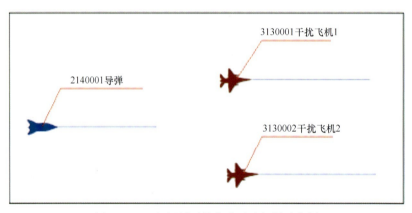

图 5.32　双机闪烁干扰仿真试验场景示意图

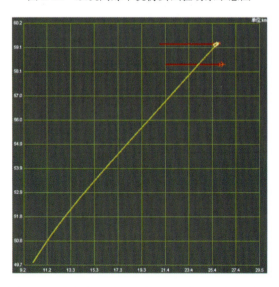

图 5.33　无干扰条件下导弹尾追攻击过程仿真回放

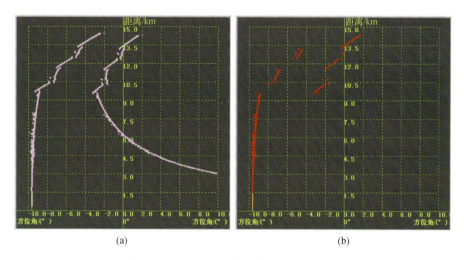

图 5.34 无干扰条件下雷达导引头对目标跟踪过程的仿真回放

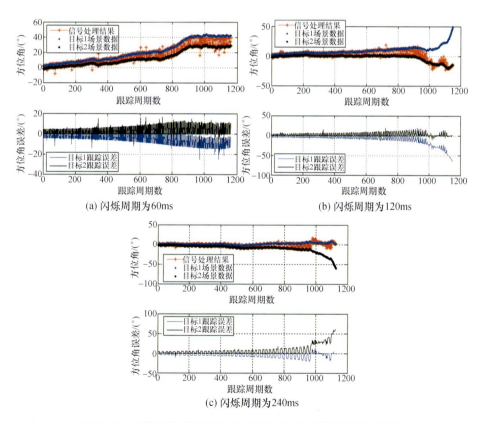

图 5.35 双机同步闪烁干扰条件下导引头角度跟踪数据统计图

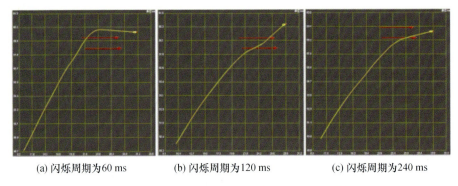

图 5.36 双机同步闪烁干扰条件下导弹攻击过程的仿真回放

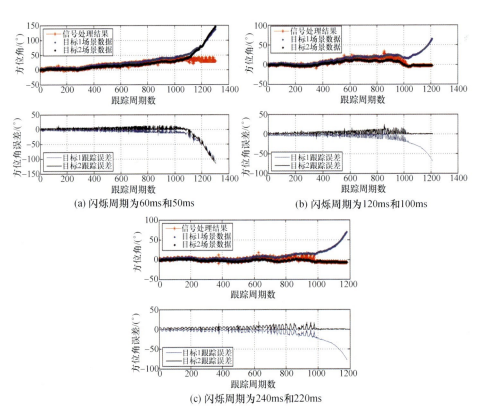

图 5.37 双机异步闪烁干扰条件下导引头角度跟踪数据统计图

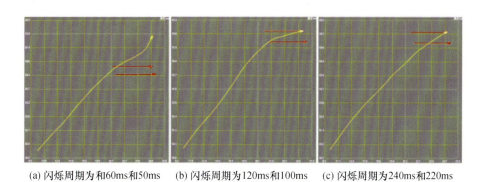

(a) 闪烁周期为和60ms和50ms　　(b) 闪烁周期为120ms和100ms　　(c) 闪烁周期为240ms和220ms

图 5.38　双机异步闪烁干扰条件下导弹攻击过程的仿真回放

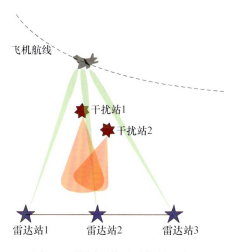

图 6.4　协同干扰试验场景示意图